普通高等教育“十一五”国家级规划教材
住房和城乡建设部“十四五”规划教材

土 力 学

(第四版)

富海鹰◎主　编
张俊云　冯　君◎副主编
周京华◎主　审

中国铁道出版社有限公司

2022年·北 京

内 容 简 介

本书系统地介绍了土力学的基本原理和分析计算方法及其在工程实践中的应用。全书共分10章，包括绪论、土的物理性质、土的渗透性及水的渗流、土体中的应力计算、土的压缩性及地基沉降计算、土的抗剪强度、天然地基承载力、土压力、土坡稳定分析和土的动力性质。每章配有丰富的例题和习题。

本书可作为高等院校土木工程专业及相关专业的教材，也可作为工程技术人员的参考用书。

图书在版编目(CIP)数据

土力学/富海鹰主编.—4版.—北京:中国铁道出版社有限公司，2022.10

普通高等教育"十一五"国家级规划教材　住房和城乡建设部"十四五"规划教材

ISBN 978-7-113-29155-6

Ⅰ.①土…　Ⅱ.①富…　Ⅲ.①土力学-高等学校-教材 Ⅳ.①TU43

中国版本图书馆CIP数据核字(2022)第089361号

书　　名：土力学
作　　者：富海鹰

责任编辑：李露露　　**编辑部电话：**(010)51873240　　**电子邮箱：**790970739@qq.com
封面设计：郑春鹏
责任校对：孙　玫
责任印制：高春晓

出版发行：中国铁道出版社有限公司(100054，北京市西城区右安门西街8号)
网　　址：http://www.tdpress.com
印　　刷：三河市兴博印务有限公司
版　　次：1990年12月第1版　2022年10月第4版　2022年10月第1次印刷
开　　本：787 mm×1 092 mm 1/16　**印张：**18.75　**字数：**469千
书　　号：ISBN 978-7-113-29155-6
定　　价：60.00元

第四版前言

本教材的第三版被评为普通高等教育“十一五”国家级规划教材，自2011年2月出版发行至今的10余年间，我国的土木工程建设飞速发展，对土木工程人才的培养，乃至土力学的教学内容及方式提出了新的要求。为此，结合我校近年来在土力学课程教学改革方面取得的成果，以及教师和学生的反馈意见，对原教材进行了以下修订：

(1)在保持主要内容和主体结构不变的前提下，对原教材中各章节的具体内容做调整和修改，进一步加强了其系统性，提高了其可读性。

(2)内容上，删除了“土的膨胀、收缩及冻融”“多维固结理论简介”“黏土的流变性质”“土的本构性质”“土的主要物理力学参数汇总”“摩擦圆法”等节，以及“地基处理”一章，增加了“水平荷载作用下地基土体的附加应力计算”“太沙基地基极限承载力公式”等内容。

(3)对“土和地基中的应力及分布”“土的变形性质及地基沉降计算”两章的结构进行了较大的调整。

(4)按最新规范、标准对其所涉及的内容进行了更新。

(5)对习题进行了补充和更新。

(6)每章增加了与其内容密切相关的土力学名人的介绍，以加强学生对土力学历史及发展的认识，提高对专业的兴趣和热爱。此外，所出现的土力学专业名词均给出了相应的英文名称。

本书由富海鹰任主编，张俊云、冯君任副主编，周京华主审。具体编写分工如下：富海鹰编写绪论、第5章、第6章，袁冉编写第1章，邓宏艳编写第2章，张俊云、崔凯编写第3章，毛坚强编写第4章、第7章，冯君编写第8章，周立荣编写第9章。

由于编者水平有限，书中不足之处在所难免，敬请读者批评指正。

编　者
二〇二二年四月

第一版前言

本教材是根据高等学校铁道工程专业"土力学和基础工程"课程教学大纲，在1980年刘成宇主编，中国铁道出版社出版的《土力学和基础工程》(上)试用教材的基础上修订的。修订后，上册改名为《土力学》，下册改名为《基础工程》。

《土力学和基础工程》试用教材的选材，基本上符合当时的教学需要，但近年来，随着土力学的基本理论及其运用的发展，加之教材内容应能覆盖更宽的专业面，以扩大学生的视野，同时，按教学大纲要求，教材应适用于铁道建筑、桥梁、隧道、工业与民用建筑及工程地质等专业的本科生，故在内容上必须进行必要的补充和深化，使之不仅满足各专业的要求，而且也可作为工程技术人员的参考书，以适应四化建设的需要。

本着上述原则，修订后的教材与原试用教材相比较，在以下几方面作了补充和调整：在第一章土的物理性质中，深化了黏粒表面作用的阐述，在土的分类方面，同时介绍了铁路和建筑部门新编地基设计规范的内容以及国际上常用的分类法；在第二章土中应力及其分布中，补充了孔隙压力系数及非饱和土中孔隙压力和有效压力的分布规律等；在第三章土的变形性质和地基沉降计算，介绍了建筑部门新规范的沉降计算方法和多维固结理论；在第四章土的抗剪强度中，补充了应力路径及其影响，土的主要强度理论和屈服准则；在第五章地基承载力中，补充了建筑部门新规范提出的承载力计算方法以及极限分析法；在第六章土压力中，主要补充了第二破裂面土压力及静止压力；在第七章边坡稳定中，增加了常用的毕肖普简化边坡稳定分析法和传递系数法；最后增加了地基处理的新理论和处理方法。每章均编有算例和习题，以利于复习和自学。

书中，对非共同需要的内容均用☆号标出，以利读者按需要选择取舍。

本书由西南交通大学刘成宇主编，北方交通大学唐业清主审。参加编写的有：西南交通大学陈禄生(第一章)，刘成宇(第二、三、四、五章)，赵善锐(第六、七章)，夏永承(第八章)。

编　者

一九八八年十二月

目　录

绪　论

0.1　土力学的研究内容

人类居住在地球上已有几百万年的历史，地球的地壳提供了满足人类生活及工作需要的各类建筑物（如各类工业、民用建筑、桥梁等）的建造环境。地壳中对上部建筑影响较大的那部分地层称为地基(ground)。组成地基的介质有各类土或岩石。

什么是土呢？土是指地球表面岩石在极为漫长的地质年代中缓慢形成的、覆盖在地表上的松散颗粒堆积物，是一种特殊的散体材料。土的大小、形态各异，如需要双手合抱才能拿起来的漂石[图 0-1(a)]，散落在河边的卵石[图 0-1(b)]，海滩上的细砂[图 0-1(c)]，以及通过电子显微镜方能看清楚的黏粒[图 0-1(d)]，这些都属于土的范畴。土体是由厚度不等、性质各异的若干土层，以特定的上、下次序组合在一起，并与建筑物使用的稳定性和安全性相关的土层组合体。

(a) 漂石　(b) 卵石　(c) 细砂　(d) 黏粒

图 0-1　各种类型的土

为什么要研究土力学呢？我们都知道，实现和满足人类生活与工作需求的各类建筑物都坐落在地基上，它对上部建筑有着举足轻重的影响。假如地基发生过大的变形甚至破坏，将直接影响到上部结构的正常使用乃至安全，在这种情况中，我们所需研究的是土体能否对上部结构提供足够的支撑能力（承载力），并将地基的变形控制在允许范围内。这里的土（岩）体实际上起着支撑作用(supporting soil)。还有一种情况，如铁路、公路及堤坝中的支挡结构和隧道边墙等，土体对结构不起支撑作用，而是结构支撑着土（岩）体(supported soil)，保证工程的安全与稳定。此时，我们需研究土体作用在结构上的荷载的大小、方向、分布情况等。此外，还需要研究土体自身的稳定性问题，例如坡体的稳定。当土体中有渗流时，也需要研究渗流可能造成的管涌、流土等带来的灾害。

建筑物地基可能会是土体或岩体，对它们的研究涉及两门学科，即土力学和岩石力学。土是由岩石风化而成，一般情况下，地壳表面一定深度内为土，再向深处发展则为岩石。故对大多数地表建筑（如城市的各种建筑物）来说，地基一般为土。埋深较大的地下结构物或荷载极大的建筑物，地基则多为岩石。本门课程以土作为主要研究对象。

土力学主要研究内容包括：

(1)土的物理性质。主要研究土的基本物理性质，如颗粒矿物成分、颗粒形状及组成，土的各相组成部分的相关关系等。

(2)土的渗透性。主要研究土中水的渗透规律及由于渗流而产生的力学作用。

(3)地基土的变形性质。主要研究地基土的沉降变形规律，用以分析计算在修建和使用过程中地基土的沉降变形。

(4)地基土的抗剪强度和稳定性。主要研究地基土在外力作用下的破坏形态和规律，地基承载力以及土坡的稳定问题。

(5)土压力。主要讨论在交通、水利、房屋建筑等工程中，大量遇到的各类支挡结构土压力的计算问题。

(6)土动力和地震。主要讨论土体在动荷载作用下的动力性质、强度和变形，以及饱和砂土的地震液化。

0.2 土力学的形成与发展

0.2.1 土力学历史沿革

穷本溯源，土力学作为一门专业学科，存在其特有的形成和发展历史。

奴隶时代、封建时代，世界各国劳动人民在土木、水利工程中创造了许多辉煌业绩。如在公元前 3 000 年前后，古巴比伦建造的大型供水排水渠道、古埃及金字塔(图 0-2)和在今天非洲也门境内修建了高达 40 m 的拦河土坝等。

中华民族有着悠久的历史文明，从古代丰富的文化典籍和众多的文物古迹中我们不但可以了解古代建筑的工艺水平，更能领略到我们祖先的聪明才智和处理复杂地基基础问题的卓越能力。北宋初年，著名木工喻皓在建造开封开宝寺木塔时(公元 989 年)，因当地多西北风，故其将建于饱和黏土地基上的塔身有意向西北倾斜，欲借风力的长期作用扶正塔身，以克服地基的不均匀沉降对塔的影响。隋朝工匠李春主持修建的赵州桥建于公元 595～605 年间(图 0-3)，净跨为 37.02 m，矢跨比为 1∶5，桥身造型典雅，拱曲线流畅自然，极具观赏价值。古人赞誉此桥为“奇巧固护，甲于天下”。美国土木工程师协会也于 1991 年将赵州桥选为国际历史土木工程第 12 个里程碑。值得一提的是该桥的地基基础(据《中国大百科全书·土木工程》)，为较密实的砂黏土，在强大的拱圈推力作用下，在建成后的一千多年中，该桥历经无数次洪水和地震的考验而屹立不倒。即使从现代技术的角度加以检验，能用黏性土作为地基修筑推力极大的拱桥，而且地基承载力的利用恰到好处，也确实令人叹服。

以上这些工程均无一例外地涉及了土力学的问题。鉴于当时社会生产力和科学发展水平，人们只能依靠积累经验加以解决。

1724 年，利奥波德(A. Leupold)发表了“Wasser-Bau-Kunst(水工—建筑—艺术)”；1726 年，库仑(C. A. Coulomb)提出了土的抗剪强度理论，后由摩尔(O. Mohr)进行了完善。1776 年，库仑发表了建立在滑动土楔平衡条件分析基础上的土压力理论，之后土力学进入古典理论时期。1840 年，彭思莱(J. Poncelet)对线性滑动土楔做了更完善的解；1857 年，朗肯(W. Rankine)提出了建立在土体极限平衡条件分析基础上的土压力理论，对后来土力学的发展产生了深远影响；1885 年，布辛纳斯克(V. Boussinesq)提出了在集中荷载作用下弹性半无限体的应力和位移的计算理论，为计算地基承载力和地基变形建立了理论根据；1856 年，达西(H. Darcy)通过试验建立了达西渗透公式，这为研究土中渗流和固结理论奠定了基础；1922 年，费兰纽斯(W. Fellenius)在解决铁路滑坡问题时，提出了土坡稳定分析方法。这些古典的理论和方法，直到今天仍不失其理论和实用的价值。

图 0-2 埃及金字塔

图 0-3 赵州桥

1925 年，太沙基(K. Terzaghi)发表了德文版的 *Erdbaumechanik*《土力学》专著，标志着土力学发展到一个新时期(被誉为“太沙基时期”)，之后还出版了 *Soil Mechanics in Engineering Practice*《工程实践中的土力学》(图 0-4)。他所提出的有效应力理论、一维固结理论及地基承载力理论等一系列研究成果，把土力学推向了一个全新的高度，因此太沙基也被公认为现代土力学的奠基人。从此，土力学成为真正意义上的独立学科。

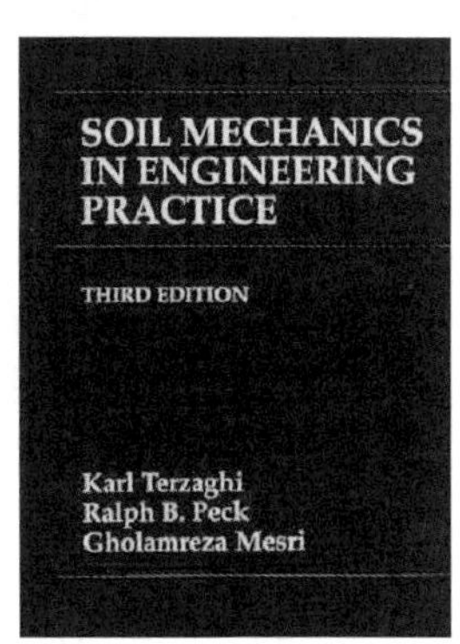

图 0-4 太沙基等所著的《工程实践中的土力学》

1936 年，成立国际土力学与基础工程学会(International Society of Soil Mechanics and Foundation Engineering)，由太沙基担任主席。

20 世纪 60 年代以前，计算机技术还不成熟，许多复杂的土力学理论及计算问题不能得到有效地解决。为了便于分析和计算，不得不把土体视为弹性体或刚塑体，即不考虑土体本构关系的影响。实际上，由于土的组成和与此相关的力学性质非常复杂，对于许多复杂的土层和基础结构的工程情况，不考虑土体的应力—应变关系难以求得可靠满意的结果。以 1956 年在美国科罗拉多州德尔(Boudler，Colorado)举行的黏土抗剪强度学术会议和 1958 年、1963 年罗斯柯(K. H. Roscoe)等人对伦敦黏土的应力—应变关系的研究为标志，土力学进入到考虑土体多相介质的“本构关系”新时期。从 20 世纪 60 年代起，随着计算机技术的迅速发展和数值分析方法的广泛应用，在岩土工程计算中引入较复杂的弹塑性、黏弹(塑)性等本构模型成为可能。目前已有上百种不同的岩土体本构模型。

应该重点指出，土力学是一门实践性极强的学科。任何土力学理论都离不开土的试验，也就是说，没有试验的支持和验证就没有土力学理论。20 世纪 50 年代，土工试验方法和手段还很简单，近年来已有很大改善。如三轴压力仪，在 20 世纪 50 年代时国际上很少见，而现在一般土工试验室都有配备，并且有精密的动三轴仪等。同时发展了许多现场原位测试设备，如静/动力触探仪、自钻式旁压仪、孔内土力学参数直接测试仪、光纤测试仪等。可见，随着土力学理论的不断发展，各类试验设备也在向高、精、尖方向发展，而新的试验技术也将给土力学的发展带来强有力推动，必将推动土力学向新的高度和广度发展。

0.2.2 土力学在我国的成就

新中国成立之前，土力学研究在我国几乎是一片空白。新中国成立后，一批留学海外的青年学者相继回国，开设了土力学课程并开展土力学方面的科学研究，为国家培养出一大批岩土工程技术人才，在交通、水利、城市等建设中发挥了重要作用。

1957 年，我国土木工程学会开始组建全国土力学及基础工程学术委员会，并于当年参加了国际土力学及基础工程学会组织。1962 年，在天津召开了第一届全国土力学及基础工程学术会议。1979 年创办学术刊物《岩土工程学报》(图 0-5)。

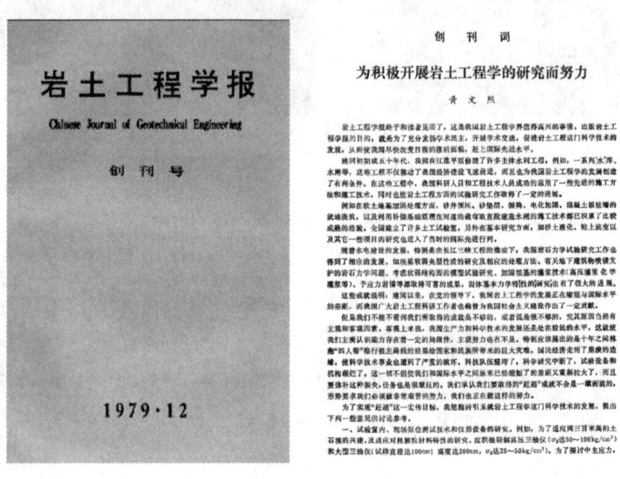

岩土工程学报

Chinese Journal of Geotechnical Engineering

创刊号

1979·12

创　刊　词

为积极开展岩土工程学的研究而努力

黄　文　熙

岩土工程学报终于和读者见面了，这是我国岩土工程学界值得高兴的事情。出版岩土工程学报的目的，就是为了充分发扬学术民主，开展学术交流，促进岩土工程这门科学技术的发展，从而使我国尽快改变目前的落后面貌，赶上国际先进水平。

建国初期或五十年代，我国在江淮平原修建了许多主体水利工程，例如，一系列水库、水闸等，这些工程不仅推动了我国经济建设飞速前进，而且也为我国岩土工程学的发展创造了有利条件。在这些工程中，我国科研人员和工程技术人员成功的运用了一些先进的施工方法和施工技术，同时也使岩土工程方面的试验研究工作取得了一定的进展。

例如在软土地基加固处理方面，砂井预压、砂垫层、振冲、电化加固、混凝土板桩墙的就地浇筑，以及利用补偿基础原理在河道的截弯取直段建造水闸的施工技术都已积累了比较成熟的经验。全国建立了许多土工试验室，另外在基本研究方面，如砂土液化、粘土流变以及其它一些项目的研究也进入了当时的国际先进行列。

随着水电建设的发展，特别是在长江三峡工程的推动下，我国岩石力学试验研究工作也得到了相应的发展。如坝基软弱夹层性质的研究及相应的处理方法、有关地下建筑物喷锚支护的岩石力学问题、考虑软弱结构面的模型试验研究、加固坝基的灌浆技术(高压灌浆化学灌浆等)、预应力岩锚等都取得可喜的成果。岩体基本力学特性的研究也有了很大的进展。

这些成就说明，建国以来，在党的领导下，我国岩土工程学的发展正在缩短与国际水平的差距，而我国广大岩土工程科研工作者也确曾为我国社会主义建设作出了一定贡献。

但是我们不能不看到我们所取得的成就是不够的，或者说是很不够的，究其原因当然有主观和客观因素。客观上来说，我国生产力和科学技术的发展还是处在较低的水平，这就使我们主观认识能力存在着一定的局限性，主观努力也有不足。特别应该提出的是十年之间林彪"四人帮"推行极左路线的后果给国家和民族所带来的巨大灾难，国民经济走到了崩溃的边缘，使科学技术事业也遭到了严重的破坏，科技队伍缩小了，科学研究中断了，试验设备和机构瘫烂了，这一切不但使我们和国际水平之间原来已经缩短了的差距又重新拉大了，而且要弥补这种损失，任务也是很艰巨的。我们承认我们要取得的"赶超"成就不会是一蹴而就的，形势要求我们必须做非常艰苦的努力，我们也正在做这样的努力。

为了实现"赶超"这一宏伟目标，我想抛砖引玉就岩土工程学这门科学技术的发展，提出下列一些意见供讨论参考。

一、试验室内、现场原位测试技术和仪器设备的研究。例如，为了适应两三百米高的土石坝的兴建，及适应对粗颗粒材料特性的研究，应积极研制高压三轴仪(σ_3达50～100kg/cm^2)和大型三轴仪(试样直径达100cm；高度达200cm，σ_3达25～50kg/cm^2)。为了探讨中主应力，

图 0-5　《岩土工程学报》创刊号封面与创刊词首页

我国幅员辽阔，地质、气候条件复杂。新中国成立后，国家积极进行基础建设，土建工程大规模开展，这为土力学的发展开辟了广阔天地。以铁路建设为例，在河西走廊及青海修筑铁路时遇到盐渍土，土路基春季翻浆，夏秋松胀，相关科研人员经过多次试验研究，提出了盐渍土地区铁路设计和施工规范，解决了此问题。再如西北地区的湿陷性黄土，其特点是在干燥条件下，陡壁可直立数十米，而一旦被水浸湿，则会坍塌滑坡，堵塞交通。经研究，提出关于黄土地层划分和路堑边坡设计标准的研究报告，为该地区的铁路设计找到了科学依据。在西南、中南地区广泛分布着膨胀土，当含水量不高时，土质坚实，路堑可挖成陡坡，一旦遇水，就会膨胀软化，引起路基边坡溜塌、滑坡、路基沉陷等病害。20 世纪 80 年代科研人员开始对膨胀土进行研究，找到了病害机理，为工程建设提供了设计及施工指南。在华北、华东及东南沿海地区分布有深厚软土，路基等工程的下沉和失稳一直是棘手问题，20 世纪 50～60 年代国家投入了大量人力物力进行研究，在计算理论及各种软土加固技术方面取得了显著成果。

应该特别指出，21 世纪以来我国开展的大规模高速公路及高速铁路建设，对土力学和基础工程的基础理论和设计、施工方法提出了极高的要求。它涉及深厚软土、黄土、冻土、艰险山区和复杂条件下的桥梁、隧道和路基的建设。我国科研、设计和施工人员克服了重重困难，不仅使我国高速铁路运营总里程跃居世界第一，而且高速铁路建设整套技术也领先于全世界。

0.3 土力学的特点与学习方法

土与金属、混凝土等材料不同，它是一种天然介质，是由固体颗粒、水以及空气三相介质组成的散粒状集合体，受诸多因素（如颗粒的大小、矿物成分、含水量等）的影响，其物理力学性质复杂，难以进行精确的数学、力学模型表达，其成因和搬运历史也使得其空间分布不均匀、土体结构复杂。因此，试验一直是土力学研究的一种重要手段，土力学的发展建立在全球土木工程设计、建造的工程经验基础之上。在土力学的学习和应用时，需采用理论＋试验＋经验三者结合的方法。

第1章 土的物理性质

1.1 概　　述

就工程意义而言，土是分布于地表一定深度范围内的各类松散颗粒堆积物的总称。它是长期自然生成的，是由不同的固体颗粒（固相）、水（液相）和气（气相）组成的千差万别的三相体（three-phase）。土的各相之间的关系十分复杂，且常因外界条件的改变而发生变化。土在受力后是否发生强度破坏或出现较大变形，主要取决于其组成物质的力学性质、各相之间的相互关系和变化规律。这些特性与土的物理性质有着密切关系。因此可以说，土的物理性质是其力学和工程性质的基础。

为了便于解决实际工程问题，我们应首先学习土的物理性质的各种指标和测试方法，并掌握如何根据土的特征、有关指标值和形成年代等对土进行工程分类的方法。

本章主要介绍土的生成、土的三相组成、土的三相关系、土的物理状态及其有关指标、土的结构及其联结以及土（岩）的分类。

1.2 土的生成

天然土是地壳表层岩石长期风化、挤压和解体后经地壳运动、水流、冰川、风等自然力的剥蚀、搬运及堆积等作用在各种自然环境中生成的松散堆积物，其主要特点是土颗粒之间的物理化学胶结很弱，甚至完全无联结。

天然土在地质年代中的历史一般较短，多数是在一百万年内，也就是通常所说的"第四纪"堆积、沉积物。不同的物质、不同的胶结、不同的成因、不同的生成环境和不同的形成历史造成了各类天然土复杂多变的三相组成、相互关系与相互作用。

1.2.1 风化作用

风化作用是由于气候气温变化、大气、水分及生物活动等自然条件使岩石产生破坏的地质作用。风化作用可分为物理风化（physical weathering）、化学风化（chemical weathering）和生物风化（biological weathering）三种类型。

物理风化即经过温度变化、冰冻等物理作用使岩石破碎，但其化学成分未发生改变。在昼夜、晴雨的气温变化中，岩石表面的温度变化比内部大，因而表里缩胀不均，加之所含矿物的膨胀性质不同，导致岩石矿物间的结合作用遭到了削弱甚至破坏。久而久之，岩石产生裂隙，发生由表及里的破坏，这类现象在大陆性干燥气候区表现最为显著。在湿冷地区，渗入岩石裂隙中的水由于气温变化而反复冻结和融化，导致裂隙逐渐扩大，造成岩石崩裂破碎。在干旱地区，大风挟带沙砾对岩石的打磨也可使岩面迅速剥蚀。

物理风化仅引起岩石的机械破坏，其产物如砂、砾石和其他粗颗粒土的矿物成分与母岩相同，也称原生矿物（parent mineral）。

化学风化是指岩石在水溶液和大气中的氧、二氧化碳等的化学作用下受到的破坏作用。化学风化有水化作用、水解作用、氧化作用、碳酸化作用及溶解作用等。化学风化不仅使岩石破碎，且其产物的化学成分发生改变，形成性质不同的新矿物，也称次生矿物（secondary mineral）。化学风化多生成黏性土。

生物风化是指生物活动过程中对岩石产生的破坏作用，可分为物理生物风化和化学生物风化两种。物理生物风化如植物根部在岩缝中生长，使岩石发生机械破坏；化学生物风化如动植物新陈代谢所排出的各种酸类、动植物死亡后遗体的腐烂产物以及微生物作用等，则使岩石成分发生变化，以至达到破坏。

上述风化作用常常是同时存在、互相促进的。但在不同环境中，会有不同的主次关系。岩石成分和结构构造不同，其风化作用造成的破坏程度也会有差别。

1.2.2　土的成因类型

常见的岩石风化产物因经受不同自然力的剥蚀、搬运和堆积沉积作用而生成不同类型的土。不同地质成因的土具有不同地质特征和工程性质。土的主要堆积类型有残积土（residual soil）和运积土（transported soil）两大类。

（1）残积土——岩层表面经风化破坏后就地沉积形成的土层。其特点为颗粒表面粗糙、多棱角，且土层粗细不均，分布无层次。

（2）运积土——岩石表面经风化后，再经由水流、风等搬运后堆积（沉积）形成的土层。其特点为颗粒表面光滑，颗粒大小有层次。运积土按照其具体搬运条件，又可分为坡积土、洪积土、冲积土、风积土、湖沼积土、海积土以及冰川积土。

①坡积土（colluvial soil）——由雨水和融雪将山坡高处的岩石风化产物洗刷、剥蚀、顺坡向下搬运而在坡脚堆积形成的土层。其中，时有混杂陡坡峭壁风化岩石的坠落破碎物，其矿物成分常与下卧基岩无关。一般而言，坡积土由上而下厚度逐渐变大，新堆积的土质疏松。如基岩倾斜，则斜坡上的坡积土常处于不稳定状态。

②洪积土（diluvial soil）——由暂时性山洪急流将大量泥沙和石块等挟带到沟谷口或山麓平原堆积而成的堆积物。离沟谷口近处堆积的是夹有泥沙的石块和粗粒碎屑，较远处是分选较好的细粒泥沙。因山洪是周期性发生的，每次大小不同，故洪积土常呈不规则层理构造，如图1-1所示。土的力学性质以近山处较好。

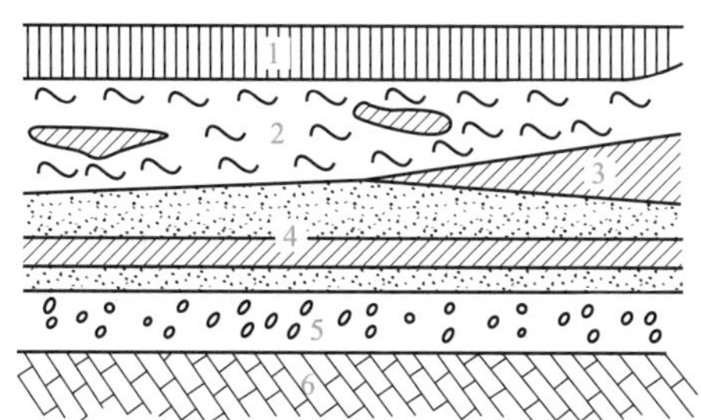

图1-1　洪积土的层理构造

1—表层土；2—淤泥夹黏土透镜体；3—黏土尖灭层；4—砂土夹黏土层；5—砾石层；6—石灰岩层

③冲积土(alluvial soil)——由江河水流搬运的岩石风化产物在沿途沉积而成的堆积物。这些被搬运的土颗粒有的来自山区或平原,有的为江河剥蚀河床及两岸的产物。冲积土分布范围很广,按地理分类,可分为山区河谷冲积土、山前平原冲积土、平原河谷冲积土、三角洲冲积土等类型。冲积土的特点是有明显的层理构造和分选现象,砂石有很好的磨圆度。从山区到平原,因河床坡度大致是由陡转平,水的流速是由急变缓,故堆积物厚度由小到大,粒度由粗变细,土的力学性质一般也逐渐变差。

④湖沼积土(lacustrine soil)——在湖泊或沼泽地的缓慢水流或静水中的堆积物。如由河流注入湖泊时带来的岩石碎屑、盐类、有机质和由湖浪剥蚀湖岸岸壁所产生的碎屑物质,在湖泊内不同位置沉积而成的,称为湖积土。淡水湖湖积土的粒度通常自湖边到湖心由粗变细,湖中间主要是黏性土、淤泥类土,常含较多的有机质,土质松软。盐湖湖积土主要是含盐分较多的黏性土和各种盐类。在沼泽地的堆积物称为沼泽土,其主要成分是含有半腐烂的植物残余体的泥炭。其特点是含水量极高,土质十分松软。

⑤海积土(marine soil)——由江河入海带来的或由海浪、潮汐等剥蚀海岸产生的各种物质以及海洋中的生物遗体等沉积而成的堆积物。近海岸一带粒度较粗,土质尚好。离海岸越远,堆积物越细小。深海堆积物主要为有机质软泥等。

⑥冰川积土(glacial soil)——在严寒地区由冰川的地质作用生成的堆积物。其中由冰川剥蚀和搬运的碎屑到温度较高因冰体融化而沉积的,称为冰碛土。如再经融化的冰水搬运后沉积的称为冰水堆积土。冰碛土成分复杂,层理不清,但一般较密实,土质尚好。冰水堆积土以沙砾为主,在山麓分布较广,厚度较大,可能有黏性土夹层和透镜体。

⑦风积土(aeolian soil)——由于风力的地质作用,包括风夹带沙砾对岩石的打磨和风对岩石风化碎屑的吹扬、搬运和堆积作用而形成。主要有砂丘和原生黄土。砂丘是松散而不稳定的堆积物。黄土的主要特征是:大孔性、垂直节理发育、由可溶盐胶结、湿陷性。

1.2.3 土的堆积年代的影响

不同堆积土,特别是黏性土的性质,不仅与生成的条件有关,也与形成历史有关。一般生成年代越久,上覆土层越厚,土被压的越密实,受到的化学作用或胶结作用越大,土粒间的联结越强,因而强度也就越大,压缩性就越小。反之,新近堆积的土质较松软,工程性质较差。

现今的常见土大多数生成于第四纪(符号为 Q)。第四纪又可按年代早晚分为早更新世(Q_1)、中更新世(Q_2)、晚更新世(Q_3)和全新世(Q_4)。通常把 Q_3 及以前时期堆积的土层称为老堆积土,把 Q_4 时期内文化期(有人类文化的时期)以前堆积的称为一般堆积土,把文化期以后堆积的称为新近堆积土。

1.3 土的三相组成

土是由固体颗粒(固相)、水(液相)和空气(气相)组成的三相体。固相对土的物理力学性质起决定性作用,液相起重要作用,而气相起次要作用。

1.3.1 土颗粒

土颗粒搭建土的骨架,其对土的物理力学性质起着决定性的作用。对于土的固体颗粒的认识主要分为两个部分:(1)土中不同大小颗粒的相对含量,即土的颗粒级配或粒度成分,主要影响粗粒土的性质；(2)固体颗粒的矿物成分，主要影响细粒土的性质。

1. 土的粒径组成

土的粒径组成是指土中不同大小固体颗粒的相对含量，也称土的颗粒级配或粒度成分。土的工程性质同它的粒径组成有密切关系。工程界常根据土的粒径组成对土进行分类。粒径组成是判断土工程特性的关键。

(1)土粒粒组划分

天然土中所含的固体颗粒是大小混杂的。为确定土的粒径组成，需要把大小相近的颗粒归入同一“粒组”或“粒径”。我国普遍采用的粒组划分法如图1-2所示。粒组大小用“粒径”(mm)表示，土粒通常被分成六大粒组：漂(块)石(boulder)、卵(碎)石(cobble)、圆(角)砾(gravel)、砂粒(sand)、粉粒(silt)、黏粒(clay)。根据需要，各粒组还可划分成若干亚组。

粒组划分法各国各部门不全相同。如砾组上限，我国建筑、铁路等部门采用20 mm，水利部门则采用60 mm，国外多采用60～75 mm；粉粒范围，我国一般采用0.005～0.075 mm，国外还有采用0.002～0.063 mm的；黏粒上限，我国一般采用0.005 mm，国外也有采用0.002 mm的。

建筑、铁路等部门	漂石、块石	卵石、碎石	圆砾、角砾	砂粒 粗中细	粉粒	黏粒
水利部门	漂(块)石粒	卵(碎)石粒	粗砾　细砾	砂粒	粉粒	黏粒
分界粒径/mm	200　60　20　2　0.5　0.25　0.075　0.005					

图1-2　粒组划分示意图

(2)粒径分析

对土的粒径组成的测定称为粒径分析或颗粒分析。粒径分析的方法一般分为筛分法和沉淀法(水分法的一种)两种。筛分法用于测定粒径不大于60 mm而大于0.075 mm的粗土粒，而沉淀法用于测定粒径小于0.075 mm的细土粒。用密度计测定细颗粒粒径组成的沉淀法称密度计法(以前称比重计法)。将两部分测定结果合并整理，可得到土的粒径组成全貌。

①筛分法

将烘干、分散后的土样放进一套标准筛的最上层。各层筛的筛孔自上而下由大到小，最下面接以底盘。经过摇筛机振摇，即可筛分出不同粒组的含量。由此可知，用筛分法得到的土粒粒径是指其刚好能通过筛孔的孔径。自然界存在的岩石碎屑由于生成条件不同，用筛分法得到的相同粒径土粒的形状和体积通常不相同。

②密度计法

不同大小的土粒在水中下沉的速度是不同的。根据斯托克斯定律，一个直径为d的圆球状颗粒在黏滞系数为η的液体中以速度v垂直下沉时受到的阻力大小为$3\pi\eta v d$。假定土粒为圆球状，单位体积土粒容重为γ_s，当该阻力等于土粒在该液体(单位体积容重为γ_w)中的重力时，土粒将以匀速v下沉。如取d、η、v的单位分别为mm、Pa·s、cm/s，γ_s及γ_w的单位为kN/m^3，则土粒在液体中的受力平衡条件为

$$3\pi\eta v d\times10=\frac{1}{6}\pi d^3(\gamma_s-\gamma_w) \tag{1-1}$$

由此得

$$d=\sqrt{\frac{180\eta v}{\gamma_s-\gamma_w}}=\sqrt{\frac{180\eta h}{(\gamma_s-\gamma_w)t}}=K\sqrt{\frac{h}{t}} \tag{1-2}$$

此式即为斯托克斯公式。式中 t、h 分别为下沉时间(s)及下沉深度(cm)；K 为粒径计算系数，通常查表而得。在液体中土粒下沉时刚开始是有加速度的，但在极短时间内即达到匀速 v 值，故可不计加速度影响。由式(1-2)可知，计算所得的土粒粒径就是与之同速下沉的假想圆球直径，然而两者大小和形状可能都不相同。

斯托克斯公式有其适用范围。当颗粒粒径过大时，在液体中下沉时会产生非等速运动，当颗粒直径过小时，则微粒下沉会受到布朗运动的影响。一般认为斯托克斯公式可用于 0.002～0.2 mm 的粒径范围。

下面简要介绍沉淀法确定粒径的主要过程。图 1-3(a)所示容器盛有均匀分布土粒的悬液，并在 $t=0$ 时让其自由下沉。在土粒下沉至 t 时刻，悬液中深度 h 以上已没有大于粒径 d 的颗粒了，如图 1-3(b)所示。但在 h 深度的微段内，等于及小于 d 粒径的颗粒数量不变，因为从上面沉至该处的颗粒数量与该处沉下去的数量相等。设下沉前单位体积均匀悬液体积内的土粒重为 q_0($q_0=Q_s/V_L$，Q_s为全部土粒重量，V_L为悬液体积)，下沉开始至 t 时刻在 h 深度单位体积悬液中的土粒重为 q，则小于粒径 d 的土粒重占全部土粒重的百分数为 $p=q/q_0$。

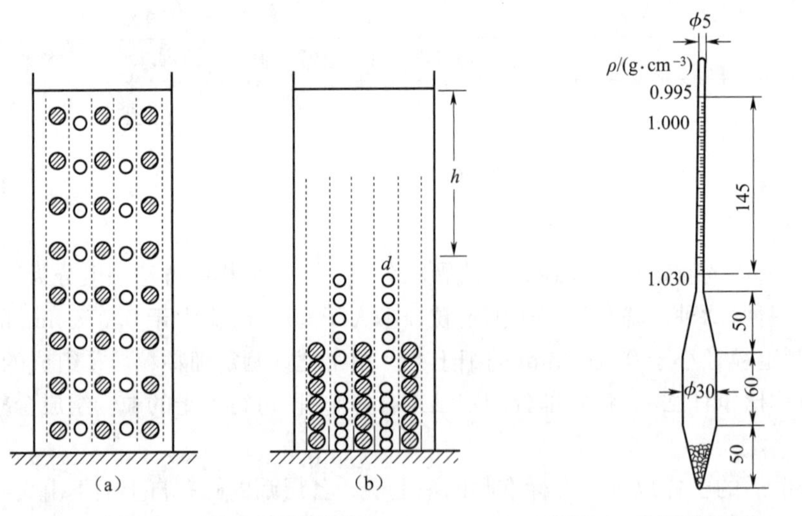

图 1-3 悬液中的颗粒下沉

图 1-4 密度计(单位:mm)

在土粒开始下沉后的不同时刻 t 在上述容器内放入密度计(图 1-4)，测得密度计浮泡中心处悬液相对密度为 G_L，浮泡中心离液面距离为 h，则可将 h、t 代入式(1-2)求得 d，并可如下计算相应于 d 的 p 值。

在 t 时刻，距液面为 h 处的单位体积悬液重 γ_L为

$$\gamma_L=q+\gamma_w(1-q/\gamma_s) \tag{1-3}$$

则

$$G_L=\gamma_L/\gamma_w=pq_0/\gamma_w+1-pq_0/\gamma_s=1+pq_0(1/\gamma_w-1/\gamma_s) \tag{1-4}$$

令 G_s为土颗粒比重，$G_s=\gamma_s/\gamma_w$，由式(1-4)可得

$$p=\frac{\gamma_s V_L}{Q_s}\times\frac{G_L-1}{G_s-1}\times 100\% \tag{1-5}$$

式(1-5)中，还应根据密度计的种类对试验量测到的G_L 作相应校正。对此，详见密度计试验的具体说明。

为保证试验质量，试验前必须把土中细粒聚成的粒团彻底分散。常用方法是煮沸悬液并加六偏磷酸钠或氨水等进行离子交换，以加厚土粒周围的扩散层，使成团土粒相互分开，详见相关土工试验方法。

③粒径分布曲线(级配曲线)及应用

土的粒径组成情况常用粒径分布曲线(grain size distribution curve)表示。粒径分布曲线的绘制方法是将小于给定粒径的土粒累计质量占土粒总质量的百分数和粒径之间的相互关系绘制在图上。因粒径变化范围大，故通常在半对数坐标纸上标出并连成曲线。国内常将该图横坐标上的粒径由大到小排列，如图 1-5(a)所示。北美、西欧等地区则常将粒径由小到大排列，如图 1-5(b)所示。

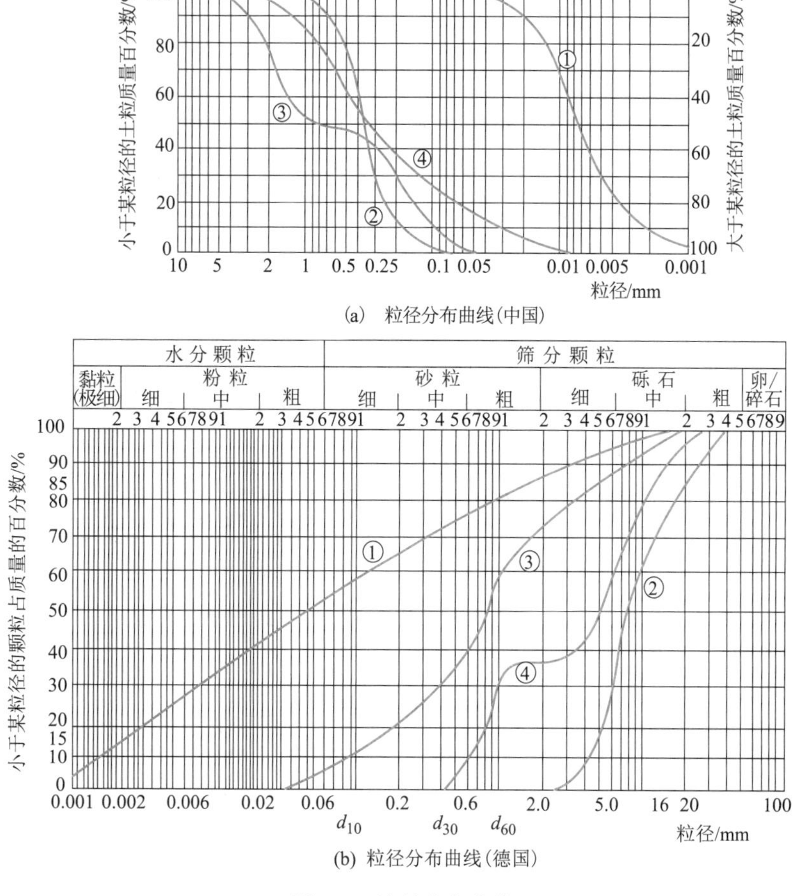

图 1-5　粒径分布曲线

粒径曲线是对土样进行分析判断的重要工具。它可以对土样的分类、粒径构成、渗透、夯实、压浆加固、回填等工程性质进行综合评估。

如图 1-5(a)所示的四条粒径曲线中，土样①的细粒最多，主要是粉粒和黏粒，为黏性土。其他几个土样粗粒较多，主要是各种砂粒。土样②的曲线较陡，表明颗粒较均匀，大部分集中在粒径变化不大的范围内。土样③的曲线中出现平坡段，表明该范围粒径的颗粒短缺。土样④的曲线坡度较缓和，表明颗粒不均匀，粒径变化范围较大。

工程上常用不均匀系数 C_u(coefficient of uniformity)和曲率系数 C_c(coefficient of curvature)

来评价粗粒土的颗粒级配情况，其定义为：

$$C_u=\frac{d_{60}}{d_{10}} \tag{1-6}$$

$$C_c=\frac{d_{30}^2}{d_{60}\cdot d_{10}} \tag{1-7}$$

式中，d_{60}，d_{10}，d_{30}——粒径分布曲线的纵坐标上等于60％、10％、30％时对应的粒径，其中d_{10}称为有效粒径，d_{60}称为控制粒径。

不均匀系数C_u越大，表明曲线越平缓，粒径分布越不均匀。曲率系数C_c反映曲线弯曲的形状，表明中间粒径和较小粒径相对含量的组合情况。据此可判断土的级配是否良好：

(1)当$C_u \geqslant 5$和$C_c=1\sim3$时，表明该土的粒径分布范围较广，粒径不均匀且级配良好，大土粒间的孔隙可由较小土粒填充，图1-5(a)的土样④即属于此情况。级配良好的土易被压实，是较好的工程填料。

(2)不完全符合上述两个条件者，如$C_u<5$，即粒径分布均匀，颗粒大小差别不大，图1-5(a)中的土样②为一例；如$C_c<1$，表明中间粒径颗粒偏少，较小粒径颗粒偏多，图1-5(a)中的土样③为一例；如$C_c>3$，即中间颗粒粒径偏多，较小粒径颗粒偏少。这些情况都属级配不良。

【例1-1】如图1-6所示，有三条粒径级配曲线，试判断哪条粒径级配曲线表示的土体级配良好？

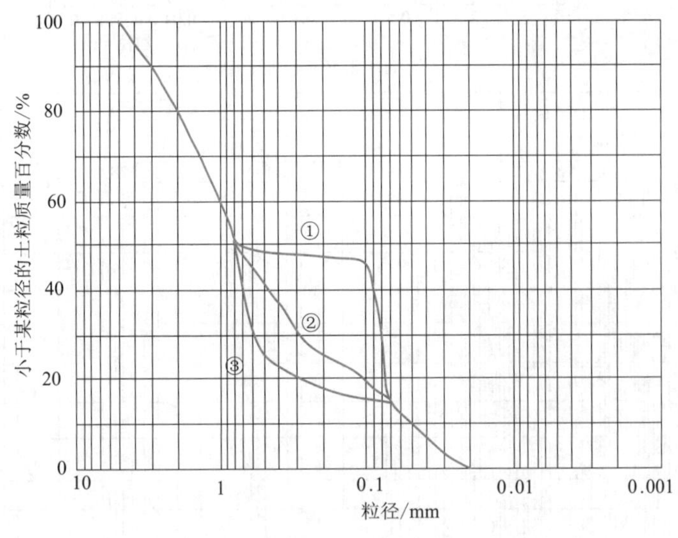

图1-6 例题1-1

【解】通过式(1-6)计算可得三条粒径级配曲线的不均匀系数均为19，然而，其曲率系数各不相同，见表1-1。通过式(1-7)可得曲率系数，对于第②条粒径级配曲线，其曲率系数为1.51，处在$C_u \geqslant 5$和$C_c=1\sim3$范围内，因此，第②条粒径级配曲线所表示的土体级配良好。

表1-1 级配指标确定

序号	不均匀系数C_u	曲率系数C_c
①	19	0.12
②	19	1.51
③	19	6.47

2. *矿物成分*

土粒的矿物成分主要决定于母岩的成分及其所经受的风化作用的影响，大体可分为原生矿物和次生矿物，粗粒组对应于原生矿物，而细粒组对应于次生矿物。不同的矿物成分对土的性质有着不同的影响，其中以细粒组的矿物成分尤为重要。

漂石、卵石、圆砾等粗大土粒是岩石碎屑，它们的矿物成分与母岩相同。

砂粒大部分是母岩中的单矿物颗粒，如石英、长石和云母等。其中石英的抗化学风化能力强，在砂粒中尤为多见。

粉粒的矿物成分是多样性的，主要是石英和 $MgCO_3$、$CaCO_3$ 等难溶盐的颗粒。

黏粒的矿物成分主要有黏土矿物、倍半氧化物（如 Al_2O_3、Fe_2O_3）、次生二氧化硅（如 SiO_2）、和各种难溶盐类（如 $CaCO_3$、$MgCO_3$），它们都是次生矿物。黏土矿物的颗粒都很微小，经 X 射线分析证明其内部具有层状晶体构造。

倍半氧化物和次生二氧化硅等矿物，是由原生矿物铝硅酸盐经化学风化后，原结构破坏而游离出结晶格架的细小碎片。倍半氧化物颗粒很细小，易形成细黏粒或胶粒，亲水性较强。

可溶性次生矿物是土中水溶液中的金属离子及酸根离子，因蒸发等作用而结晶沉淀形成的卤化物、硫酸盐和碳酸盐等矿物，大多成为土粒间孔隙中的填充物。根据其溶解度大小可再细分为难溶盐、中溶盐和易溶盐。难溶盐主要有方解石（$CaCO_3$）、白云石（$MgCO_3$），在干旱地区一部分难溶盐也构成粉粒和较粗的黏粒。中溶盐中最常见的是石膏（$CaSO_4 \cdot 2H_2O$）。易溶盐主要有岩盐（NaCl）、芒硝（$Na_2SO_4 \cdot 10H_2O$）、苏打（$Na_2CO_3 \cdot 10H_2O$）等。易溶盐、中溶盐多数结晶细小，呈黏性，易溶解，以离子存在于溶液中。可溶性次生矿物也称为水溶盐，有减少土中孔隙、胶结土粒、提高土的力学性质的作用。但当它们溶解后，土的性质将急剧变坏。土中易溶盐常因土中含水量的多少而发生状态的改变（液态或固态），失水时呈固态，起胶结作用；含水较多时则离解为水溶液中的离子。所以溶解度越大，危害也就越大。

腐殖质是高度分解而成分复杂的有机酸及其盐类，与水的相互作用强烈，它们的表面积很大。腐殖质的性质同溶于水中的物质成分和含量有关，含 Na^+、K^+、NH_4^+ 等的腐殖质呈极强的亲水性，而被 Ca^{2+} 饱和的则呈较弱的亲水性。

分解不完全的泥炭具有疏松多孔的纤维结构，孔隙率很高，能保持很多水分，在外荷载作用下或当水分减少时，体积可大大缩小。泥炭的强度由其纤维结构的交织作用提供，不一定随含水量减少而相应增大。

土中如含有较多有机质，就可能有强烈的吸水性，相当高的可塑性，明显的湿胀和干缩性，以及高压缩性和低强度。

各矿物成分与粒组大小之间的内在联系大致反映在图 1-7 中。

黏土矿物是最重要的次生矿物，有结晶与非结晶两类，结晶类主要由两种原子层（称为晶片）构成。一种是硅氧晶片，它的基本单元是 Si-O 四面体（图 1-8）；另一种是铝氢氧晶片，它的基本单元是 Al-OH（图 1-9）。由于晶片结合情况的不同，便形成了具有不同性质的各种黏土矿物，其中主要的有高岭石（kaolinite）、蒙脱石（montmorillonite）和伊利石（illite）三类。

高岭石由长石及云母类矿物转变而成，容易在酸性介质条件下形成，其颗粒在黏土矿物中相对较粗。高岭石晶胞之间的联结是氧原子与氢氧基之间的氢键，它具有较强的联结力，因此晶胞之间的距离不易改变，水分子不能进入，亲水性较差，是比较稳定的黏土矿物。在细粒土中，黏粒主要是高岭石者，具有较好的工程性质。

蒙脱石是化学风化的初期产物，其结构单元（晶胞）是由两层硅氧片之间夹一层铝氢氧晶片所组成。由于晶胞的两个面都是氧原子，其间没有氢键，主要通过范德华力联结，因而联结较弱，水分子可以进入晶胞之间，从而改变晶胞之间的距离，甚至达到完全分散到单晶胞为止。因此，当土中蒙脱石含量较大时，具有较大的吸水膨胀和脱水收缩的特性。

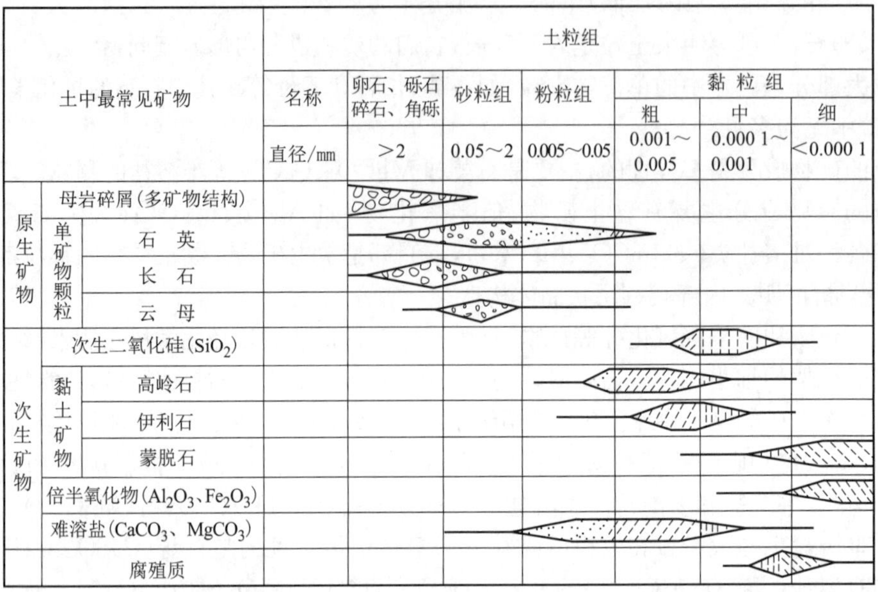

土中最常见矿物			土粒组						
			名称	卵石、砾石 碎石、角砾	砂粒组	粉粒组	黏粒组		
							粗	中	细
			直径/mm	>2	0.05～2	0.005～0.05	0.001～ 0.005	0.000 1～ 0.001	<0.000 1
原生矿物	母岩碎屑(多矿物结构)								
原生矿物	单矿物颗粒	石英							
原生矿物	单矿物颗粒	长石							
原生矿物	单矿物颗粒	云母							
次生矿物	次生二氧化硅(SiO_2)								
次生矿物	黏土矿物	高岭石							
次生矿物	黏土矿物	伊利石							
次生矿物	黏土矿物	蒙脱石							
次生矿物	倍半氧化物(Al_2O_3、Fe_2O_3)								
次生矿物	难溶盐($CaCO_3$、$MgCO_3$)								
	腐殖质								

图 1-7 矿物成分与粒组的关系

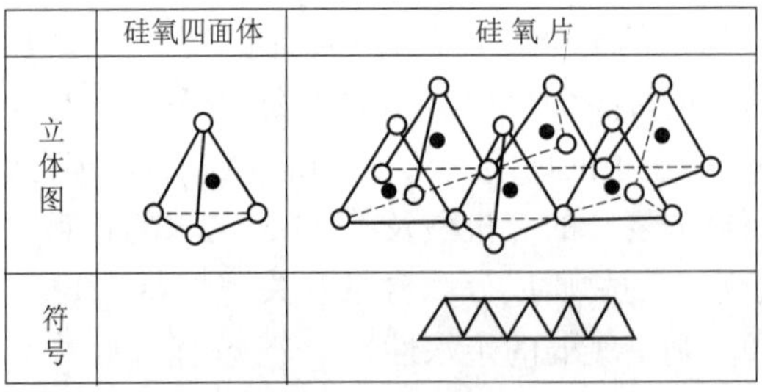

	硅氧四面体	硅 氧 片
立体图		
符号		

图 1-8 硅氧四面体及硅氧片

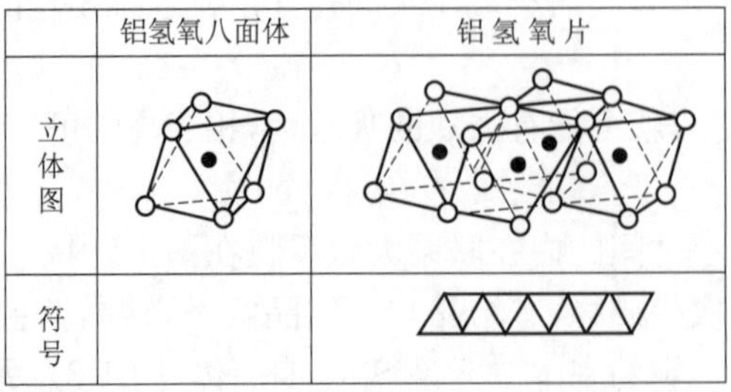

	铝氢氧八面体	铝 氢 氧 片
立体图		
符号		

图 1-9 铝氢氧八面体及铝氢氧片

伊利石的结构单元类似于蒙脱石，所不同的是 Si-O 四面体中的 Si^{4+} 可以被 Al^{3+}、Fe^{3+} 所取代，因而在相邻晶胞间将出现若干一价正离子（K^{+}）以补偿晶胞中正电荷的不足。所以伊利石的结晶结构没有蒙脱石那样活跃。

有些水溶盐如芒硝、石膏等含结晶水，其体积可因吸水而增大，失水而减小，使土的结构和性质发生变化。许多水溶盐溶于水后对金属、混凝土有腐蚀性和侵蚀性，危害基础工程和地下建筑物。因此，土坝、路堤等的填料土对水溶盐，尤其是易溶盐的含量常有相应的限制。

1.3.2　土中水和气

1. 土中水的类型和性质

在自然条件下，土中总是含水的。外界条件不仅会改变土中的水含量，也会改变其存在状态和性质。土中水对土的状态和性质有重大影响。

土中水除了部分以结晶水的形态存在于固体颗粒内部的矿物中以外，可分为结合水(bound water)和自由水(free water)两大类。

矿物内部结晶水是矿物颗粒的组成部分，一般只通过矿物成分影响土的性质。土粒间孔隙中的水按其存在状态分为固态水(冰)、气态水(水汽)和液态水。土中水以液态水最为重要。因水分子为双极体，其氧原子和氢原子排列不对称，正电荷和负电荷不能完全平衡，故有正极和负极的极化现象，使得液态水具有微弱的电离作用。常温水由于热力运动的结果，水分子排列很凌乱，故仍呈现中性，但作为单独的水分子，还是有极性的。液态水可分为表面结合水、毛细水和重力水，其特性以及对土性质的影响有很大不同。工程上习惯把毛细水和重力水合称为自由水，但也有认为自由水即重力水。一般认为，自由水指不受粒面静电引力影响的非结合水。

(1)表面结合水(简称结合水)

结合水是细小土粒因表面静电引力而吸附在其周围的水。它在土粒表面形成了一层水膜，亦称为结合水膜或水化膜。结合水密度较重力水大，具有较高的黏滞性，它不能传递静水压力，不受重力作用而转移，冰点低于 0 ℃。

越靠近土粒表面的结合水被吸附得越紧密牢固，活动性越小；离粒面越远，受到土颗粒的吸引力越弱，活动性越大，水分子排列越杂乱，逐渐形成扩散层。从这个意义上讲，结合水可分为强结合水和弱结合水，如图 1-10 所示。

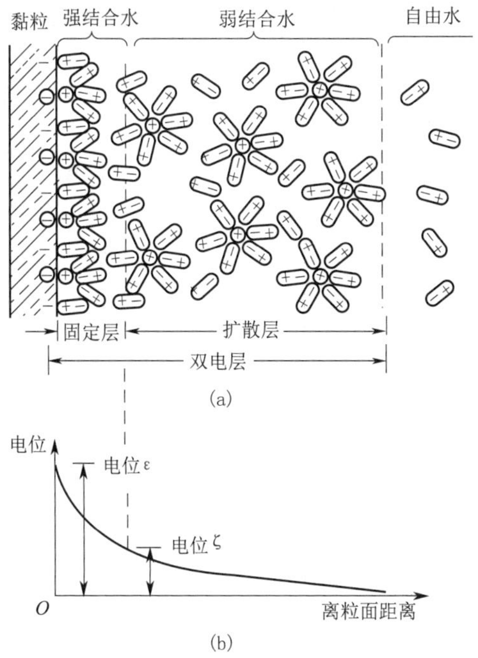

图 1-10　土中水的形成与双电层

强结合水是最靠近黏粒表面的结合水。它不仅可在湿土中形成，也可由土粒从空气中吸收水汽形成，也称吸着水。紧贴粒面的强结合水分子受到的吸引力可达 1 GPa，故强结合水很难移动。一般通过长时间高温烘烤（150～300 ℃）才会气化脱离。强结合水没有溶解和导电的能力。密度为 1.2～2.4 g/cm^3，冰点约为－78 ℃，其力学性质类似固体。

强结合水在砂土中含量极微，最多不到 1%（与干土重相比），只含强结合水的砂土呈散粒状态。强结合水在黏性土中的含量最多可达 10%～20%，如含较多蒙脱石的黏性土甚至可超过 30%。只含强结合水的黏性土呈坚硬的固体状态，磨碎后成粉末。

弱结合水也称薄膜水，位于强结合水外围，占结合水的绝大部分。弱结合水受到的粒面引力随粒面距离的增大而减弱，并可向引力较大处或结合水层较薄处转移。在某些外因（如压力、水溶液成分及浓度变化、电流、干燥、浸湿、冻结和融化等）影响下，弱结合水在土中的含量可发生变化，从而引起黏性土物理力学性质的改变。在工程实践中，这个特性具有重要的意义。弱结合水是黏性土有可塑性的根本原因。

弱结合水在砂土中的含量较低，最多只有几个百分点，在黏性土中含量可高达 30%～40%以上，含蒙脱石较多的黏性土弱结合水含量甚至可大于干土的重量，泥炭中的弱结合水其含量可高达干土重的 15 倍。

(2)重力水（自由水）

重力水是在重力或压力差作用下能流动的普通水，存在于土粒间较大孔隙中。重力水对水中土粒有浮力作用，可传递静水压力。流动的重力水可带走土中的细小颗粒或使土颗粒处于失重状态而丧失稳定。重力水还能溶蚀或析出土中的水溶盐和其他可溶性物质，从而改变土的结构。

(3)毛细水

在土中固、液、气三相交界面处，地下水在分子引力和水表面张力作用下，克服自身重力后在粒间细缝中滞留或上升至地下水面以上一定高度的自由水，亦称毛细水。毛细水上升高度同土粒粒径的大小、形状、组成、矿物成分、土的紧密程度及水溶液成分和浓度等有关系。

毛细水按其存在状态可分为毛细上升水和毛细悬挂水。前者的特点是毛细水下部与地下水面相接，后者则是毛细水下部悬空，不与地下水面相连。

毛细水上升高度在粗粒土中很小，在细粒土中较大。如在砾砂、粗砂层中的毛细水上升高度只有几个厘米，在中砂、细砂层中可能上升几十厘米至一米左右，在粉土、黏土中则可上升至几米高。但毛细水主要存在于孔径为 0.002～0.5 mm 的孔隙中，孔径小于 0.002 mm 孔隙中的水主要是结合水，毛细水含量少。

在毛细水上升区域内土体处于饱和状态。

从上可知，毛细水是由细土颗粒表面吸力和水表面张力将地下水“提升”后形成的。所以，毛细水增加了该范围内土骨架的压力，从而提高了该部分土体中的有效压力。同时，上升毛细水对该区域内的孔隙水产生“负”压作用的吸力，这使得砂粒间可出现不大的黏聚作用。这种作用在砂土完全浸入水时消失，故称“假黏聚力”。要注意到，这种增加的土骨架“有效压力”和孔隙水“负压”与外荷载作用无关，可增加土的强度。当然，在寒冷地区毛细水上升可加剧冻胀、冻融现象，给工程带来不利影响。

2. 土中气

土中气主要是空气和水汽，在某些有机质土中可含有较多的二氧化碳、沼气及硫化氢等气体。土中气体有不同的存在形式：与外界大气相连通的游离（自由）气体、被土粒表面吸附的结合气体、被孔隙水包围的封闭气体和溶解气体。

土中气体对土的工程性质的影响一般较小，但在某些情况下仍不可忽略，如封闭气体的存在会降低土的透水性，使土体不易被压实；在压缩状态下可能会冲破土层逸出，造成突然沉陷；溶解于水的二氧化碳会加剧化学潜蚀等作用。在温度、压力变化时，近地表土体孔隙水中气体的溶解或释放，会改变土体的结构和压缩性。

1.4　土的三相关系

对土的生成及三相组成的了解有助于正确地评估土的工程性质，但这仍然是定性的分析，而定量计算方能指导工程的具体设计和施工。就土而言，首先需要定量知道其三相的质量和体积之间的比例关系，这可通过一系列土的物理性质指标确定。

表示土的三相组成比例关系的指标，称为土的三相比例指标，包括土的密度(density)、含水率(water content)、土粒比重(specific gravity of soil particle)、孔隙比(void ratio)、孔隙率(porosity)和饱和度(degree of saturation)等。其中，前三个指标可通过室内试验直接测得，称为基本指标；其他指标可通过三相相关关系求得，称为衍生指标。

为了便于阐述和计算，工程上用图1-11所示的三相组成示意图来表示各部分之间的数量关系，图中符号的意义如下：

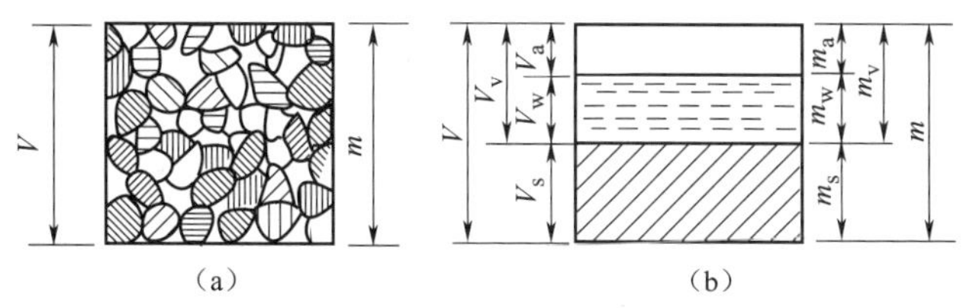

图1-11　土的三相组成示意图

m_s——土粒质量　　m_w——土中水的质量

m——土的总质量，$m=m_s+m_w$　　V_s——土粒体积

V_w——土中水的体积　　V_a——土中气的体积

V_v——土中孔隙体积，$V_v=V_w+V_a$　　V——土的总体积，$V=V_s+V_w+V_a$

图1-11中所示的气体质量m_a相比很小，可忽略不计。

1.4.1　土的三相比例关系基本指标

确定土的三相关系的基本指标为土的密度ρ、含水率w(这里指质量含水率)、土粒比重(G_s)，这三个基本指标均能通过室内试验直接得到。

1. 土的密度(bulk density)

土的天然密度ρ是土的质量m与其体积V之比，即单位体积土的质量，简称土的密度。单位多用g/cm³、kg/m³或t/m³。

$$\rho=\frac{m}{V} \tag{1-8}$$

土的密度可在实验室中用容积为V的环刀切取土样，并用天平称土的质量m求得，此法称环刀法。不能用环刀取样时可改用蜡封法、灌水或灌砂法等测定。

工程中还常用土的重力密度 γ 来表示类似的概念，它是指单位体积土体所受的重力，一般简称为容重，单位多用 kN/m^3。如土受到的总重力为 W，则

$$\gamma=\frac{W}{V} \tag{1-9}$$

显然，土的容重即土的密度乘以重力加速度 g。天然土的容重一般为 16～22 kN/m^3。因有机质和水的含量高，有机软黏土的容重较小，一般小于 15 kg/m^3，可在 10.4～13 kN/m^3 之间。

2. 含水率

土的含水率 w 是土中水的质量 m_w 与土粒质量 m_s 之比，也是两者所受的重力比。含水率常用百分数表示，即

$$w=\frac{m_w}{m_s}=\frac{W_w}{W_s}\times100\% \tag{1-10}$$

测定含水率的方法最简单的是烘干法。将土样称重后在 105～110 ℃的温度下烘干，由失去水的质量与烘干土质量的比值求得含水率。若土中含有超过 5%的有机质，为避免因烘干时分解损失而致过大误差，应在 65～70 ℃下烘干。

粉土的湿度按其含水率 w(%)可分为稍湿($w<20\%$)、湿($20\%\leqslant w\leqslant30\%$)和很湿($w>30\%$)三种状态。

天然土的含水率差别很大。砂土通常不超过 40%，黏性土多在 10%～80%，近代沉积的松软黏性土天然含水率可达 100%以上。国外介绍的一种有机粉土的含水率为 680%，泥炭含水率可达 50%～2 000%。

3. 土粒比重

土粒比重(G_s)，也称土粒相对密度，是土粒密度与 4 ℃时纯水的密度之比，即

$$G_s=\frac{\rho_s}{\rho_w^{4℃}} \tag{1-11}$$

式中 ρ_s——土粒密度，即单位体积土粒的质量；

$\rho_w^{4℃}$——4 ℃时纯水的密度。

土粒比重为无量纲量，在数值上即等于土粒的密度。土粒比重的测定较多采用比重瓶煮沸法，如土中含有较多水溶盐、亲水性胶体，特别是有机质时，求得土粒排开水的体积偏小，因而所得土粒比重偏大，此时应以苯、煤油等中性液体替换蒸馏水。土粒比重多在 2.65～2.75 之间。砂土约为 2.65，黏性土变化范围较大，以 2.65～2.75 最常见。如土中含铁锰矿物较多时，土粒比重较大。含有机质较多的土粒比重较小，可能会降至 2.4 以下。

1.4.2 土的三相比例关系其他常用指标

1. 孔隙比和孔隙率

工程中常用孔隙比 e(void ratio)或孔隙率 n(porosity)来表示土中孔隙的体积含量。

孔隙比 e 是土中孔隙体积 V_v 与土粒体积 V_s 之比，即

$$e=\frac{V_v}{V_s} \tag{1-12}$$

孔隙率 n 是土中孔隙体积与(三相)土的体积 V 之比，一般用百分数表示：

$$n=\frac{V_v}{V}=\frac{V_v}{V_v+V_s} \tag{1-13}$$

孔隙比或孔隙率的大小反映了土的松密程度。e 或 n 越大，土越松，反之则土越密。

土体受压力后，土粒体积几乎没有减小，主要是土体孔隙的减小。由式(1-13)可知土体积的减少量(可看作孔隙体积的减小量)与孔隙比减小量成正比。

孔隙比或孔隙率不能直接测得。现用土粒体积 V_s 为1的单元土三相简图(图1-12)推导孔隙比与基本指标的关系式。根据 γ_s 及 w 的定义，当土粒体积为1时，其重 $W_s=\gamma_s \cdot 1=\gamma_s$，这时水重为 $W_s \cdot w=\gamma_s \cdot w$，故其和为 $\gamma_s(1+w)$。又根据 e 及 γ 的定义，此单元土的体积应为 $1+e$，土重为 $\gamma(1+e)$。故 $\gamma_s(1+w)=\gamma(1+e)$，由此得

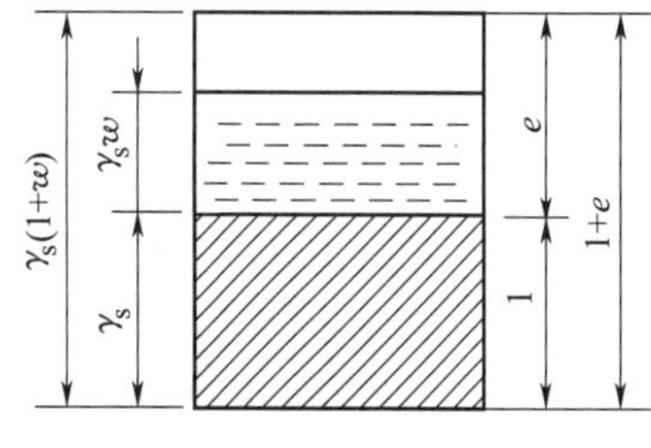

图1-12　单元体的三相简图

$$e=\frac{\gamma_s(1+w)}{\gamma}-1 \tag{1-14}$$

孔隙率也可以用同法得到。但孔隙率与孔隙比有固定关系，从它们的定义可得到：

$$n=\frac{e}{1+e} \text{或} e=\frac{n}{1-n} \tag{1-15}$$

孔隙比的变化范围很大，多在0.25～4.0之间。砂土一般为0.5～0.8；黏性土一般为0.6～1.2；粉土 $e<0.75$ 为密实，$0.75\leqslant e\leqslant 0.90$ 为中密，$e>0.90$ 为稍密。少数近代沉积未经压实黏性土的 e 可大于4，泥炭一般为5～15，有的高达25。

2. 饱和度

土的饱和度 S_r 是土中水的体积 V_w 与孔隙体积 V_v 之比。其表达式可为

$$S_r=\frac{V_w}{V_v}=\frac{wG_s}{e} \tag{1-16}$$

饱和度多用小数表示，也有用百分数表示的。砂土的潮湿程度可根据其饱和度划分为稍湿($S_r\leqslant 0.5$)、很湿($0.5<S_r\leqslant 0.8$)、饱和($S_r>0.8$)三种情况。完全饱和时 $S_r=1$。

3. 土的密度和容重

(1)饱和密度(saturated density)、饱和容重(saturated unit weight)和浮容重(submerged (buoyant) unit weight)

土的饱和密度即孔隙完全被水充满时土的密度，根据定义并按三相简图求得

$$\rho_{sat}=\frac{m_s+V_v\rho_w}{V} \tag{1-17}$$

土的饱和容重是指 $S_r=1$ 的饱和土容重 γ_{sat}，表示为

$$\gamma_{sat}=\frac{\gamma_s+e\gamma_w}{1+e} \tag{1-18}$$

式中　γ_w——水的容重，可取为 10 kN/m^3。

此外，土的浮容重 γ' 即用来表示土浸入水中受到浮力作用后的容重。据其定义可得

$$\gamma'=\gamma_{sat}-\gamma_w=\frac{\gamma_s-\gamma_w}{1+e} \tag{1-19}$$

(2)干密度(dry density)和干容重(dry unit weight)

土被完全烘干时的密度称为干密度(ρ_d)，土的干密度要与土粒密度结合理解。由于忽略了气体的质量，土的干密度即为单位体积土体中土粒的质量，由三相简图可得

$$\rho_d=\frac{m_s}{V} \tag{1-20}$$

土的干容重 γ_d是单位体积土中的干土粒重：

$$\gamma_d=\frac{W_s}{V}=\frac{\gamma_s}{1+e}=\frac{\gamma}{1+w} \tag{1-21}$$

在工程计算中，应根据具体情况采用不同状态的土容重。例如，作为天然地基土在地下水位以上部分应采用原状土的容重，在地下水位以下部分，有的部门常采用浮容重，有的部门则可能还要根据土的透水性和工程特点等因素确定采用浮容重或者采用饱和容重。

与工程有关的土一般含有水分。但由式(1-21)可知：γ_d越大 e 越小(γ_s不变)，即土越密实，故堤坝、路基、机场、填土地基等工程常以土压实后的干容重作为保证填土质量的指标。如填筑黏性土路堤，堤面以下 1.2 m 内的 γ_d一般应达到压实试验所得最大值的 90%～95%，1.2 m以下要求达到 85%～90%；而在填土地基，则一般应达到 94%～97%。

1.4.3 最大干容重和最优含水率

土的干容重越大，表明土体中颗粒含量越高，土体承载力等工程性质越好。

土的干容重与其含水率有关，过干过湿都不能达到最大干容重。工程实践表明，其他条件(压实土的方法、土的组成等)相同，在一定含水率时，干容重将达到最大值，即为最大干容重 γ_{dmax}，此时的含水率称为最优(佳)含水率 w_{op}(optimum water content)。

图 1-13 为某黏性土采用各种压实方法测得的含水率—干容重曲线。由图可见，含水率较低时，黏粒间水浸润不够使得相对移动摩阻较大，一定的外加压实功不足以使土达到更紧密的状态。增加含水率会使粒面结合水膜变厚，粒间相对移动和靠拢的阻力减小，此时土体更易于被压密，故干容重增大。当含水率超过相应的最优含水率时，土已接近饱和状态，空气所占孔隙很小，且在孔隙中被水包围而处于封闭状态，在瞬间夯击或短时间碾压时孔隙水和气体来不及排出，黏性土难以被进一步压密。这时含水率的增加将引起孔隙量的增加，即干容重的降低。可见，含水率对干容重的影响显著。

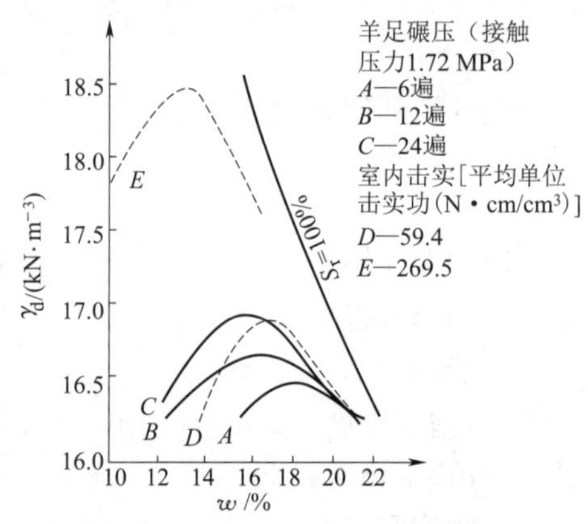

图 1-13　含水率—干容重曲线

同时，图 1-13 也表明不同压实方法对最大干容重和最优含水率的影响。在工地常用机械碾压或夯实等方法，在实验室则用击实试验法。击(压)实功越大，所得最大干容重也越大，最优含水率则越小。但击实功较大时，引起最大干容重的增加量越来越小，故要选择与现场碾压机械压实能量相匹配的、合理的压实方法。粒径级配较好的粗粒土、黏粒含量和亲水性矿物含量较少的黏性土具有较大的最大干容重和较低的最优含水率，也容易达到其最大干容重。土的压实特性可在路堤、填土地基、土石坝、机场跑道等填土工程中进行应用。

【例 1-2】某工地需压实填土 7 200 m³，从铲运机卸下松土的容重为 15 kN/m³，含水率为10%，土粒密度为 2.7 t/m³，求松土孔隙比。如压实后含水率为 15%，饱和度为 95%，问共需松土多少立方米，并求压实土容重及干容重。

【解】土粒密度为 2.7 t/m³，则土粒容重 $\gamma_s=2.7\times10$ kN/m³，由式(1-14)可得松土孔隙比

$$e_{松}=\frac{\gamma_s(1+w)}{\gamma}-1=\frac{2.7\times10\times(1+0.10)}{15}-1=0.98$$

由式(1-16)可得压实土孔隙比 $e_{实}=\frac{wG_s}{S_r}=\frac{0.15\times2.7}{0.95}=0.426$

另外，松土孔隙比 $e_{松}=\frac{V_v}{V_s}=\frac{V_{松}-V_s}{V_s}\Rightarrow V_s=\frac{V_{松}}{1+e_{松}}$ (a)

同理得压实土孔隙比 $e_{实}=\frac{V_v}{V_s}=\frac{V_{实}-V_s}{V_s}\Rightarrow V_s=\frac{V_{实}}{1+e_{实}}$ (b)

联解式(a)及式(b)，可得 $V_{松}=\frac{1+e_{松}}{1+e_{实}}\times V_{实}$

所以，共需松土 $V_{松}=7\ 200\times\frac{1+0.98}{1+0.426}=9\ 997.2(\mathrm{m}^3)$

压实土容重 $\gamma=\frac{\gamma_s(1+w)}{1+e}=\frac{2.7\times10\times(1+0.15)}{1+0.426}=21.77(\mathrm{kN/m}^3)$

压实土干容重 $\gamma_d=\frac{\gamma_s\cdot1}{1+e}=\frac{2.7\times10\times1}{1+0.426}=18.93(\mathrm{kN/m}^3)$

1.5　土的物理状态及相关指标

土的物理状态主要指土的松、密、软、硬状态，它对工程性质有十分重要的影响。对无黏性土主要是评定其密实程度，对黏性土则主要是评定其软硬程度，也称稠度(consistency)。显然，密实、硬塑状土具有较高的强度和较低的压缩性，可作为良好的天然地基。

1.5.1　粗粒土密实程度

评定粗粒土、砂土等非黏性土密实程度的指标通常有相对密度 D_r、超重型圆锥动力触探锤击数 N_{120}、重型圆锥动力触探锤击数 $N_{63.5}$、标准贯入试验锤击数 N。

对于同一种砂土，孔隙比可以反映土的密实度：孔隙比大，说明土的密实度小，孔隙比小，说明土的密实度大。但对于不同的砂土，相同的孔隙比却不能说明其密实度也相同，因为砂土的密实度还与土粒形状、大小及粒径组成有关。例如粗细颗粒兼有、级配良好的砂土在达到最大密实度时的孔隙比，即最小孔隙比 e_{min}，会小于土粒大小均匀、级配不良的砂土所达到的 e_{min}。因此国际上和国内一些行业部门采用相对密度 D_r 作为判定指标，其定义如下：

$$D_r=\frac{e_{max}-e}{e_{max}-e_{min}} \tag{1-22}$$

式中　e_{max}，e_{min}——土的最大、最小孔隙比，分别相应于最疏松、最紧密状态的孔隙比；

e——土的天然状态孔隙比。

e_{max} 和 e_{min} 可在实验室内分别用漏斗法、量筒倒转法或振动锤击法测定。求砂土的 e_{max} 应用干燥土样，而求 e_{min} 不宜用烘干砂土，可使用含水率约为最优含水率(4%～10%)的砂土样。

相对密度值在 0～1 之间。当 $e=e_{max}$，$D_r=0$；当 $e=e_{min}$，$D_r=1$。故 D_r 越大，砂土越密实。

相对密度的概念比较合理，但测定 e_{max} 和 e_{min} 的方法不够完善，且砂土的原状土不易取得，尤其是在地下水位以下时更是困难，故天然孔隙比较难准确测定。

《铁路桥涵地基和基础设计规范》(TB 10093—2017)按相对密度划分砂土密实度的有关规定见表 1-2。

表 1-2 砂类土密实程度的划分

密实程度	标准贯入试验锤击数 N	相对密度 D_r
密实	$N>30$	$D_r>0.67$
中密	$15<N\leqslant 30$	$0.4<D_r\leqslant 0.67$
稍密	$10<N\leqslant 15$	$0.33<D_r\leqslant 0.4$
松散	$N\leqslant 10$	$D_r\leqslant 0.33$

动力触探(dynamic penetration test)和标准贯入(standard penetration test)适用于砂类土和碎石类土密实度的现场测定。其基本原理是,将一定质量重锤提升到指定高度后自由下落,利用重锤下落冲击力将探头击入土中。配合钻孔资料,通过贯入深度一定值时的锤击数来评判土的密实度和状态。

动力触探可在地面或坑底进行,可获得锤击数与贯入深度之间连续变化的关系。在我国动力触探可分轻型 DPL、重型 DPH 和超重型 DPSH 三种。国外有 DPL-5、DPL、DPM-A、DPM 和 DPH 等类型,主要区分在于探头截面面积、穿心锤质量和穿心锤提升高度。标准贯入则在钻孔底部进行,可得到锤击数与贯入深度(≤30 cm)之间的关系,同时通过特制的对开式标准贯入器(图 1-14),取得相应土样。在国外,常用类似动力触探的探头代替国内的对开式贯入器。

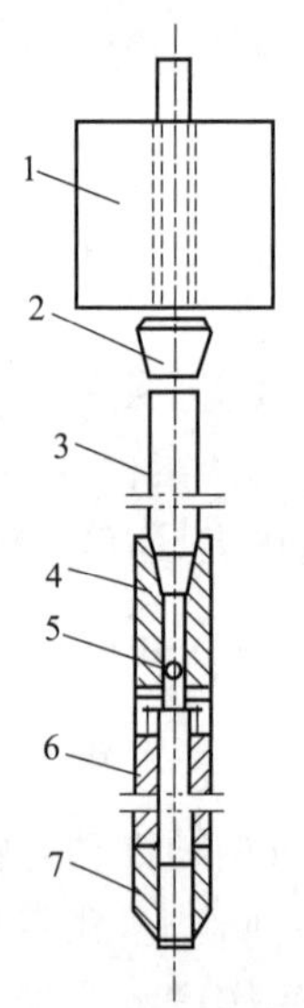

图 1-14 标准贯入度试验设备

1—穿心锤;2—锤垫;3—触探杆;4—贯入器头;5—出水孔;6—由两半圆形管并合而成贯入器身;7—贯入器靴

在国内,动力触探试验适用于软岩、碎石土、砂土、粉土和一般性黏土,标准贯入试验适用于砂土、粉土和一般性黏土。在国外,动力触探和标准贯入试验均适用于软岩、碎石土、砂土、粉土、残积土、硬塑/坚硬黏土、一般性黏土和软塑~流塑状黏土。

国内动力触探和标准贯入试验的主要指标见表 1-3。

对于不同的土,可根据标准贯入和动力触探击数判别土层的密实程度,详见表 1-2、表 1-4 和表 1-5。

标准贯入试验结果也受其他因素影响,如饱和粉细砂、地下水、上覆土、探杆侧向摩阻、贯入设备和试验钻进方法等。国内有些规范提供了杆长为 3~21 m 时的杆长修正值 α。但国内外对修正系数的研究还存在较大异议。因此,应根据岩土工程问题和场地实际情况综合考虑,是否需要修正和怎样修正。

表 1-3 动力触探和标准贯入试验设备类型和规格

类型及代号	重锤质量/kg	重锤落距/cm	探头截面积/cm²	探杆外径/mm	动力触探击数	
					符号	单位
轻型 DPL	10±0.2	50±2	13	25	N_{10}	击/30 cm
重型 DPH	63.5±0.5	76±2	43	42、50	$N_{63.5}$	击/10 cm

续上表

类型及代号	重锤质量 /kg	重锤落距 /cm	探头截面积 /cm^2	探杆外径 /mm	动力触探击数	
					符号	单位
超重型 DPSH	120±1.0	100±2	43	50	N_{120}	击/10 cm
标准贯入	63.5±0.5	72±2	对开圆筒，外径 100～140 mm	42	N^{*}	击/10 cm

*：将贯入器垂直打入土层中 15 cm 后，记录后续 3×10 cm 锤击数。

表 1-4　碎石土密实度按 N_{120} 分类

超重型圆锥动力触探锤击数 N_{120}	密实度	超重型圆锥动力触探锤击数 N_{120}	密实度
$N_{120}\leqslant 3$	松　散	$11<N_{120}\leqslant 14$	密　实
$3<N_{120}\leqslant 6$	稍　密	$N_{120}>14$	很　密
$6<N_{120}\leqslant 11$	中　密		

表 1-5　碎石土密实度按 $N_{63.5}$ 分类

重型圆锥动力触探锤击数 $N_{63.5}$	密实度	重型圆锥动力触探锤击数 $N_{63.5}$	密实度
$N_{63.5}\leqslant 5$	松　散	$10<N_{63.5}\leqslant 20$	中　密
$5<N_{63.5}\leqslant 10$	稍　密	$N_{63.5}>20$	密　实

碎石土为粗粒土，既难取原状土样，又不易打下标准贯入器，故一般在现场可根据土体及钻探情况综合评定其密实程度，见表 1-6。

表 1-6　碎石类土密实程度划分

密实程度	结构特征	天然坡和开挖情况	钻 探 情 况
密实	骨架颗粒交错紧贴连续接触，孔隙填满、密实	天然陡坡稳定，坎下堆积物较少。镐挖掘困难，用撬棍方能松动，坑壁稳定；从坑壁取出大颗粒处，能保持凹面形状	钻进困难，钻探时，钻具跳动剧烈，孔壁比较稳定
中密	骨架颗粒排列疏密不均，部分颗粒不接触，孔隙填满，但不密实	天然坡不易陡立或陡坎下堆积物较多；天然坡大于粗颗粒的安息角；镐可挖掘，坑壁有掉块现象；充填物为砂类土时，坑壁取出大颗粒处，不易保持凹面形状	钻进较难，钻探时，钻具跳动不剧烈，孔壁有坍塌现象
稍密	多数骨架颗粒不接触，孔隙基本填满，但较松散	不易形成陡坎，天然坡略大于粗颗粒的安息角；用镐较易挖掘；坑壁易掉块，从坑壁取出大颗粒后易塌落	钻进较难，钻探时钻具有跳动，孔壁较易坍塌
松散	骨架颗粒有较大孔隙，充填物少，且松散	锹可以挖掘；天然坡多为主要颗粒的安息角；坑壁易坍塌	钻进较容易，钻进中孔壁易坍塌

1.5.2　粉土密实度

《岩土工程勘察规范》(GB 50021—2001)(2009 年版)给出了按孔隙比 e 对粉土进行密实度分类的标准，见表 1-7。

表 1-7 粉土密实度分类

孔隙比	密实度
$e<0.75$	密实
$0.75\leqslant e\leqslant 0.90$	中密
$e>0.9$	稍密

应当指出，当有经验时，也可用原位测试(触探、标贯)或其他方法划分粉土的密实度。

除此之外，还可利用静力触探、旁压、十字板剪切等现场原位试验对相关土层密实度和状态进行划分。

静力触探(CPT)适用于砂土、粉土和黏性土等非粗颗粒土和非硬塑/坚硬状黏性土的现场测试。其工作原理是：通过静压力将探头匀速垂直压入土中。结合现场钻孔取样，通过测试探头端阻 p_s 和侧阻 f_s 的大小可对土层密度、塑性状态、抗剪强度等指标进行评判。

图 1-15 为静力触探试验结果实例。

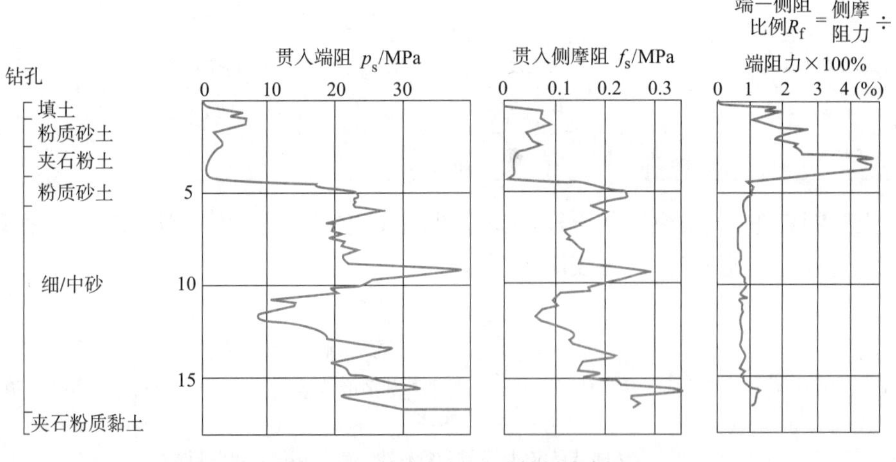

图 1-15 静力触探试验结果实例

G. Sanglerat(1972)给出了当探头端阻 $p_s>1.5$ MPa 时，黏性土呈现软塑—可塑状态的实例。应当注意，国外所用静力触探的设备和规格有别于国内。

1.5.3 黏性土可塑性及稠度

与砂类、粉土类土不一样，黏性土常用其状态指标进行分类，这主要是因为黏性土性质并非仅仅由颗粒大小决定，而首先取决于黏性土颗粒矿物质成分以及与水的作用。由于矿物成分确定困难，工程上就常用测定黏性土与水的作用来表示其物理状态及可塑特性，进而对其工程性质加以描述。

1. 黏性土的状态及界限含水率

黏性土在不同含水率时呈现不同的物理状态，它反映了黏粒表面与水的作用程度以及土粒间联结强度或相对活动的难易程度。黏性土的状态直接影响到它的力学性质。随着含水率的改变，黏性土物理状态逐渐变化，不同阶段会呈现不同的状态特征。工程上常根据黏性土随含水率的增加由硬变软的过程，将其划分为几种基本物理状态，如坚硬、硬塑、可塑、软塑和流塑。

当含水率足够高时，黏性土处于流动、流塑状态，此时黏性土可黏附在其他材料上。若含水率减少，土的黏附性将会消失，进而由流塑转入塑性状态，此时土粒间存在一定的引力作用，足以克服本身的重力影响而具有保持形状基本不变的能力。只有在一定外力作用下才发生相对移动而不脱离，土可被改变形状而不裂，不断。当外力解除后，土仍能保持其改变后的形状，这就是黏性土的重要特征之一——可塑性(plasticity)。若含水率继续减小，可塑状态由软逐渐变硬。若继续减少含水率，土中水基本上是强结合水和扩散层的内层结合水，土粒间联结比较牢固，在外力作用下已难以保持相对移动而不脱离，因而失去可塑性进入坚硬状态。

黏性土由一种主要状态向另一种主要状态转变时的含水率，通常称为界限含水率。由流塑状态转入塑性状态的界限含水率称为塑性上限，也称为液性界限 w_L，简称液限或流限(liquidity limit)。由塑性状态转变为坚硬状态的界限含水率为塑性下限，称为塑性界限 w_p，简称塑限(plasticity limit)。黏性土在刚进入坚硬状态时的体积还是随含水率的减少而相应减少的，但随着粒间引力越来越大，体积减少量开始并越来越小于水的减少量，土变得越来越硬，处于饱和状态的土此时已不再饱和。当随含水率的继续减少而黏土体积减少量可忽略不计时，土中则主要存在强结合水，土粒间联结十分牢固，表明此时土已由坚硬状态转入坚固状态。此时的界限含水率称为收缩界限 w_s，简称缩限(shrinkage limit)。缩限一般用土失水收缩的直线段和失水不收缩的直线段的延长线交点确定。

上述三个界限含水率——液限、塑限、缩限由瑞典农学家阿特堡(A. Atterberg)首先提出，国际上称为阿特堡界限(Atterberg limit)，其中以确定塑性状态范围的液限和塑限对工程建设最为重要。

2. 液限和塑限的测定方法

实验室测定黏性土液限的方法主要有锥式液限仪法和碟式液限仪法。锥式(瓦氏)液限仪(图 1-16)主要由质量为 76 g 的平衡锥组成，其锥角为 30 ℃。平衡锥在重塑黏性土样表面借自重下沉，经 5 s 后的沉入深度是 10 mm 和 17 mm 时的含水率分别称为 10 mm 和 17 mm 液限。我国较普遍采用的是锥式液限仪和 10 mm 液限法。但各国采用的平衡锥及沉入深度不都相同。

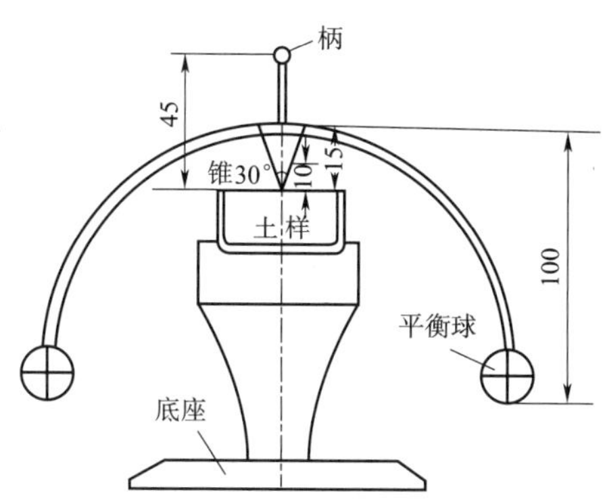

图 1-16　锥式液限仪(单位：mm)

碟式(卡氏)液限仪[图 1-17(a)]在国外应用较多，是一个由偏心轮带动装土碟不断上升下落、碰击底板的装置。先用切槽器将碟中厚 10 mm 的重塑土切出底宽为 2 mm 的 V 形槽[图 1-17(b)]，摇转偏心轮，使装土碟与底板碰击 25 次。如此时土样槽底两侧土合拢长度为 13 mm，则对应的含水率取为其液限。

因测定液限的仪器与方法不同，测定结果也会有差别。一般认为 17 mm 液限与碟式液限仪测得的结果大致相同，10 mm 液限一般小于碟式测定结果。

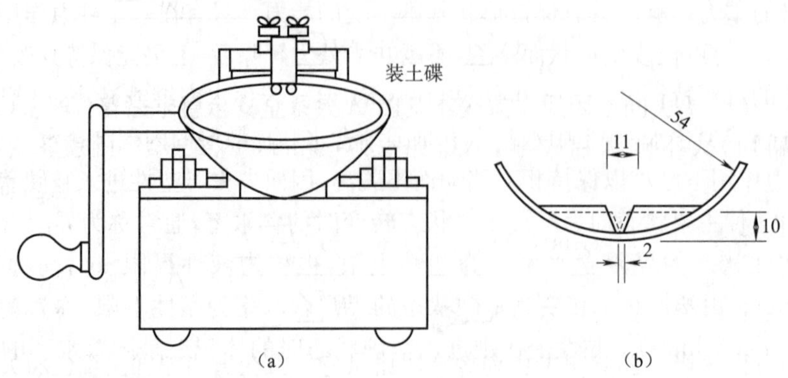

图 1-17 碟式液限仪(单位:mm)

测定塑限的方法是人工和机械搓条法。人工搓条法主要步骤为:将在毛玻璃上的重塑黏土小圆球(球径小于 10 mm)用手掌搓成小土条，若土条搓至 3 mm 时恰好产生开裂并开始断裂，此时土条的含水率取为塑限 w_p。搓条法受人为因素影响较大，结果不稳定。为改善此不足，除人工搓条法，国内外也采用机械搓条法。同时，很多研究者也在探索更可靠的方法，如联合法测定液限和塑限。此方法采用锥式液限仪测，以电磁放锥法对不同含水率的黏性土试样进行若干次试验，并将测定结果在双对数坐标纸上绘出。根据大量资料统计，圆锥体入土深度与含水率之间的关系接近于直线。故做几次试验后，把不同含水率对应的入土深度连成直线，从直线上可直接获得入土深分别为 10 mm 及 2 mm 的含水率，即为该黏土的液限和塑限。

3. 塑性指数和液性指数

(1)塑性指数(plasticity index)

塑性指数 I_p是指液限和塑限之差值，即

$$I_p = w_L - w_p \tag{1-23}$$

塑性指数常用百分率的数值表示，如 $w_L = 40\%$，$w_p = 22\%$，则 $I_p = 18$。

塑性指数给出黏土塑性范围的大小。塑性指数越大，可塑范围也越大。在一定意义上塑性指数综合反映了影响黏性土特性的主要因素，因此可用于黏性土的分类及其工程性质的评估(表 1-8)。

表 1-8 粉黏土分类

土的名称	塑性指数 I_p
粉土	$I_p \leqslant 10$
粉质黏土	$10 < I_p \leqslant 17$
黏土	$I_p > 17$

砂土 I_p为零。I_p接近于零，土样接近砂土，I_p接近于 10，土样接近粉质黏土。在二者之间可进一步细分为砂质粉土、低塑性黏土、粉土、粉质低塑性黏土等“亚类土”。

(2)液性指数(liquidity index)

随含水率减少黏性土的塑性变形能力减弱，强度增加。因此，借助于含水率指标准确判定黏性土变形能力尤为重要。工程上，普遍采用液性指数 I_L来定量判定黏性土所处状态。液性指数 I_L定义为

$$I_L=\frac{w-w_p}{w_L-w_p}=\frac{w-w_p}{I_p} \tag{1-24}$$

式中　w——土的天然含水率。

由式(1-24)可见，当天然含水率低于塑限时，$I_L<0$，土处于坚硬状态；当天然含水率在塑限和液限之间时，I_L在0～1之间，天然土处于可塑状态；当天然含水率高于液限时，$I_L>1$，天然土处于流动状态。《建筑地基基础设计规范》(GB 50007—2011)根据液性指数将黏性土划分为五种软硬状态，其划分标准见表1-9。

表1-9　黏性土状态分类

液性指数	状　态	液性指数	状　态
$I_L\leqslant0$	坚硬	$0.75<I_L\leqslant1$	软塑
$0<I_L\leqslant0.25$	硬塑	$I_L>1$	流塑
$0.25<I_L\leqslant0.75$	可塑		

(3)液性指标

国外常用液性指标I_c来代替液性指数I_L，液性指标I_c定义为

$$I_c=\frac{w_L-w}{w_L-w_p}=1-I_L \tag{1-25}$$

图1-18给出黏性土界限含水率棒状图、液性指数I_L和液性指标I_c相互关系。

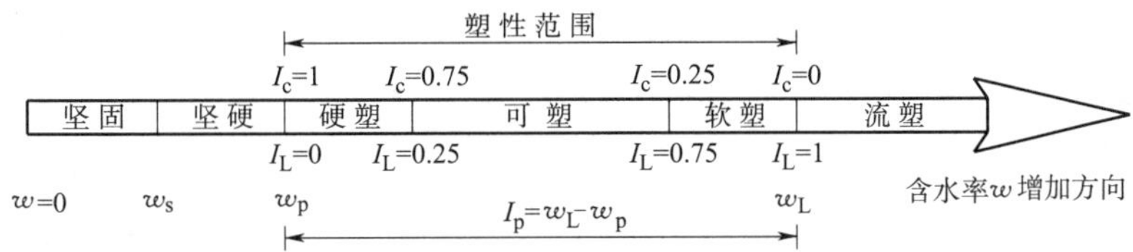

图1-18　黏性土界限含水率棒状图和塑性范围

4. 影响黏性土可塑性的因素

黏性土的可塑性与黏粒同水溶液的表面作用密切相关，影响黏性土可塑性的因素与影响扩散层厚度和弱结合水含量的因素是一致的。这些因素主要包括黏性土的粒径组成、矿物成分、交换离子成分及浓度、溶液pH值等。降低黏性土的可塑性可改善其工程性质。

(1)粒径组成的影响

可塑性的大小或强弱与粒径大小的关系见表1-10。显然，黏粒含量，特别是细黏粒含量的增高会增强其可塑性。根据试验资料统计，黏粒含量与塑性指数大致呈线性关系(图1-19)，随着黏粒含量增加，液限与塑限都在增长，但液限更为敏感，故塑性指数也在增加。

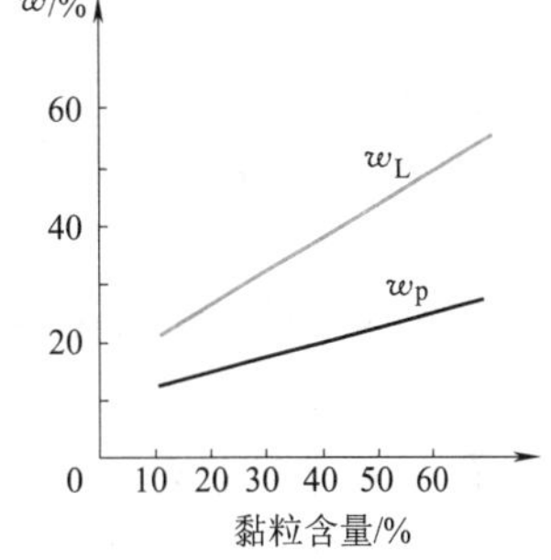

图1-19　黏粒含量对I_p影响

(2)矿物成分和交换离子成分的影响、活性指数

黏粒矿物成分和交换离子成分对黏性土的影响很大。表1-11提供了主要黏土矿物不同阳离子饱和时各项塑性指标的测定值。表中数据表明：黏土矿物亲水性越强，其液限和塑限也越高，但液限增高的幅度比塑限增高的幅度要大，故塑性指数也随之明显提高。由表1-10可见，交换离子成分对可塑性的影响则主要体现在亲水性强的蒙脱石中。

表 1-10　可塑性与粒径的关系

粒径/mm	>0.005	0.005～0.002	0.002～0.001	<0.001	<0.000 5
可塑性	一般没有	微弱	不大	强烈	特强

表 1-11　主要黏土矿物不同阳离子饱和时的塑性指标测定值

矿物种类	蒙脱石					伊利石					高岭石				
交换离子成分	Na^+	K^+	Ca^{2+}	Mg^{2+}	Fe^{3+}	Na^+	K^+	Ca^{2+}	Mg^{2+}	Fe^{3+}	Na^+	K^+	Ca^{2+}	Mg^{2+}	Fe^{3+}
液限/%	710	660	510	410	290	120	120	100	95	110	53	49	38	54	59
塑限/%	60	100	80	60	70	57	58	40	45	51	32	29	27	31	37
塑性指数	650	550	430	350	220	63	62	60	49	59	21	20	11	23	22

此外，有机质，特别是腐殖质也有很强的亲水性，有机质含量的增加会明显提高液限和塑限值，液性指数也会随之增高。

对于含有不同数量、不同矿物成分黏粒的黏性土来说，塑性指数是两者综合的结果。或者说，塑性指数和黏粒含量也可反映黏粒矿物成分的性质。图 1-20 给出几种主要黏土矿物的黏粒含量 $p_{0.002}$（=粒径小于 0.002 mm 的质量/颗粒总质量）与塑性指数 I_p的线性关系。图中可见，黏性土①所含黏粒的矿物成分主要是伊利石，而黏性土②的矿物成分主要是高岭石。这些线的坡度（坡角的正切）称为胶体活动性指数，简称活性指数（符号为 A），即

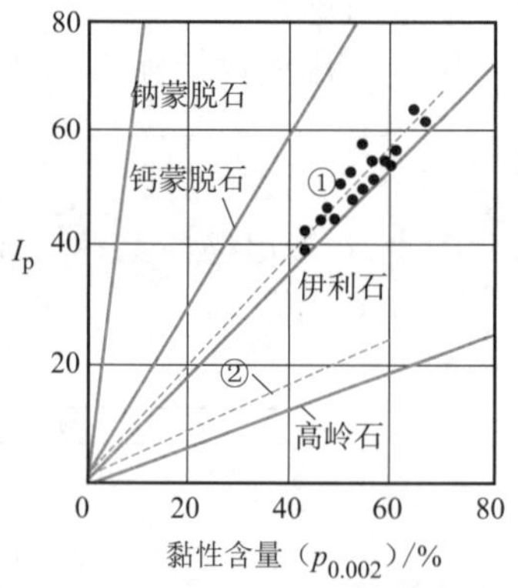

图 1-20　矿物成分对 I_p的影响

$$A=I_p/p_{0.002} \tag{1-26}$$

按活性指数可将黏性土的活动性划分为三类：

$A<0.75$ 非活性

$A=0.75\sim1.25$ 一般

$A>1.25$ 活性

黏性土①属于活性一般，黏性土②则属于非活性。活性指数越大，黏性土所含矿物黏粒的亲水性越强。

(3)改变黏性土可塑性的因素

黏性土中的黏粒多数带负电。增大水溶液中的阳离子浓度可减小扩散层的厚度，因而降低黏性土的可塑性。对于含有亲水性强的低价阳离子矿物黏性土，通过高价阳离子去置换，也可使扩散层变薄，进而减弱可塑性。

在一般情况下降低水溶液 pH 值会减弱黏性土可塑性。可塑性降低，表明黏粒与水的表面作用减弱和扩散层变薄，因而黏性土的亲水性减弱，与亲水性相关的性质如可塑性、膨胀收缩性等也会随之减弱，土的工程性质得到改善。

【例 1-3】有 A、B 两种黏性土，其部分物理特性如下表。试比较两种土的物理状态并简单说明。

土类	物理特性				
	孔隙比 e	含水率 w/%	液限/%	塑限/%	小于 0.002 mm 黏粒含量/%
A 土	0.75	28	31	18	35
B 土	0.73	27	87	31	36

【解】这两种黏性土的孔隙比、含水率基本相同，但液限、塑限不同，通过计算塑性指数分别为 13 和 56，液性指数分别为 0.769 及 −0.071，故 A 土处于软塑状态，B 土则处于坚硬状态。注意到两土中小于 0.002 mm 黏粒的含量基本相同，故可认为其矿物的亲水性差别较大。活性指数分别为 0.37（非活性的）及 1.56（活性的）。参考图 1-20 可认为：A 土中内的黏粒矿物成分相当于高岭石，而 B 土的黏粒矿物成分相当于钙蒙脱石。

1.6　土的结构及其联结

土的结构是指由土颗粒单元大小、形状、相互排列以及相互联结和作用等因素构成的结构特征。它综合反映了土的状态、物理和力学性质。

从工程意义上讲，土的结构主要包括土粒的外表特征及粒径组成、土粒的排列和土粒间的联结三个方面。这三个方面相互关联，构成了土的总的结构特征和性状。

1.6.1　粗粒土结构及粉土结构

砂、石的颗粒较粗，比表面积较小，颗粒表面含结合水极少。颗粒之间一般为直接接触，相互联结以及毛细水作用极弱，物化胶结物联结的情况也很少，通常是靠重力聚合，成散粒堆积状态，为典型的单粒结构或散粒结构[图 1-21(a)]。

磨圆度较高和级配良好的单粒结构在外力作用下易于形成密实状态[图 1-21(b)]。级配良好的密实状单粒结构砂石，由于其土粒结构排列紧密，在静、动荷载作用下都不会产生较大沉降，所以强度较大，压缩性较小，是较为良好的天然地基。而磨圆度低、级配差的单粒结构在较快速度堆积条件下（如洪水沉积）常成疏松状态[图 1-21(a)]。具有疏松单粒结构的土，其骨架是不稳定的，当受到振动及其他外力作用时，土粒易于发生移动，引起很大的变形。因此，这类土层未经加固处理一般不宜用作建筑物的地基。

以粉粒为主的粉土结构颗粒联结作用也很弱。细粉颗粒质量小，当单颗粒下沉时碰到已沉积的土粒，就可能因粒间引力而停留在接触点上不再下沉，从而形成孔隙很大的蜂窝结构（图 1-22）。蜂窝结构土体骨架不稳定，易沉降变形，大多属于低强度、高压缩性、与水作用敏感、蠕变特点突出的不良地层。一般不经加固处理不能直接作为建筑物地基。

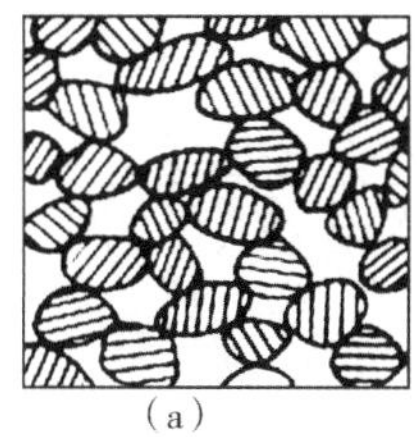
(a)

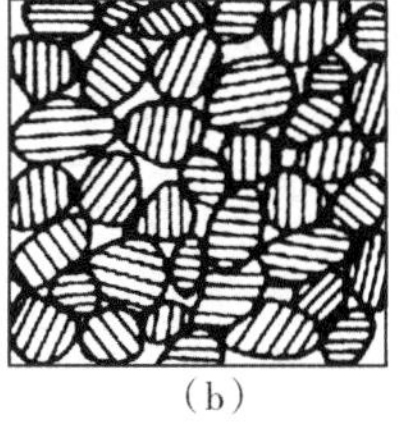
(b)

图 1-21　土的单粒结构

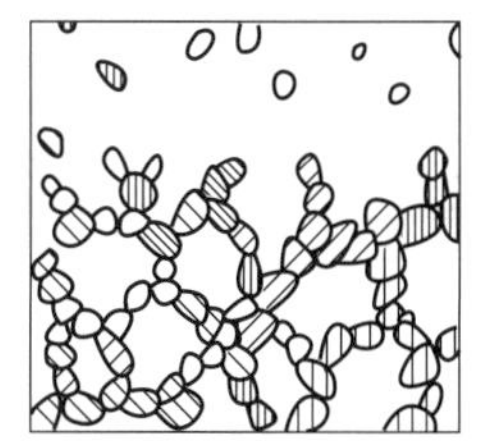

图 1-22　土的蜂窝状结构

1.6.2 黏粒土结构

黏粒含量大的黏性土结构比粗粒土结构复杂很多，这主要是因为黏性土结构的联结十分复杂。黏性土结构的联结主要表现在黏粒之间的黏着和聚合作用。这是由黏粒本身的物理化学特性决定的，属于土粒结构联结的内力。在本学科范围内该内力的总和称为黏聚力（也称内聚力）。黏聚力是黏性土与粗粒土相区别的重要标志。由于黏聚力的存在，黏性土颗粒可以在没有外界约束的条件下联结在一起而不散开。在不同含水情况下，表现为或硬如固体，或柔软可塑，或可黏附在其他物体上，或缓慢黏滞流动。

产生黏聚力的原因有范德华力、库仑力（即相邻黏粒间静电引力或斥力）和相邻黏粒间公共反离子层的水胶联结等。

黏性土多在水中沉积形成，其结构与形成过程关系很大。悬浮在水中的黏粒相遇时可能相互吸引，凝聚成较大的团聚体或集粒而下沉，也可能不发生凝聚而分散下沉。黏粒多为片状，发生凝聚的接触方式可有面与面接触、面与边接触和其他方式接触。接触方式同黏粒间的作用力有关。

图 1-23 表示了相邻黏粒之间的范德华引力和静电斥力与粒面距离的关系。由图可见，粒面距离减小到一定程度后，范德华力的增大速率要比静电斥力更迅速。

当黏粒周围的水溶液中电解质增加到足够多时，由于黏粒粒面结合水膜减薄和静电斥力减小，黏粒就能互相靠拢。如范德华力超过静电斥力，黏粒间可能发生面—面接触的凝聚[图 1-24(a)]。

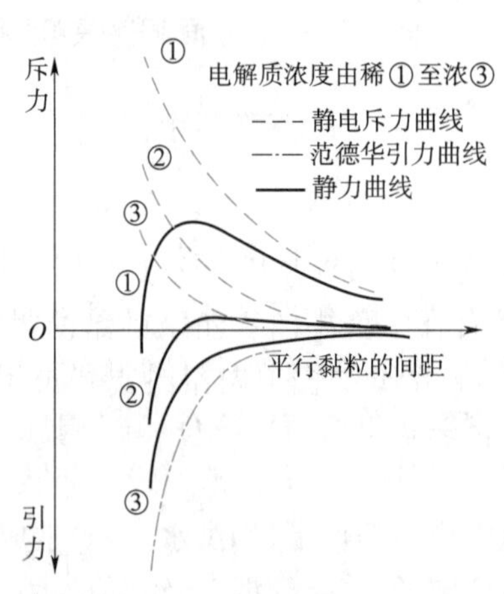

图 1-23　电解质浓度对黏粒间作用力的影响

面—边接触的凝聚则与静电引力作用有关。即一个黏粒表面的负电荷与另一个黏粒边缘局部的正电荷相互吸引而发生凝聚[图 1-24(b)]。在电解质浓度低的水中，悬浮黏粒因静电斥力大而不能凝聚，主要表现为分散缓慢下沉，并大致平行地堆积。在上覆压力（如后期沉积的上覆土自重）的作用下，前期沉积的黏粒或团聚体间距逐渐被压缩减小，因而它们的反离子层有部分同时处在相邻黏粒的静电引力范围内，形成了兼有楔入和黏结作用的水胶联结，使它们保持一定距离的凝聚状态（图 1-25）。

由上述基本因素所构成的黏聚力一般统称为原始黏聚力。其中库仑力和水胶联结比范德华力更易受环境的影响而变化。除电解质浓度外，离子成分、溶液的 pH 值和温度等的变化也会使它们发生变化，使结构联结被削弱或加强。

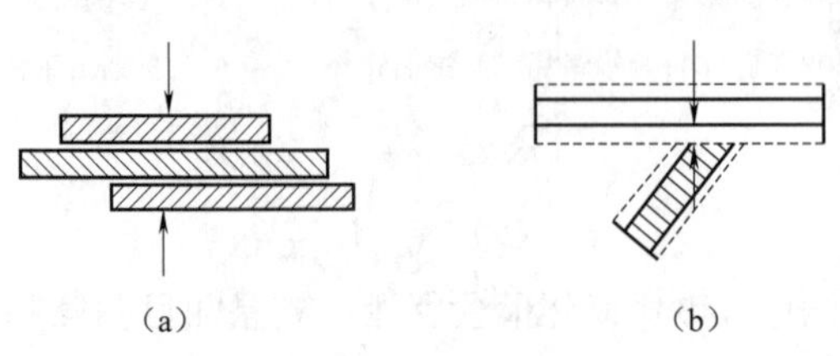

图 1-24　黏粒接触的主要形式

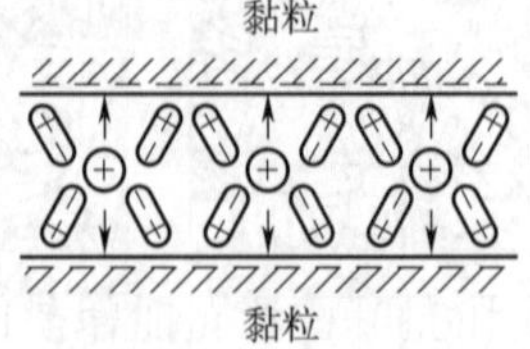

图 1-25　共有反离子的水胶联结

此外，天然土中常常存在一些化学胶结物质，如碳酸盐、铁和铝的氧化物、硅酸盐及某些有机物等。在一定条件下这些物质能使细粒土形成胶合联结。胶结的联结作用一般较强，但呈脆性，被浸湿或扰动破坏后短时期内难以恢复。故这种联结力一般称为固化黏聚力。

由于矿物成分、组成、形成/搬运过程、环境、水文、历史时间等外在因数所致，使得黏土结构形式呈复杂多样性。根据黏性土形成过程的沉积特点大致可认为存在两个典型的结构类型，即分散结构(dispersed structure)和絮凝结构(flocculent structure)，如图 1-26 所示。

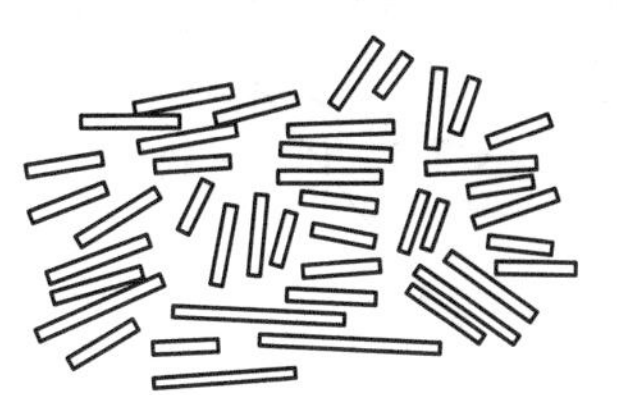

(a) 分散结构（二维）

(b) 絮凝结构（二维）

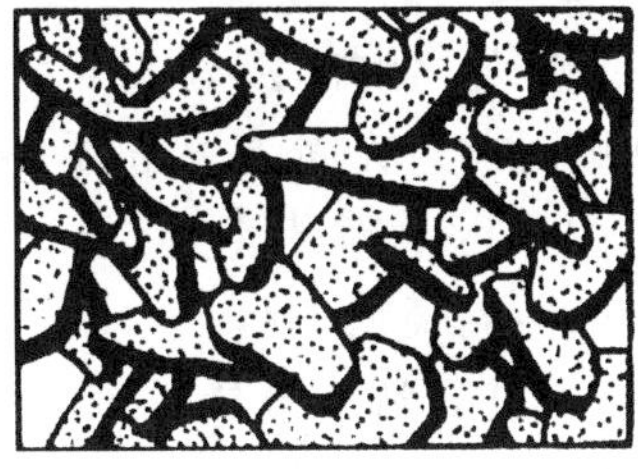
(c) 絮凝结构（三维）

图 1-26　黏性土的典型结构类型

分散结构是黏粒在河、湖淡水中沉积形成的。在足够的上覆压力作用下，颗粒的排列有部分定向性。结构一般较为紧密，稳定性相对较高。

以面—边接触的凝聚为主的絮凝结构一般是黏粒在盐类含量较多的海水及某些河湖中凝聚沉积形成的。黏粒排列定向性较差或无定向性，土的性质较均匀，各向异性不明显；孔隙含量大，结构较疏松，稳定性较低。

应该指出，黏土结构常常要比上述典型结构的土粒组合复杂得多。

1.6.3　不均匀土混合结构

粗细土粒混杂的不均匀土也是常见的，主要是块石＋卵/碎石＋砂砾＋粉土＋黏土的混合体，其两种典型的混合结构示于图 1-27 中。

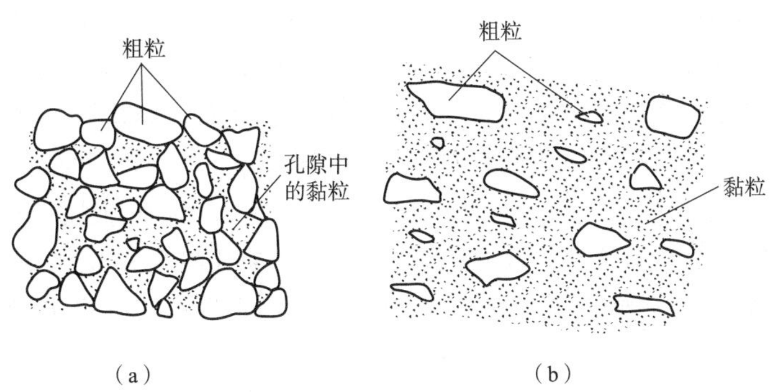

(a)　　(b)

图 1-27　不均匀土的混合结构

图 1-27(a)是粗粒构架，即由粗粒组成的主体骨架结构，其中含有的黏粒不受压力，未经压密，起着黏聚、填充和减少空隙的作用。

图 1-27(b)是黏粒结合体，其中粗粒互不接触，由黏粒组成承压结构，故具有黏粒土特性。

自然状态下，常常可能是多种结构形式同时出现，体现出岩土结构的多样性、复杂性、不均匀性和不确定性的显著特点。

1.6.4 黏性土的结构性

黏性土的结构性是指其受到扰动时，内部结构发生破坏，土的强度降低的特性。描述黏性土结构性的两个指标为黏性土的灵敏度(degree of sensitivity)和触变性(thixotropy)。

(1)灵敏度

工程中常用灵敏度来衡量黏性土结构性对强度的影响。灵敏度(S_T)的定义为原状土与重塑土的无侧限抗压强度之比。土的灵敏度越高，结构性越强，受扰动后土的强度降低愈多。例如，挪威的罗伊施(H. Reusch)于1901年报道的超灵敏黏土(quick clay)，经重塑后稠度从固态变成黏滞液体状态的黏性土。根据灵敏度的大小，黏性土可分为：

- 2～4：中等灵敏土
- 4～8：灵敏土
- 8～16：特别灵敏土
- ＞16：超灵敏土

(2)触变性

黏性土的触变性是指黏性土受到扰动后其强度降低，停止扰动后，内部结构发生重组，继而土体强度可逐渐恢复到一定程度。土的触变性对桩基础十分有利。打预制桩时，桩身周围土体受振结构破坏，强度降低，连续打桩时阻力较小，使得桩容易被打入；当打桩停止后，土的部分强度恢复，使得桩的承载力又提高了。值得注意的是，桩的承载力试验需在打桩完成足够的时间后进行，以保证黏性土强度的恢复。

1.7 土(岩)的工程分类

工程上常将土(岩)根据不同的用途进行不同的分类。合理的分类有利于正确选择定量分析指标和合理评价土(岩)的工程性质，以便能充分利用土的特性进行工程设计和施工。

作为建筑材料和地基的土(岩)常分为岩石、碎石土、砂土、粉土、黏性土和特殊土等几大类。岩石除按地质成因分类外，还可按其强度、风化程度、岩体结构类型或节理发育程度等特征进行分类，粗粒土多按其级配分类，细粒土可按其塑性指数分类。对于特殊地质成因和年代的土，应结合其成因和年代特征确定土名。对特殊性土，应结合颗粒级配或塑性指数综合确定土名。确定混合土名称时，应根据主要含有的土类来命名。

本节还将简要介绍塑性图细粒土分类法和水利部的粗、巨粒土分类法。

由于我国幅员辽阔，各地土(岩)性质有很大差别，从事工业与民用建筑、铁路、公路、水利等工程建设的行业部门各自都有明显的行业特点和侧重点，所以在土(岩)工程分类方面各有其特点，具体指标的划分和命名也有所不同。

1.7.1 岩石

岩石作为建筑场地和地基时，可按下列分类法进行分类。

(1)按强度分类

按饱和单轴极限抗压强度进行岩石分类的工业与民用建筑、铁路、公路等部门标准见表1-12。

表 1-12　相关部门岩石强度分类

饱和单轴抗压强度/MPa	$f_r>60$	$60\geqslant f_r>30$	$30\geqslant f_r>15$	$15\geqslant f_r>5$	$f_r\leqslant 5$
工业与民用建筑行业分类	坚硬岩	较硬岩	较软岩	软岩	极软岩
铁路行业分类	坚硬岩	硬岩	较软岩	软岩	极软岩
公路行业分类	硬质岩		软质岩		极软岩
水利行业分类	坚硬岩	中硬岩	软质岩		

(2)按完整性程度、风化程度、节理发育程度等分类

借助岩石完整性指标 K_v——即岩体压缩波速度与岩块压缩波速度之比的平方，工业与民用建筑、铁路部门将岩石分为完整($K_v>0.75$)、较完整($0.55<K_v\leqslant 0.75$)、较破碎($0.35<K_v\leqslant 0.55$)、破碎($0.15<K_v\leqslant 0.35$)和极破碎($K_v\leqslant 0.15$)共五类。

水利、铁路等部门对岩体按其风化程度分为未风化、微风化、弱风化、强风化、全风化五类。铁路部门将岩体按节理发育程度分为四级：节理不发育、节理较发育、节理发育和节理很发育。

此外，还有按岩体基本质量、坚硬程度、抗风化能力、岩矿成分、地质构造、结构类型等进行分类的，详见相关部门的相关规范。

1.7.2　碎石土

在我国，碎石土是指粒径大于 2 mm 的颗粒质量超过总质量 50%的土。《岩土工程勘察规范》的分类法见表 1-13。

表 1-13　建设部门碎石土分类

土的名称	颗粒形状	颗粒级配
漂石土	圆形及亚圆形为主	粒径大于 200 mm 的颗粒质量超过总质量的 50%
块石土	棱角形为主	
卵石土	圆形及亚圆形为主	粒径大于 20 mm 的颗粒质量超过总质量的 50%
碎石土	棱角形为主	
圆砾土	圆形及亚圆形为主	粒径大于 2 mm 的颗粒质量超过总质量的 50%
角砾土	棱角形为主	

铁路部门将 2 mm 至 200 mm 的碎石土进行了细化，增加了 60 mm 一类，见表 1-14。

表 1-14　铁路部门碎石土分类

土的名称	颗粒形状	颗粒级配
漂石土	浑圆及圆棱形为主	粒径大于 200 mm 的颗粒质量超过总质量的 50%
块石土	尖棱状为主	
卵石土	浑圆及圆棱形为主	粒径大于 60 mm 的颗粒质量超过总质量的 50%
碎石土	尖棱状为主	
粗圆砾土	浑圆及圆棱形为主	粒径大于 20 mm 的颗粒质量超过总质量的 50%
粗角砾土	尖棱状为主	
细圆砾土	浑圆及圆棱形为主	粒径大于 2 mm 的颗粒质量超过总质量的 50%
细角砾土	类棱状为主	

1.7.3 砂土

砂土是指粒径大于 2 mm 的颗粒质量不超过总质量的 50%，且粒径大于 0.075 mm 的颗粒质量超过总质量 50%的土，分类见表 1-15。

表 1-15 砂土分类

土的名称	颗 粒 级 配
砾砂	粒径大于 2 mm 的颗粒质量占总质量的 25%～50%
粗砂	粒径大于 0.5 mm 的颗粒质量超过总质量的 50%
中砂	粒径大于 0.25 mm 的颗粒质量超过总质量的 50%
细砂	粒径大于 0.075 mm 的颗粒质量超过总质量的 85%
粉砂	粒径大于 0.075 mm 的颗粒质量超过总质量的 50%

1.7.4 粉土

工业与民用建筑、铁路等部门对粒径大于 0.075 mm 的颗粒质量不超过总质量的 50%，且塑性指数 $I_p \leqslant 10$ 的土定为粉土，参见图 1-2 和表 1-8。

1.7.5 黏性土和黏土

工业与民用建筑、铁路等部门规定塑性指数 $I_p > 10$ 为黏性土，其中当 $10 < I_p \leqslant 17$ 时为粉质黏土；当 $I_p > 17$ 时为黏土，参见图 1-2 和表 1-8。

1.7.6 特殊土

除了下面给出的土外，特殊土还包含混合土、风化岩和残积土、工业和民用污染土、垃圾土等。尤其是后两种土，已给岩土力学和工程带来新的问题和挑战。

(1)黄土

黄土以粉土为主，可细分为砂质黄土、黏质粉土等。按生成年代可分为老黄土及新黄土。老黄土的大孔结构退化，土质密实，一般无湿陷性。新黄土大孔发育，通常有湿陷性。湿陷性可分自重湿陷和非自重湿陷两种。工程上将湿陷系数 $\delta \geqslant 0.015$ 的土判定为湿陷性土。湿陷性黄土主要为第四纪堆积黄土，土质松软，垂直节理发育，孔隙率高，压缩性高，湿陷性沉降不均，承载力较低，为工程性质不良的地基土。

(2)软土

软土是天然含水率大于液限，天然孔隙比 $e \geqslant 1.0$ 的细粒土，且具有压缩性高(压缩系数 $a \geqslant 0.5\ \text{MPa}^{-1}$)和强度低(静力触探比贯入阻力 $p_s < 800$ kPa)等特点，对工程建筑十分不利。其中有机质含量 $w_u < 3\%$，$e \geqslant 1.0$ 者为软黏性土；$3\% \leqslant w_u < 10\%$ 且 $1.0 \leqslant e \leqslant 1.5$ 者为淤泥质土，$e > 1.5$ 者为淤泥；$10\% \leqslant w_u < 60\%$，$e > 3$ 者为泥炭质土；$w_u > 60\%$，$e > 10$ 者为泥炭。我国软土多属灵敏度高的黏性土，完全扰动后强度降低 70%～80%。

(3)冻土

冻土可分为季节性冻土和多年冻土。季节性冻土为在冬季结冻的冻土，它在春夏天暖时即会融化。对季节性冻土常以冻胀性为评价分级标准。多年冻土指冻结状态持续≥2 年的岩土层。对多年冻土以含冰情况不同、融沉性不同等指标进行评价分级。

(4)膨胀土(胀缩土、裂土)

膨胀土具有明显的吸水膨胀软化、失水收缩开裂、反复变形与强度变化等的特征。自由膨胀率 $40\% \leqslant e_{FS} < 60\% \sim 65\%$ 时为弱膨胀土,$60\% \sim 65\% \leqslant e_{FS} < 90\%$ 时为中等膨胀土,$e_{FS} \geqslant 90\%$ 时为强膨胀土。自然条件下多呈硬塑或坚硬状态,裂隙较发育。

(5)红黏土

红黏土是指亚热带暖湿地区碳酸盐类岩石经强风化后残积、坡积形成的褐红色(或棕红、褐黄等色)高塑性黏土,其液限等于或大于50%。红黏土经搬运、沉积后仍保留其基本特征,且液限大于45%的土称为次生红黏土。在我国西南等地区颇为常见。

红黏土黏粒含量很高,矿物成分以石英和伊利石或高岭石为主,塑性指数一般为20～40,天然含水率接近塑限,虽然孔隙比大于1.0,饱和度大于85%,但其强度仍较高,压缩性低,遇水容易迅速软化。有些地区红黏土也具有胀缩性,厚度分布不均,岩溶现象较发育。

(6)盐渍土

盐渍土是指地表土层中易溶盐含量大于0.3%(《岩土工程勘察规范》)或者大于0.5%(《铁路工程特殊岩土工程勘察规程》)的土。一般深度不大,多在1～1.5 m以内,其性质与所含盐分成分和含盐量有关。易溶解氯盐易使土被泡软。硫酸盐溶解度随温度升降而增减,使盐分溶解或结晶,导致土体积减小或增大,引起土结构被破坏。碳酸盐土的水溶液呈碱性反应,含有较多钠离子、钙离子、镁离子,吸水膨胀性强,透水性小。

路堤填料对土中易溶盐含量一般有限制性规定,但在西北极干旱地区,路基堤料和基底土不受氯盐含量限制。盐渍土对混凝土和金属管道有腐蚀性,应采取防护措施。

(7)人工填土

人工填土是因人类活动而形成的堆积物。其成分乱杂,均匀性差。人工填土可分为素填土、杂填土和冲填土。素填土是由碎石、砂土、黏性土等组成的填土。经分层压实后统称为压实填土。杂填土是含有大量建筑垃圾、工业废料、生活垃圾等杂物的填土。冲填土是由水力冲填泥沙形成的沉积土。

1.7.7　塑性图细粒土分类法

用塑性指数 I_p 对细粒土进行分类虽然较简单,但其分类界限值最高为17,不能区别高塑性土,且相同塑性指数的细粒土可有不同的液限和塑限,液限在塑性指标中是最敏感的,故相同塑性指数土的性质也可能会不同。因此,用塑性指数 I_p 和液限 w_L 两个指标对细粒土分类比仅用塑性指数更加合理。卡萨格兰德(A. Casagrande)统计了大量试验资料后首先提出了按 I_p 和 w_L 对细粒土进行分类定名的塑性图,其基本原则为许多国家所采用。其特点是,每种土体组由代表主要术语和限定术语的字母符号表示,例如:

SW——级配良好的砂土(well-graded sand)

SCL——具有黏性的砂土(very clayey sand)

CIS——中等塑性的砂性黏土(sandy clay of intermediate plasticity)

MHSO——高塑性有机砂性粉土(organic sandy silt of high plasticity)

使用液限和塑性指数对细粒土进行分类,塑性图的轴线为塑性指数和液限,因此,特定土体的塑性特征可以用图表上的一个点来表示。分类字母根据点所在的区域分配给土体,图表分为五个液限范围。图表上的对角线(称为 A 线)不应被视为黏土和粉土之间的刚性边界,该塑性图主要用于对土体进行描述,而不是严格地进行分类。如果土体中含有大量有机物,则添加后缀 O 作为组符号的最后一个字母,组符号可以由两个或多个字母组成。英国标准中给出的塑性图实例如图 1-28 所示。图中,A 线以上为黏土,A 线以下为粉土。土名的第一个字母表示土的名称,如 C 表示黏土(clay),M 表示粉土(silt);第二个字母表示可塑程度,如 L 表示低塑性(low plasticity,$w_L<35\%$),I 表示中等塑性(intermediate plasticity,w_L:35%~50%),H 表示高塑性(high plasticity,w_L:50%~70%),V 表示非常高的塑性(very high plasticity,w_L:70%~90%),E 表示极高塑性(extremely high plasticity,$w_L>90\%$)。

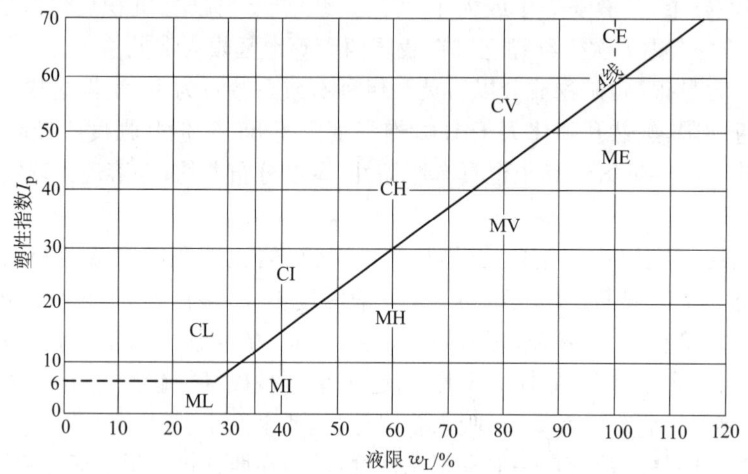

图 1-28 英国标准(BS 5930:1999)中的塑性图

我国水利部主编的《土的工程分类标准》(GB/T 50145—2007)对细粒土分类提出了适用于锥尖入土 17 mm 的液限瓦氏圆锥仪塑性图(图 1-29)。图上土名的第一字母表示土的名称,C 为黏土,M 为粉土。第二字母代表液限高低,H 为高液限,L 为低液限,如 ML 为低液限粉土。第三字母表示次要土属性,O 表示有机质土;G 和 S 分别表示砾粒或砂粒,称为含砾或含砂细粒土。如图 1-29 中的 CLO 和 MH 分别为有机质低液限黏土和高液限粉土。

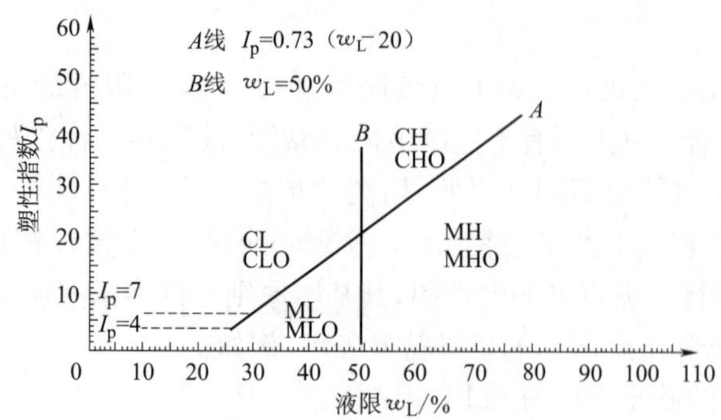

图 1-29 《土的工程分类标准》(GB/T 50145—2017)中的塑性图

塑性图中,A 线以上为黏土,A 线以下为粉土,非黏性土 w_L 取零;左下角主要是砂质粉土、粉土和粉质黏土的混合区域,塑性指数不大,塑性弱,界限含水率不明确;上部则是塑性指数高的黏性土。

《铁路路基设计规范》(TB 10001—2016)对细粒土填料采用塑性图进行分类,见表 1-16 和图 1-30,图 1-30 中直线 A 的方程是:$I_p=0.63(w_L-20)$。

表 1-16　细粒土填料组别分类

	一级分类定名	二级分类定名		三级分类定名			填料组别
	主成分	定名	液、塑限描述	粗粒含量	粗粒成分	定名	
细粒土(粒径小于 0.075 mm 颗粒含量≥50%)	粉土(M)	低液限粉土(ML)	A 线以下，$I_p<10$，$w_L<40$	<30%		低液限粉土	C3
				30%～50%	砾	含砾的低液限粉土	C3
					砂	含砂的低液限粉土	C3
		高液限粉土(MH)	A 线以下，$I_p<10$，$w_L\geqslant40$	<30%		高液限粉土	D2
				30%～50%	砾	含砾的高液限粉土	D1
					砂	含砂的高液限粉土	D1
	黏土(C)	低液限黏土(CL)	A 线以上，$I_p\geqslant10$，$w_L<40$	<30%		低液限黏土	C3
				30%～50%	砾	含砾的低液限黏土	C3
					砂	含砂的低液限黏土	C3
		高液限黏土(CH)	A 线以上，$I_p\geqslant10$，$w_L\geqslant40$	<30%		高液限黏土	D2
				30%～50%	砾	含砾的高液限黏土	D1
					砂	含砂的高液限黏土	D1
	软岩土		A 线以下，$I_p<10$，$w_L<40$			低液限软岩粉土	C3
			A 线以下，$I_p<10$，$w_L\geqslant40$			高液限软岩粉土	D2
			A 线以上，$I_p\geqslant10$，$w_L<40$			低液限软岩黏土	C3
			A 线以上，$I_p\geqslant10$，$w_L\geqslant40$			高液限软岩黏土	D2

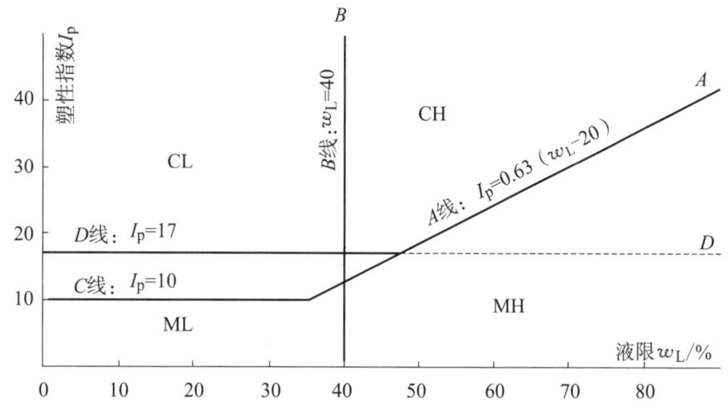

图 1-30　《铁路路基设计规范》(TB 10001—2016)对细粒土填料采用的塑性图

注：1. 液限试验含水率采用圆锥仪法，圆锥仪总质量为 76 g，入土深度 10 mm；

2. A 线方程中的 w_L 按去掉%符号后的数值进行计算。

比较上述《土的工程分类标准》和《铁路路基设计规范》可知，两者在 B 线、低液限粉土(ML)等的确定上有所不同，且后者还明确给定了 C、D 线。

土力学人物小传(1)——卡萨格兰德

图 1-31　卡萨格兰德

Arthur Casagrande (1902—1981 年)(图 1-31)

1902 年 8 月 28 日生于奥地利海登沙夫特，1981 年 9 月 6 日去世。1926 年到美国定居，先在公共道路局工作，之后作为太沙基最重要的助手在麻省理工学院从事土力学的基础研究工作。1932 年，他到哈佛大学从事土力学的研究工作，发表了大量的研究成果，并培养了包括 Janbu、Soydemir 等著名人物在内的土力学人才。他是第五届

(1961—1965 年)国际土力学与基础工程学会的主席,是美国土木工程师协会太沙基奖的首位获奖者。他对土力学有很大的贡献和影响,在土的分类、土坡渗流、抗剪强度、砂土液化等方面均有研究成果,黏性土分类的塑性图中的“A 线”即是以他(Arthur)而命名。

习　题

1-1　土是如何生成的?

1-2　化学风化和物理风化的区别是什么?

1-3　各种堆积土的工程性质与其分布位置有怎样的关系?

1-4　什么是土的颗粒级配曲线?有何用途?评价粗粒土工程性质优劣的标准是什么?试根据图 1-5(a)中四条粒径分布曲线,列表写出各土的各级粒组含量,估算②、③、④土的 C_u 及 C_c 值并评价其级配情况。

1-5　黏性土中最主要的矿物有哪些?黏性土中含有蒙脱石矿物和高岭石矿物的黏粒含量接近的情况下,前者的工程性质常不如后者好,说明其原因。

1-6　土中水按性质可以分为哪几类?

1-7　什么是黏性土的物理性质指标?哪些指标可以通过室内试验直接测定,哪些指标需通过换算得到?

1-8　根据式(1-14)的推导方法用土的单元三相简图证明式(1-16)、式(1-18)、式(1-21)。

1-9　有一块体积为 60 cm^3 的原状土质量为 0.105 kg,烘干后质量为 0.085 kg。已知土粒密度 $\rho_s=2.67\ g/cm^3$。求土的天然容重 γ、干容重 γ_d、饱和容重 γ_{sat}、浮容重 γ'、孔隙比 e 及饱和度 S_r。

1-10　筒内击实后的湿土质量为 1 670 g,烘干后的质量 1 449 g,已知击实筒中土的实际体积为 1 000 cm^3,土粒比重 $G_s=2.67$。求其含水率 w、天然密度 ρ、干密度 ρ_d、饱和密度 ρ_{sat}、孔隙比 e、孔隙率 n、饱和度 S_r。

1-11　某填土的天然含水率为 13.5%。(1)试计算为达到 16%的最优含水率,每1 000 kg 的填料中需加水多少 kg?(2)为确定碾压后填土的密实程度,取 3 500 cm^3 的土,称得其质量为 6 350 g;再取 25 g 的土样,烘干后的质量为 21.4 g。计算填土的干密度是否满足 1.62 g/cm^3 的要求?若土样的水分有一定的流失,对于干密度的计算结果有何影响?

1-12　某一路基需要填土 1 000 m^3,来源是从附近土丘开挖取土。已知取土场土的土粒比重为 2.68,含水率为 14%,孔隙比为 0.58;路基填土要求的含水率为 18%,干密度为 17.8 g/cm^3,问:

(1)取土场土的天然容重、干容重和饱和度是多少?

(2)路基填土要求达到的孔隙比是多少?应从取土场开采多少 m^3 的土?

(3)应加多少立方米水使其达到最优含水率?

1-13　影响黏性土的压实性的主要因素是什么?

1-14　某砂层在天然状态时的孔隙比为 0.68,室内试验测得 $e_{max}=0.78$,$e_{min}=0.49$。若砂层的厚度为 3 m,经振动压实后,砂面平均下沉 18 cm(压实时砂面均匀下沉),确定此时的相对密度是多少?

1-15　粉土的密实程度可通过哪些方法划分?

1-16　黏性土为什么具有可塑性?影响黏性土可塑性的因素有哪些?

1-17　什么是黏性土的界限含水率？什么是土的液限、塑限、缩限、塑性指数和液性指数？

1-18　土的结构主要有几种类型？其各自的特点是什么？

1-19　什么是土的灵敏度和触变性？触变现象的特征是什么？有什么工程意义？

1-20　为什么要进行土的工程分类？

1-21　与按塑性指数对细粒土进行分类的方法相比，塑性图分类方法有何优点？

1-22　河岸边坡黏性土的液限 $w_L=44\%$，塑限 $w_p=28\%$，取一块试样，质量为 0.401 kg，烘干后质量为 0.264 kg，试确定土的名称，并分析土的物理状态。

第 2 章 土的渗透性及水的渗流

2.1 概　　述

土体中孔隙相互连通时可形成透水通道。虽然这些通道很不规则,且往往很狭窄,但水可以靠其重力沿着这些通道在土中流动。水在土体孔隙通道中流动的现象,称为水的渗流;土可以被水透过的性质,称为土的渗透性或透水性,它是土的力学性质之一。工程中常常会遇到水的渗流问题,例如开挖基坑当需要排水时排水量的计算及坑底土的抗渗流稳定性验算等。因此,土的渗透性和水的渗流是土力学中很有实用意义的课题。

土的渗透性同土的强度和变形特性一起,是土力学中所研究的几个主要的力学性质。强度、变形、渗流是相互关联、相互影响的,土木工程领域内的许多工程实践都与土的渗透性密切相关(图 2-1)。概括说来,土的渗透性问题研究主要包括下述 3 个方面:

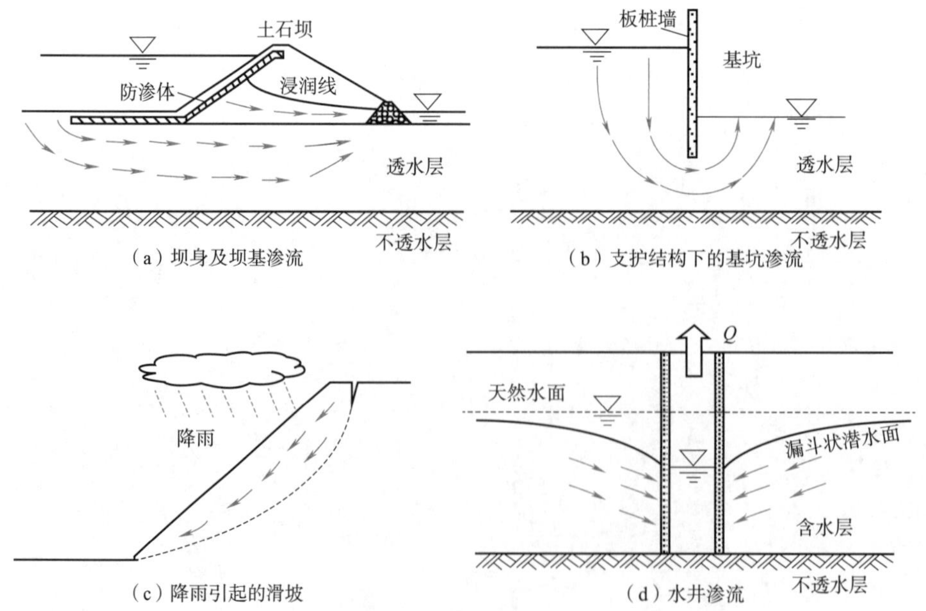

图 2-1　典型渗流问题

(1)渗流量问题。土石坝和渠道渗流量的估算、基坑开挖时涌水量的计算、水井供水量的估算等。渗流量的大小直接关系到工程的经济效益。

(2)渗透破坏问题。土中的渗流会对土颗粒施加作用力,即渗透力,当渗透力过大时可引起土颗粒或土骨架的移动,从而造成土工建筑物及地基产生渗透变形,甚至渗透破坏,如边坡破坏、地面隆起、堤坝失稳等现象。

(3)渗流控制问题。当渗流量和渗透变形不满足设计要求时，就要采取相应的工程措施进行渗流控制。

2.2　土的渗透定律

2.2.1　土中渗流的总水头差和水力梯度

水在土中流动遵从水力学的连续方程和能量方程。后者即著名的伯努利(D. Bernoulli)方程，根据该方程，相对于任意确定的基准面，土中一点的总水头 h(hydraulic head)为

$$h=z+h_w+h_v \tag{2-1}$$

式中　z——势水头，或称位置水头，m；

h_w——静水头，又称压力水头或压强水头，m；

h_v——动水头，又称速度水头或流速水头，m。

z 与 h_w 之和称为测压管水头，它表示该点测压管内水面在基准面以上的高度。静水头 $h_w=u/\gamma_w$，其中 u 为该点的静水压力，在土力学中称为孔隙水压力。动水头 h_v 与流速的平方成正比。由于水在土中渗流的速度一般很小，h_v 可以忽略不计，这样，总水头 h 可用测压管水头代替，即

$$h=z+h_w=z+\frac{u}{\gamma_w} \tag{2-2}$$

如果土中存在总水头差，则水将从总水头高处沿着土体孔隙通道向总水头低处流动。图 2-2所示为土中 A 和 B 两点的势水头 z_A 和 z_B、静水头 h_{wA} 和 h_{wB} 及总水头 h_A 和 h_B。由于 $h_A>h_B$，故水从 A 点流到 B 点。引起这两点间渗流的总水头差 Δh 为

$$\Delta h=h_A-h_B \tag{2-3}$$

图 2-2 中 A、B 两点处测压管水头的连线称为测压管水头线或总水头线，两点间的距离 L 称为流程，也称渗流路径或渗流长度。式(2-3)的总水头差 Δh 亦即从 A 点渗流至 B 点的水头损失，单位流程的水头损失即为渗流水力梯度 i(hydraulic gradient)：

$$i=\frac{\Delta h}{L} \tag{2-4}$$

i 也称水力坡度或水力坡降，研究土的渗透性和渗流问题时，i 是一个重要的物理量。

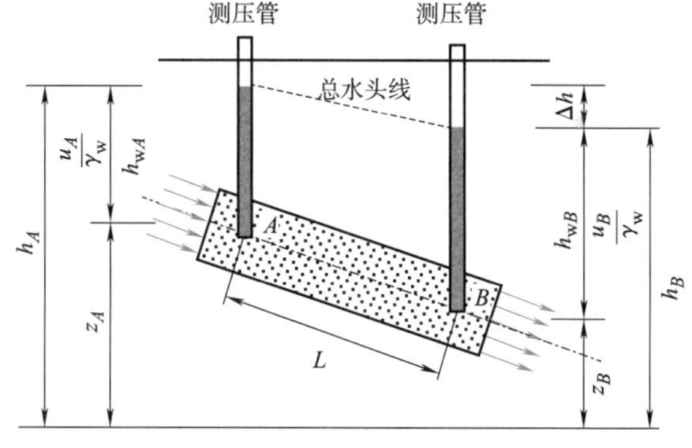

图 2-2　势水头、静水头、总水头和总水头线

【例 2-1】渗流试验装置如图 2-3 所示，试求：①土样中 a-a、b-b 和 c-c 三个截面的静水头和总水头；②截面 a-a 至 c-c，a-a 至 b-b 及 b-b 至 c-c 的水头损失；③水在土样中渗流的水力梯度。

【解】取截面 c-c 为基准面，则截面 a-a 和 c-c 的势水头 z_a 和 z_c、静水头 h_{wa} 和 h_{wc} 及总水头 h_a 和 h_c 各为

$$z_a=15+5=20(\text{cm}),h_{wa}=10(\text{cm})$$

$$h_a=20+10=30(\text{cm})$$

$$z_c=0,h_{wc}=5(\text{cm}),h_c=0+5=5(\text{cm})$$

从截面 a-a 至 c-c 的水头损失 Δh_{ac} 为

$$\Delta h_{ac}=30-5=25(\text{cm})$$

截面 b-b 的总水头 h_b、势水头 z_b 和静水头 h_{wb} 分别为

$$h_b=h_c+\frac{5}{15+5}\Delta h_{ac}=5+\frac{5}{20}\times25=11.25(\text{cm})$$

$$z_b=5(\text{cm}),h_{wc}=11.25-5=6.25(\text{cm})$$

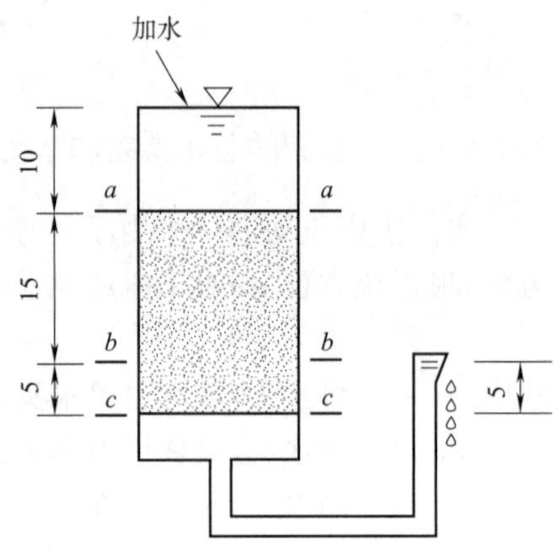

图 2-3　例题 2-1 图(单位：cm)

从截面 a-a 至 b-b 的水头损失 Δh_{ab} 及截面 b-b 至 c-c 的水头损失 Δh_{bc} 各为

$$\Delta h_{ab}=30-11.25=18.75(\text{cm}),\Delta h_{bc}=11.25-5=6.25(\text{cm})$$

水在土样中渗透的水力梯度 i 可由 Δh_{ac}、Δh_{ab}、Δh_{bc} 及相应的流程求得

$$i=\frac{\Delta h_{ac}}{15+5}=\frac{25}{20}=1.25$$

2.2.2　达西渗透定律

流速是表征水等液体运动状态和规律的主要物理量之一。水在土中的流动大多缓慢，属于层流。由于土体孔隙通道断面的形状和大小极不规则，难以像研究管道层流那样确定其实际流速的分布和大小，只得采用单位时间内流过单位土截面积的水量这一具有平均意义的渗流速度 v 来研究土的渗透性。设单位时间内流过土横截面积 A 的水量为 q，则平均流速为

$$v=\frac{q}{A} \tag{2-5}$$

在 19 世纪 50 年代，达西(H. Darcy)通过室内试验发现，当水在土中流动的形态为层流时，水的渗流遵循下述规律：

$$q=kAi \tag{2-6}$$

或

$$v=ki \tag{2-7}$$

这就是达西渗透定律(Darcy's Law)，它表明在层流状态下流速 v(discharge velocity)与水力梯度 i 成正比。比例系数 k 称为土的渗透系数(coefficient of permeability)，其量纲与流速 v 相同。

应注意到，面积 A 实际上是土的全断面，即该面积为土颗粒截面和孔隙截面之和。确切地讲，流速 v 是水流过土的全断面的平均速度。但土颗粒是不透水的，水只能在土孔隙中流动，而孔隙截面只在全断面 A 中占一定比例，所以水在土孔隙通道中渗流的速度 v' 大于上述平均流速 v。这两个速度可通过土的孔隙率 n 相互联系。

设面积 A 上的孔隙总面积为 A_v，从孔隙率 n 的定义知 $A_v=nA$。根据水流连续原理，单

位时间内以速度 v 流过全断面 A 的水量应等于同一时间内以速度 v' 流过孔隙面积 A_v 的水量，即

$$q=vA=v'A_v$$

从而得

$$v'=\frac{A}{A_v}v=\frac{v}{n} \tag{2-8}$$

因土的孔隙率 n 小于 100%，可见 $v'>v$。

达西定律描述的是层流状态下的渗透规律，对大多数工程中的渗透问题均适用。但在某些砾石和卵石等粗粒土中，当水力梯度较大时，水的流速大而呈紊流形态，v 与 i 表现为非线性关系；而对于黏土颗粒，由于其具有结合水的特性，结合水膜的存在使渗流孔隙减小，这增加了渗流的难度，只有当水力梯度增大到某一大小，水才能在黏性土中产生渗流(图 2-4)。但对于工程而言，除去特殊情况外，仍可近似地采用上述达西定律。

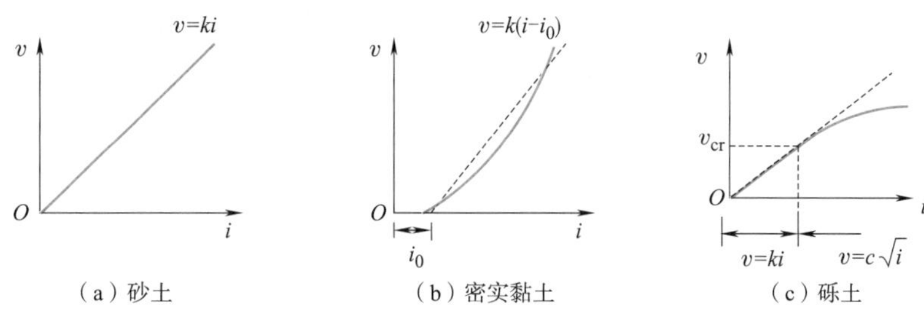

（a）砂土　（b）密实黏土　（c）砾土

图 2-4　土的渗透速度与水力梯度的关系

【例 2-2】试验装置如图 2-5 所示，其中土样横截面积 $A=300\ \text{cm}^2$，土样 1 和土样 2 的渗透系数 k_1 和 k_2 分别为：$k_1=2.5\times10^{-2}$ cm/s，$k_2=1.5\times10^{-1}$ cm/s。试求渗流时土样 1 和土样 2 的水力梯度 i_1 和 i_2 以及单位时间的渗流量 q。

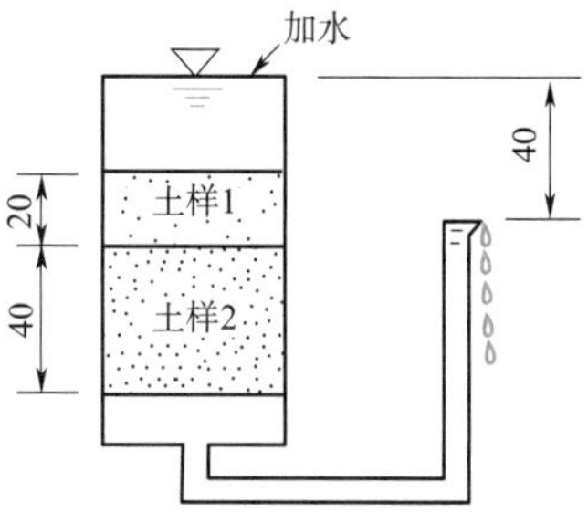

图 2-5　例题 2-2 图(单位：cm)

【解】从图 2-5 得出总水头损失 $\Delta h=40$ cm。该水头损失应为水流经土样 1 的水头损失 Δh_1 与流经土样 2 的水头损失 Δh_2 之和，即

$$\Delta h=\Delta h_1+\Delta h_2=40(\text{cm})$$

根据水流连续原理，土样 1 和土样 2 内的渗流速度 v_1 和 v_2 应相等，即 $v_1=v_2$。又由式(2-7)的达西定律，并注意到 i 按式(2-4)计算，得

$$k_1\frac{\Delta h_1}{L_1}=k_2\frac{\Delta h_2}{L_2}$$

式中 $L_1=20$ cm，$L_2=40$ cm，分别为水在土样 1 和土样 2 内的流程。将 $\Delta h_2=\Delta h-\Delta h_1$ 代入上式，整理后得

$$\Delta h_1=\frac{k_2L_1}{k_1L_2+k_2L_1}\Delta h$$

从而解得 $\Delta h_1=30$ cm，则 $\Delta h_2=\Delta h-\Delta h_1=10$ cm。水力梯度 i_1 和 i_2 计算如下：

$$i_1=\frac{30}{20}=1.5,\ i_2=\frac{10}{40}=0.25$$

单位时间的渗流量 q 按式(2-6)计算：

$$q=2.5\times10^{-2}\times300\times1.5=11.25(\mathrm{cm^3/s})$$

或

$$q=1.5\times10^{-1}\times300\times0.25=11.25(\mathrm{cm^3/s})$$

2.3 渗透系数及其测定

2.3.1 渗透系数的室内测定方法

取土样在室内进行渗透试验，可以测定其渗透系数。室内渗透试验有常水头和变水头两种试验方法，分别适用于砂土和黏性土。下面介绍这两种试验方法的基本原理。

1. 常水头渗透试验

常水头渗透试验装置如图 2-6 所示。土样高 L，横截面面积为 A，将其置于圆筒形容器内不断向筒内加水，使其中水位保持不变。在总水头差 Δh 之下，水从上向下透过土样而从筒底排出，排水管内水位也保持不变。这样，试验过程中总水头差 Δh 是恒定的，故称之为常水头或定水头渗透试验(constant head permeability test)。

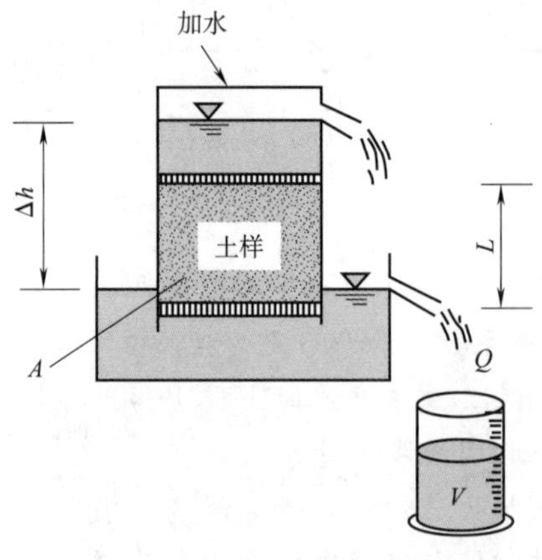

图 2-6 常水头渗流试验

从试验测得 t 时间内透过土样的水量 Q 及试验时的水温 T，由达西定律得土样的渗透系数 k_T 为

$$k_T=\frac{QL}{At\cdot\Delta h} \tag{2-9}$$

2. 变水头渗透试验

变水头渗透试验装置如图 2-7 所示，土样高度为 L，面积为 A。在起始水头差 Δh_0 作用下，水从带有刻度的变水头管自下而上透过土样。试验过程中，土样顶面以上的水位保持不变，而变水头管内的水位逐渐下降，渗流的总水头差随之减小。由于试验时总水头差随时间而变，故称之为变水头渗透试验(falling head permeability test)。试验时，记录起始时刻 t_0 和相应的总水头差 Δh_0，经过一定时间后记录 t_1 时刻的总水头差 Δh_1，并记下水温 T。

设任意时刻 t 的总水头差为 Δh，当时间从 t 增至 $t+\mathrm{d}t$ 时，总水头差从 Δh 减小至 $\Delta h-\mathrm{d}(\Delta h)$，则 $\mathrm{d}t$ 时间内的渗流量 $\mathrm{d}Q$ 为

$$\mathrm{d}Q=a\cdot[\Delta h-\mathrm{d}(\Delta h)-\Delta h]=-a\mathrm{d}(\Delta h) \tag{2-10}$$

式中，a 为变水头管的内截面积。右边的负号是因为总水头差 Δh 随时间增加而减小，同时也说明渗流量随 Δh 减小而增大。

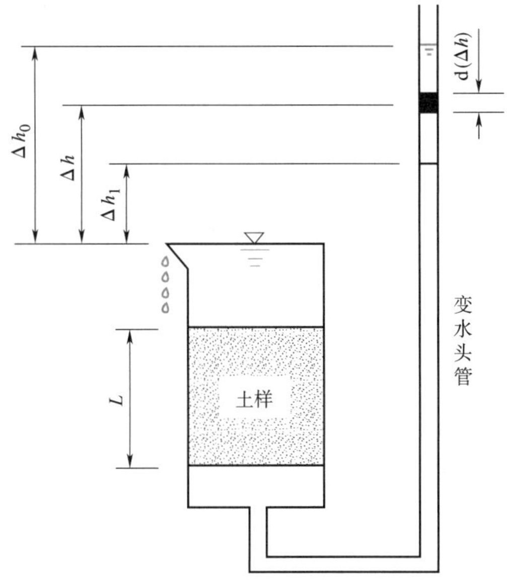

图 2-7　变水头渗流试验

从水流连续原来可知，dQ 也就是 dt 时间内流过土样截面积 A 的水量。因此，t 时刻的 q 为

$$q=\frac{dQ}{dt}=-a\frac{d(\Delta h)}{dt} \tag{2-11}$$

根据式(2-6)的达西定律，得

$$-a\frac{d(\Delta h)}{dt}=kA\frac{\Delta h}{L} \tag{2-12}$$

将式(2-12)改写为

$$-\frac{d(\Delta h)}{\Delta h}=\frac{kA}{aL}dt$$

等号两边分别积分，其中 Δh 的积分区间为 $\Delta h_0 \sim \Delta h_1$，$t$ 的积分区间为 $t_0 \sim t_1$，可得

$$\ln\frac{\Delta h_0}{\Delta h_1}=\frac{kA}{aL}(t_1-t_0) \tag{2-13}$$

根据式(2-13)，得水温为 T 时土样得渗透系数 k_T 如下：

$$k_T=\frac{aL}{A(t_1-t_0)}\ln\frac{\Delta h_0}{\Delta h_1} \tag{2-14}$$

上述两种试验方法都是通过试验直接测定土样的渗透系数 k_T，为有一个统一的衡量标准，我国国家标准《土工试验方法标准》(GB/T 50123—2019)规定以 20 ℃作为标准温度，此时的渗透系数用 k_{20} 表示，任一温度 T 下的渗透系数 k_T 按式(2-15)换算成 k_{20}。

$$k_{20}=k_T\frac{\eta_T}{\eta_{20}} \tag{2-15}$$

式中　η_T，η_{20}——水在 T 和 20 ℃时的动力黏滞度，可从 GB/T 50123—2019 中查得。

当对渗透性很弱的某些黏性土进行试验时，会因渗流缓慢而需要很长时间，在此过程中水的蒸发、温度的变化等因素都可能影响试验结果的可靠性。遇到这种情况，可通过土样的渗透固结试验间接求算其渗透系数。

【例 2-3】在图 2-8 的装置中，土样横截面积为 78.5 cm²。沿土样竖向相距 20 cm 的两个高度处各引出一根测压管，试验开始后 10 min 测得两侧压管的水位差为 4 cm，其间渗流量为 120 cm³，求土样的渗透系数 k。

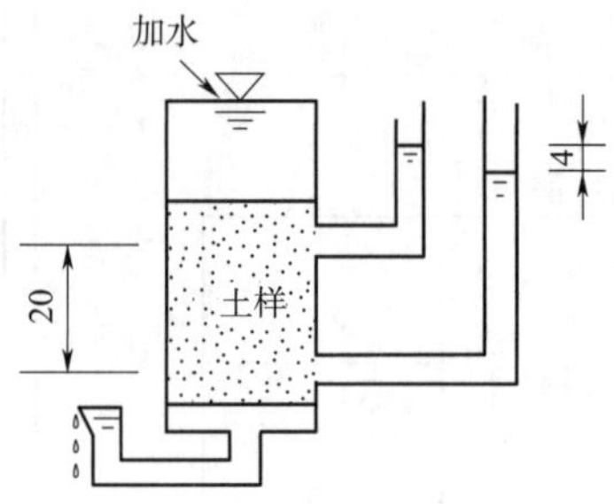

图 2-8 例题 2-3 图(单位：cm)

【解】这是常水头渗透试验，根据式(2-9)得

$$k=\frac{120\times20}{78.5\times10\times60\times4}=1.27\times10^{-2}(\text{cm/s})$$

【例 2-4】在变水头渗透试验中(图 2-7)，土样高 3 cm，其横截面积为 32.2 cm²，变水头管的内截面积为 1.11 cm²。试验开始时总的水头差为 320 cm，1 h 后降至 315 cm，求土样的 k 值。

【解】根据式(2-14)得

$$k=\frac{1.11\times3}{32.2\times1\times3\ 600}\times\ln\frac{320}{315}=4.52\times10^{-7}(\text{cm/s})$$

上面两个例题虽然简单，却可从中进一步领会前述两种渗透试验的适用性。

2.3.2 渗透系数的原位测定方法

原位试验是在现场对土层进行测试，能获得较为符合实际情况的土性参数，对于难以取得原状土样的粗颗粒土更有重要的实用意义。工程上应首推现场抽水渗透或回灌水试验。系数原位测定方法有多种，下面只介绍较为常用的抽水试验法。

抽水试验有几种方法，其中之一如图 2-9 所示。在测试现场打一个抽水孔，贯穿所要试验的所有土层，另在距抽水孔适当距离处(≥1.5 倍常水位高度为好)打两个及以上的观测孔。然后以不变的速率从抽水孔连续抽水，使其四周的地下水位随之逐渐下降，形成以抽水孔为轴心的漏斗状地下水面。当该水面稳定后，测量观测孔内的水位高度 h_1 和 h_2，同时记录单位时间的抽水量 q。根据这些数据及观测孔至抽水孔的距离 r_1 和 r_2，可按下述方法求得土的渗透系数。

假设抽水时水沿着水平方向流向抽水孔，则土中的过水断面是以抽水孔中心轴为轴线的圆柱面。用 h 表示距抽水孔 r 处地下水位高度，则该处的过水断面积 $A=2\pi rh$。设过水断面积 A 上各点的水力梯度为常量，且等于该处地下水位线的坡度：

$$i=\frac{\mathrm{d}h}{\mathrm{d}r}$$

于是，根据式(2-6)的达西定律可得

$$q=2\pi krh\frac{\mathrm{d}h}{\mathrm{d}r}$$

将上式改写为

$$q\frac{\mathrm{d}r}{r}=2\pi kh\mathrm{d}h$$

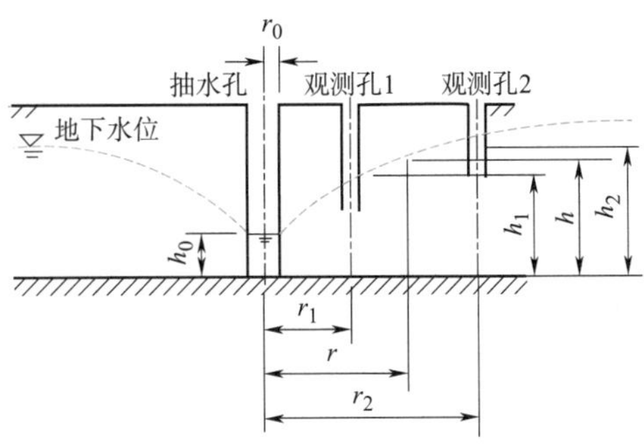

图 2-9　抽水试验示意图

等式两边分别积分，r 的积分区间为 $r_1\sim r_2$，h 的积分区间为 $h_1\sim h_2$，然后求 k，得

$$k=\frac{q}{\pi(h_2^2-h_1^2)}\ln\left(\frac{r_2}{r_1}\right) \tag{2-16}$$

此式即按图 2-9 所示抽水试验测定 k 值的计算公式。

如果只设置一个观测孔，例如图 2-9 只有观测孔 1，则式(2-16)的 h_1 和 h_2 近似地可用 h_0 和 h_1 代替，r_1 和 r_2 分别代之以 r_0 和 r_1，其中 h_0 为抽水孔内稳定后的水位高度，r_0 为抽水孔的半径。应该看到，在抽水孔 r_0 范围内不符合达西定律假定，这里的代替尚存疑问。但在工程实践中，当渗透水流速在一定范围内时，也可近似地这样处理。

在实践中，若抽水孔并非像图 2-9 那样置于非透水层处，而是位于透水土层中，则地下水从孔侧壁和孔底同时涌入抽水孔内。此时实际的抽水量比由式(2-15)反算出的抽水量大约 20%。

对于渗流速度较大的粗颗粒土层，还可以通过测量地下水在土孔隙中的流速 v' 来确定 k 值。如图 2-10 所示，沿着地下水流动方向隔适当距离 L 打两个不带套管的钻孔，或者挖两个深坑，均深入地下水位以下。在上游孔(坑)内投入染料或食盐等易于检验的物质，然后观测检验下游孔(坑)内的水。当出现所投物质的颜色或成分时，记下所经历的时间 t，则

$$v'=\frac{L}{t}$$

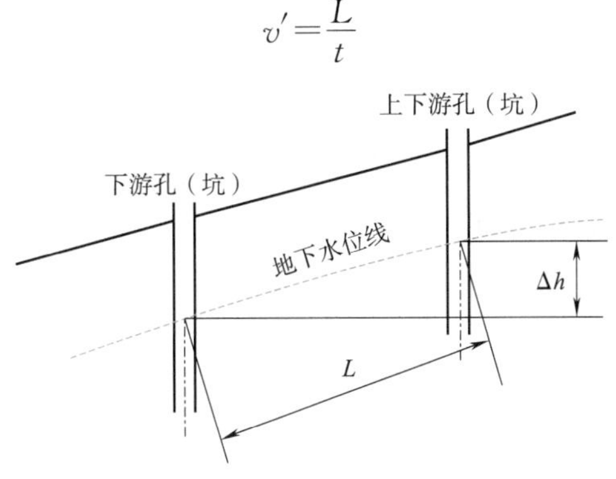

图 2-10　渗流速度测定试验

再测出两个孔(坑)内的水位差 Δh，得渗流的水力梯度 $i=\frac{\Delta h}{L}$。这样，按照式(2-7)的达西定律并注意到式(2-8)v'与 v 的关系，得

$$k=\frac{nv'L}{\Delta h} \tag{2-17}$$

式中土的孔隙率 n 可根据有关土性指标换算而得。

2.3.3　成层土的平均渗透系数

成层性是大多数天然土的构造特征，对土的渗透系数有影响。图 2-11 表示在厚度 H 内有 m 层土，各层的厚度分别为 H_1、H_2……H_m，渗透系数各为 k_1、k_2……k_m。研究这种情况下的渗流问题，可以根据渗流方向采用各土层的平均渗透系数 k_x 或 k_y。其中 k_x 和 k_y 分别为沿图中 x 轴和 y 轴方向渗流时的平均渗透系数。

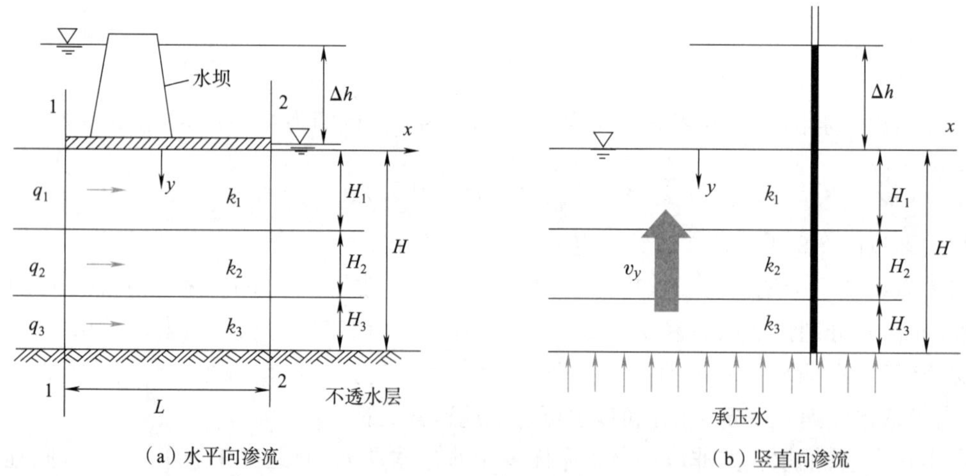

(a) 水平向渗流　　(b) 竖直向渗流

图 2-11　成层状土体等效渗透系数

设平行于 y 轴的两个截面间的水力梯度为 i，在其作用下水沿 x 轴方向渗流，则 k_x 可由总流量等于各土层流量之和的条件求得。在垂直于 $x-y$ 平面方向取单位厚度，根据上述条件和式(2-6)的达西定律，可得

$$k_x iH = i\sum_{j=1}^{m} k_j H_j$$

则

$$k_x = \frac{1}{H}\sum_{j=1}^{m} k_j H_j \tag{2-18}$$

如果渗流方向平行于 y 轴，则流经每一土层的流速相等，且渗流的总水头损失等于流经各土层时的水头损失之和。设渗流速度为 v_y，根据上述公式和式(2-6)的达西定律，可得

$$\frac{v_y H}{k_y} = v_y \sum_{j=1}^{m} \frac{H_j}{k_j}$$

上式左端为渗流的总水头损失，右端为渗流通过各土层的水头损失之和。由此得 k_y 为

$$k_y = \frac{H}{\sum\limits_{j=1}^{m} \frac{H_j}{k_j}} \tag{2-19}$$

从式(2-18)和(2-19)可知，如果各土层的渗透性相差很大，则 k_x 主要取决于 k 值大的土层，而 k_y 则主要由 k 值小的土层决定。

2.3.4　渗透系数的实用意义及影响因素

从上一节已经知道，渗透系数 k 是层流状态下流速 v 与水力梯度 i 成正比的比例系数。在水力梯度一定的情况下，流速 v 大则 k 值大，反之 k 值小，而流速大小反映了土的渗透性强弱，故渗透系数 k 可作为评价土的渗透性的指标。k 值大的土，渗透性强，即易透水；反之则渗透性弱，不易透水。在渗流计算、饱和黏性土地基变形计算等与水的渗流有关的工程问题中，土的渗透系数是必然用到的基本参数。各种土的渗透系数取值可参见表 2-1。

表 2-1　土的渗透系数 k

土的名称	渗透系数 k(cm/s)	土的名称	渗透系数 k(cm/s)
黏　土	$<1.2\times10^{-6}$	中　砂	$6.0\times10^{-3}\sim2.4\times10^{-2}$
粉质黏土	$1.2\times10^{-6}\sim6.0\times10^{-5}$	粗　砂	$2.4\times10^{-2}\sim6.0\times10^{-2}$
粉　土	$6.0\times10^{-3}\sim6.0\times10^{-4}$	砾砂、砾石	$6.0\times10^{-2}\sim1.8\times10^{-1}$
粉　砂	$6.0\times10^{-4}\sim1.2\times10^{-3}$	卵　石	$1.2\times10^{-1}\sim6.0\times10^{-1}$
细　砂	$1.2\times10^{-3}\sim6.0\times10^{-3}$	漂石(无砂质填充)	$6.0\times10^{-1}\sim1.2\times10^{0}$

在工程实际中，当土层渗透系数 $k<1.0\times10^{-5}$ cm/s 时则可视作不透水层或隔水层。

土的渗透系数与土和水两方面的多种因素有关，下面介绍其中的主要因素及其影响。

(1)土颗粒的粒径、级配和矿物成分

土颗粒的粗细和级配都与孔隙通道的大小有关，从而直接影响土的渗透性。一般来讲，细粒土孔隙通道比粗粒土小，所以渗透系数也小；粒径级配良好的土，粗颗粒间的孔隙可为细颗粒所填充，与粒径级配均匀的土相比，孔隙通道较小，故渗透系数也较小。在黏性土中，黏粒表面结合水膜的厚度与颗粒的矿物成分有很大关系，而结合水膜可以使土的孔隙通道减小，渗透性降低，其厚度越大，影响越明显(图 2-12)。已有资料表明，在含水量相同的情况下，蒙脱石的渗透系数比高岭石的小，伊利石的渗透系数居于两者之间。

(2)土的孔隙比或孔隙率

同一种土，孔隙比或孔隙率大，则土的密实度低，过水断面大，渗透系数也大；反之，则土的密实度高，渗透系数小。

(3)土的结构和构造

当孔隙比相同时，开放状孔隙的渗透系数要大于封闭状；具有絮凝结构黏性土的渗透系数比分散结构者大。其原因在于絮凝结构的粒团间有相当数量的大孔隙，而分散结构的孔隙大小则较为均匀。

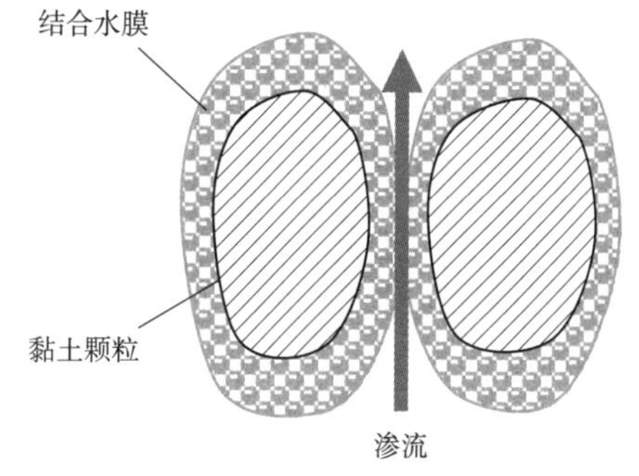

图 2-12　黏土颗粒间水的渗流示意图

另外，宏观构造上的成层性及扁平黏粒在沉积过程中的定向排列，使得黏性土在水平方向的渗透系数往往大于垂直方向，两者之比可达 10～100。这种渗透系数各向异性的特点，在层积状的砾石砂土层中也可存在。

(4)土的饱和度

如果土不是完全饱和而是有封闭气体存在，即使其含量很小，也会对土的渗透性产生显著影响。土中存在封闭气泡不仅减少了土的过水断面，更重要的是它可以填塞某些孔隙通道，从而降低土的渗透性，还可能使渗透系数随时间变化，甚至使流速 v 与水力梯度 i 之间的关系偏离达西定律。如果有水流可以带动的细颗粒或水中悬浮有其他固体物质，也会对土的渗透性造成与封闭气泡类似的影响。

(5)水的动力黏滞度

水的渗透速度 v 与其动力黏滞度 η 有关，而 η 是随温度变化的，所以土的渗透系数也会受到温度的影响。由于 η 随温度上升而减小，而 η 小则 v 大，故温度升高使渗透系数增大。

2.4 渗透力及临界水力梯度

2.4.1 渗透力

水是具有一定黏滞度的液体，当水在土中渗流时，对土颗粒有推动、摩擦和拖曳作用。这种作用所表现出来的力效应，称为渗透力(seepage force)。现结合图 2-6 的渗透试验装置对渗透力做进一步分析。

在图 2-13 中，土样截面积为 A，在总水头差 Δh 的作用下，水自上而下渗流。取土样为脱离体，作用其上的力如图 2-13 所示。其中 $\gamma_w h_{wa} A$ 和 $\gamma_w h_{wb} A$ 分别为土样顶面和底面的总静水压力；$W=\gamma_{sat} LA$，是土样自重；R 为土样底面所受总反力。由脱离体垂直力的平衡条件，并注意到 $h_{wb}=h_{wa}+L-\Delta h$，得

$$R=(\gamma_{sat}-\gamma_w)LA+\gamma_w \Delta hA \tag{2-20}$$

或

$$R=\gamma' LA+\gamma_w \Delta hA \tag{2-21}$$

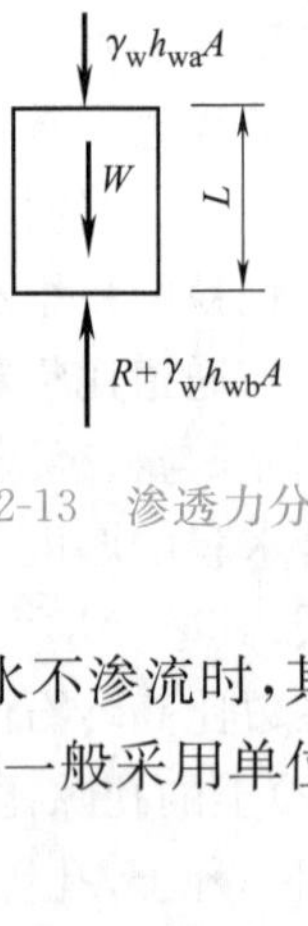

图 2-13 渗透力分析

式(2-21)表明，土样底面的总反力除其浮重引起的 $\gamma' LA$ 以外，增加了 $\gamma_w \Delta hA$。该项附加值与渗流的总水头差 Δh 成正比，当 $\Delta h=0$，即水不渗流时，其值为零。可见，这个附加项是由渗流引起的，故称之为总渗透力。为便于应用，一般采用单位土体积所受的渗透力 j，即

$$j=\frac{\gamma_w \Delta hA}{LA}=\gamma_w i \tag{2-22}$$

可见 j 与 i 成正比，其量纲与 γ_w 相同；当 $i=1$ 时，$j=\gamma_w$。还需注意到，渗透力是由渗透的水流施加于土骨架的力，其作用方向当必与渗流方向一致。

2.4.2 临界水力梯度

在图 2-13 中，若水自下而上流动，则渗透力向上作用而与土重力方向相反。此时，土样底面的总反力则应为土体浮重减去总渗透力。若某一 Δh 恰好使总渗透力等于土样浮重，即

$$\gamma' LA=\gamma_w \Delta hA \tag{2-23}$$

此时，向上的渗透力已使土颗粒处于失重或悬浮状态，此水力梯度称为临界水力梯度(critical hydraulic gradient)，用 i_{cr} 表示。

式(2-23)等号两边同除以 LA，其中的 $\frac{\Delta h}{L}$ 即为 i_{cr}：

$$i_{cr}=\frac{\gamma'}{\gamma_w} \tag{2-24}$$

这表明 i_{cr} 数值上等于土的浮容重 γ' 与水的容重 γ_w 的比值。与式(2-22)比较中可看出，当水流向上渗透时，临界水力梯度时的渗透力 j 等于 γ'。

工程中常用 i_{cr} 评价土是否会因水向上渗流而发生渗透破坏。

2.4.3　土的渗透破坏

在渗流作用下土体“失重”所引发的破坏，称为土的渗透破坏，其主要表现形式有流土(或称流砂、翻砂)和管涌两种。工程中发生土的渗透破坏，往往会造成严重、甚至是灾难性的后果。如在南京长江大桥某桥墩的基础施工中，因在围堰内抽水引发砂土渗透破坏，约 3 000 m^3 泥沙涌入围堰，高达 10 m，使直径为 20 m 的围堰从内向外挤垮。因此，工程中应力求避免发生土的渗透破坏。

1. 流土破坏

流土(quick sand)是指水向上渗流时，在渗流出口处一定范围内，土颗粒或其集合体随之浮扬而向上移动或涌出的现象。从颗粒开始浮扬到出现流土经历的时间短，发生时一定范围内的土体会突然被抬起或冲毁。

理论上各种土都可能发生流土现象。实际上，由于土体颗粒大小、组成和亲水性不同，渗透作用也不同。对于漂石、卵石、碎石、砾石粗砂类土，由于其亲水性弱和有足够的孔隙通道，渗透水能顺利通过，一般不易发生流土现象；对于黏土类细颗粒土，由于其黏聚力大，细颗粒团相互集合能力强，能阻止被水冲走，同时孔隙细小且不联通，水几乎不能渗过，故也难以发生流土现象；对于细砂土、粉砂土、砂质粉土、粗粒粉土等，则是最容易发生流土状渗透破坏。

工程上可根据渗流的水力梯度 i_{cr} 和土的临界水力梯度 i_{cr} 按下述原则来判断：若 $i<i_{cr}$，不会发生流土破坏；若 $i=i_{cr}$，处于临界状态；若 $i>i_{cr}$，会发生流土破坏。设计计算时不仅应使 $i<i_{cr}$，还需有一定的安全储备，即 i 应满足下列条件：

$$i\leqslant\frac{i_{cr}}{F_s} \tag{2-25}$$

式中 F_s 为安全系数，一般情况应不小于 1.5。对于深开挖工程或特殊工程，建议 F_s 应不小于 2.5～3.0。

计算流土破坏安全系数时应取最大的水头差和最短的渗透路径。如图 2-14 所示，安全系数 F_s 为

$$F_s=\frac{i_{cr}}{i_{max}}=\frac{\gamma'/\gamma_w}{\Delta h/(L+h)} \tag{2-26}$$

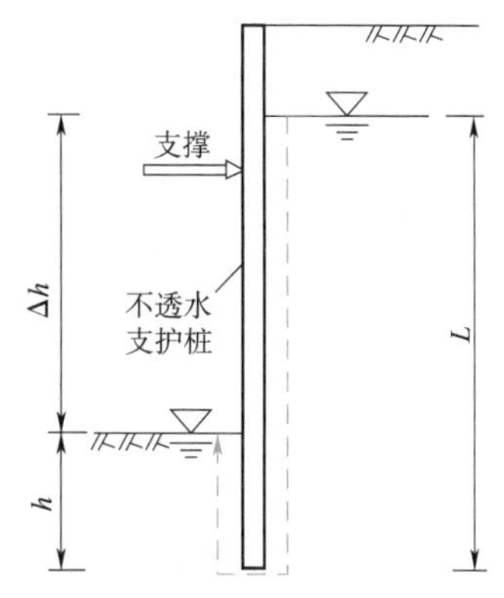

图 2-14　渗流安全系数计算简图

2. 管涌破坏

管涌(piping)是土在渗流作用下，细颗粒在粗颗粒间的孔隙中移动，或在抗管涌稳定土层之间的细粉砂夹层中细颗粒被压力水流带出的现象。它可发生在渗流出口处，也可出现在土层内部，因而又称之为渗流引起的潜蚀。管涌破坏一般有一个发展过程，不像流土那样具有突发性(图 2-15)。

发生管涌的土一般为无黏性土。产生的必要条件之一是土中含有适量的粗颗粒和细颗粒，且粗颗粒间的孔隙通道足够大，可容粒径较小的颗粒在其中顺水流翻滚移动；或者在黏性土中存在细、粉砂夹层。研究结果表明，不均匀系数 $C_u<10$ 的土，颗粒粒径相差尚不够大，一般不具备上述条件，不会发生管涌。对 $C_u>10$ 的土，如果粗颗粒间的孔隙为细颗粒所填满，渗流将会遇到较大阻力而难以使细颗粒移动，因而一般也不会发生管涌；反之，如果粗颗粒间的孔隙中细颗粒不多，渗流遇到的阻力较小，就有可能发生管涌。这是从土的颗粒组成分析管涌的可能性。发生管涌的另一个必要条件是水力梯度超过其临界值。但应注意，管涌的临界水力梯度与式(2-24)流土的水力梯度不同，有关的研究工作还不够，尚无公认合适的计算公式。一些研究者提出了管涌水力梯度容许值：致密黏性土为 0.40～0.52；粉质黏土 0.20～0.26；细砂 0.12～0.16；中砂 0.15～0.20；粗砂/砾石土 0.25～0.33。其他学者也有如下建议值：颗粒级配连续的土 0.15～0.25；级配不连续(即级配曲线出现水平段)土 0.1～0.2。设计时可以参考采用，但重要工程应通过渗透破坏试验确定。

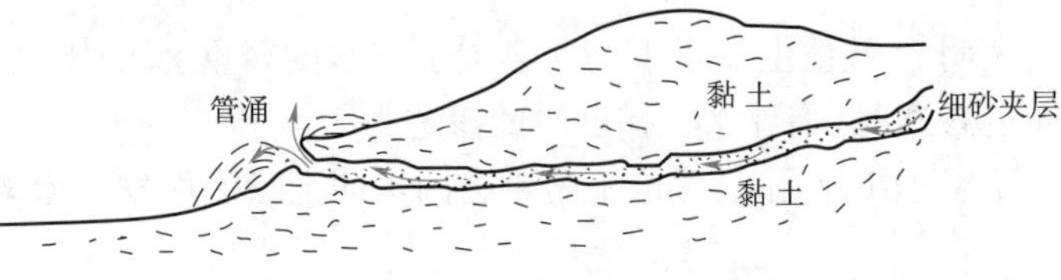

图 2-15　管涌现象示意图

【例 2-5】设河水深 2 m，河床表层为细砂，其颗粒相对密度 $G_s=2.68$，天然孔隙比 $e=0.8$。若将一井管沉至河底以下 2.5 m，并将管内的砂土全部挖出，再从井管内抽水(图 2-16)，问井内水位降低多少时会引起流土破坏？

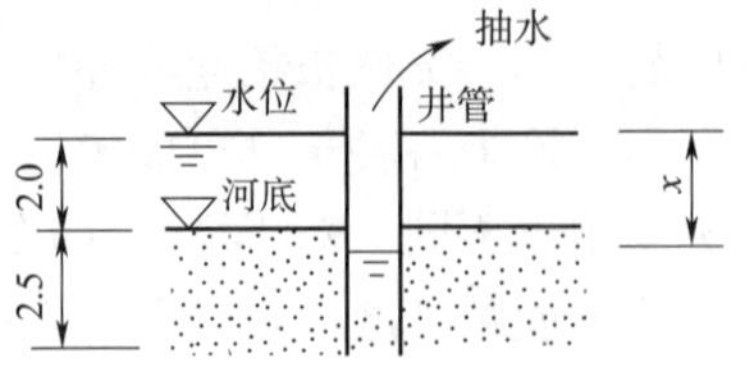

图 2-16　例题 2-5 图(单位：cm)

【解】设井内水位降低 x 时达到流土的临界状态，即 $i=i_{cr}$。从图 2-16 可知

$$i=\frac{x}{2.5}$$

故得

$$\frac{x}{2.5}=\frac{\gamma'}{\gamma_w}$$

则

$$x=2.5\frac{\gamma'}{\gamma_w}$$

已知土的 G_s 和 e，则其 γ' 为

$$\gamma'=\frac{\gamma_w(G_s-1)}{1+e}=\frac{10\times(2.68-1)}{1+0.8}=9.33(\text{kN/m}^3)$$

于是得

$$x=2.5\times\frac{9.33}{10}=2.33(\text{m})$$

根据上述计算结果，井内水位降低 2.33 m 时达到流土的临界状态，若再降低，就会发生流土破坏，即井外的砂土涌入井内。若考虑安全系数的话，井内水位降低高度还得减小。

2.5　二维稳定渗流问题

2.5.1　二维稳定渗流的连续方程

前面所研究的渗流情况比较简单，属一维渗流问题，可直接根据达西定律建立计算公式求解。然而，工程中遇到的渗流问题常常较为复杂，土中各点的总水头、水力梯度及渗流速度都与其位置有关，属二维或三维渗流问题，需用微分方程来描述。

工程中二维渗流的情况较为常见。例如，长度较大的板桩墙或混凝土连续墙[图 2-17(a)]下的渗流，土坝下及坝体内[图 2-17(b)]的渗流等，均可看成发生在平行于渗流方向的垂直平面内的二维渗流问题(图 2-17)。如果土是完全饱和的，并且可以认为渗流中的土和水均不可压缩，则水流的状态不随时间而变。这种渗流即为稳定渗流(steady seepage)。

在二维渗流平面内取一微元体如图 2-18 所示，其边长为 dx 和 dz，厚度为 1。图中示出了单位时间内从微元体四边流进或流出的水量。在 x 轴方向，当 $x=x$ 时的水力梯度为 i_x，$x=x+dx$ 时为 i_x+di_x；同样，z 轴方向当 $z=z$ 时水力梯度为 i_z，$z=z+dz$ 时为 i_z+di_z。于是，根据式(2-6)的达西定律可得

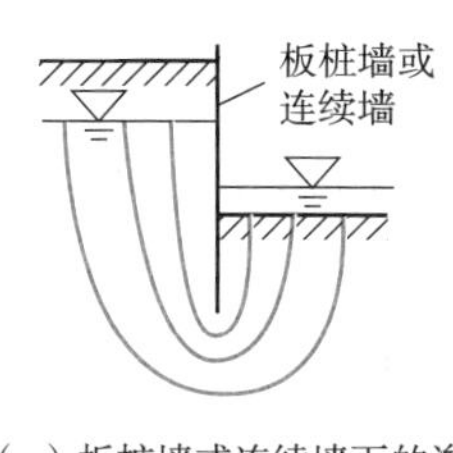

(a) 板桩墙或连续墙下的渗流

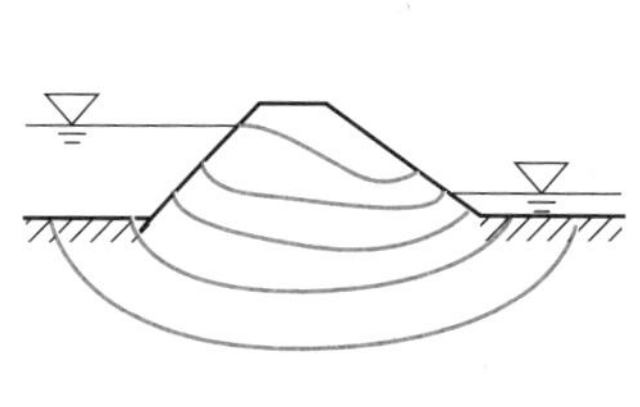
(b) 土坝下及坝体的渗流

图 2-17　二维渗流的例子

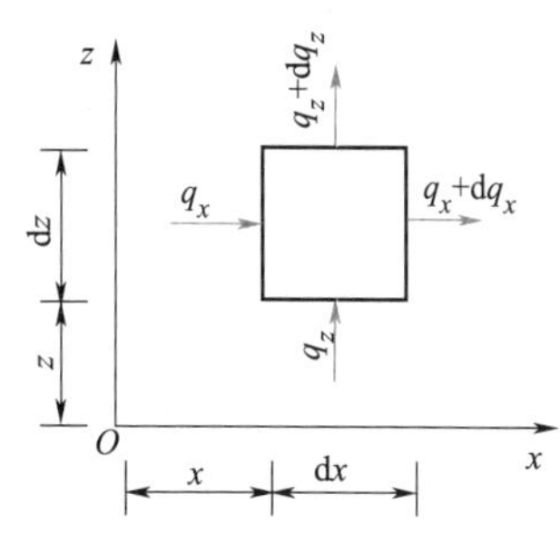

图 2-18　通过二维元体的水流

$$q_x=k_x i_x dz\cdot 1,\quad q_x+dq_x=k_x(i_x+di_x)dz\cdot 1$$

$$q_z=k_z i_z dx\cdot 1,\quad q_z+dq_z=k_z(i_z+di_z)dx\cdot 1$$

式中　k_x，k_z——土在 x 轴和 z 轴方向的渗透系数。

对于稳定渗流，单位时间内流入微元体的水量应等于流出的水量，即

$$q_x+q_z=q_x+dq_x+q_z+dq_z$$

由此得

$$k_x di_x dz+k_z di_z dx=0 \tag{2-27}$$

若二维渗流平面内(x,z)点处的总水头为 h，则

$$i_x=\frac{\partial h}{\partial x},\quad i_z=\frac{\partial h}{\partial z}$$

因而

$$di_x=\frac{\partial^2 h}{\partial x^2}dx,\quad di_z=\frac{\partial^2 h}{\partial z^2}dz$$

代入式(2-27)，可得

$$k_x\frac{\partial^2 h}{\partial x^2}+k_z\frac{\partial^2 h}{\partial z^2}=0 \tag{2-28}$$

对于各向同性的均质土，$k_x=k_z$，式(2-28)可简化为

$$\frac{\partial^2 h}{\partial x^2}+\frac{\partial^2 h}{\partial z^2}=0 \tag{2-29}$$

式(2-28)和(2-29)均为二维稳定渗流的连续方程，分别描述了 x、z 轴向渗透系数不同和相同两种情况下，渗流场内总水头的分布。式(2-29)亦即著名的拉普拉斯(Laplace)方程，又称调和方程。

2.5.2 连续方程的解及流网

已知边界条件,可以解连续方程。求解的方法有数学解析法、数值解法、模拟实验法及图解法等。其中数学解析法往往因为边界条件复杂而难以或甚至无法求得解答。而其他方法虽然是近似的,但却可以避开数学解析法遇到的困难,所得结果的误差亦能保证在容许范围内,故实际上数学解析法常常为各种近似方法所代替。其中尤以图解法应用最为广泛,下面介绍这种方法。

随着计算机技术的日益发展,这些问题的计算机解答已完全实现。

1. 图解法的依据

从连续方程式(2-29)的解析解可知,满足该方程的是共轭调和函数 $\varphi(x,z)$ 和 $\psi(x,z)$,分别称为势函数和流函数,符合边界条件的 $\varphi(x,z)$ 和 $\psi(x,z)$ 即为所求的解。

利用 $\varphi(x,z)$ 可在渗流场内绘制等势线簇,由 $\psi(x,z)$ 则可绘出流线簇,两种曲线相交形成的一系列网格,称为流网(flow net),如图 2-19 所示。等势线是场内总水头 h 相等的各点的连线,因而又称为等水头线,图中用虚线表示。流线是渗流时水的质点在场内运动的路径,互不相交,每一流线均连续且在同一土层内是光滑的,图中用实线表示。相邻两流线间的区域称为流槽或流带,每一流槽由等势线划分为若干网格。除边界附近的少数网格外,大多数网格由流线和等势线围成曲边四边形,其中两相对的等势线之差即为该四边形内渗流的水头差。

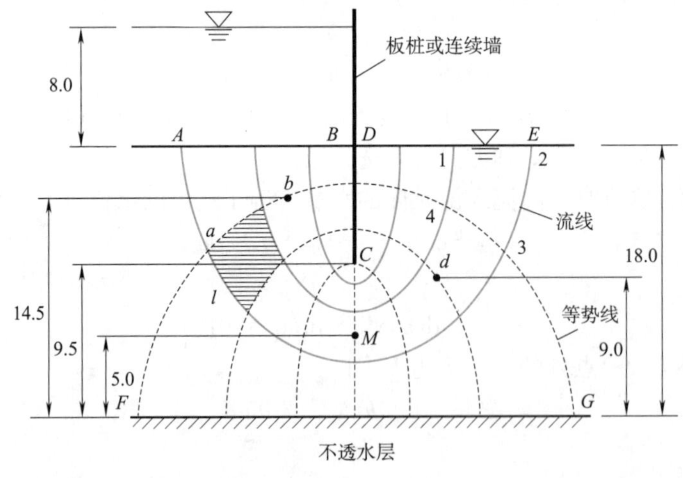

图 2-19 流网(单位:m)

从上述可以想到,在满足渗流场边界条件的前提下,可通过直接绘制流网来求连续方程式(2-29)的近似解。这就是求解该方程的图解法。

2. 流网的绘制

前面曾经提到,流网应满足渗流场的边界条件。这是绘制流网必须遵守的一个原则。否则不能保证解的唯一性。绘制流网时考虑的边界条件,包括根据渗流场的边界确定边界等势线和边界流线。一般来讲,建筑物地下部分的外轮廓线及土体内透水层与不透水层的分界线为边界流线,渗流入口和出口的土面线为边界等势线。

绘制流网时应注意其特征。由于势函数 φ 与流函数 ψ 共轭,即二者满足著名的柯西—黎曼(Cauchy-Riemann)方程:

$$\frac{\partial \varphi}{\partial x}=\frac{\partial \psi}{\partial z}, \quad \frac{\partial \varphi}{\partial z}=-\frac{\partial \psi}{\partial x} \tag{2-30}$$

从式(2-30)可得

$$\frac{\partial \varphi / \partial x}{\partial \varphi / \partial z}=-\frac{1}{\dfrac{\partial \psi / \partial x}{\partial \psi / \partial z}} \tag{2-31}$$

式(2-31)中等号左端为 φ 在(x,z)点的斜率,右端为 ψ 在该点的斜率的负倒数。这表明 φ 与 ψ 是正交的,因而流网中的等势线应与流线正交。

此外,绘制流网时一般使各流槽的单位时间流量相等,且任意两相邻等势线间具有相同的差值。在这种情况下,流网中各四边形网格沿等势线和流线两个方向的边长之比应相等。其证明如下:

先看图 2-19 画有阴影线的网格,其在等势线和流线方向的边长分别为 a 和 l(两者均按网格对边中线度量)。若该网格的两条等势线之间差值为 Δh,土的渗透系数为 k,则根据达西定律求得单位时间内流过该网格横截面的水量 Δq 为

$$\Delta q=k \frac{\Delta h}{l} a \cdot 1 \tag{2-32}$$

式中,l 表示网格在垂直于纸面方向的厚度。

再研究其他任一四边形网格,设其沿等势线和流线方向的边长各为 a_1 和 l_1,两等势线间差值为 $\Delta h'$,土的渗透系数为 k',则单位时间内流过其横截面的水量 $\Delta q'$为

$$\Delta q'=k' \frac{\Delta h'}{l_1} a_1 \cdot 1 \tag{2-33}$$

由于绘制流网时使 $\Delta q=\Delta q'$、$\Delta h=\Delta h'$,渗流场内的土又被看成是各向同性的,故 $k=k'$,因而从式(2-32)和式(2-33)可知$\frac{a}{l}=\frac{a_1}{l_1}=$常量。

实际上,一般取四边形网格的边长比$\frac{a}{l}=1$,使流网中的四边形网格呈曲边正方形。图 2-19即为这种流网,此时

$$\Delta q=k \Delta h \tag{2-34}$$

归纳以上所述,绘制流网时应注意:

(1)应满足渗流场的边界条件;

(2)等势线与流线应相互正交;

(3)宜使流网中四边形网格沿等势线和流线两个方向边长之比值相等,且最好取为 1。

现以图 2-19 板桩或连续墙下的渗流为例,说明绘制流网的步骤。在该例中,板桩或连续墙插入透水土层一定深度,假设该土层是各向同性的,其下为不透水层。在总水头差 ΔH 作用下,水从板桩或连续墙左边绕过其底部向上渗流。其流网的绘制按以下步骤进行:

(1)根据渗流场的边界条件确定边界流线和边界等势线。在本例中,渗流的水不可能透过板桩或连续墙及不透水层顶面,但可以沿其表面渗流,因而 BCD 和 FG 均为边界流线;渗流的入口 AB 和出口 DE 为边界等势线。

(2)根据前面所述的绘制流网时的注意事项初步绘制流网。绘制流线时,从围绕边界流线 BCD 的第一条流线开始,逐步过渡到边界流线 FG;等势线则从中间开始绘制,然后向两侧扩展。

(3)检查流线与等势线的正交性及四边形网格两个方向边长的比值$\frac{a}{l}$。本例取该比值为

1.0，至少应使大部分四边形网格的边长比达到这一要求。一般要经过多次反复修改，才能绘出合乎要求的流网。

3. 渗透系数 $k_x \neq k_z$ 时的流网

前面关于流网的讨论是基于连续方程式(2-29)，适用于各向同性的稳定渗流。如果土在水平和垂直方向的渗透系数不相等，即 $k_x \neq k_z$，则需按下述方法进行转换。

当 $k_x \neq k_z$ 时，稳定渗流的连续方程为式(2-28)，该式可改写如下：

$$\frac{\partial^2 h}{\partial\left(\sqrt{\frac{k_z}{k_x}}x\right)^2}+\frac{\partial^2 h}{\partial z^2}=0 \tag{2-35}$$

令

$$\xi = x\sqrt{\frac{k_z}{k_x}} \tag{2-36}$$

则式(2-35)又可改写为

$$\frac{\partial^2 h}{\partial \xi^2}+\frac{\partial^2 h}{\partial z^2}=0 \tag{2-37}$$

这是将连续方程式(2-28)的 x 坐标转换为 ξ 而得的方程，形式上与式(2-29)相同，前面所述绘制流网的要求和方法均适用于该式描述的渗流问题。

因此，对于 $k_x \neq k_z$ 的土，先以式(2-37)为根据，按照前述要求和方法在 ξ—z 坐标上绘制流网，然后根据式(2-36)将其中的 ξ 坐标转换为 x 坐标即可，通常把 ξ—x 坐标的流网称为变态流网，ξ 坐标转换为 x 坐标后则为实际流网。显然，坐标转换仅限于水平方向，垂直坐标 z 保持不变。在变态流网中，流线与等势线正交，实际流网则不再维持这种关系。

应注意到，从式(2-28)转换为式(2-37)，意味着把 $k_x \neq k_z$ 的土转换为各向同性的均质土，其渗透系数由原土的 k_x 和 k_z 换算而得，并称之为等效渗透系数，用 k_e 表示，则

$$k_e = \sqrt{k_x k_z} \tag{2-38}$$

式(2-38)可由图 2-20 导得。该图示出一个变态网格及与之相应的实际网格，单位时间内沿水平方向流过两者横截面的水量应相等，如图所示均为 Δq_x，于是根据达西定律得

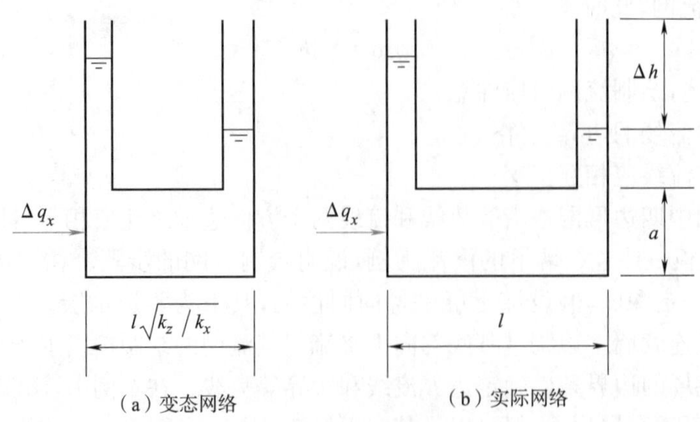

图 2-20　等效渗透系数的计算

$$k_e \frac{\Delta h}{l\sqrt{\frac{k_z}{k_x}}} a \cdot 1 = k_x \frac{\Delta h}{l} a \cdot 1$$

所以

$$k_e = k_x\sqrt{\frac{k_z}{k_x}} = \sqrt{k_x k_z}$$

变态流网任意四边形网格的单位时间流量 Δq 仍按式(2-34)计算，但其中的渗透系数 k 应代之以等效渗透系数 k_e。

2.5.3 流网的应用

流网既然是二维稳定渗流连续方程的解，渗流场内各点的总水头 h 便可从中求得，此外还可据之计算渗流的水力梯度、流速、流量及渗透力。由于水力梯度一经求出，便可分别根据达西定律和式(2-22)计算渗流速度和渗透力，所以下面仅就总水头、水力梯度和渗流量的计算，以图 2-19 的流网为例加以说明。

1. 总水头的计算

从前面所述流网的绘制可知，对于图 2-19 所示的曲边正方形流网，任意相邻两等势线间的总水头差相等。设该水头差为 Δh，渗流场的总水头差为 ΔH，每一流槽的网格数(包括四边形和非四边形网格)为 N，则

$$\Delta h = \frac{\Delta H}{N} \tag{2-39}$$

按式(2-39)算出 Δh，确定基准面，就可以计算渗流场内任一点的总水头。

例如，图 2-19 中 b 和 d 是在不同等势线上的两点，试求总水头 h_b 和 h_d。对于该图的渗流场和流网，$\Delta H = 8.0$ m，$N = 8$，按式(2-39)得 $\Delta h = 1.0$ m。以不透水层顶面 FG 为基准面，先来看 h_b 的计算。因 b 点所在的等势线上总水头比边界等势线 AB 的总水头低 Δh，而后者总水头为势水头 18.0 m 与静水头 8.0 m 之和，故

$$h_b = 18.0 + 8.0 - \Delta h = 25.0(\text{m})$$

从流网知，b 点的总水头比 d 点高 $5\Delta h$，故

$$h_d = h_b - 5\Delta h = 20.0(\text{m})$$

如果需要计算 b 和 d 两点的静水头 h_{wb} 和 h_{wd}，则按比例从图中量出两者至基准面 FG 的距离，得出它们的势水头 z_b 和 z_d 为

$$z_b = 14.5\text{ m}, \quad z_d = 9.0\text{ m}$$

于是得

$$h_{wb} = h_b - z_b = 10.5(\text{m})$$

$$h_{wd} = h_d - z_d = 11.0(\text{m})$$

2. 水力梯度的计算

从流网可以求得任一网格得平均水力梯度 i：

$$i = \frac{\Delta h}{l} \tag{2-40}$$

式中，l 为所计算得网格流线的平均长度，可按比例从图中量得。例如图 2-19 的网格 1234，从图中量得 $l = 5.2$ m，故该网格的平均水力梯度为

$$i = \frac{1.0}{5.2} = 0.19$$

因流网中各网格的 Δh 相同，i 的大小只随 l 而变，故在网格较小或较密的部位，i 值较大。据此可从流网判定土体最易发生渗透破坏的部位，以便进行检算。对于图 2-19 所示板桩或连续墙下的渗流，CD 段渗流出口处的水力梯度常对土的渗透稳定性起控制作用。

3. 渗流量的计算

由于绘制流网时使各流槽的单位时间流量 Δq 相等，若流网的流槽数为 F，则在垂直于纸面方向的单位长度内，流网中单位时间的总流量 q 为

$$q=F\Delta q \tag{2-41}$$

对于曲边正方形流网，Δq 按式(2-34)计算，故其 q 为

$$q=Fk\Delta h \tag{2-42}$$

在图 2-19 中，$F=4$，若流场内土的渗透系数 $k=2.0\times10^{-3}$ m/s，则

$$q=4\times2.0\times10^{-3}\times1.0=8.0\times10^{-3}(\mathrm{m^3/h})$$

土力学人物小传(2)——达西

Henry Philibert Gaspard Darcy(1803—1858 年)(图 2-21)

1803 年 6 月 10 日出生于法国第戎，毕业于巴黎路桥学校，该校属法国帝国路桥工兵团，法国许多世界级的科学家如皮托(Pitot)、圣维南(Saint Venant)、科里奥利(Coriolis)、纳维叶(Navier)等都出自该校。他的一项杰出成就是第戎供水系统的建造。19 世纪上半叶，大多数城市都没有供水和排水系统，供水依靠马车从城市附近的河流、井、泉运送。1839—1840 年，他设计和主持建造了第戎镇的供水系统，它甚至比巴黎的供水系统早了 20 年。1856 年，在经过大量的试验后，他发表关于孔隙介质中水流的研究成果，即著名的 Darcy 定律。

图 2-21 达西

习 题

2-1 两种黏性土分别具有分散结构和絮凝结构，试问当二者的孔隙比相同时，它们的渗透性是否相同？为什么？

2-2 两种砂土按颗粒级配均属中砂，但两者的有效粒径 d_{10} 有显著差别，问这是否会使它们具有不同的渗透系数？为什么？

2-3 如图 2-22 所示，在恒定的总水头差之下水自下而上透过两个土样，从土样 1 顶面溢出。

(1)以土样 2 底面 c-c 为基准面，求该面的总水头和静水头；

(2)已知水流经土样 2 的水头损失为总水头差的 30%，求 b-b 面的总水头和静水头；

(3)已知土样 2 的渗透系数为 0.05 cm/s，求单位时间内土样横截面单位面积的流量；

(4)求土样 1 的渗透系数。

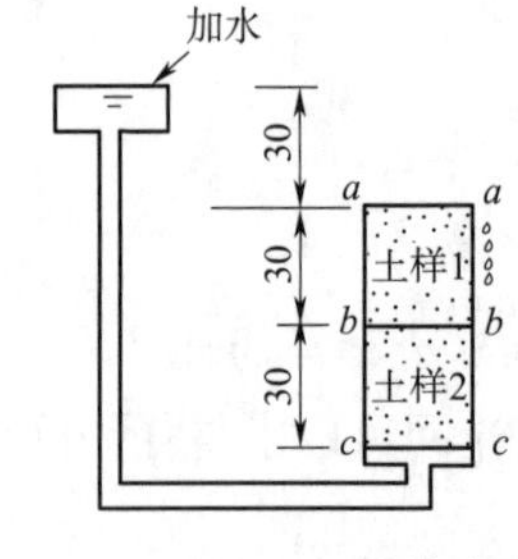

图 2-22 习题 2-3 图(单位：cm)

2-4 在习题 2-3 中，已知土样 1 和 2 的孔隙比分别为 0.7 和 0.55，求水在土样中的平均渗流速度和在两个土样孔隙中的渗流速度。

2-5 如图 2-23 所示，在 5.0 m 厚的黏土层下有一砂土层厚 6.0 m，其下为基岩(不透水)。为测定该砂土的渗透系数，打一钻孔到基岩顶面并以 10^{-2} m³/s 的速率从孔中抽水。在距抽水孔 15 m 和 30 m 处各打一观测孔穿过黏土层进入砂土层，测得孔内稳定水位分别在地面以

下3.0 m和2.5 m，试求该砂土的渗透系数。

2-6　如图2-24所示，其中土层渗透系数为$k=5.0\times10^{-2}$ cm/s，其下为不透水层。在该土层内打一半径为0.12 m的钻孔至不透水层，并从孔内抽水。已知抽水前地下水位在不透水层以上10.0 m，测得抽水后孔内水位降低了2.0 m，抽水的影响半径为70.0 m，试问：

(1)单位时间的抽水量是多少？

(2)若抽水孔水位仍降低2.0 m，但要求扩大影响半径，应加大还是减小抽水速率？

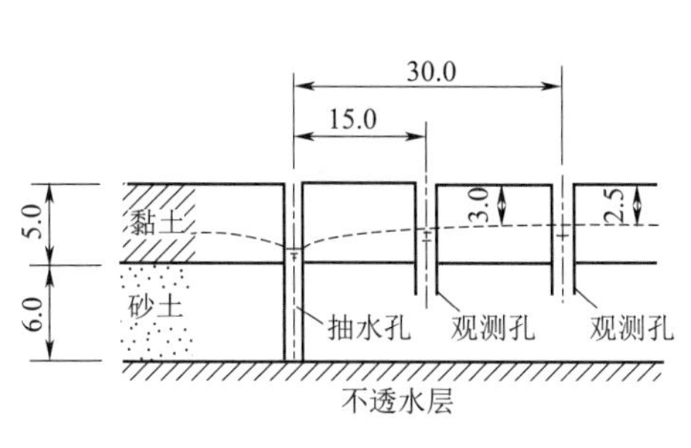

图2-23　习题2-5图(单位：m)

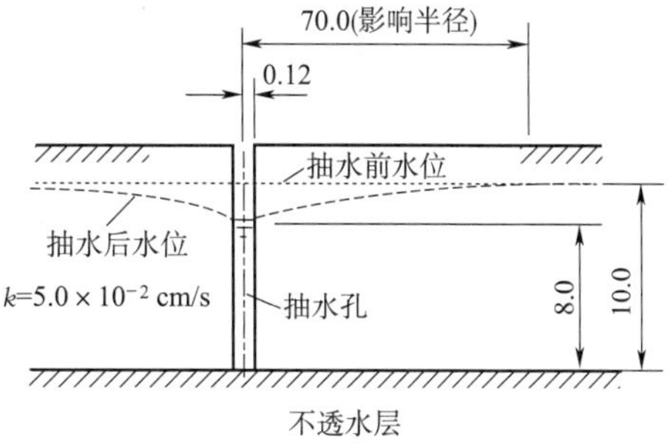

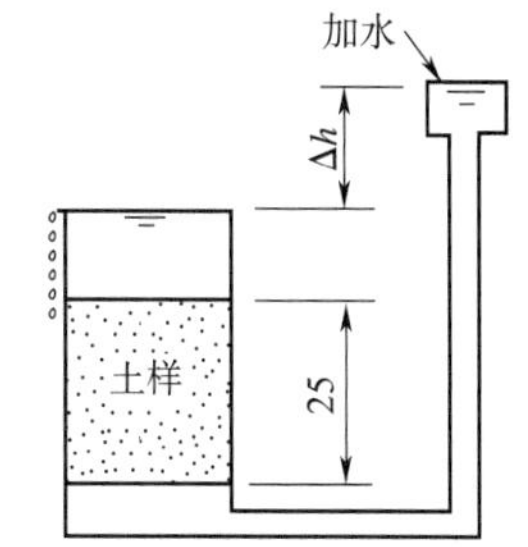

图2-24　习题2-6(单位：m)

2-7　在图2-25的装置中，土样的孔隙比为0.7，颗粒比重为2.63，求渗流的水力梯度达临界值时的总水头差和渗透力。

2-8　在图2-22中，水在两个土样内渗流的水头损失与习题2-3相同，土样的孔隙比见习题2-4，又知土样1和2的颗粒比重(相对密度)分别为2.7和2.65，如果增大总水头差，问当其增至多大时哪个土样的水力梯度首先达到临界值？此时作用于两个土样的渗透力各为多少？

2-9　试验装置如图2-26所示，土样横截面积为30 cm²，测得10 min内透过土样渗入其下容器的水重为0.018 N，求土样的渗透系数及其所受的渗透力。

图2-25　习题2-7图(单位：cm)

2-10　某场地土层如图2-27所示，其中黏性土的饱和容重为20.0 kN/m³；砂土层含承压水，其水头高出该层顶面7.5 m。今在黏性土层内挖一深6.0 m的基坑，为使坑底土不致因渗流而破坏，问坑内的水深h不得小于多少？

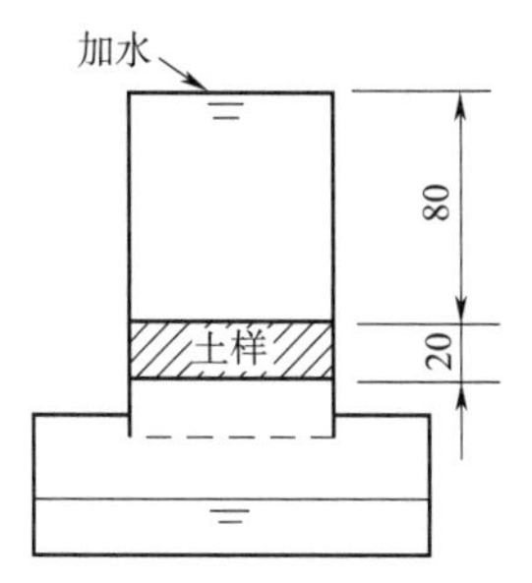

图2-26　习题2-9图(单位：m)

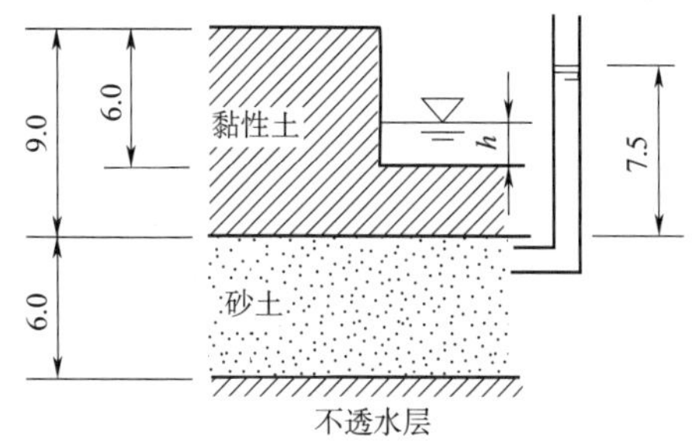

图2-27　习题2-10图(单位：m)

2-11　如图2-28所示，有A、B、C三种土体，装在断面为12 cm×12 cm的方形管中，其渗透系数分别为$k_A=1.5\times10^{-2}$ cm/s，$k_B=4\times10^{-3}$ cm/s，$k_C=6\times10^{-4}$ cm/s，问：(1)求渗流经过A土后的水头降落值Δh；(2)若要保持上下水头差$h=35$ cm，需要每秒加多少水？

2-12　如图 2-29 所示基坑，基坑面积为 20 m×10 m，粉质黏土层 $k=2\times10^{-6}$ cm/s，如果忽略基坑周边水的渗流，假定基坑底部土体发生一维渗流，问：(1)如果基坑内的水深保持 2 m，求土层中的 A、B、C 三点的测压管水头(静水头)和渗透力；(2)试求当保持基坑中水深为 1 m 时，整个基坑所需要的排水量 Q。

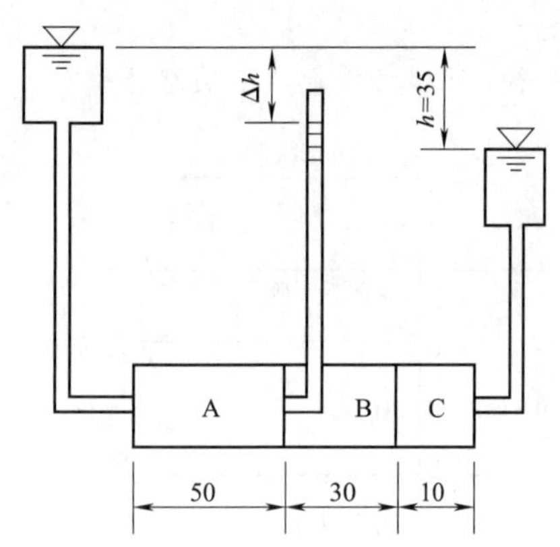

图 2-28　习题 2-11 图(单位：cm)

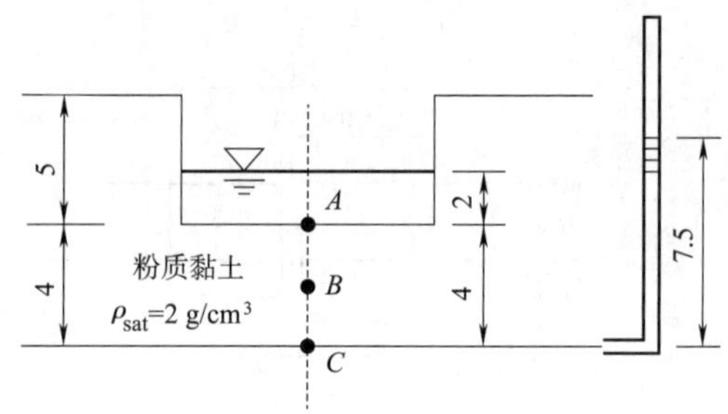

图 2-29　习题 2-12 图(单位：m)

2-13　如图 2-30 所示双层土渗透试验，已知：黏土的渗透系数 $k=1.5\times10^{-6}$ cm/s，砂土的渗透系数 $k=1.0\times10^{-2}$ cm/s，黏土和砂土的饱和容重均为 $\gamma_{sat}=20.0$ kN/m³，$L=40$ cm。试讨论可能发生流土破坏的位置，并计算发生流土时的水头差 Δh。

2-14　何谓稳定渗流？简述二维稳定渗流流网的特征和用途。

2-15　试求图 2-19 的流网中 C 和 M 两点的总水头和静水头。

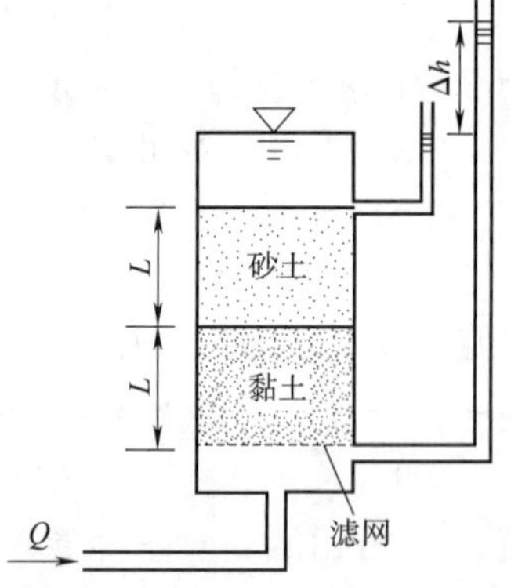

图 2-30　习题 2-13 图(单位：cm)

第 3 章

土体中的应力计算

3.1 概　　述

土体在自重、外部荷载或地下水渗流等作用下，均可在土中产生应力。在地基土体上修建房屋、桥梁等结构，上部结构的荷载将通过基础传递给地基，使地基土体中的原有应力状态发生变化，引起地基土体的变形。如果土体变形引起的沉降在容许的范围内，不会影响房屋、桥梁等结构的正常使用及安全；当外部荷载引起的土中应力过大时，会使上部结构发生不可容许的沉降，甚至会使地基土体发生破坏。因此，在研究土体的变形、强度及稳定性问题时，都必须掌握土体中原有的应力状态及其变化，土体中的应力分布规律和计算方法是土力学的基本内容之一。

土体中的应力，按土骨架和土中孔隙的分担作用可分为有效应力(effective stress)和孔隙压力(pore pressure)。有效应力指土粒间所传递的应力，土体的变形与强度都取决于有效应力的变化。孔隙压力指土中水和气所传递的应力，孔隙水传递的应力即孔隙水压力(pore water pressure)，土中气体传递的应力为孔隙气压力(pore air pressure)。有效应力与孔隙压力之和称为总应力(total stress)。

土体中的应力，究其产生的原因主要分为自重应力(geostatic stress)和附加应力(additional stress)两种。自重应力指由土层自重在土体中产生的应力，又可分为两种情况：一种是成土年代久远，土体在自重作用下已经完成压缩变形，这种自重应力不再使土体产生变形；另一种是成土年代较短，如第四纪全新世沉积土、人工填土等，这种土体在自身重力作用下尚未完成压缩变形，因而仍将会使土体产生变形。附加应力指由土层自重以外的荷载在地基中产生的应力，如土体在上部结构荷载、地下水渗流、地震等作用下产生的应力，它是地基土体产生变形的主要原因，也是导致地基土体破坏和失稳的重要原因。

土体自重应力和附加应力的产生原因不同，因而两者的计算方法不同，分布规律及其对工程的影响也不同。土体中的竖向自重应力和竖向附加应力也可称为自重应力和附加应力。在计算房屋、桥梁等上部结构通过基础传递到地基土体中的附加应力时，基底压力的大小与分布是不可缺少的条件。

与一般均匀连续介质不同，土体是三相所组成的非连续介质，在外力作用下的应力状态非常复杂。但大体上看，在小变形范围内，力和变形大致成直线关系。超过这个范围，力和变形成非线性关系，或力不增加，而变形继续发展，这就是所谓的弹性和塑性性质。严格地讲，在自然界中不存在理想的弹性和塑性材料。为了简化计算，在一定的条件下，可以把天然土体近似于具有理想弹性和塑性性质的材料，以便分析和计算。

天然土体往往是由成层土所组成的非均质土或各向异性土，但当土层性质变化不大时，把土体假设为均质各向同性体，对土体中竖向应力分布引起的误差通常在允许范围之内。

当土体受到外力作用而处于静力平衡状态时，土中一点的应力状态，可用一正六面体体积元上的应力来表示。如图 3-1 所示的六面体，与 x 轴垂直面上的应力可分解为 3 个应力分量，即法向应力 σ_x，剪应力 τ_{xy} 和 τ_{xz}，同理，在其他面上的应力分量分别为 σ_y、τ_{yx}、τ_{yz} 和 σ_z、τ_{zy}、τ_{zx}，共有 9 个应力分量。根据剪应力互等原理，即 $\tau_{xy}=\tau_{yx}$、$\tau_{xz}=\tau_{zx}$ 和 $\tau_{yz}=\tau_{zy}$，则作为独立应力分量的只有 6 个，即 σ_x、σ_y、σ_z、τ_{xy}、τ_{xz} 和 τ_{yz}。当体积元缩小到一点时，这 6 个应力分量就表示该点的应力状态。如果在该点的任一方向取一切面元，则元面上的法向应力和剪应力都可用这 6 个独立应力分量来表示。

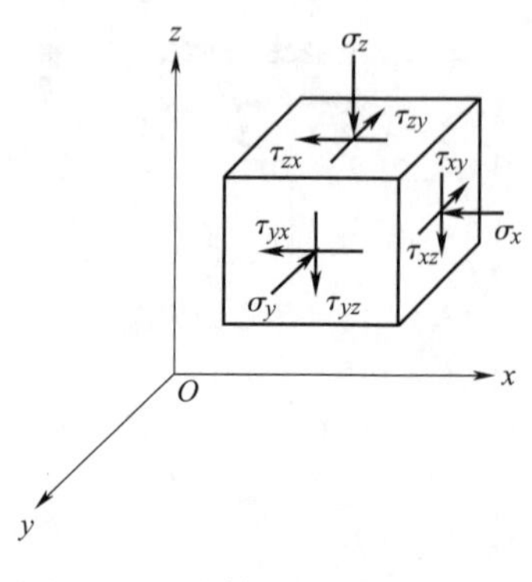

图 3-1 土中体积元上的应力

土是松散介质，一般不能承受拉应力，或者只有很小的抗拉强度。在土中出现拉应力的情况也很少，因此，在土力学中，对于正应力取压力为正，拉力为负；对于剪应力，取逆时针方向为正，顺时针方向为负。

本章先介绍有效应力原理，然后介绍土体中的自重重力，再介绍基底压力及土体中的附加应力，最后简要介绍孔隙压力系数的概念和确定方法。

3.2 有效应力原理

计算土体应力的目的是研究土体受力后的变形和强度问题，但是土的体积变化和强度大小并不是直接决定于土体所受的全部应力，这是因为土是由三相物质组成的散体材料，受力后存在着外力如何由固液气三种成分分担、力是如何传递与转化以及它们和土体的变形与强度存在什么关系等问题。

关于非饱和土(unsaturated soil)在外力 σ 作用下的有效应力 σ'、孔隙水压力 u_w 和孔隙气压力 u_a 的分配关系，毕肖普(A. W. Bishop)提出的关系式为

$$\sigma=\sigma'+\chi u_w+(1-\chi)u_a \tag{3-1}$$

式中，χ 为试验系数。当土处于完全干燥时，$\chi=0$；当土处于完全饱和时，$\chi=1$；当土处于非饱和状态时，χ 值与饱和度 S_r 以及土的性质等因素有关，在 0～1 之间变化。

关于饱和土(saturated soil)在外力作用下的有效应力和孔隙水压力的关系，太沙基(K. Terzaghi)提出了土力学中最重要的饱和土体的有效应力原理(principle of effective stress)。可以说，有效应力原理的提出和应用阐明了土体与连续介质固体材料在应力—应变关系上的重大区别，是使土力学成为一门独立学科的重要标志。

3.2.1 饱和土中的有效应力和孔隙水压力

饱和土是由固体颗粒构成的骨架和充满其间的水组成的两相体，土骨架(soil skeleton)就是土体中相互接触的固体颗粒所形成的构架，它可以传递力，并具有土体的全部体积和全部截面面积。当外力作用于土体后，一部分由土骨架承担，并通过颗粒之间的接触面进行力的传递，称为有效应力；另一部分则由孔隙中的水来承担，水虽然不能承担剪应力，但却能承受各向等压的法向应力，并且可以通过连通的孔隙水传递，这部分水压力称为孔隙水压力。有效应力原理就是研究饱和土中这两种应力的不同性质和它们与总应力的关系。

图 3-2 表示饱和土体中某一放大了的横截面 $a-a$，总水平投影面积为 A，假设 $a-a$ 面都

通过了土颗粒的接触点。由于颗粒所有接触点的面积在水平面上的投影之和 A_s 很小，故面积 A 中绝大部分都是孔隙水所占据的面积 A_w。若在该截面每单位水平投影面积上作用有竖直总应力 σ，则在 a-a 面上的孔隙水将作用有孔隙水压力 u，在第 i 个颗粒接触处将存在粒间作用力 P_{si}。P_{si} 的大小和方向都是随机的，可将其分解为竖直向、水平向两个分力，竖直向分力为 P_{svi}。当颗粒接触点足够多时，其水平向分力之和为 0。假设共有 n 个接触点，考虑 a-a 面的竖向力平衡可知

$$\sigma A = \sum_{i=1}^{n} P_{svi} + uA_w$$

两边均除以面积 A，则

$$\sigma = \sum_{i=1}^{n} P_{svi}/A + uA_w/A$$

式中，右端第一项 $\sum\limits_{i=1}^{n} P_{svi}/A$ 为全部土粒间作用力的竖向分量之和除以水平投影面积 A，它代表全面积 A 上土骨架的平均竖向应力，并定义为有效应力，用 σ' 表示。右端第二项中的 A_w/A，根据研究，颗粒接触点面积一般不超过 $0.03A$，故 $A_w/A\approx1$。由此，上式可简化为

$$\sigma=\sigma'+u \tag{3-2}$$

这就是土力学中著名的有效应力原理表达式。可见所谓的有效应力是由土颗粒接触点传递的应力，它是由土骨架承担的，是单位面积土骨架（即单位面积土体）上所有颗粒的接触力在总应力 σ 方向上的分量之和。可见，有效应力是一个虚拟的应力，是很多力之和被总面积除。实际上土颗粒间真正的接触应力是很大的，粗粒土的颗粒接触应力常常会达到矿物颗粒的屈服强度。对于黏性土，由于颗粒周围包有结合水膜，颗粒间一般不直接接触，但是可以认为，颗粒间的力仍可通过黏滞性很高的结合水膜传递，式(3-2)仍然适用。实际上，有效应力原理更多地是用于解决黏性土中的工程问题。

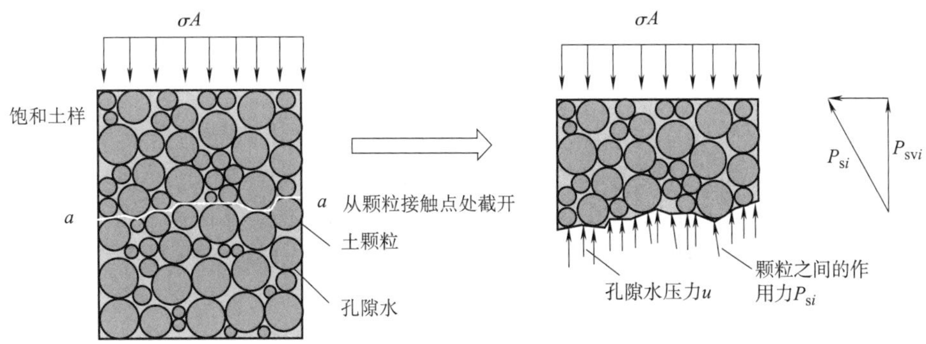

图 3-2　有效应力概念

3.2.2　有效应力原理的意义

有效应力原理的主要内容可归纳为如下两点：

(1)饱和土体内任一平面上受到的总应力可分为由土骨架承受的有效应力和由孔隙水承受的孔隙水压力两部分，二者的关系始终满足式(3-2)。式中，σ 是作用在饱和土中任意面上的总应力；σ' 是有效应力，作用于同一平面的土骨架上；u 是孔隙水压力，作用于同一平面的孔隙水上。

(2)土的变形与强度的变化都只取决于有效应力的变化。这意味着引起土的体积压缩和抗剪强度变化的原因,并不取决于作用在土体上的总应力,而是取决于总应力与孔隙水压力的差值,即有效应力。孔隙水压力本身并不能使土发生变形和强度的变化。这是因为土的压缩是土粒之间相互位置改变,使土中孔隙减小的结果,而水压力在各方向均相等,均衡地作用于每个土颗粒周围,因而不会使土颗粒移动而导致孔隙体积变化,因此在计算土的变形时,要采用有效应力。另外,由于水只能承受压力,不能承受剪力,故土的抗剪强度仅来自土颗粒之间的作用;同时,由于土的抗剪强度取决于截面上的法向作用力,所以确定抗剪强度时,应从总的法向应力中扣除孔隙水压力,即采用有效应力。

为了帮助理解土颗粒受压变密并不取决于作用于其上的总应力这一原理,不妨以深海底的砂层是否很密实为例来说明。如图 3-3 所示的海底砂层,a-a 截面上砂所受到的总应力为$\sigma_a=\gamma_w H+\gamma_{sat}h$,海水深度 H 很大时,σ_a值会很大。但事实上,海底的砂是很松散的。这是因为虽然砂层的总应力 σ_a很大,但同时 a-a 截面上孔隙水压力 $u_a=\gamma_w(H+h)$也很大,根据有效应力原理,a-a 截面砂层的有效应力$\sigma'_a=\sigma_a-u_a=\gamma' h$,当 h 较小时,σ'_a也较小。这个例子也表明,土的变形取决于土中的有效应力而不是总应力。

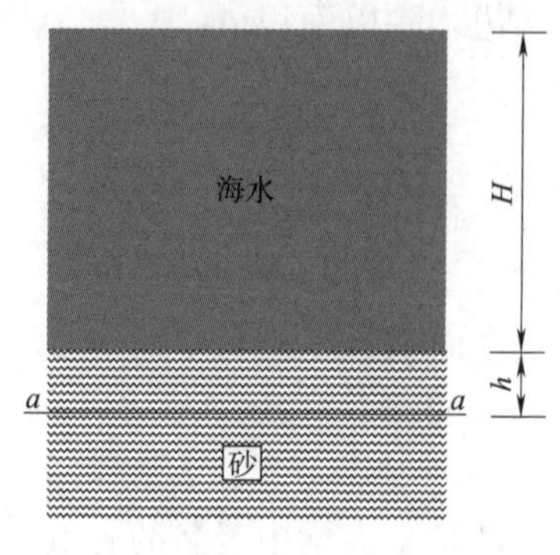

图 3-3 总应力和有效应力

有效应力原理是土力学中极为重要的原理,灵活应用并不容易。数十年来,土力学的许多重大进展都是与有效应力原理的推广和应用相联系的。迄今为止,国内外均公认有效应力原理可毫无疑问地应用于饱和土,对于非饱和土的应用则还有待进一步的研究。

3.3 自重应力计算

3.3.1 均质土的自重应力

地面起伏土体的自重应力计算相当复杂,其中最简单和常用的是水平地基土体的自重应力的计算。通常假设地基土体是在水平面上无限延展的半无限体,如图 3-4(a)所示,采用直角坐标系表示,x 轴、y 轴位于地基土体界面,z 轴与界面垂直,方向朝下。当 x 轴、y 轴指向正负无限远,z 轴指向正无限远(向下)时,所确定的土体空间称为半无限空间。

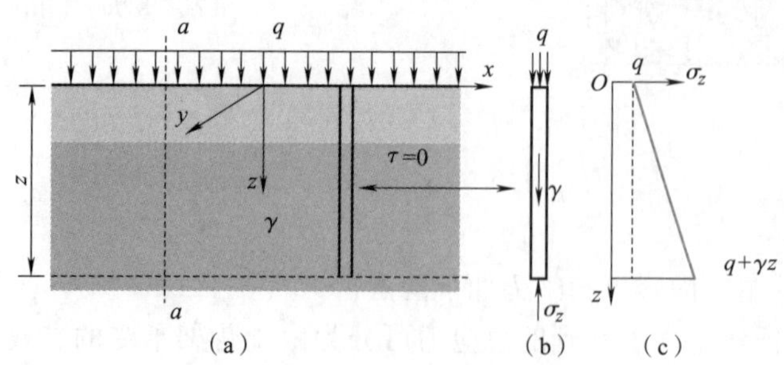

图 3-4 均质半无限土体的竖向应力

如果在土体界面上作用有竖向均布荷载 q,土的容重为 γ,在土体中作任一垂直截面 a-a,则

$a\text{-}a$ 为对称面，两边的受力条件相同，在截面上不会产生剪切变形，因而任何垂直截面上的剪应力均为零，即 $\tau_{xy}=\tau_{xz}=\tau_{yz}=0$。由于剪应力的对称性，故水平截面上的剪应力也为零。这说明垂直截面和水平截面均为主应力面，σ_x、σ_y 和 σ_z 均为主应力，σ_z 为大主应力（$\sigma_z=\sigma_1$），σ_x 和 σ_y 为小主应力（$\sigma_x=\sigma_y=\sigma_3$）。根据图 3-4(b)所示土柱的受力，由其竖向平衡方程可求得深度 z 处的大主应力 σ_z 为

$$\sigma_z=q+\gamma z \tag{3-3}$$

σ_z 随深度成梯形分布，如图 3-4(c)所示。

根据弹性力学理论，也很容易推导出土体相应深度 z 处的小主应力 σ_x 和 σ_y 为

$$\sigma_x=\sigma_y=\frac{\nu}{1-\nu}\sigma_z \tag{3-4}$$

式中　ν——土的泊松比。

如不考虑地表荷载，在土体自身重力作用下任一深度 z 处的竖向应力就是土体的竖向自重应力 q_z，即

$$q_z=\gamma z \tag{3-5}$$

式(3-5)就是均质土体自重应力的计算公式。均质土体沿水平面均匀分布，且与深度 z 成正比，即随深度按直线规律分布。

3.3.2　成层土的自重应力

地基土往往是成层的，各层土具有不同的容重，如图 3-5 所示。天然地面下任意深度 z 范围内各层土的厚度自上而下分别为 $H_1,H_2,\cdots,H_i,\cdots,H_n$，计算出高度为 z 的土柱体中各层土重的总和后，可得到成层土竖向自重应力 q_z 的计算公式为

$$q_z=\sum\gamma_i H_i \tag{3-6}$$

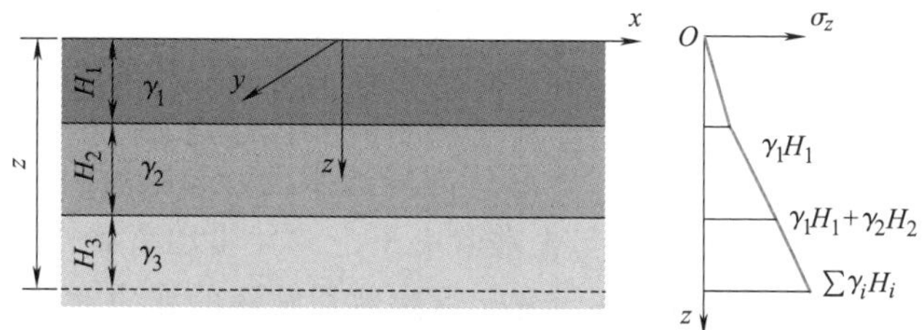

图 3-5　成层土体的自重应力

3.3.3　地下水位以下静水压时土的自重应力

在地下水位以下的土体中，土中水也应属于土体的组成部分，土体的自重应力应服从有效应力原理。这时可先计算总自重应力和孔隙水压力，然后计算有效自重应力，有时也可直接计算有效自重应力。

图 3-6 是用来说明孔隙水处于静止状态时，饱和砂土中的有效应力和孔隙水压力随深度的分布情况。图 3-6 中盛满饱和砂土的容器的水面高出砂面 h_1。根据力的平衡，在砂土中任意水平截面上的总应力 σ_z 等于孔隙水压力 u 和有效应力 σ_z' 之和，即 $\sigma_z=\sigma_z'+u$。在砂面以下 h_2 处取一水平截面 $a-a$，在该截面上引出一水压管，其水压头必与容器水面同高，即该截面上的孔隙水压力可由水压管的水压头来衡量，其孔隙水压力 $u=\gamma_w(h_1+h_2)$。根据有效应力原

理，有效应力σ_z'应为总应力σ_z和孔隙水压力u之差。现总应力为$\sigma_z=\gamma_w h_1+\gamma_{sat}h_2$，故在$a$-$a$截面上的有效应力$\sigma_z'$为

$$\sigma_z'=\sigma_z-u=\gamma_w h_1+\gamma_{sat}h_2-\gamma_w(h_1+h_2)=(\gamma_{sat}-\gamma_w)h_2=\gamma' h_2$$

而在砂面b-b截面处的有效应力$\sigma_z'=0$。显然，在浮容重γ'为定值的情况下，σ_z'随h_2成线性变化，故有效应力在砂土中随深度呈三角形分布(图 3-6)。关于孔隙水压力，在水面处$u=0$，在截面a-a处，$u=\gamma_w(h_1+h_2)$，故随水深也呈三角形分布。

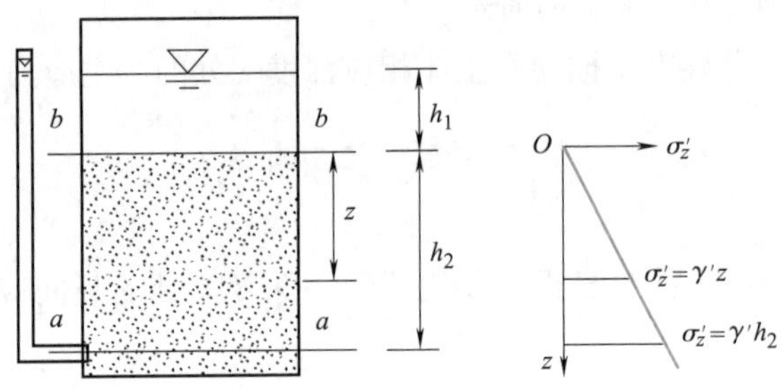

图 3-6 静水压时土的有效应力

土的有效自重应力取决于土的有效容重。为了书写方便，后面将省去“有效”二字，简单地称q_z为自重应力。

(1)对于位于地下水以下的砂土、碎石土等透水粗颗粒土，孔隙中充满着自由水，颗粒受到水的浮力作用，所以它们的有效容重为浮容重γ'。如果自由水面与土面同高或高于土面，则在土面以下z深度处土的自重应力q_z应为

$$q_z=\sigma_z'=\gamma' z \tag{3-7}$$

(2)对于地下水位以下只含结合水的坚硬黏土，因其孔隙和渗透系数非常小，土中能自由流动的自由水极少，可以近似地认为是不透水土。由于土中缺乏自由水，土粒不受浮力作用。在计算q_z时，可直接采用饱和容重γ_{sat}作为有效容重。由于$u=0$，故

$$q_z=\sigma_z=\gamma_{sat}\cdot z \tag{3-8}$$

(3)对于一般黏性土，在地下水面以下可认为是透水土，土粒受浮力作用，计算q_z宜用浮容重。由于天然土层性质很复杂，透水与否常取决于土的性质和荷载作用下所研究地基土的工作状态等。例如，饱和黏性土地基，在研究它承受剪切破坏的能力时，往往假定它是不透水的，但要计算其长期沉降，就应当假定它是透水的。

3.3.4 地下水位升降时土的自重应力

地下水位升降会使土体的自重应力发生相应变化。图 3-7 为地下水位下降的情况，如在北方地区，因长期大量抽取地下水，导致地下水位大幅度下降，使土体的有效自重应力增加，从而引起地面大面积沉降的严重后果。

反之，地下水位长期上升也会使土体的有效应力减小，从而降低地基的承载力，在湿陷性黄土地区还会引起黄土的湿陷，因此在人工抬高蓄水水位的地区或工业废水大量渗入地下的地区，应特别注意地下水位上升产生的不利结果。

3.3.5 有毛细水时土的自重应力

对于颗粒较细的土，如细砂、粉砂及粉土等，由于孔隙较细，孔隙中的自由水会产生毛细作

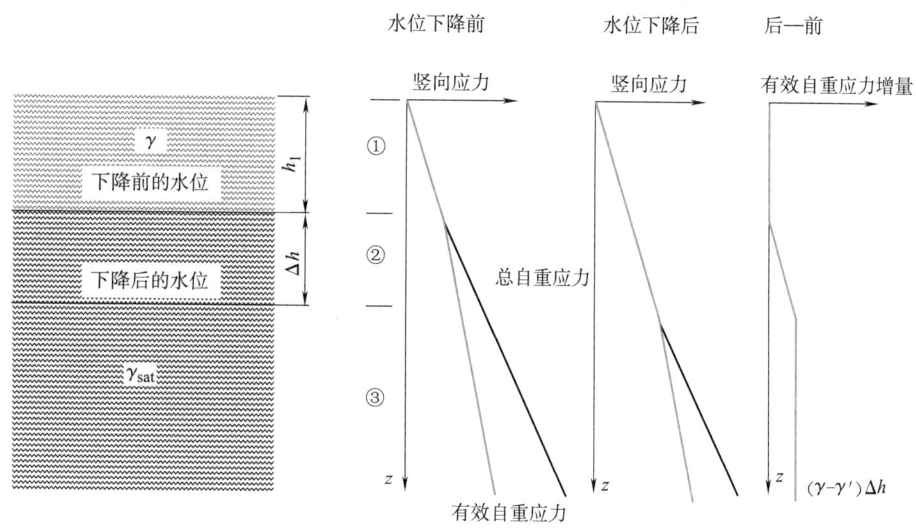

图3-7　地下水位下降对土体自重应力的影响

用(caplillarity)。当土层中存在着地下水时，在毛细作用下，自由水顺着连通的微细孔隙上升到一定高度，毛细水上升高度 h_c 可由毛细水的受力平衡方程导出，如图3-8所示，可建立毛细水的受力平衡方程：

$$\pi r^2 h_c \gamma_w = 2\pi r T\cos\alpha$$

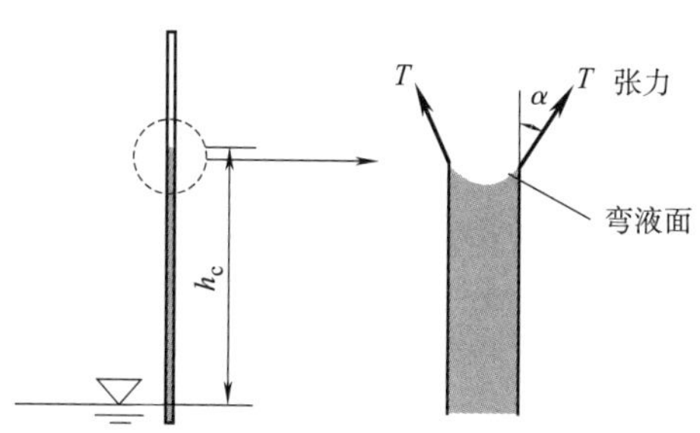

图3-8　毛细水的上升高度及受力平衡示意

则

$$h_c = \frac{2T\cos\alpha}{r\gamma_w} \tag{3-9}$$

式中　h_c——毛细水的上升高度，m；

T——水膜的张力，kN，与温度有关，10 ℃时 $T=0.000\ 741$ N/cm，20 ℃时 $T=0.000\ 728$ m；

α——水膜张力与毛细管壁的夹角，(°)，与土颗粒成分和水的性质有关；

r——毛细管的半径，m；

γ_w——水的容重，kN/m^3。

由式(3-9)可看出，在一定范围内土的孔隙直径(2r)越小，毛细水上升越高。这个范围内土的饱和度可达80%以上，可近似看作是饱和的，称为毛细饱和区，因此在这个范围内有效应力原理也基本是适用的。

若弯液面处毛细水的压力为 u_w，分析该处水膜受力的平衡条件，取竖直方向力的总和为

零，则有

$$\pi r^2 u_w + 2\pi r T\cos\alpha = 0$$

由式(3-9)可知，$T=\frac{h_c r\gamma_w}{2\cos\alpha}$，代入上式可得

$$u_w = -\frac{2T}{r} = -h_c\gamma_w \tag{3-10}$$

式(3-10)表明毛细饱和区内的水压力与一般静水压力的概念相同，它与水头高度 h_c 成正比，负号表示张力。这样，自由水位上下的孔隙水压力及有效应力分布如图 3-9 所示。自由水位以下水受压力；自由水位以上的毛细饱和区内毛细水承受张力，在其顶面张力值最大，为 $h_c\gamma_w$，在其底面张力值为 0。因此，自由水位以下，土骨架受浮力，减小了颗粒间的有效应力；自由水位以上，毛细饱和区内颗粒骨架承受水的张拉作用而使颗粒间受压，增大了土的有效应力。

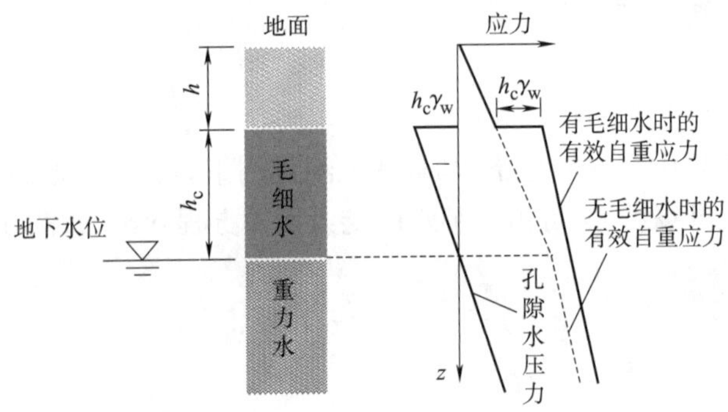

图 3-9 毛细水作用下的孔隙水压力及有效应力分布

【例 3-1】现有一由两层土组成的地基(图 3-10)，上层为粉砂，厚 6 m，下层为粉质黏土，地下水面以上粉砂的天然容重为 17 kN/m³，粉砂的饱和容重为 19 kN/m³，粉质黏土的饱和容重为 20 kN/m³，试求算 10 m 深度范围内地基土体的自重应力分布。如果粉砂中出现毛细水，毛细水面上升 1.0 m，土体的自重应力分布将出现怎样的变化？

【解】在无毛细水的情况下，土体自重应力完全来自土本身的有效容重。很显然，粉砂在水下受浮力作用，应采用浮容重，粉质黏土也可看成是透水的，宜用浮容重。这样，土体的有效自重应力 q_z 和总自重应力 σ_z 的分布分别计算如下：

在 3 m 处：$q_z=3\times17=51(\text{kPa})$；$\sigma_z=q_z+u=51+0=51(\text{kPa})$

在 6 m 处：$q_z=51+3\times(19-9.8)=78.6(\text{kPa})$；$\sigma_z=78.6+3\times9.8=108(\text{kPa})$

在 10 m 处：$q_z=78.6+4\times(20-9.8)=119.4(\text{kPa})$；$\sigma_z=119.4+7\times9.8=188(\text{kPa})$

因此，可以得到 q_z 和 σ_z 的分布图，如图 3-10(b)所示。

在毛细水上升 1.0 m 的情况下，毛细水产生的张力应计入有效应力中。可先计算总自重应力 σ_z 和孔隙水压力 u，再计算有效自重应力 q_z，即

在 2.0 m 偏上：$\sigma_z=q_z=2.0\times17=34(\text{kPa})$

在 2.0 m 偏下：$\sigma_z=2.0\times17=34(\text{kPa})$；$u=-1.0\times9.8=-9.8(\text{kPa})$

$q_z=34.0-(-9.8)=43.8(\text{kPa})$

在 3 m 处：$\sigma_z=34+1.0\times19=53(\text{kPa})$；$u=0$

$q_z=53-0=53(\text{kPa})$

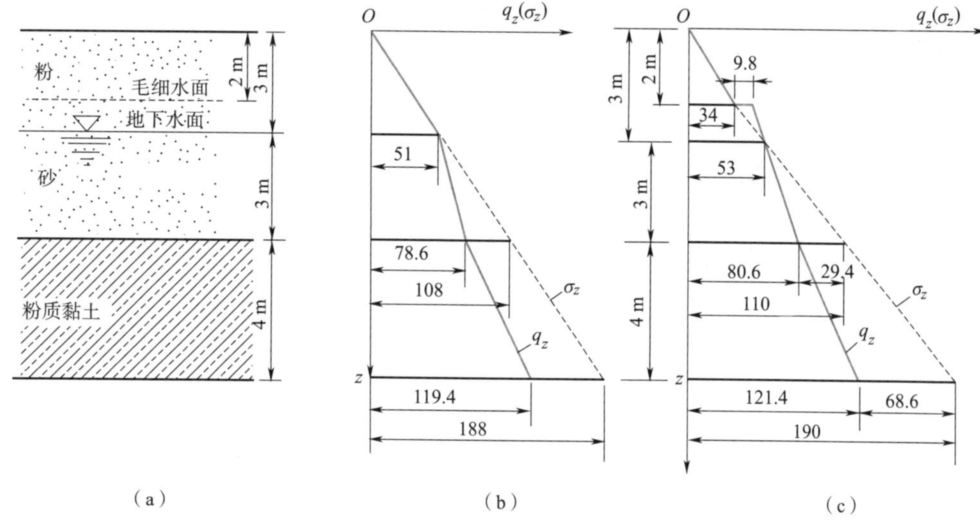

图 3-10　土层自重应力分布

在 6 m 处：$\sigma_z=53+3\times19=110(\text{kPa})$；$u=3\times9.8=29.4(\text{kPa})$

$q_z=110-29.4=80.6(\text{kPa})$

在 10 m 处：$\sigma_z=110+4\times20=190(\text{kPa})$；$u=7\times9.8=68.6(\text{kPa})$

$q_z=190-68.6=121.4(\text{kPa})$

上述 q_z 和 σ_z 的分布如图 3-10(c)所示。q_z 在 2 m 处有一增量 $\Delta q_z=9.8$ kPa，这是毛细水张力产生的。从以上有无毛细水作用计算结果对比看出，毛细水上升 1 m，水下各点的 q_z 仅增加 2 kPa，影响不大。所以在工程上无特殊情况和要求时，一般不考虑毛细水影响。

3.3.6　竖直稳定渗流时土的自重应力

近年来由于大量开采地下水，使很多地区的地下水呈十分复杂的状态，形成多层地下水，可能同时存在滞水、上层潜水、层间潜水、承压水等，并且各层地下水间还会有竖向渗流发生，使土的自重应力发生变化。由于在稳定渗流(steady seepage)中，孔隙水压力不随时间变化，所以这时土中的孔隙水压力也属于静孔隙水压力。下面简要分析竖直稳定渗流时土的自重应力计算。

(1)向下稳定渗流时的有效应力

图 3-11 是孔隙水向下渗流时有效应力随深度的分布情况。在 a-a 截面处引出一水压管，管口水面较容器水面低 h。令 a-a 截面为基准面，则由水压管可得该截面的总水头高 $h_a=h_1+h_2-h$，而在 b-b 截面处的势水头为 h_2，静水头为 h_1，总水头为 $h_b=h_1+h_2$，则 b-b 和 a-a 之间的水头差 $\Delta h=h_b-h_a=h$。在压力差 $\gamma_w h$ 的作用下，水由 b-b 渗流到 a-a，其渗流长度为 h_2，共消耗水头 h，故两截面间的水力梯度 $i=h/h_2$。

在 a-a 截面，总应力 σ_z 应等于该截面上水柱重量和土柱重量之和，即 $\sigma_z=\gamma_w h_1+\gamma_{sat}h_2$，而该截面上的孔隙水压力，可由该处水压管测得 $u=\gamma_w(h_1+h_2-h)$。根据有效应力原理，a-a 截面处的有效应力 σ_z' 为

$$\sigma_z'=\sigma_z-u=\gamma_w h_1+\gamma_{sat}h_2-\gamma_w(h_1+h_2-h)=\gamma' h_2+\gamma_w h$$

$$=\left(\gamma'+\frac{h}{h_2}\gamma_w\right)h_2=(\gamma'+i\gamma_w)h_2$$

上式中的有效应力 σ_z' 是由有效容重 $\gamma'+i\gamma_w$ 引起的。其中 γ' 为浮容重，为有效力；而体积力 $i\gamma_w$ 为渗透力，亦为有效力。必须注意，渗透力的作用方向与孔隙水的流向一致，所以它与 γ' 应为矢量和。在这里 $i\gamma_w$ 与 γ' 的方向一致，都是向下作用，故两者应相加。

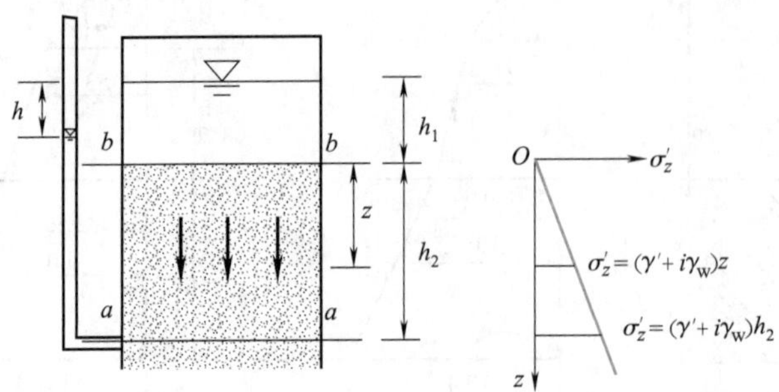

图 3-11 向下稳定渗流时土的有效应力

在 b-b 截面，$u=\gamma_w h_1$，与孔隙水处于静止状态时的孔隙水压力相同，说明在此截面以上的区域水头无损耗；至于有效应力，在 b-b 截面处 $\sigma_z'=0$，与静水压时相同。显然，在浮容重 γ' 为定值的情况下，σ_z' 随 h_2 成线性变化，故有效应力在砂土中随深度呈三角形分布(图 3-11)。因此，向下稳定渗流时土面以下 z 深度处土的自重应力 q_z 应为

$$q_z=\sigma_z'=(\gamma'+i\gamma_w)z \tag{3-11}$$

(2)向上稳定渗流时的有效应力

图 3-12 是孔隙水向上渗流时有效应力随深度的分布。在 a-a 截面的孔隙水压力 $h_a=h_1+h_2+h$，而该处总应力 σ_z 也为土柱和水柱重量之和，即 $\sigma_z=\gamma_w h_1+\gamma_{sat}h_2$。故该处有效应力为

$$\begin{aligned}\sigma_z'&=\sigma_z-u=\gamma_w h_1+\gamma_{sat}h_2-\gamma_w(h_1+h_2+h)=\gamma' h_2-\gamma_w h\\&=\left(\gamma'-\frac{h}{h_2}\gamma_w\right)h_2=(\gamma'-i\gamma_w)h_2\end{aligned}$$

上式中的有效应力 σ_z' 来自有效容重 $\gamma'-i\gamma_w$。这里，渗透力 $i\gamma_w$ 的作用方向与 γ' 的重力方向相反，故其合力为两者之差。

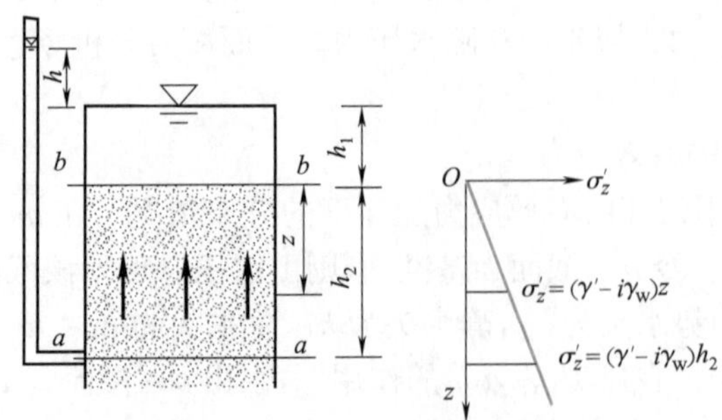

图 3-12 向上稳定渗流时土的有效应力

在 b-b 截面，$\sigma_z'=0$，与静水压时相同。显然，在浮容重 γ' 为定值的情况下，σ_z' 随 h_2 成线性变化，故有效应力在土中随深度也呈三角形分布(图 3-12)，只是斜率为 $\gamma'-i\gamma_w$。因此，向上稳定渗流时土面以下 z 深度处土的自重应力 q_z 应为

$$q_z=\sigma_z'=(\gamma'-i\gamma_w)z \tag{3-12}$$

从式(3-12)可看出，在渗透力作用下有效应力大小取决于水力梯度 i。当 i 增加时，σ_z' 减小；当 i 增大到某一临界值时，有效容重 $\gamma'-i\gamma_w$ 等于零，即 $\sigma_z'=0$。这时，土颗粒处于失重状态，将发生所谓"管涌"或"流砂"现象。在基坑施工的排水过程中，流砂现象会导致灾难性事故。因此在进行基坑排水时，必须控制水力梯度 i，使其小于临界水力梯度 i_{cr}。i_{cr} 可由 $\gamma'-i\gamma_w=0$ 求得，即

$$i_{cr}=i=\frac{\gamma'}{\gamma_w} \tag{3-13}$$

式(3-13)与第 2 章的计算结果相同。

(3)渗流作用下成层土的有效应力计算

如图 3-13 所示的基坑坑底地层，通过降水，使地下水位始终保持在基坑底部以下，在此过程中就形成由下向上的渗流。以此为例，下面简要介绍渗流作用下成层土的有效应力的计算方法。

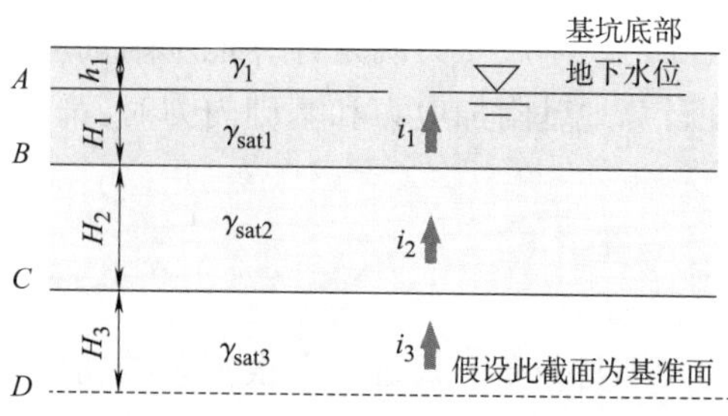

图 3-13　向上渗流时成层土的有效应力计算

假设 D 截面为基准面，则 A 截面的势水头为 $H_1+H_2+H_3$，静水头为 0，总水头为

$$h_A=H_1+H_2+H_3$$

地下水由 D 截面向 A 截面渗流，水头损失为

$$\Delta h_{AD}=i_1H_1+i_2H_2+i_3H_3$$

根据 A 截面的总水头 h_A 和 DA 的水头损失 Δh_{AD}，可以计算出 D 截面的总水头为

$$h_D=(H_1+H_2+H_3)+(i_1H_1+i_2H_2+i_3H_3)$$

式中，i_1、i_2、i_3 分别为三层土的水力梯度。

因 D 截面的势水头为零，故 D 截面的静水头即为该处的总水头，由此可得到 D 截面的孔隙水压力为

$$u_D=\gamma_w[(H_1+H_2+H_3)+(i_1H_1+i_2H_2+i_3H_3)]$$

D 截面的总应力 σ_z 应等于该截面上土柱重量之和，即

$$\sigma_{zD}=\gamma_1h_1+\gamma_{sat1}H_1+\gamma_{sat2}H_2+\gamma_{sat3}H_3$$

根据有效应力原理，可得到 D 截面的有效应力为

$$\begin{aligned}\sigma_{zD}'&=\sigma_{zD}-u_D\\&=(\gamma_1h_1+\gamma_{sat1}H_1+\gamma_{sat2}H_2+\gamma_{sat3}H_3)-\gamma_w[(H_1+H_2+H_3)+(i_1H_1+i_2H_2+i_3H_3)]\\&=\gamma_1h_1+(\gamma_1'-i_1\gamma_w)H_1+(\gamma_2'-i_2\gamma_w)H_2+(\gamma_3'-i_3\gamma_w)H_3\end{aligned}$$

同理，可计算出 A、B、C 截面的有效应力为

$$\sigma_{zA}'=\gamma_1h_1$$

$$\sigma_{zB}'=\gamma_1h_1+(\gamma_1'-i_1\gamma_w)H_1$$

$$\sigma_{zC}'=\gamma_1h_1+(\gamma_1'-i_1\gamma_w)H_1+(\gamma_2'-i_2\gamma_w)H_2$$

显然，与静水时的有效应力相比，在向上的渗流作用下，有效应力还需从中减去相应土层中的渗透力。例如，静水时 D 截面的有效应力 $\sigma'_{zD}=\gamma_1 h_1+\gamma'_1 H_1+\gamma'_2 H_2+\gamma'_3 H_3$，向上渗流时有效应力还需从中减去 $i_1\gamma_w H_1+i_2\gamma_w H_2+i_3\gamma_w H_3$。

渗流向下时，将 σ'_{zB}、σ'_{zC}、σ'_{zD} 计算式中的负号改为正号即可。

3.4 基底压力计算

一个完整的建筑体系包含了上部结构、基础和地基三个部分，基础是建筑物结构的地下部分，地基是基底以下支承基础及上部结构的一定范围内的地层。作用在地基表面的各种分布荷载都是通过建筑物的基础传到地基土体中的，基础底面传递给地基表面的压力称为基底压力(foundation pressure)。由于基底压力作用于基础与地基的接触面上，所以也称为基底与地基的接触应力(contact pressure)。基底压力既是计算地基附加应力的外荷载，也是计算基础结构内力的外荷载，因此，在计算地基附加应力和基础内力时，都必须首先研究基底压力的分布规律和计算方法。

3.4.1 基底压力的分布规律

精确地确定基底压力的大小与分布形式是一个很复杂的问题，因为影响基底压力的因素很多，如基础和地基的刚度、基础上的荷载大小和分布等。总的来说，起重要作用的还是基础的刚度。任何基础都不可能是绝对刚性或绝对柔性的，但为了工程设计计算方便，通常把基础底面积较小、厚度较大不易产生挠曲变形者当成刚体看待，称为刚性基础，而把基底面较大、厚度较薄易产生挠曲变形者视为柔性基础。

在研究地基沉降时，不论基础的刚度如何，一般均可近似地视为刚性基础。这是因为基础材料主要是砖、石、混凝土和钢筋混凝土等，和土相比，刚度要大得多。此外，不同刚度的基础，在同样荷载作用下，除距离接触面较近范围内的地基应力存在差异外，其他范围的应力大小与分布大致相等，所以地基的平均沉降相差不大。因此，对于有限基底面积的建筑物，在计算地基沉降时，若无特殊情况和要求，可不考虑基础刚性变化，统一采用刚性基础进行计算。

刚性基础基底压力的分布规律，可以由理论分析和试验观测来讨论。

(1)理论分析

设有一如图 3-14(a)所示的实体矩形基础之上作用一集中荷载 F，作用点在 x 轴上且距 y 轴有偏心距 e。荷载 F 可以分解为竖向力 P 和水平力 H，如图 3-14(b)所示。对于一般基础荷载，当水平力不大时，可被基底和土之间摩擦力所克服，对沉降不会产生多大影响，在计算沉降时可不予考虑，而只考虑竖向力 P。若 $e=0$，则 P 成为中心荷载；如 $e\neq0$，则 P 为偏心荷载。偏心荷载可转换成中心荷载 P 和力矩 M，如图 3-14(c)所示。

在中心荷载 P 作用下位于弹性地基上的刚性基础，其沉降将是均匀的，即基础底面各点的下沉量相等，如图 3-15(a)所示。由于基础是对称的，因此，基底压力也是对称的。

下面以条形刚性基础为例，分析其基底压力的大小与分布形式。

设地基表面为 x、y 坐标平面，z 轴向下为正，在地表上置一条形刚性基础，基底中心位于坐标原点上，过中心作 $y=0$ 的垂直截面，如图 3-15(b)所示。当基础在中心荷载 P 的作用下，可利用弹性力学理论求出基底压力 $p(x)$ 的理论解为

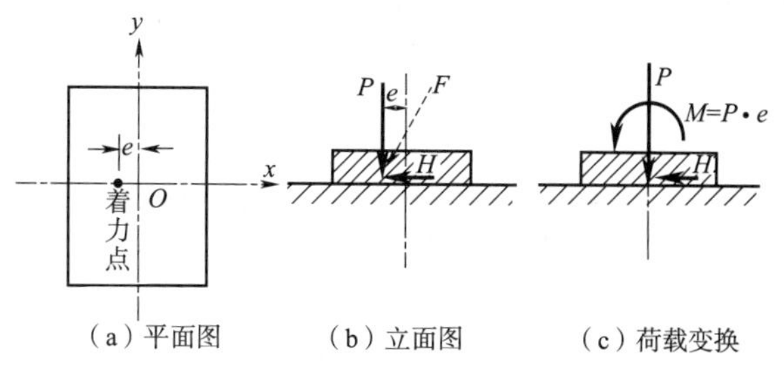

图 3-14　作用于刚性基础上的荷载

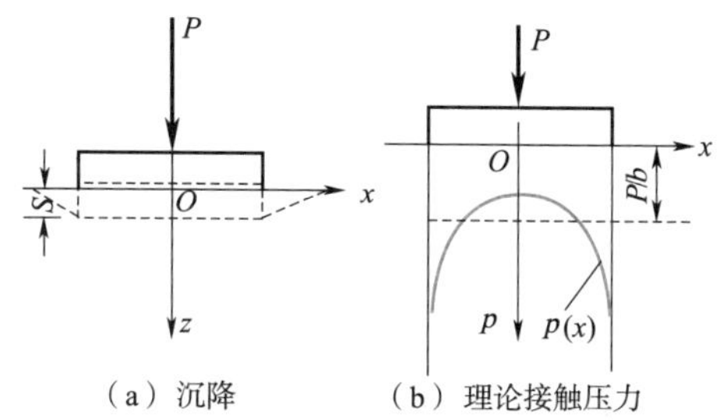

图 3-15　中心荷载作用下刚性基础的沉降与基底压力示意

$$p(x)=\frac{2P}{\pi\sqrt{b^2-4x^2}} \tag{3-14}$$

式中　P——沿 y 轴均匀分布的线状荷载，kN/m；

b——条形基础宽度，m。

由式(3-14)可看出，在基底中心点处，$x=0$，$p(0)=\dfrac{2P}{\pi b}$，基底压力为最小，但在基础边缘 $x=b/2$ 处，基底压力为无限大，其压力分布大致成马鞍形，如图 3-15(b)所示。实际上基底压力为无限大是不可能存在的。

如果是偏心荷载，基础除受中心荷载 P 作用外，还受力矩 M 的作用，如图 3-16(a)所示，基础沉降将是不均匀的，而有所倾斜。这时基底压力必然是不对称的，其分布形式如图 3-16(b)所示。对于条形基础，当 $e\leqslant b/4$ 时，基底压力 $p(x)$ 的理论解为

$$p(x)=\frac{2P}{\pi}\times\frac{1+8(e/b)(x/b)}{\sqrt{b^2-4x^2}} \tag{3-15}$$

式中　e——偏心距，$e=\dfrac{M}{P}$，m。

其他符号同式(3-14)的说明。

由式(3-15)可见，当 $e>b/4$ 时，基础一端的基底压力值将为负，这意味着出现拉应力。由于地基与土之间不能承受拉力，在出现拉应力处将出现脱开现象，这样，基底压力将重新分布，不能再用式(3-15)。由于修正公式过于烦琐，在地基基础设计中也较少采用。

由图 3-16(b)或由式(3-15)可知，在偏心荷载下，刚性基础的最小基底压力不是出现在基础中心，而在偏心矩 e 的另一侧，至于基础边缘的压应力理论上仍然为无限大，这和中心荷载作用下的基底压力情况是一样的。

不论是中心荷载或偏心荷载，上述基底压力都是由弹性理论推导出来的。由于土是散体介质，就其应力应变关系而言更接近弹塑性性质，故由弹性理论推出的结果不能完全与实际相

符。但在小应力水平下，土的应力应变关系还能保持一定的线性关系，故弹性理论结果在荷载不大的情况下可以较为理想地反映实际基底压力的分布规律。

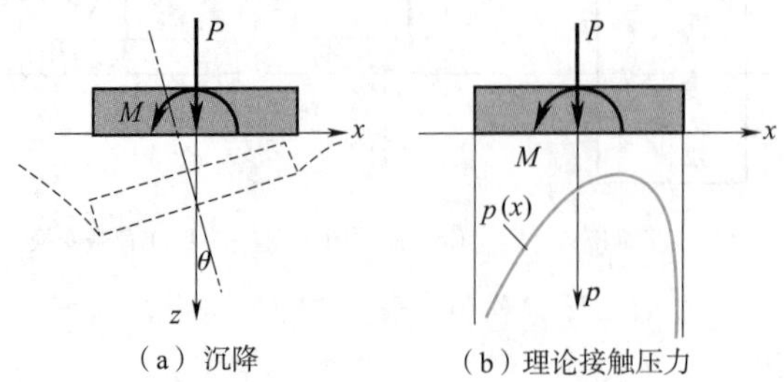

图 3-16　偏心荷载作用下刚性基础的沉降与基底压力示意

(2)实际观测

大量实测资料表明，当基础荷载较小时，基底压力基本上为马鞍形分布，与理论解图形较接近，如图 3-17(a)所示。当荷载增加时，基底两端压力不增大，而中间部分的压力水平增大，成为较平缓的马鞍形，如图 3-17(b)所示。荷载再增大，基底中部压力继续增大，形成抛物线形，如图 3-17(c)所示。当荷载更大时，基底压力就成钟形分布了，如图 3-17(d)所示，此时上部荷载已接近地基土的破坏荷载了。

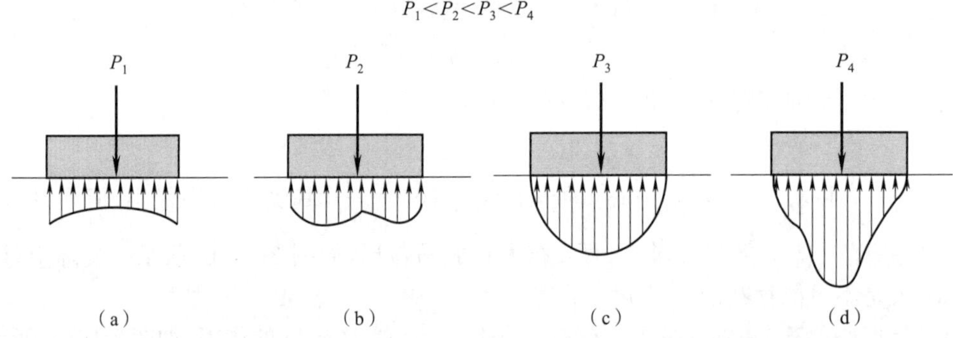

图 3-17　刚性基础下实测基底压力分布

基底压力随荷载增加而变化的情况，在理论上可以定性地予以解释。由于土具有一定的抗剪强度(详见第 5 章)，当土中剪应力达到抗剪强度时，土中产生剪切破坏。基础两端点附近剪应力最大，中间较小，在荷载作用下，基础边缘上土的剪应力首先达到抗剪强度，基底土开始被剪坏，应力不再提高而处于塑性状态，因此不可能像弹性理论解那样达到无限大。但其他部分仍然处于弹性应力状态，所以当荷载较小时，基底压力分布如图 3-17(a)所示，与理论解的图形接近。当基底压力随基础荷载增加而提高时，由于两侧端部压力已不能再增加，应力需要重新分配，并向中部转移，所以中间部位压力提高较快，而成为较平缓的马鞍形，如图 3-17(b)所示。随着荷载的不断增加，靠近两侧边缘处土的塑性区范围逐渐扩大，应力增加向中间集中，因而形成抛物线形和钟形分布，如图 3-17(c)和(d)所示。

研究证明，刚性基础基底压力的分布，不仅与荷载大小有关，而且还与土性、基础埋深和基础面积等有关。

若把上述因素都考虑进去，则刚性基础基底压力的确定非常复杂。出于对建筑物使用时安全稳定的考虑，设计时不仅不允许出现临近地基破坏荷载的情况，而且必须具有足够的安全系数。这样使得地基承载力水平保持在允许的、不大的应力水平范围内。所以在进行地基基础设计时通常可采用简化计算法，即假定基底压力与基底的沉降成正比。对于刚性基础而言，基底总是保持平面状态。根据上述假定，不论是中心荷载还是偏心荷载，基础沉降是均匀的还是倾斜的，基底压力总是成直线分布。实践证明，这样的简化计算与实际情况比较接近，是可行的。

3.4.2　刚性基础基底压力的简化算法

1. 中心荷载作用下

根据基底各点的压力与其沉降大小成正比的关系可知，在中心荷载作用下，基础产生均匀沉降，基底压力均匀分布，如图3-18所示。

对于矩形基础，竖向中心荷载作用于基底形心时，产生的基底压力按式(3-16)计算。

$$p=\frac{P}{A} \tag{3-16}$$

式中　p——基底压力，kPa；

P——作用于基础底面的竖向中心荷载，kN；

A——基础底面面积，m^2。

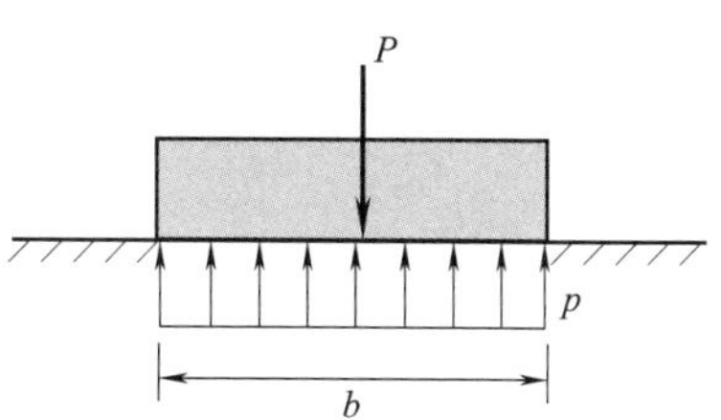

图3-18　中心荷载作用下基底压力

对于条形基础，在长度方向取1 m计算，故

$$p=\frac{P}{b} \tag{3-17}$$

式中　P——作用于基础底面的竖向线状中心荷载，kN/m；

b——基础底面的宽度，m。

2. 偏心荷载作用下

当荷载作用点距基底中心存在偏心距时，基底压力将为不均匀分布。此时可把荷载分解为中心荷载和力矩两部分。在中心荷载作用下的基底压力，可用式(3-16)或式(3-17)求得，而在力矩作用下的基底应力，可借用材料力学中梁的挠曲应力公式求得。再将两种应力叠加起来，即为偏心荷载作用下的基底压力。

根据荷载偏心性质，可分为单向偏心和双向偏心两种情况。

(1)单向小偏心荷载作用下

单向小偏心荷载作用指荷载作用在基底某一坐标轴上，对另一坐标轴存在偏心距 e，且 $e\leqslant\rho$(ρ 为基础核心半径)。可把偏心荷载分解为中心荷载 P 和力矩 $M=P\cdot e$。

下面以矩形基础和T形基础两个不同形状的基础为例分析单向小偏心荷载作用下的基底压力分布。

图3-19为矩形基础，基底面积为 $A=a\cdot b$，b 为基底宽度，a 为基底长度，对称轴为 x、y 轴。荷载作用在 x 轴上，对 y 轴存在偏心距 e。基础对 y 轴的惯性矩为 I，截面模量为 W，核心半径为 ρ。显然，基底压力在 x 轴向成斜线分布，基底的最大压力 p_1 和最小压力 p_2 可根据竖向受力平衡和对中心点的弯矩平衡方程求得。由

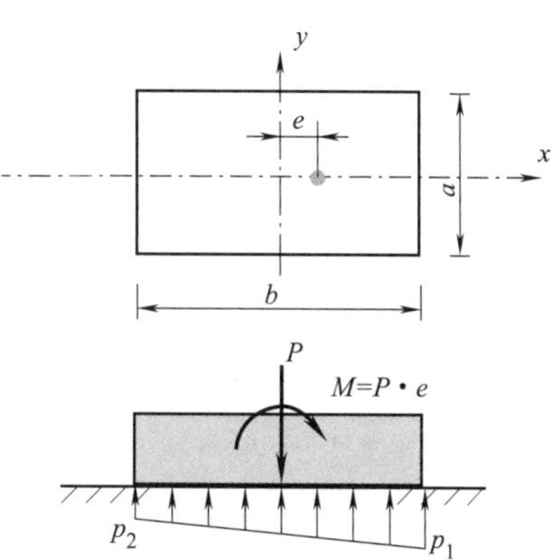

图3-19　单向小偏心荷载作用下矩形基础的基底压力分布

$$\left.\begin{aligned}&\text{竖向受力平衡方程}\quad P=\frac{b}{2}(p_1+p_2)\cdot a\\&\text{中心点的弯矩平衡方程}\quad M=\frac{b}{2}(p_1-p_2)\cdot a\cdot\left(\frac{b}{2}-\frac{b}{3}\right)\end{aligned}\right\}$$

可求出基底的最大压力和最小压力为

$$\left.\begin{matrix}p_1\\p_2\end{matrix}\right\}=\frac{P}{A}\pm\frac{M}{W}=\frac{P}{A}\left(1\pm\frac{e}{\rho}\right)\tag{3-18}$$

式中 p_1,p_2——基底最大和最小压力,kPa;

A——基础底面面积,m^2,$A=a\cdot b$,b 为基底宽度,a 为基底长度,m;

M——作用于基础底面的垂力矩,kN·m,$M=P\cdot e$;

W——基础对 y 轴的截面模量,m^3,$W=\frac{1}{6}ab^2$;

e——荷载对 y 轴的偏心距,m,$e=\frac{M}{P}$;

ρ——核心半径,m,$\rho=\frac{W}{A}=\frac{b}{6}$。

图 3-20 为单轴对称的 T 形基础,若荷载作用在对称轴 x 轴上,对非对称轴产生偏心距 e,y 轴距基础两端的距离分别为 c_1 和 c_2,基础对 y 轴的惯性矩为 I,对 y 轴两侧的截面模量分别为 W_1 和 W_2,核心半径分别为 ρ_1 和 ρ_2。基底的最大压力 p_1 和最小压力 p_2 可由式(3-19)求得。

$$\left.\begin{aligned}p_1&=\frac{P}{A}+\frac{M}{W_1}=\frac{P}{A}\left(1+\frac{e}{\rho_1}\right)\\p_2&=\frac{P}{A}-\frac{M}{W_2}=\frac{P}{A}\left(1-\frac{e}{\rho_2}\right)\end{aligned}\right\}\tag{3-19}$$

式中 W_1,W_2——基础对 y 轴两侧的截面模量,m^3,$W_1=\frac{I}{c_1}$,$W_2=\frac{I}{c_2}$;

ρ_1,ρ_2——核心半径,m,$\rho_1=\frac{W_1}{A}$,$\rho_2=\frac{W_2}{A}$。

以上两例中,荷载对 x 轴是对称的,故在 y 轴方向上的基底压力是均匀分布的。

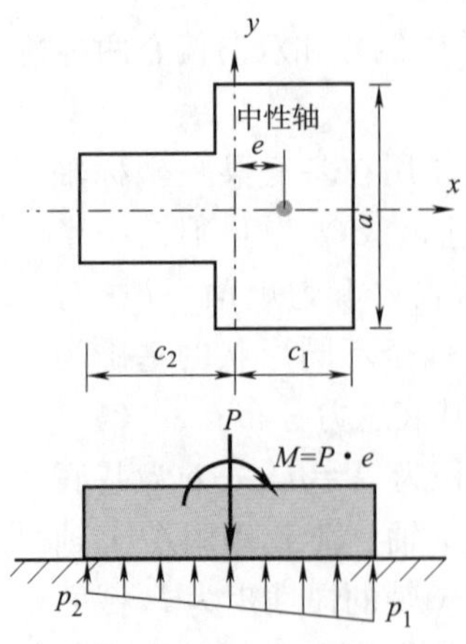

图 3-20 单向小偏心荷载作用下 T 形基础的基底压力分布

(2)单向大偏心荷载作用下

应用式(3-18)和式(3-19)的条件是偏心距 $e\leqslant\rho$,这样能保证基底最小压力 $p_2\geqslant0$。从式(3-18)和式(3-19)可看出，当 $e<\rho$ 时，$p_2>0$，基底压力呈梯形分布(图 3-19 和图 3-20)；当 $e=\rho$ 时，$p_2=0$，则基底压力呈三角形分布；若 $e>\rho$ 时，则 p_2 为负，这意味着基底出现拉力，这必然引起基底与地基脱开，压力将重新进行分布。此时需要另觅公式进行计算。

如图 3-21 所示，当单向偏心距 $e>\rho$ 时，基础一侧边缘部分面积将与地基脱离。与地基接触部分的压力分布为三角形，其顶点正是基底开始脱离的那一点($p_2=0$)。基底为矩形，面积为 $A=a\cdot b$。当 $e>\rho$ 时，基底与地基的接触面积将缩减为 $A'=a\cdot b'$。显然 $b'<b$，压力图形成直角三角形。

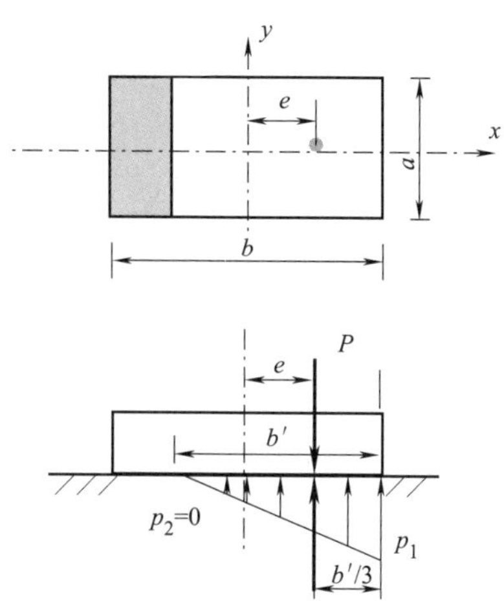

图 3-21　单向大偏心荷载作用下基底压力分布

按照静力平衡原理，压力图体积和外荷载 P 应相等，两者对基础中心轴的力矩也应相等。换言之，两者作用力的方向相反，大小相等，而且作用在同一直线上，即

$$\left.\begin{aligned} P&=\frac{1}{2}b'p_1\cdot a \\ \frac{b'}{3}&=\frac{b}{2}-e \end{aligned}\right\}$$

由此可求得

$$p_1=\frac{2P}{3a\left(\dfrac{b}{2}-e\right)},\quad p_2=0 \tag{3-20}$$

对于非矩形基础，例如圆形，当 $e>\rho$ 时，仍可通过荷载 P 与压力图体积相等且作用在同一直线上的原则建立两个方程式，解出基底最大压力 p_1。

当 $e>\rho$ 时，采用式(3-20)所求得的 p_1 大于用式(3-18)计算的结果，这是由于在偏心过大的情况下，一部分基底脱离地基，使基底承压面积减小，造成边沿最大压力增大。这样的基础对安全或经济都是不利的，设计时应尽量使偏心距小于核心半径。

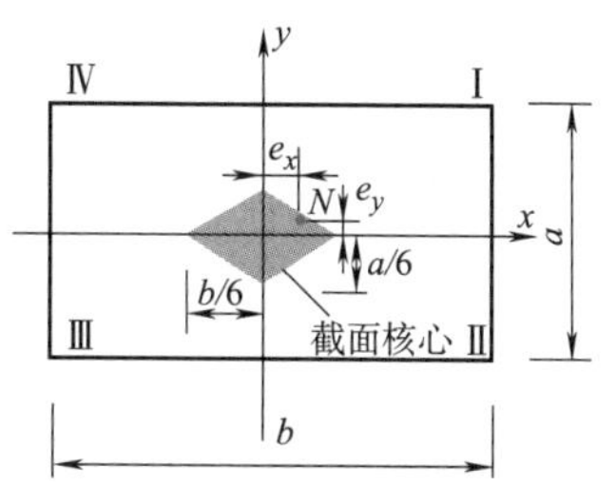

图 3-22　双向偏心荷载作用下的基底压力

(3)双向偏心荷载作用下

如荷载对基底两个垂直中心轴都有偏心，但作用点落在基底核心范围以内，基底压力将产生不均匀分布，但基底不会脱开地基。如图 3-22 所示，基底面积为 $a\cdot b$，在 x

轴上的核心半径$\rho_x=b/6$，在 y 轴上的核心半径$\rho_y=a/6$，围成图中的菱形截面核心区。若偏心荷载作用点 N 落在截面核心范围内，则可把偏心荷载分解为竖向中心荷载 P、对 y 轴的力矩$M_y=P\cdot e_x$和对 x 轴的力矩$M_x=P\cdot e_y$。将它们所引起的基底压力叠加起来，可求得基底四角的压力为

$$\left.\begin{aligned} p_{\text{I}}&=\frac{P}{A}+\frac{M_x}{W_x}+\frac{M_y}{W_y}=\frac{P}{A}\left(1+\frac{e_y}{\rho_y}+\frac{e_x}{\rho_x}\right)\\ p_{\text{II}}&=\frac{P}{A}-\frac{M_x}{W_x}+\frac{M_y}{W_y}=\frac{P}{A}\left(1-\frac{e_y}{\rho_y}+\frac{e_x}{\rho_x}\right)\\ p_{\text{III}}&=\frac{P}{A}-\frac{M_x}{W_x}-\frac{M_y}{W_y}=\frac{P}{A}\left(1-\frac{e_y}{\rho_y}-\frac{e_x}{\rho_x}\right)\\ p_{\text{IV}}&=\frac{P}{A}+\frac{M_x}{W_x}-\frac{M_y}{W_y}=\frac{P}{A}\left(1+\frac{e_y}{\rho_y}-\frac{e_x}{\rho_x}\right) \end{aligned}\right\} \tag{3-21}$$

上述四角压力图形都在一平面上，其中 p_{I} 最大，而 p_{III} 最小。如偏心荷载作用点落在基础核心范围以外，则基底压力将按单向大偏心荷载作用下所述原则进行确定。

【例 3-2】有一圆环形基础，圆环外径为 12 m，内径为 8 m，离基础中心点 2 m 处作用有一合力为 9 000 kN 的垂直荷载，试求基底最大和最小压力。

【解】(1)作用在基础上的荷载为偏心荷载，偏心距为 2 m，则偏心力矩 M 为

$$M=9\ 000\times2=18\ 000\ (\text{kN}\cdot\text{m})$$

(2)基底对水平中心轴线的转动惯量 I 为

$$I=\frac{\pi}{4}\times(6^4-4^4)=816.8(\text{m}^4)$$

(3)基底最外边点离中心点的距离为 6 m，故基底截面模量 W 为

$$W=\frac{816.8}{6}=136.1(\text{m}^3)$$

(4)基底面积 A 为

$$A=\pi\times(6^2-4^2)=62.38(\text{m}^2)$$

(5)基底最大和最小压力为

$$p_1=\frac{9\ 000}{62.38}+\frac{18\ 000}{136.1}=143.2+132.3=275.5(\text{kPa})$$

$$p_2=143.2-132.3=10.9(\text{kPa})$$

3.5 竖向荷载作用下地基土体的附加应力计算

附加应力的计算不能像自重应力一样，仅通过简单的力学平衡方程就可建立相应的计算公式。通常情况下，需要假设地基为均质、各向同性、线弹性的半无限体，应用弹性力学理论，求得竖向集中荷载作用于半无限体表面时的解，在此基础上，通过积分得到其他分布荷载作用下的解。

3.5.1 竖向集中荷载

弹性半无限体表面作用一竖向集中荷载 P 时，半无限体内任一点处所引起的位移和应力的弹性力学解由法国著名物理家和数学家布辛纳斯克(V. J. Boussinesq)于 1885 年解出。如

图 3-23 所示，在半无限体中任意点 $M(x,y,z)$ 处的三个位移分量和六个应力分量的解为

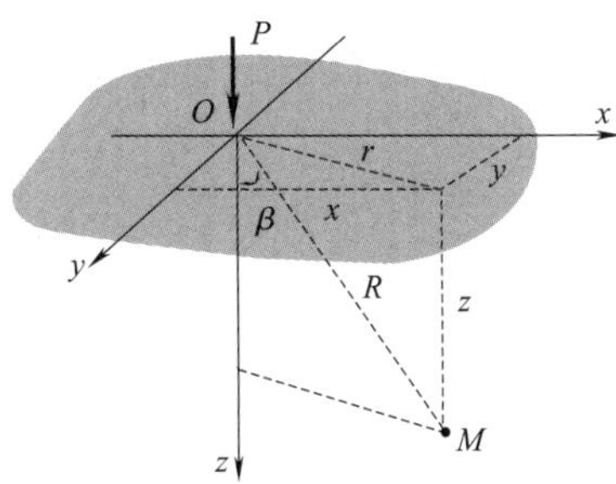

图 3-23　竖向集中荷载作用下弹性半无限体中的应力

$$u_x=\frac{P}{4\pi G}\left[\frac{xz}{R^3}-(1-2\nu)\frac{x}{R(R+z)}\right] \tag{3-22a}$$

$$u_y=\frac{P}{4\pi G}\left[\frac{yz}{R^3}-(1-2\nu)\frac{y}{R(R+z)}\right] \tag{3-22b}$$

$$u_z=\frac{P}{4\pi G}\left[\frac{z^2}{R^3}+2(1-\nu)\frac{1}{R}\right] \tag{3-22c}$$

$$\sigma_x=\frac{3P}{2\pi}\cdot\left\{\frac{x^2z}{R^5}+\frac{1-2\nu}{3}\left[\frac{1}{R(R+z)}-\frac{(2R+z)x^2}{(R+z)^2R^3}-\frac{z}{R^3}\right]\right\} \tag{3-23a}$$

$$\sigma_y=\frac{3P}{2\pi}\cdot\left\{\frac{y^2z}{R^5}+\frac{1-2\nu}{3}\left[\frac{1}{R(R+z)}-\frac{(2R+z)y^2}{(R+z)^2R^3}-\frac{z}{R^3}\right]\right\} \tag{3-23b}$$

$$\sigma_z=\frac{3P}{2\pi R^2}\cos^2\beta=\frac{3}{2}\frac{P}{\pi}\frac{z^3}{R^5}=\frac{P}{z^2}\cdot\frac{3}{2\pi\left[1+(r/z)^2\right]^{5/2}} \tag{3-23c}$$

$$\tau_{xy}=\tau_{yx}=\frac{3P}{2\pi}\left[\frac{xyz}{R^5}-\frac{1-2\nu}{3}\cdot\frac{(2R+z)xy}{(R+z)^2R^3}\right] \tag{3-23d}$$

$$\tau_{zy}=\tau_{yz}=\frac{3P}{2\pi}\frac{yz^2}{R^5} \tag{3-23e}$$

$$\tau_{zx}=\tau_{xz}=\frac{3P}{2\pi}\frac{xz^2}{R^5} \tag{3-23f}$$

式中　u_x,u_y,u_z——M 点沿坐标轴 x、y、z 方向的位移，m；

$\sigma_x,\sigma_y,\sigma_z$——平行于 x、y、z 坐标轴的正应力，kPa；

$\tau_{xy},\tau_{yz},\tau_{zx}$——剪应力，kPa；

P——作用于坐标原点 O 的竖向集中荷载，kN；

G——剪切模量，kPa，$G=\dfrac{E}{2(1+\nu)}$，E 为弹性模量，kPa；

ν——泊松比；

R——M 点至坐标原点 O 的距离，m，$R=\sqrt{x^2+y^2+z^2}=\sqrt{r^2+z^2}$；

β——R 与 z 坐标轴的夹角，(°)；

r——M 点至坐标原点 O 的水平距离，m。

若用 $R=0$ 代入以上各式所得出的结果均为无限大，因此，所选择的计算点不应过于接近集中荷载的作用点。

以上三个位移分量和六个应力分量的公式中，竖向正应力 σ_z 和竖向位移 u_z 最为常用。后面有关地基附加应力的计算主要是针对 σ_z 的。式(3-23c)中，若令 $\alpha=\dfrac{3}{2\pi\left[1+(r/z)^2\right]^{5/2}}$，则

$$\sigma_z = \alpha \frac{P}{z^2} \tag{3-24}$$

式中　α——集中荷载的应力系数，取决于比值 r/z，可由表 3-1 查得。

表 3-1　集中荷载下应力系数 α

r/z	α	r/z	α	r/z	α	r/z	α
0.00	0.477 5	0.50	0.273 3	1.00	0.084 4	1.50	0.025 1
0.05	0.474 5	0.55	0.246 6	1.05	0.074 5	1.55	0.022 4
0.10	0.465 7	0.60	0.221 4	1.10	0.065 8	1.60	0.020 0
0.15	0.451 6	0.65	0.197 8	1.15	0.058 1	1.65	0.017 9
0.20	0.432 9	0.70	0.176 2	1.20	0.051 3	1.70	0.016 0
0.25	0.410 3	0.75	0.156 5	1.25	0.045 4	1.80	0.012 9
0.30	0.384 9	0.80	0.138 6	1.30	0.040 2	1.90	0.010 5
0.35	0.357 7	0.85	0.122 6	1.35	0.035 7	2.00	0.008 5
0.40	0.329 5	0.90	0.108 3	1.40	0.031 7	2.50	0.003 4
0.45	0.301 1	0.95	0.095 6	1.45	0.028 2	3.00	0.001 5

如果在地面上作用有若干集中荷载，如图 3-24 所示，土中某点 M 所受到的应力 σ_z，可根据叠加原理由式(3-24)分别计算，最后叠加而成。

$$\sigma_z = \alpha_1 \frac{P_1}{z^2} + \alpha_2 \frac{P_2}{z^2} + \alpha_3 \frac{P_3}{z_2} + \cdots = \frac{1}{z^2}\sum_{i=1}^{n}\alpha_i P_i \tag{3-25}$$

式中　$\alpha_1,\alpha_2,\alpha_3,\cdots,\alpha_i$——集中荷载 $P_1,P_2,P_3,\cdots,P_i$ 的应力系数，可根据 $r_1/z,r_2/z,r_3/z,\cdots,r_i/z$ 之比值从表 3-1 中查得，也可由式(3-23c)计算确定。

由地面处若干集中荷载作用而产生的点 M 的垂直位移，也可采用叠加原理进行计算。

3.5.2　竖向线状荷载

如图 3-25 所示，作用在地面上的竖向线状荷载 p(kN/m)沿 y 轴均匀分布。若在任意位置作一与 y 轴垂直的截面，则截面两侧的荷载条件对称，该对称面上无剪应力，即在 y 轴方向应变为零，只在 x 轴和 z 轴方向有应变，这类问题称为平面应变问题。

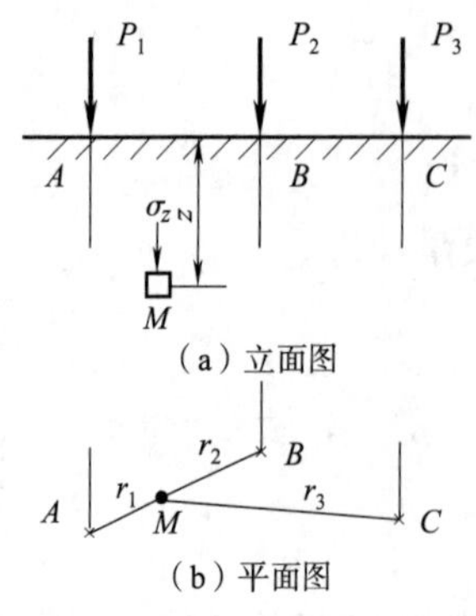

图 3-24　多个竖向集中荷载作用下地基中的应力

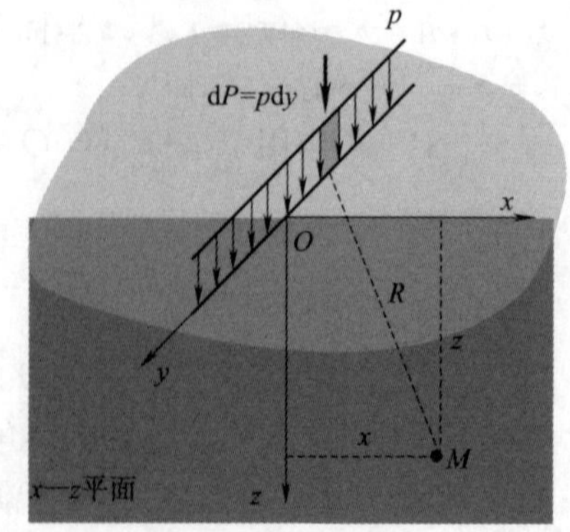

图 3-25　竖向线状荷载作用下地基中的应力

对于线状荷载作用下土中任一点 M 的垂直压力 σ_z 解答，可通过对微分段 dy 上的荷载所引起的应力根据布辛纳斯克解积分求得。

作用在 dy 段上的荷载 dP＝pdy，它在 M 点所引起的竖向应力为 dσ_z，根据式(3-23c)得

$d\sigma_z=\frac{3}{2}\frac{p}{\pi}\frac{z^3}{R^5}dy$，对 $d\sigma_z$ 沿着 y 轴进行积分，得

$$\sigma_z=\int_{-\infty}^{\infty}d\sigma_z=\int_{-\infty}^{\infty}\frac{3}{2}\frac{p}{\pi}\frac{z^3}{R^5}dy==\frac{2p}{\pi}\cdot\frac{z^3}{(x^2+z^2)^2} \tag{3-26a}$$

同样，也可利用式(3-23a)和式(3-23f)求得水平应力 σ_x 和剪应力 τ_{xz}，其值为

$$\sigma_x=\int_{-\infty}^{\infty}d\sigma_x=\frac{2p}{\pi}\cdot\frac{x^2z}{(x^2+z^2)^2} \tag{3-26b}$$

$$\tau_{xz}=\int_{-\infty}^{\infty}d\tau_{xz}=\frac{2p}{\pi}\cdot\frac{xz^2}{(x^2+z^2)^2} \tag{3-26c}$$

因本求解问题属于平面应变问题，所以也很容易求得沿 y 方向的水平应力 σ_y 为

$$\sigma_y=\nu(\sigma_x+\sigma_z) \tag{3-26d}$$

若干线状荷载同时作用在地基面上时，土中任意点的应力 σ_z、σ_x 和 τ_{xz} 均可采用叠加原理，按上述公式分别计算各线状荷载所引起的应力，再进行叠加而成。

3.5.3　竖向带状荷载

若在地表上顺着一个方向，分布着具有相同宽度的竖向荷载，则称之为竖向带状荷载。与线状荷载一样，这也属于平面应变问题。设荷载纵向与 y 轴一致，只需研究与 y 轴相垂直的任一截面即 x—z 平面上的应力状态即可。如图3-26所示的带状荷载在 x 轴向的分布为 $p(x)$，宽度为 b。带状荷载对土中某一点 M 所引起的应力，可理解为许多线状荷载分布在 b 宽度内对 M 点所引起的应力之和，可通过积分而求得。应用此方法，可得到几种简单带状荷载的应力解。

1. 带状均布荷载

当带状荷载在 x 轴向的分布 $p(x)$ 为常数 p 时，为带状均布荷载。利用线状荷载的解，积分可得如图3-27所示的带状均布荷载作用下 M 点的水平应力 σ_x、竖向应力 σ_z 和剪应力 τ_{xz} 为

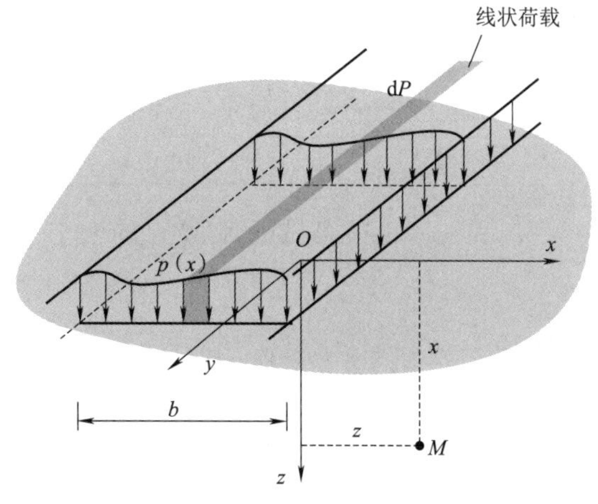

图3-26　竖向带状荷载作用下地基中的应力

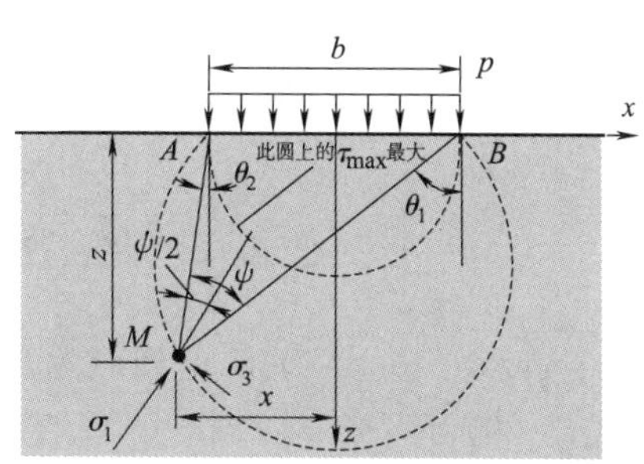

图3-27　竖向带状均布荷载作用下地基中的应力

$$\sigma_x=\frac{p}{\pi}[-\cos(\theta_2+\theta_1)\cdot\sin(\theta_2-\theta_1)+(\theta_2-\theta_1)] \tag{3-27a}$$

$$\sigma_z=\frac{p}{\pi}[\cos(\theta_2+\theta_1)\cdot\sin(\theta_2-\theta_1)+(\theta_2-\theta_1)] \tag{3-27b}$$

$$\tau_{xz}=\frac{p}{\pi}(\sin^2\theta_2-\sin^2\theta_1) \tag{3-27c}$$

式中 θ_1, θ_2——过 M 点的垂线与 M 点至荷载两侧连线的夹角，rad，如图 3-27 所示，由垂线按顺时针方向转动到连线者，夹角取正号，反之，取负号。

为便于制表，可把式(3-27b)改写成以 x、z 为坐标的计算公式

$$\sigma_z=\frac{p}{\pi}\left\{\arctan\frac{1-2(x/b)}{2(z/b)}+\arctan\frac{1+2(x/b)}{2(z/b)}-\frac{4\frac{z}{b}\left[4\left(\frac{x}{b}\right)^2-4\left(\frac{z}{b}\right)^2-1\right]}{\left[4\left(\frac{x}{b}\right)^2-4\left(\frac{z}{b}\right)^2-1\right]^2+16\left(\frac{z}{b}\right)^2}\right\}=\alpha\cdot p \tag{3-28}$$

式中 α——带状均布荷载的应力系数，为 x/b 和 z/b 的函数，可由表 3-2 中查得，查表计算 x/b 和 z/b 时，注意坐标原点是在荷载的中点。

表 3-2 带状均布荷载下应力系数 α

z/b	x/b										
	0.00	0.10	0.25	0.50	0.75	1.00	1.50	2.00	3.00	4.00	5.00
0.00	1.000	1.000	1.000	0.500	0.000	0.000	0.000	0.000	0.000	0.000	0.000
0.10	0.997	0.996	0.986	0.499	0.010	0.005	0.000	0.000	0.000	0.000	0.000
0.25	0.960	0.954	0.905	0.496	0.088	0.019	0.002	0.001	0.000	0.000	0.000
0.35	0.907	0.900	0.832	0.492	0.148	0.039	0.006	0.003	0.000	0.000	0.000
0.50	0.820	0.812	0.735	0.481	0.218	0.082	0.017	0.005	0.001	0.000	0.000
0.75	0.668	0.658	0.610	0.450	0.263	0.146	0.040	0.017	0.005	0.001	0.000
1.00	0.542	0.541	0.513	0.410	0.288	0.185	0.071	0.029	0.007	0.002	0.001
1.50	0.396	0.395	0.379	0.332	0.273	0.211	0.114	0.055	0.018	0.006	0.003
2.00	0.306	0.304	0.292	0.275	0.242	0.205	0.134	0.083	0.028	0.013	0.006
2.50	0.245	0.244	0.239	0.231	0.215	0.188	0.139	0.098	0.034	0.021	0.010
3.00	0.208	0.208	0.206	0.198	0.185	0.171	0.136	0.103	0.053	0.028	0.015
4.00	0.160	0.160	0.158	0.153	0.147	0.140	0.122	0.102	0.066	0.040	0.025
5.00	0.126	0.126	0.125	0.124	0.121	0.121	0.107	0.095	0.069	0.046	0.034

根据式(3-27a)、式(3-27b)和式(3-27c)得到的 σ_x、σ_z 和 τ_{xz}，也很容易得到 M 点的大小主应力 σ_1 和 σ_3 为

$$\left.\begin{matrix}\sigma_1\\ \sigma_3\end{matrix}\right\}=\frac{\sigma_x+\sigma_z}{2}\pm\sqrt{\left(\frac{\sigma_x-\sigma_z}{2}\right)^2+\tau_{xz}^2}=\frac{p}{\pi}[(\theta_2-\theta_1)\pm\sin(\theta_2-\theta_1)] \tag{3-29}$$

若令 $\psi=\theta_2-\theta_1$，ψ 为 M 点到荷载两端点的连线的夹角，一般称为视角，把 ψ 代入式(3-29)中，则式(3-29)可写成

$$\left.\begin{matrix}\sigma_1\\ \sigma_3\end{matrix}\right\}=\frac{p}{\pi}(\psi\pm\sin\psi) \tag{3-30}$$

不难证明大主应力 σ_1 的方向，正好是视角 ψ 的角平分线。由式(3-30)可看出，式中唯一变量是 ψ，故不论 M 点位置如何，只要视角 ψ 相等，其主应力也相等。如过荷载两端点 A、B 和 M 作一圆，则在圆上的大小主应力都相等，因为它们的视角都是同一 ψ，如图 3-27 所示。

M 点最大剪应力 $\tau_{\max}=\frac{1}{2}(\sigma_1-\sigma_3)=\frac{p}{\pi}\sin\psi$，当 $\psi=\frac{\pi}{2}$ 时，$\tau_{\max}$ 为最大。通过荷载边沿点

作一半圆，在半圆上的 τ_{max} 较其他位置上的 τ_{max} 都要大，如图 3-27 所示，其值为

$$\max(\tau_{max})=\frac{p}{\pi} \tag{3-31}$$

2. 带状三角形分布荷载

当带状荷载在 x 轴向的分布 $p(x)=\frac{x}{b}p$ 时，为带状三角形分布荷载。同样，可利用线状荷载的解，积分可得如图 3-28 所示的带状三角形分布荷载作用下 M 点的水平应力 σ_x、竖向应力 σ_z 和剪应力 τ_{xz} 为

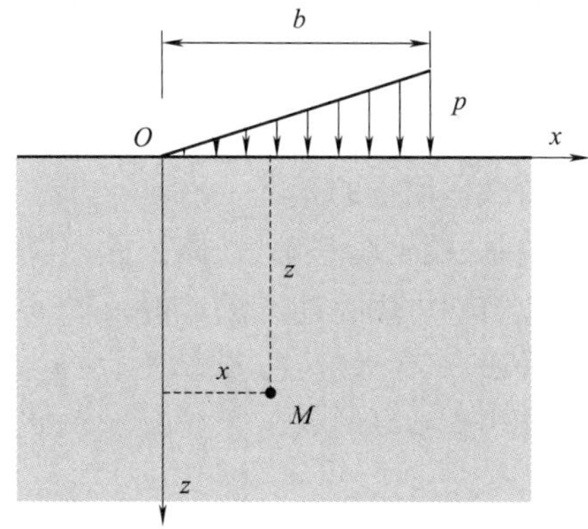

图 3-28　竖向带状三角形分布荷载作用下地基中的应力

$$\sigma_x=\frac{p}{\pi}\left[\frac{z}{b}\ln\frac{(x-b)^2+z^2}{x^2+z^2}-\frac{x}{b}\left(\arctan\frac{x-b}{z}-\arctan\frac{x}{z}\right)+\frac{z(x-b)}{(x-b)^2+z^2}\right] \tag{3-32a}$$

$$\sigma_z=\frac{p}{\pi}\left[\frac{x}{b}\left(\arctan\frac{x/b}{z/b}-\arctan\frac{x/b-1}{z/b}\right)-\frac{z}{b}\frac{x/b-1}{(x/b-1)^2+(z/b)^2}\right]=\alpha\cdot p \tag{3-32b}$$

$$\tau_{xz}=\frac{p}{\pi}\left[\frac{z^2}{(x-b)^2+z^2}+\frac{x}{b}\left(\arctan\frac{x-b}{z}-\arctan\frac{x}{z}\right)\right] \tag{3-32c}$$

式中　α——带状三角形分布荷载的应力系数，为 x/b 和 z/b 的函数，可由表 3-3 中查得，查表计算 x/b 和 z/b 时，注意表中的坐标原点是在三角形顶点上，x 轴的方向以荷载增长的方向为正，反之为负。

表 3-3　带状三角形分布荷载的应力系数 α

z/b	x/b										
	−1.5	−1.0	−0.5	0.0	0.25	0.50	0.75	1.0	1.5	2.0	2.5
0.00	0	0	0	0	0.25	0.50	0.75	0.50	0	0	0
0.25	—	—	0.001	0.075	0.256	0.480	0.643	0.424	0.015	0.003	—
0.50	0.002	0.003	0.023	0.127	0.263	0.410	0.477	0.363	0.056	0.017	0.003
0.75	0.006	0.016	0.042	0.153	0.248	0.335	0.361	0.293	0.108	0.024	0.009
1.0	0.014	0.025	0.061	0.159	0.223	0.275	0.279	0.241	0.129	0.045	0.013
1.5	0.020	0.048	0.096	0.145	0.178	0.200	0.202	0.185	0.124	0.062	0.041
2.0	0.033	0.061	0.092	0.127	0.146	0.155	0.163	0.153	0.108	0.069	0.050
3.0	0.050	0.064	0.080	0.096	0.103	0.104	0.108	0.104	0.090	0.071	0.050
4.0	0.051	0.060	0.067	0.075	0.078	0.085	0.082	0.075	0.073	0.060	0.049

续上表

z/b	x/b										
	−1.5	−1.0	−0.5	0.0	0.25	0.50	0.75	1.0	1.5	2.0	2.5
5.0	0.047	0.052	0.057	0.059	0.062	0.063	0.063	0.065	0.061	0.051	0.047
6.0	0.041	0.041	0.050	0.051	0.052	0.053	0.053	0.053	0.050	0.050	0.045

3. 其他带状分布荷载

对于其他形式的带状分布荷载，可分解成若干个三角形分布和均匀分布荷载，土中应力则可根据分解的荷载计算出的应力进行叠加。例如图 3-29 中的带状梯形分布荷载，可分解成一个三角形分布荷载 dec 和一个矩形均布荷载 $abed$，土中任何一点的应力 σ_z，均可用三角形分布荷载的应力系数（表 3-3）和均布荷载应力系数（表 3-2）求得 $\sigma_{z(\Delta dec)}$ 和 $\sigma_{z(\square abed)}$，把这些 σ_z 叠加起来，就是所求带状梯形分布荷载作用下的 σ_z。

在工程实践中，常遇到房屋墙基、挡土墙基础、铁路公路路基、水坝基础等基底压力，它们都是带状荷载，其在土中引起的应力均可用上述方法求得。

【例 3-3】条形基础所受荷载如图 3-30 所示（包括基础自重），基础两侧土体的自重荷载 q=40 kPa。试计算在上述荷载作用下，基础右端以下 2.0 m 点 M 处的竖向附加应力 σ_z。

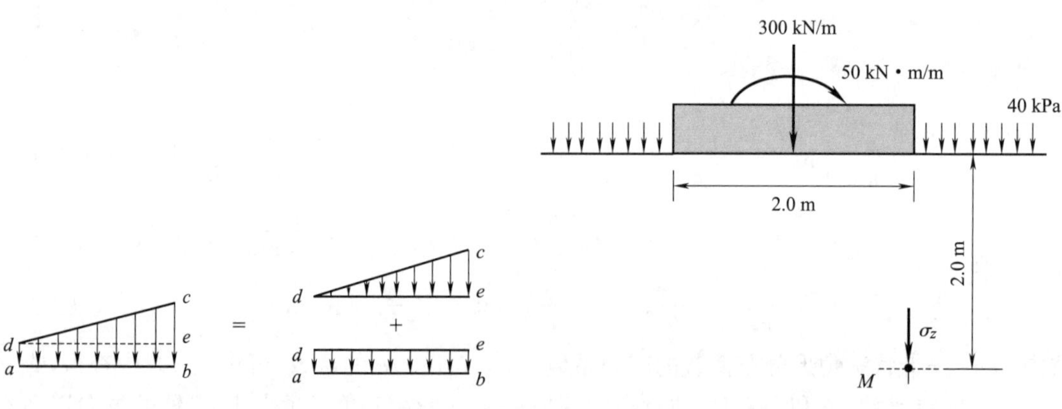

图 3-29 竖向带状梯形分布荷载

图 3-30 条形基础所受荷载

【解】由式(3-18)可求得条形基础基底的最大和最小压力为

$$\left\{\begin{matrix} p_1 \\ p_2 \end{matrix}\right. = \frac{P}{A} \pm \frac{M}{W} = \frac{300}{2\times 1} \pm \frac{50}{1/6\times 2^2} = \left\{\begin{matrix} 225(\text{kPa}) \\ 75(\text{kPa}) \end{matrix}\right.$$

基底面所受的荷载可分解为带状均布荷载、带状三角形荷载和均匀满布荷载，其中，

带状均布荷载　　$p=75-40=35(\text{kPa})$

带状三角形荷载　　$p=225-75=150(\text{kPa})$

均匀满布荷载　　$p=40$ kPa

带状均布荷载的应力系数 α_1 为 x/b 和 z/b 的函数，$x/b=1/2=0.5$，$z/b=2/2=1$，查表 3-2 得 $\alpha_1=0.410$，则带状均布荷载 $p=35$ kPa 在 M 点引起的竖向附加应力为

$$\sigma_{z1}=0.41\times 35=14.35(\text{kPa})$$

带状三角形荷载的应力系数 α_2 为 x/b 和 z/b 的函数，$x/b=2/2=1$，$z/b=2/2=1$，查表 3-3 得 $\alpha_1=0.241$，则带状三角形荷载 $p=150$ kPa 在 M 点引起的竖向附加应力为

$$\sigma_{z2}=0.241\times 150=36.15(\text{kPa})$$

均匀满布荷载 $p=40$ kPa 在 M 点引起的竖向附加应力

$$\sigma_{z3}=q=40\ \text{kPa}$$

故上述荷载在 M 点引起的竖向附加应力

$$\sigma_z=14.35+36.15+40=90.5(\text{kPa})$$

4. 带状荷载作用下地基中附加应力的分布规律

以带状均布和三角形分布荷载为例来分析地基中附加应力的分布规律。

在带状均布荷载作用下，把地基中具有相同竖向应力 $\sigma_z=\alpha\cdot p$ 的点连接起来，形成灯泡形的等压线，如图 3-31(a)所示。每个压力泡都有相应的应力系数 α 值，所有不同 α 值等压线的起始点都出自荷载两端点，因为在两个端点上压力由 0 突变到 p。随着 α 值的减小，等压线逐渐向外增加，当 $\alpha=0.1$(即 $\sigma_z=0.1p$)时，其等压线的最低点达到 $6b$ 的深度(b 为荷载宽度)，而等压线或等压泡的宽度则扩大到 $4b$。

三角形分布荷载作用下地基竖向应力的等压线如图 3-31(b)所示。等压线的图形也呈灯泡形，不过所有等压泡的出发点与带状均布荷载略有不同，右边的出发点在最大荷载端部，而左边的出发点则出自压力泡的应力与荷载值相等的位置上，如 $\alpha=0.5$ 的等压线，其等压线的左端出自 $p(x)=0.5p$ 的点。而 $\sigma_z=0.1p$ 的等压线的扩展深度和宽度与带状均布荷载为 $0.2p$ 者大致相同。这一特点可用圣维南(St. Venant)原理来解释。根据圣维南原理，当一个力系作用在弹性介质上时，可由另一个大小相等而分布规律不同的力系代替，除作用点附近的应力有所改变外，较远处的应力状态改变很小。若令三角形分布荷载的合力为均布者之半，则相同等压泡之比值亦应为 0.5。

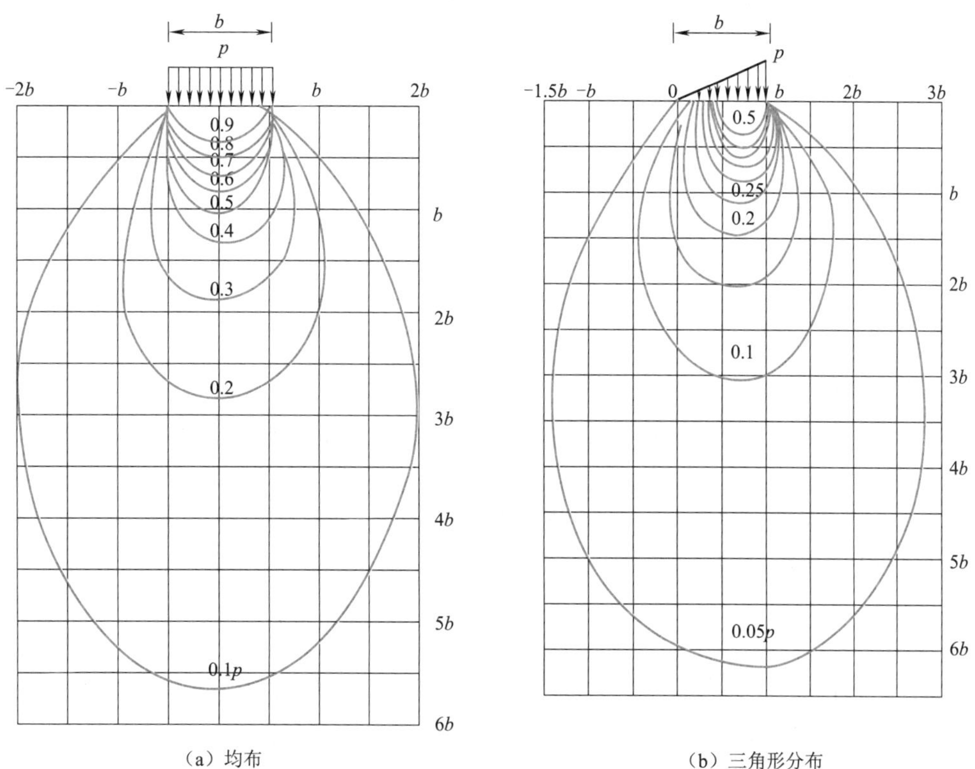

(a) 均布　　(b) 三角形分布

图 3-31　带状均布和三角形分布荷载作用下地基竖向应力的等压线

此外，从图 3-31 中还可得出这样的结论，同为 p 的均布荷载，但作用宽度不同时，宽基础的应力影响深度要大于窄基础。这有助于我们对建筑物基础沉降的估算。

下面讨论在带状荷载作用下，地基土中竖向和水平截面上 σ_z 的分布规律。

图 3-32 是带状均布荷载作用下竖向应力的分布。由图 3-32(a)中可看出，当竖向截面位置分别为 $x=0$ 和 $0.5b$ 时，σ_z 在截面顶点的值为最大，向下逐渐缩小；当垂直荷载位置分别为 $x=b$ 和 $1.5b$ 时，σ_z 在截面顶部为零，向下逐渐增大，之后又渐渐减小。在所有截面中，以 $x=0$ 的截面上的 σ_z 值为最大，与 $x=0.5b$ 的截面上的 σ_z 值比较，在 $z=0$ 处，前者为 $\sigma_z=p$，后者为 $\sigma_z=0.5p$，随着 z 的增加，两者的 σ_z 就渐渐地接近。在水平截面上，σ_z 的分布是在中心位置上者最大，然后向两侧对称递减，如图 3-32(b)所示。离地表近的水平截面上，中间部分的应力比较集中，中间的 σ_z 较以下各截面者大，但两侧分布的 σ_z 递减得很快，越向下，水平截面中的 σ_z 越小，向两侧分布的 σ_z 递减得也越慢，压力分布趋于宽阔而平缓。根据压力平衡原理，各水平截面上的总应力应相等，且等于总应力 bp。

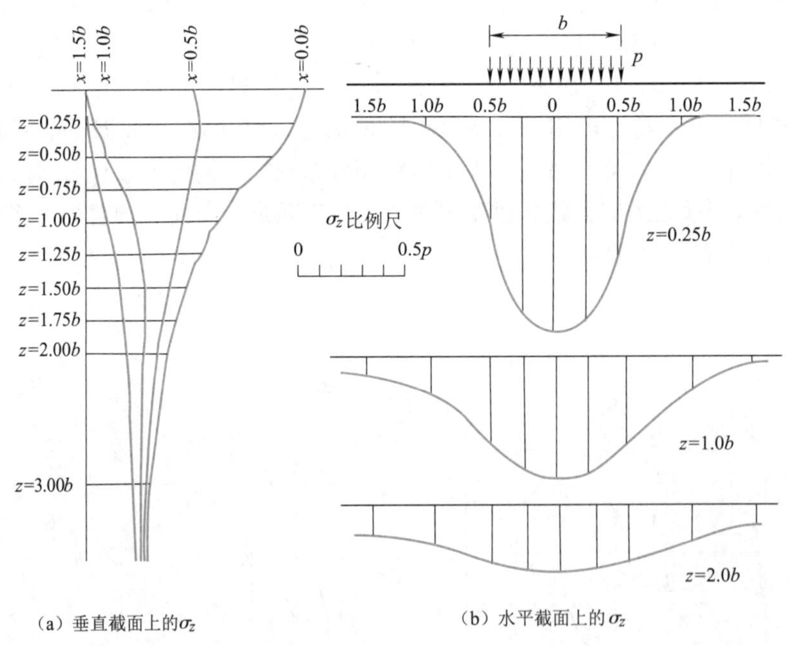

图 3-32 带状均布荷载作用下地基竖向应力的分布

带状三角形分布荷载的 σ_z 在竖向和水平截面上的分布规律，与均布荷载趋势相近，如图 3-33 所示。其中水平截面上的 σ_z 分布不是对称的，重心偏向荷载强度大的一端，与三角形荷载重心一致。随着水平截面的降低，其上最大压力位置逐渐接近 $2b/3$ 的位置。这一现象也可用圣维南原理来解释，它相当于用一相等的集中荷载作用在三角形荷载重心上所引起的 σ_z 的分布。

3.5.4 竖向局部面积荷载

任何建筑物都要通过一定尺寸的基础把荷载传给地基。基底的平面形状和基底上的压力分布各不相同，但都可以利用集中荷载引起的应力计算方法和弹性体中的应力叠加原理来计算地基内任意点的附加应力。

下面就几种常见的局部面积荷载进行讨论。

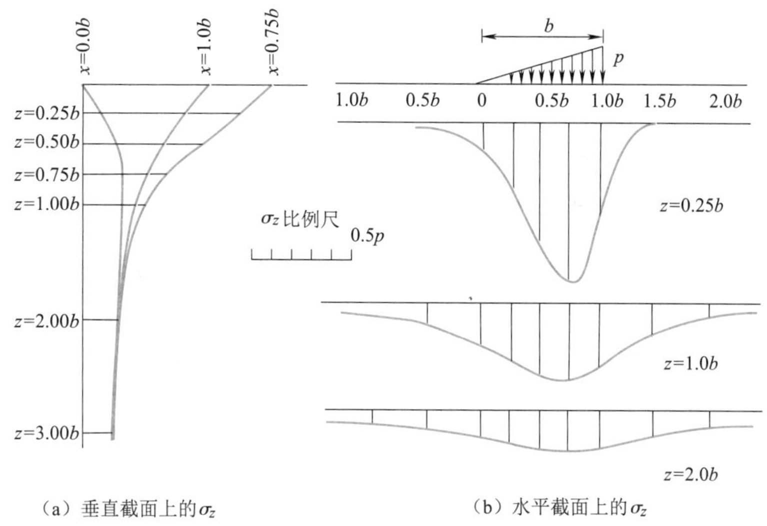

（a）垂直截面上的σ_z　　（b）水平截面上的σ_z

图 3-33　带状三角形分布荷载作用下地基竖向应力的分布

1. 圆形面积均布荷载

荷载 p 均匀分布在以R 为半径的圆面积上，如图 3-34 所示。如果采用圆柱坐标，原点在荷载圆心上，求 z 轴上一点M 的竖向应力σ_z。可在圆面积荷载中切取一个面积元荷载 $p\mathrm{d}A$，从图上看到 $\mathrm{d}A=r\mathrm{d}\varphi\mathrm{d}r$，其中 r 为面积元到圆心的距离，$\mathrm{d}\varphi$ 为两半径之夹角。令 ρ 为该元荷载到 M 点的距离，β 为ρ 与 z 轴的夹角，而 θ 为荷载边沿到M 点连线与 z 轴的夹角，则在面积元荷载 $p\mathrm{d}A$ 作用下，M 点的竖向应力为

$$\mathrm{d}\sigma_z=\frac{3p\cdot\mathrm{d}A}{2\pi\rho^2}\cos^3\beta=\frac{3pr\mathrm{d}\varphi\cdot\mathrm{d}r}{2\pi\rho^2}\cos^3\beta=\frac{3p}{2\pi}\sin\beta\cdot\cos^2\beta\cdot\mathrm{d}\beta\cdot\mathrm{d}\varphi$$

对上式进行面积积分，得

$$\begin{aligned}\sigma_z&=\frac{3p}{2\pi}\int_{\varphi=0}^{\varphi=2\pi}\int_{\beta=0}^{\beta=\theta}\sin\beta\cdot\cos^2\beta\cdot\mathrm{d}\beta\cdot\mathrm{d}\varphi\\&=p(1-\cos^3\theta)=p\left\{1-\left[\frac{z/R}{\sqrt{1+(z/R)^2}}\right]^3\right\}\end{aligned}\tag{3-33}$$

只要给定比值 z/R，就可由式(3-33)计算出 σ_z。

对于离 z 轴一定水平距离 r 之M 点的竖向应力σ_z，与上述原则和求解过程相似。但由于不是轴对称问题，结果不能用初等函数表达出来，故这里不再介绍。

2. 矩形面积均布荷载

目前对矩形面积均布荷载作用下，土中任一点 M 的σ_z已有解，但公式计算比较复杂。通常先求出矩形面积角点下的应力，再利用角点法求出任意点的应力。

角点下的应力是指图 3-35 中 O、A、C、D 四个角点下任意深度处的应力，由于平面上的对称性，只要深度 z 一样，则四个角点下的应力 σ_z都相同。将坐标的原点取在角点 O 上，在荷载面积内任取微分面积 $\mathrm{d}A=\mathrm{d}x\mathrm{d}y$，并将其上作用的荷载以集中力 $\mathrm{d}P$ 代替，则 $\mathrm{d}P=p\mathrm{d}A=p\mathrm{d}x\mathrm{d}y$。利用式(3-23c)可求出该集中力在角点$C$ 以下深度 z 处M 点所引起的竖向应力 $\mathrm{d}\sigma_z$为

$$\mathrm{d}\sigma_z=\frac{3}{2}\frac{\mathrm{d}P}{\pi}\frac{z^3}{R^5}=\frac{3p}{2\pi}\cdot\frac{z^3}{(x^2+y^2+z^2)^{5/2}}\mathrm{d}x\mathrm{d}y\tag{3-34}$$

将式(3-34)沿整个矩形面积$OACD$ 积分，即可得到矩形面积均布荷载 p 在角点下M 点引起的

竖向应力 σ_z 为

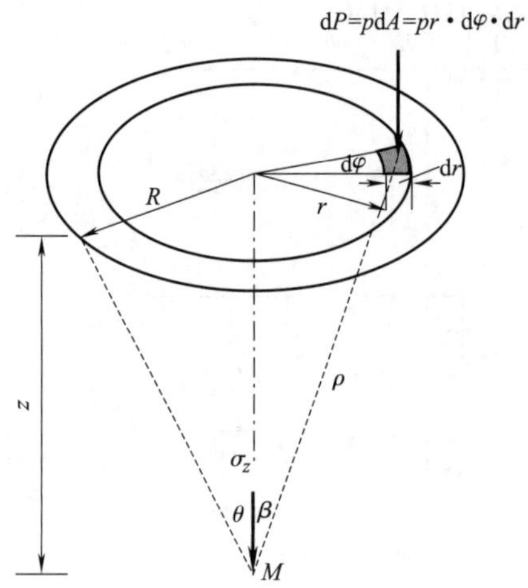

图 3-34　圆形面积均布荷载中心轴线上 M 点的 σ_z

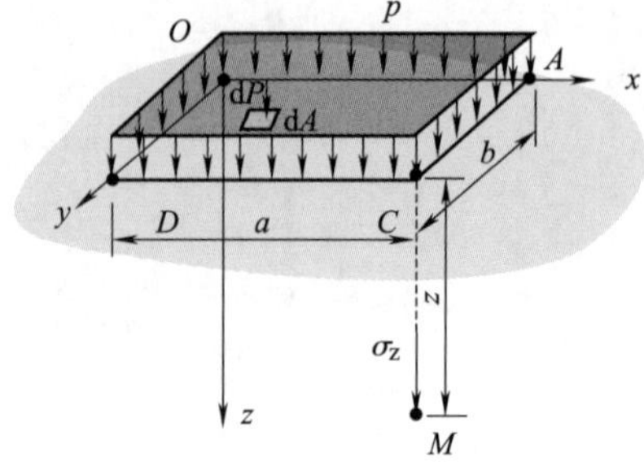

图 3-35　矩形面积均布荷载角点下的 σ_z

$$\begin{aligned}\sigma_z &= \int_0^a\int_0^b \frac{3p}{2\pi}\cdot\frac{z^3}{(x^2+y^2+z^2)^{5/2}}\mathrm{d}x\mathrm{d}y \\ &= \frac{p}{2\pi}\left[\arctan\frac{m}{n\sqrt{1+m^2+n^2}}+\frac{m\cdot n}{\sqrt{1+m^2+n^2}}\left(\frac{1}{m^2+n^2}+\frac{1}{1+n^2}\right)\right]\end{aligned} \tag{3-35}$$

式中　a,b——分别为矩形的长边和短边尺寸；

m——$m=a/b$；

n——$n=z/b$。

为计算方便，可将式(3-35)简写成

$$\sigma_z=\alpha\cdot p \tag{3-36}$$

式中　α——矩形面积均布荷载角点下的应力系数，为 a/b 和 z/b 的函数，可由表 3-4 中查得。

表 3-4　矩形面积均布荷载角点下应力系数 α

z/b	a/b														
	1.0	1.2	1.4	1.6	1.8	2.0	2.2	2.4	2.6	2.8	3.0	4.0	6.0	8.0	10.0
0.0	0.250	0.250	0.250	0.250	0.250	0.250	0.250	0.250	0.250	0.250	0.250	0.250	0.250	0.250	0.250
0.2	0.249	0.249	0.249	0.249	0.249	0.249	0.249	0.249	0.249	0.249	0.249	0.249	0.249	0.249	0.249
0.4	0.240	0.242	0.243	0.243	0.244	0.244	0.244	0.244	0.244	0.244	0.244	0.244	0.244	0.244	0.244
0.6	0.223	0.228	0.230	0.232	0.232	0.233	0.233	0.234	0.234	0.234	0.234	0.234	0.234	0.234	0.234
0.8	0.200	0.207	0.212	0.215	0.216	0.218	0.218	0.219	0.219	0.219	0.220	0.220	0.220	0.220	0.220
1.0	0.175	0.185	0.191	0.195	0.198	0.200	0.201	0.202	0.203	0.203	0.203	0.204	0.204	0.205	0.205
1.2	0.152	0.163	0.171	0.176	0.179	0.182	0.184	0.185	0.186	0.186	0.187	0.188	0.189	0.189	0.189
1.4	0.131	0.142	0.151	0.157	0.161	0.164	0.167	0.168	0.170	0.171	0.171	0.173	0.174	0.174	0.174
1.6	0.112	0.124	0.133	0.140	0.145	0.148	0.151	0.153	0.155	0.156	0.157	0.159	0.160	0.160	0.160
1.8	0.097	0.108	0.117	0.124	0.129	0.133	0.137	0.139	0.141	0.142	0.143	0.146	0.148	0.148	0.148
2.0	0.084	0.095	0.103	0.110	0.116	0.120	0.124	0.126	0.128	0.130	0.131	0.135	0.137	0.137	0.137
2.4	0.064	0.073	0.081	0.088	0.093	0.098	0.102	0.105	0.107	0.109	0.111	0.116	0.118	0.119	0.119

续上表

z/b	a/b														
	1.0	1.2	1.4	1.6	1.8	2.0	2.2	2.4	2.6	2.8	3.0	4.0	6.0	8.0	10.0
2.8	0.050	0.058	0.065	0.071	0.076	0.080	0.084	0.087	0.090	0.092	0.094	0.100	0.104	0.104	0.105
3.2	0.040	0.047	0.053	0.058	0.063	0.067	0.070	0.074	0.076	0.079	0.081	0.087	0.092	0.093	0.093
3.6	0.033	0.038	0.043	0.048	0.052	0.056	0.059	0.062	0.065	0.067	0.069	0.076	0.082	0.083	0.084
4.0	0.027	0.032	0.036	0.040	0.044	0.048	0.051	0.053	0.056	0.058	0.060	0.067	0.073	0.075	0.076
5.0	0.018	0.021	0.024	0.027	0.030	0.033	0.035	0.038	0.040	0.042	0.043	0.050	0.057	0.060	0.061
6.0	0.013	0.015	0.017	0.020	0.022	0.024	0.026	0.028	0.029	0.031	0.033	0.039	0.046	0.049	0.051
7.0	0.009	0.011	0.013	0.015	0.016	0.018	0.020	0.021	0.022	0.024	0.025	0.031	0.038	0.041	0.043
8.0	0.007	0.009	0.010	0.011	0.013	0.014	0.015	0.016	0.018	0.019	0.020	0.025	0.031	0.035	0.037
9.0	0.006	0.007	0.008	0.009	0.010	0.011	0.012	0.013	0.014	0.015	0.016	0.020	0.026	0.030	0.032
10.0	0.005	0.006	0.007	0.007	0.008	0.009	0.010	0.011	0.012	0.012	0.013	0.017	0.022	0.026	0.028

利用角点下的应力计算公式(3-36)和应力叠加原理,推求地基中任意点的附加应力的方法称为角点法。角点法的应用可分为下列两种情况。

第一种情况:计算受均布荷载 p 作用的矩形面积内任一点 M' 下深度 z 处 M 点的竖向应力。如图 3-36(a)所示,过 M' 点将矩形荷载面积分成Ⅰ、Ⅱ、Ⅲ、Ⅳ四个小矩形,M' 点为四个小矩形的公共角点,则 M' 点下任一深度 z 处 M 点的竖向应力为

$$\sigma_z=(\alpha_{\text{I}}+\alpha_{\text{II}}+\alpha_{\text{III}}+\alpha_{\text{IV}})\cdot p$$

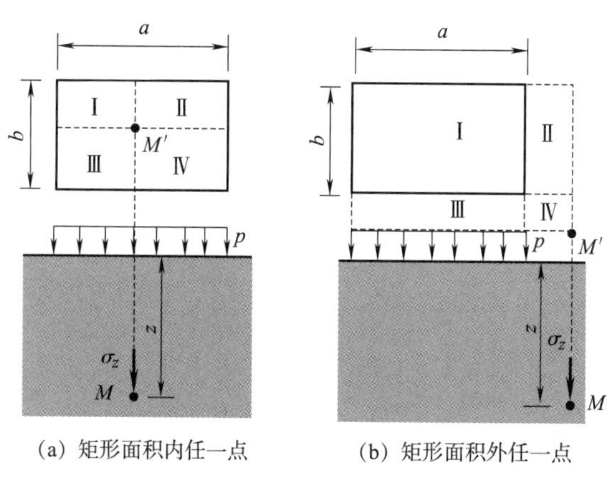

图 3-36　矩形面积均布荷载任意点下的 σ_z

第二种情况:计算受均布荷载 p 作用的矩形面积外任一点 M' 下深度 z 处 M 点的竖向应力。如图 3-36(b)所示,仍设法使 M' 点成为几个小矩形面积的公共角点,然后将其应力进行代数叠加。在图 3-36(b)中,M' 点为矩形面积(Ⅰ+Ⅱ+Ⅲ+Ⅳ)、(Ⅱ+Ⅳ)、(Ⅲ+Ⅳ)和Ⅳ的公共角点,则 M' 点下任一深度 z 处 M 点的竖向应力为

$$\sigma_z=(\alpha_{\text{I}+\text{II}+\text{III}+\text{IV}}-\alpha_{\text{II}+\text{IV}}-\alpha_{\text{III}+\text{IV}}+\alpha_{\text{IV}})\cdot p$$

3. 矩形面积线性分布荷载

荷载在矩形面积内沿着一边成均匀分布,而沿另一边成线性分布,这包括三角形分布和梯形分布,对于梯形分布,可看成由均匀分布和三角形分布叠加而成的。对于三角形分布面积荷

载讨论如下。

图 3-37(a)为三角形分布的矩形面积荷载，其面积为 $a \cdot b$，荷载顺 a 边方向为三角形分布，最大荷载为 p。在荷载为零的角点 A 下 M 点的 σ_z，也可利用式(3-23c)和积分方法求得，并可用 $\sigma_z = \alpha \cdot p$ 表示。其中，α 为矩形面积三角形分布荷载角点下的应力系数，为 b/a 和 z/a 的函数，可由表 3-5 中查得。表中 a 边是荷载为三角形分布的边，不一定是长边，也可能是短边。因此 b/a 可以小于 1，也可以大于 1。

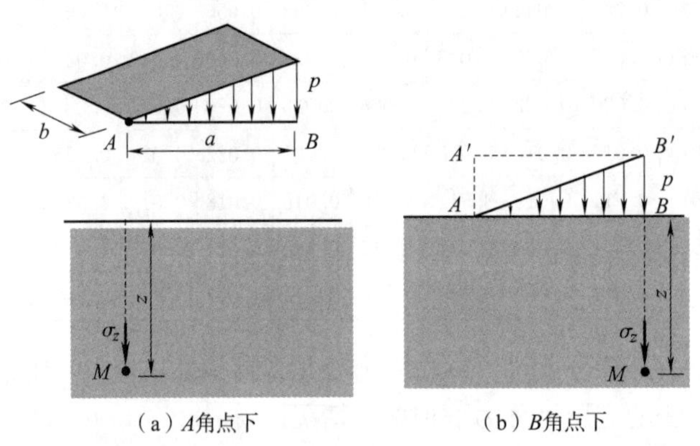

（a）A角点下　　（b）B角点下

图 3-37　矩形面积三角形分布荷载下的 σ_z

表 3-5　矩形面积三角形分布荷载角点下应力系数 α

z/a	b/a														
	0.2	0.4	0.6	0.8	1	1.2	1.4	1.6	1.8	2	3	4	6	8	10
0.0	0.000	0.000	0.000	0.000	0.000	0.000	0.000	0.000	0.000	0.000	0.000	0.000	0.000	0.000	0.000
0.2	0.022	0.028	0.030	0.030	0.030	0.030	0.031	0.031	0.031	0.031	0.031	0.031	0.031	0.031	0.031
0.4	0.027	0.042	0.049	0.052	0.053	0.054	0.054	0.054	0.055	0.055	0.055	0.055	0.055	0.055	0.055
0.6	0.026	0.045	0.056	0.062	0.065	0.067	0.068	0.069	0.069	0.070	0.070	0.070	0.070	0.070	0.070
0.8	0.023	0.042	0.055	0.064	0.069	0.072	0.074	0.075	0.076	0.076	0.077	0.078	0.078	0.078	0.078
1.0	0.020	0.037	0.051	0.060	0.067	0.071	0.074	0.075	0.077	0.077	0.079	0.079	0.080	0.080	0.080
1.2	0.017	0.032	0.045	0.055	0.061	0.066	0.070	0.072	0.074	0.075	0.077	0.078	0.078	0.078	0.078
1.4	0.014	0.028	0.039	0.048	0.055	0.061	0.064	0.067	0.069	0.071	0.074	0.075	0.075	0.075	0.075
1.6	0.012	0.024	0.034	0.042	0.049	0.055	0.059	0.062	0.064	0.066	0.070	0.071	0.071	0.071	0.072
1.8	0.010	0.020	0.029	0.037	0.043	0.049	0.053	0.056	0.058	0.060	0.065	0.067	0.067	0.067	0.068
2.0	0.009	0.018	0.025	0.032	0.038	0.043	0.047	0.051	0.053	0.055	0.061	0.062	0.063	0.064	0.064
2.5	0.006	0.012	0.018	0.024	0.028	0.033	0.036	0.039	0.042	0.044	0.050	0.053	0.054	0.055	0.055
3.0	0.005	0.009	0.014	0.018	0.021	0.025	0.028	0.031	0.033	0.035	0.042	0.045	0.047	0.047	0.048
5.0	0.002	0.004	0.005	0.007	0.009	0.010	0.012	0.013	0.015	0.016	0.021	0.025	0.028	0.030	0.030
7.0	0.001	0.002	0.003	0.004	0.005	0.006	0.006	0.007	0.008	0.009	0.012	0.015	0.019	0.020	0.021
10.0	0.000	0.001	0.001	0.002	0.002	0.003	0.003	0.004	0.004	0.005	0.007	0.008	0.011	0.013	0.014

如在矩形面积三角形分布荷载情况下，求荷载为最大值 p 的角点 B 下的 σ_z，如图 3-37(b)所示，可采用叠加原理，先用表 3-4 求矩形面积均布荷载的角点 B 下应力系数 α_1，再减去用

表3-5查得的三角形分布荷载($B'A'A$)角点B下的α_2，就等于三角形分布荷载($B'BA$)角点B下的应力系数α，从而求得$\sigma_z=(\alpha_1-\alpha_2)p$。

对于矩形面积线性分布荷载下地基中任意位置的σ_z，都可用表3-4和表3-5通过叠加原理计算求得。

4. 不规则面积任意分布荷载

在面积不规则、分布不规则荷载的作用下，土中任一点的σ_z只能采用近似方法求解。图3-38所示为任意分布的荷载图形。如要计算地面任一点A下深度z处M点之σ_z，可把荷载面积分成许多小块，计算每小块面积上的合力P_i，此合力P_i系作用在小块面积荷载的重心上，再用式(3-23c)或表3-1求每一小块面积上的集中荷载下M点所产生的$\sigma_{zi}\left(=\frac{1}{z^2}\cdot\alpha_i P_i\right)$，然后用公式(3-25)进行叠加，最后求得总的竖向应力$\sigma_z=\frac{1}{z^2}\sum_{i=1}^{n}\alpha_i P_i$（$n$为面积分成小块数）。这个近似算法的精度与荷载面积划分成小块面积的数量有关，划分愈细，精度愈高，但计算工作量也愈大。根据圣维南原理，如M点离荷载面较远，则M点的σ_z只受荷载大小的影响，与荷载局部分布图形无关，所以在M点离荷载较远的情况下，把分布面积荷载用大小相等的集中荷载来代替，所求得的σ_z与精确解基本一样。故在近似算法中，对于不规则荷载图形，当所研究的M点离荷载面较近时，荷载图形可划分得细一些，反之，则可划得粗一些，甚至用集中荷载来代替。这样可节省计算工作量，又不影响精度。

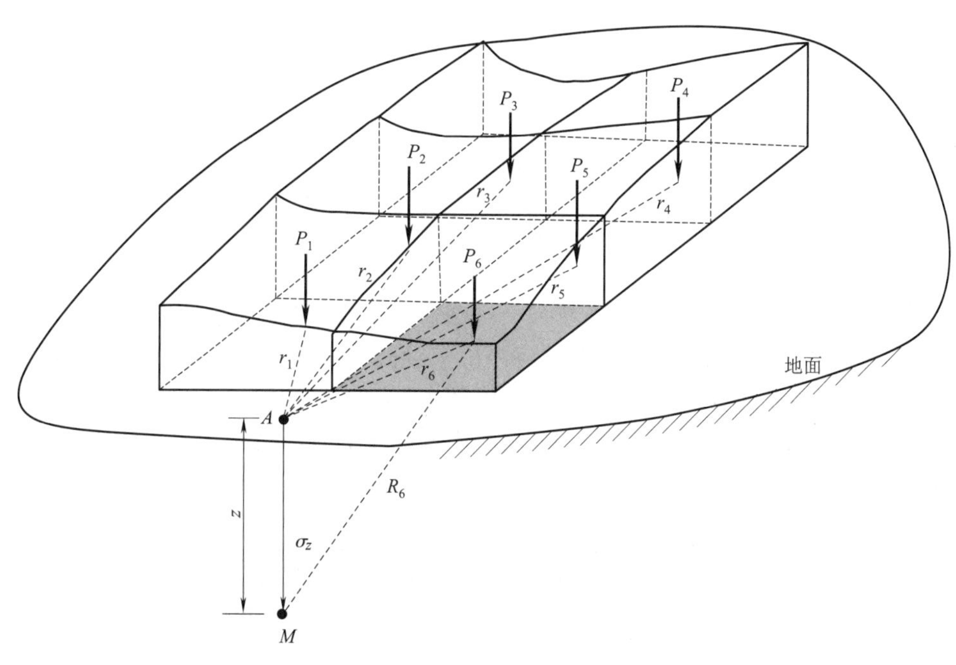

图3-38　面积和荷载分布不规则情况下的σ_z

【例3-4】有一矩形均布面积荷载，平面尺寸为3 m×4 m，单位面上压力$p=300$ kPa，如图3-39所示。试采用角点法计算在矩形短边延长线上，离角点外侧1 m、地面下4 m处A点的σ_z。

【解】运用角点法和叠加原理，把矩形面积分解成通过A点的正面积$\square_{aAce}$和负面积$\square_{bAcd}$：

对于正面积$\square_{aAce}$，$a/b=4/4=1$，$z/b=4/4=1$，由表3-4查得$\alpha_{aAce}=0.175$

对于负面积$\square_{bAcd}$，$a/b=4/1=4$，$z/b=4/1=4$，由表3-4查得$\alpha_{bAcd}=0.067$

因此 $\sigma_z=(0.175-0.067)\times300\approx32(\text{kPa})$

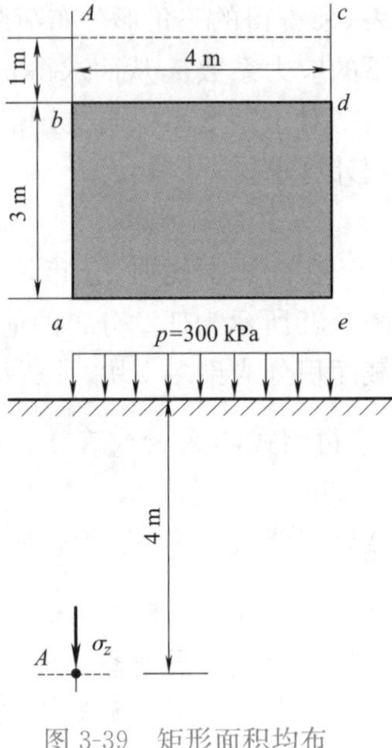

图3-39　矩形面积均布荷载下的σ_z计算

3.5.5　影响土中附加应力分布的因素

前面介绍的土体中附加应力计算，都是把土体视作均质、各向同性、线弹性的半无限体，应用弹性力学理论求得的。而实际遇到的地基土体均在不同程度上与上述理想条件偏离，因此计算出的应力与实际土体中的应力相比都有一定的误差。一些学者的试验研究及量测结果表明，当土质较均匀、土颗粒较细且压力不很大时，用前述方法计算出的竖向附加应力与实测值相比，误差不是很大，但若不满足这些条件时将会有较大误差。下面简要讨论实际土体的非线性、非均质性和各向异性等因素对土体中附加应力分布的影响。

(1)土体非线性的影响

天然土为非线性(弹塑性)材料，这对竖向应力计算结果的影响最大可达25%～30%，并对水平应力的影响更大。

(2)成层地基的影响

天然土层的松密、软硬程度往往很不相同，变形特性可能差别较大。例如，在软土区常会遇到一层硬黏土或密实砂土形成的硬壳层，在山区谷地经常会有厚度不大的可压缩土层覆盖于基岩上。这种情况下，地基土体中的应力分布显然与均质土体不相同。对这类问题的解答比较复杂，目前弹性力学只对其中某些简单的情况有理论解，可以分为两类。

第一类：可压缩土层覆盖于岩层上。根据弹性理论解，这种情况下，上层土中荷载中轴线附近的附加应力σ_z比均质半无限体时大，离开中轴线，应力逐渐减小，至某一距离后，应力小于均质半无限体时的应力，这种现象称为"应力集中"现象，如图3-40(a)所示。应力集中的程度主要与荷载宽度和压缩层厚度之比有关，比值增大，应力集中现象减弱。

第二类：硬土覆盖于软土层上。此种情况将出现硬层下面，荷载中轴线附近应力减小的应力扩散现象，如图3-40(b)所示。

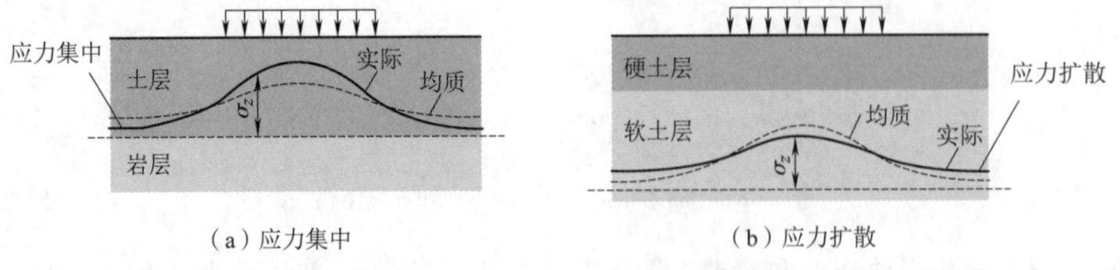

图3-40　成层地基对附加应力的影响

(3)土体变形模量随深度增大的影响

地基土体的另一种非均质性表现为变形模量随深度逐渐增大，在砂土地基中尤为常见。

这是一种连续非均质现象，是由土体在沉积过程中的受力条件所决定的。与通常假定的变形模量不随深度变化的均质地基相比，沿荷载中心线下，前者的地基附加应力 σ_z 会发生应力集中现象。对于集中力作用下地基附加应力 σ_z 的计算，可采用费洛列希(O. K. Frohlich)建议的半经验公式：

$$\sigma_z=\frac{\mu P}{2\pi R^2}\cos^{\mu}\beta \tag{3-37}$$

式中　μ——大于 3 的应力集中系数，对于变形模量为常数的均质弹性体，如均匀黏土，$\mu=3$；对于砂土，连续非均质现象最显著，取 $\mu=6$；介于黏土和砂土之间的土，取 $\mu=3\sim6$。

其他符号和意义与图 3-23 相同。当 $\mu=3$ 时，式(3-37)的结果与式(3-23c)结果相同。

(4)土体各向异性的影响

天然沉积土因沉积条件和应力状态常常使土体具有各向异性的特征。例如，层状结构的页片状黏土，在竖直方向和水平方向的变形模量就不相同。土体的各向异性也会影响到该土层中的附加应力分布。研究表明，如果土在水平方向的变形模量 E_x 与竖直方向的变形模量 E_z 不相等，但泊松比相同时，若 $E_x>E_z$，则在各向异性地基中将出现应力扩散现象；若 $E_x<E_z$，地基中将出现应力集中现象。

(5)基础埋深的影响

随着建筑物不断增高及地下空间的应用，天然地基的基础埋置深度逐渐加深，或者大量使用桩基础，这对地基内附加应力有很大的影响。竖向集中力作用于地面以下土体内部时，计算地基中的应力分布及位移时应采用弹性半无限体的明德林(Mindlin)解，而不再采用布辛纳斯克(Boussinesq)解。

☆3.6　水平荷载作用下地基土体的附加应力计算

3.6.1　水平集中荷载

如果地基表面作用有平行于 xOy 面的水平集中荷载 P_h 时，求解地基中任一点 M 所引起的应力问题，是弹性体内应力计算的另一个基本课题。

弹性半无限体表面作用一水平集中荷载 P_h 时，半无限体内任一点处所引起的应力的弹性力学解由西罗提(V. Cerruti)于 1882 年解出。如图 3-41 所示，在半无限体中任意点 $M(x,y,z)$ 处的六个应力分量的解为

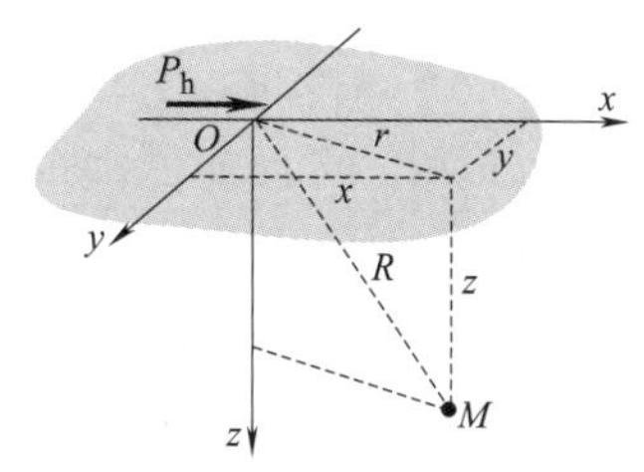

图 3-41　水平集中荷载作用于地基表面

$$\sigma_x=\frac{P_h x}{2\pi R^3}\cdot\left[\frac{3x^2}{R^2}+\frac{1-2\nu}{(R+z)^2}\left(R^2-y^2-\frac{2Ry^2}{R+z}\right)\right] \tag{3-38a}$$

$$\sigma_y=\frac{P_h x}{2\pi R^3}\cdot\left[\frac{3y^2}{R^2}+\frac{1-2\nu}{(R+z)^2}\left(R^2-x^2-\frac{2Rx^2}{R+z}\right)\right] \tag{3-38b}$$

$$\sigma_z=\frac{3P_h xz^2}{2\pi R^5} \tag{3-38c}$$

$$\tau_{xy}=\tau_{yx}=\frac{P_{\mathrm{h}}y}{2\pi R^3}\left[\frac{3x^2}{R^2}-\frac{1-2\nu}{(R+z)^2}\left(-R^2+x^2+\frac{2Rx^2}{R+z}\right)\right] \tag{3-38d}$$

$$\tau_{yz}=\tau_{zy}=\frac{3P_{\mathrm{h}}xyz}{2\pi R^5} \tag{3-38e}$$

$$\tau_{zx}=\tau_{xz}=\frac{3P_{\mathrm{h}}x^2z}{2\pi R^5} \tag{3-38f}$$

式中　P_{h}——作用于坐标原点 O 的水平集中荷载,kN;
其余符号与图 3-23 相同。

3.6.2　矩形面积水平均布荷载

如图 3-42 所示,当矩形面积上作用有水平均布荷载 p_{h}时,可利用西罗提解对矩形面积积分,求出矩形角点下任意深度 z 处 M 点所引起的竖向附加应力 σ_z,可表示为

$$\sigma_z=\mp\frac{1}{2\pi}\left[\frac{m}{\sqrt{m^2+n^2}}-\frac{mn^2}{(1+n^2)\sqrt{1+m^2+n^2}}\right]p_{\mathrm{h}}=\mp\alpha_{\mathrm{h}}\cdot p_{\mathrm{h}} \tag{3-39}$$

式中　a,b——矩形垂直于水平荷载方向的边长和平行于水平荷载方向的边长;
　　m——$m=a/b$;
　　n——$n=z/b$;
　　α_{h}——矩形面积水平均布荷载角点下的应力系数,为 a/b 和 z/b 的函数,可由表 3-6 中查得。

计算表明,在地表下同一深度 z,四个角点下的附加应力 σ_z 绝对值相同,但应力符号有正负之分。在如图 3-42 所示的情况下,O、D 点下的 σ_z取负值,A、C 点下取正值。

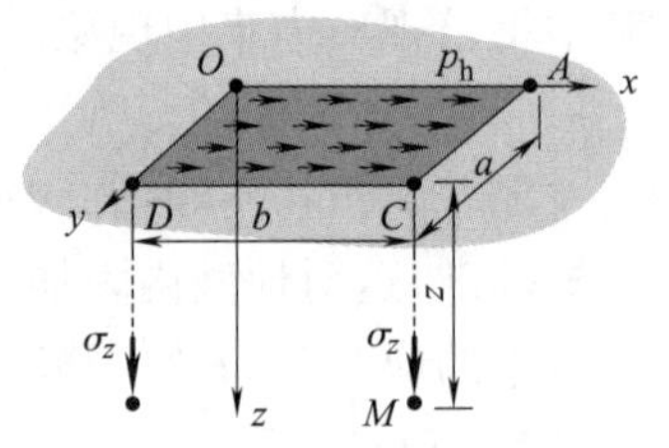

图 3-42　矩形面积水平均布荷载角点下的 σ_z

同样,可利用角点法和应力叠加原理计算矩形面积内、外任意点的附加应力 σ_z。

表 3-6　矩形面积水平均布荷载角点下应力系数 α_{h}

z/b	a/b														
	0.2	0.4	0.6	0.8	1.0	1.2	1.4	1.6	1.8	2.0	3.0	4.0	6.0	8.0	10.0
0.0	0.159 2	0.159 2	0.159 2	0.159 2	0.159 2	0.159 2	0.159 2	0.159 2	0.159 2	0.159 2	0.159 2	0.159 2	0.159 2	0.159 2	0.159 2
0.2	0.111 4	0.140 1	0.147 9	0.150 6	0.151 8	0.152 3	0.152 6	0.152 8	0.152 9	0.152 9	0.153 0	0.153 0	0.153 0	0.153 0	0.153 0
0.4	0.067 2	0.104 9	0.121 7	0.129 3	0.132 8	0.134 7	0.135 6	0.136 2	0.136 5	0.136 7	0.137 1	0.137 2	0.137 2	0.137 2	0.137 2
0.6	0.043 2	0.074 6	0.093 3	0.103 5	0.109 1	0.112 1	0.113 9	0.115 0	0.115 6	0.116 0	0.116 8	0.116 9	0.117 0	0.117 0	0.117 0
0.8	0.029 0	0.052 7	0.069 1	0.079 6	0.086 1	0.090 0	0.092 4	0.093 9	0.094 8	0.095 5	0.096 7	0.096 9	0.097 0	0.097 0	0.097 0
1.0	0.020 1	0.037 5	0.050 8	0.060 2	0.066 6	0.070 8	0.073 5	0.075 3	0.076 6	0.077 4	0.079 0	0.079 4	0.079 5	0.079 6	0.079 6
1.2	0.014 2	0.027 0	0.037 5	0.045 5	0.051 2	0.055 3	0.058 1	0.060 1	0.061 5	0.062 4	0.064 5	0.064 9	0.065 2	0.065 2	0.065 2
1.4	0.010 3	0.019 9	0.028 0	0.034 5	0.039 5	0.043 3	0.046 0	0.048 0	0.049 4	0.050 5	0.052 8	0.053 4	0.053 7	0.053 7	0.053 8
1.6	0.007 7	0.014 9	0.021 2	0.026 5	0.030 8	0.034 1	0.036 6	0.038 5	0.040 0	0.041 0	0.043 6	0.044 3	0.044 6	0.044 7	0.044 7
1.8	0.005 8	0.011 3	0.016 3	0.020 6	0.024 2	0.027 0	0.029 3	0.031 1	0.032 5	0.033 6	0.036 2	0.037 0	0.037 4	0.037 5	0.037 5
2.0	0.004 5	0.008 8	0.012 7	0.016 2	0.019 2	0.021 7	0.023 7	0.025 3	0.026 6	0.027 7	0.030 3	0.031 2	0.031 7	0.031 8	0.031 8
2.5	0.002 5	0.005 0	0.007 3	0.009 4	0.011 3	0.013 0	0.014 5	0.015 7	0.016 7	0.017 6	0.020 2	0.021 1	0.021 7	0.021 9	0.021 9
3.0	0.001 5	0.003 1	0.004 5	0.005 9	0.007 1	0.008 3	0.009 3	0.010 2	0.011 0	0.011 7	0.014 0	0.015 0	0.015 6	0.015 8	0.015 9

续上表

z/b	a/b														
	0.2	0.4	0.6	0.8	1.0	1.2	1.4	1.6	1.8	2.0	3.0	4.0	6.0	8.0	10.0
5.0	0.000 4	0.000 7	0.001 1	0.001 4	0.001 8	0.002 1	0.002 4	0.002 7	0.003 0	0.003 2	0.004 3	0.005 0	0.005 7	0.005 9	0.006 0
7.0	0.000 1	0.000 3	0.000 4	0.000 5	0.000 7	0.000 8	0.000 9	0.001 0	0.001 2	0.001 3	0.001 8	0.002 2	0.002 7	0.002 9	0.003 0
10.0	0.000 0	0.000 1	0.000 1	0.000 2	0.000 2	0.000 3	0.000 3	0.000 4	0.000 4	0.000 5	0.000 7	0.000 8	0.001 1	0.001 3	0.001 4

3.6.3　条形面积水平均布荷载

如图 3-43 所示，条形面积水平均布荷载在地基内引起的应力 σ_z 同样可以利用西罗提解和应力叠加原理通过积分求得。

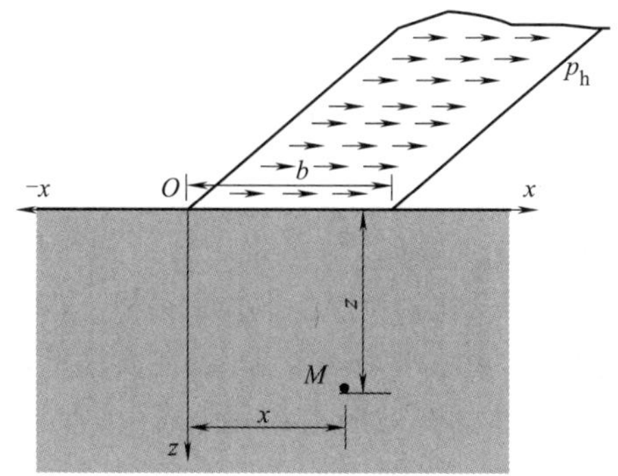

图 3-43　条形面积水平均布荷载作用下地基中的 σ_z

$$\sigma_z=\frac{1}{\pi}\left[\frac{n^2}{(m-1)^2+n^2}-\frac{n^2}{m^2+n^2}\right]p_h=\alpha_h\cdot p_h \tag{3-40}$$

式中　b——条形水平荷载的宽度；

m——$m=x/b$；

n——$n=z/b$；

α_h——条形面积水平均布荷载的应力系数，为 x/b 和 z/b 的函数，可由表 3-7 中查得。

表 3-7　条形面积水平均布荷载的应力系数 α_h

x/b	z/b									
	0.01	0.10	0.20	0.40	0.60	0.80	1.00	1.20	1.40	2.00
0.00	−0.318	−0.315	−0.306	−0.274	−0.234	−0.194	−0.159	−0.130	−0.108	−0.064
0.25	0.000	−0.038	−0.103	−0.158	−0.147	−0.121	−0.096	−0.076	−0.061	−0.034
0.50	0.000	0.000	0.000	0.000	0.000	0.000	0.000	0.000	0.000	0.000
0.75	0.000	0.038	0.103	0.158	0.147	0.121	0.096	0.076	0.061	0.034
1.00	0.318	0.315	0.306	0.274	0.234	0.194	0.159	0.130	0.108	0.064
1.25	0.000	0.042	0.116	0.199	0.212	0.197	0.175	0.152	0.131	0.085
1.50	0.000	0.011	0.038	0.103	0.144	0.158	0.157	0.147	0.134	0.096
2.00	0.000	0.002	0.009	0.032	0.058	0.080	0.095	0.104	0.106	0.095
3.00	0.000	0.000	0.002	0.007	0.014	0.023	0.032	0.040	0.048	0.061

续上表

x/b	z/b									
	0.01	0.10	0.20	0.40	0.60	0.80	1.00	1.20	1.40	2.00
5.00	0.000	0.000	0.000	0.001	0.002	0.004	0.006	0.009	0.012	0.020
−0.25	0.000	−0.042	−0.116	−0.199	−0.212	−0.197	−0.175	−0.152	−0.131	−0.085
−0.50	0.000	−0.011	−0.038	−0.103	−0.144	−0.158	−0.157	−0.147	−0.134	−0.096
−0.75	0.000	−0.005	−0.017	−0.055	−0.091	−0.114	−0.125	−0.127	−0.123	−0.099
−1.00	0.000	−0.002	−0.009	−0.032	−0.058	−0.080	−0.095	−0.104	−0.106	−0.095
−1.50	0.000	−0.001	−0.004	−0.013	−0.027	−0.041	−0.054	−0.065	−0.072	−0.079
−2.00	0.000	0.000	−0.002	−0.007	−0.014	−0.023	−0.032	−0.040	−0.048	−0.061
−3.00	0.000	0.000	−0.001	−0.002	−0.005	−0.009	−0.013	−0.018	−0.022	−0.034

☆3.7 孔隙压力系数

在天然土层中，当地面施加竖向荷载时，地基土中将产生竖向有效应力和超孔隙水压力。有效应力和超孔隙水压力的产生和变化，与土的排水性能和排水条件有关。对于黏性土，由于土的渗透性很差，当外力刚施加时，孔隙水来不及排出，在实用上，往往把此时的土体视为不排水。在不排水条件下，如何计算土体的有效应力和孔隙压力，常常成为计算土体瞬间变形的关键。为解决不同应力条件下不排水土体中引起的孔隙压力和有效应力计算问题，斯肯普顿(A. W. Skempton)提出孔隙压力系数法，该方法按照地基土的受力条件，用原状土样在实验室测出相关系数，再乘以总应力增量，即为所引起的孔隙压力增量。下面将讨论这些系数的意义及确定方法。

所谓的孔隙压力系数(pore pressure parameter)是指在不允许土中孔隙水进出的情况下，由附加应力引起的超静孔隙水压力增量与总应力增量之比。

3.7.1 孔隙压力系数 *B*

如图 3-44 所示取不排水立方体土样，在三个主轴方向预先施加三个主应力 σ_1、σ_2 和 σ_3，并产生相应的孔隙压力 u_0。然后在三个主轴向施加相同的应力增量，即围压增量 $\Delta\sigma_3$，由此产生的孔隙压力增量 Δu_3。

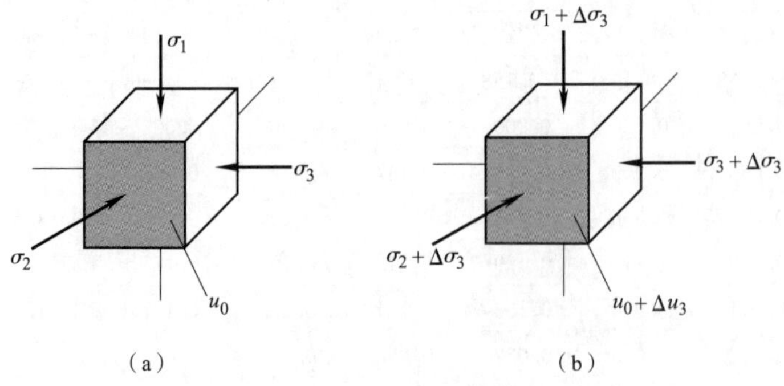

图 3-44　围压 $\Delta\sigma_3$ 引起的孔隙压力 Δu_3

假定土颗粒不可压缩，则土样受围压作用后，土骨架体积变化量等于土孔隙体积的变化量。根据这个原则，先求骨架体积变化量，使土骨架产生压缩变形的是有效应力，而土样在围压 $\Delta\sigma_3$ 作用下所引起的有效围压应为 $\Delta\sigma_3'=\Delta\sigma_3-\Delta u_3$。则骨架体积的压缩量 ΔV_g 为

$$\Delta V_g=C_gV(\Delta\sigma_3-\Delta u_3)$$

式中　C_g——土骨架在围压作用下的压缩系数；

　　　V——土骨架体积。

孔隙空间体积(包括水和空气)在孔隙压力 Δu_3 作用下的压缩量 ΔV_n 为

$$\Delta V_n=C_n nV\Delta u_3$$

式中　C_n——在压力作用下，孔隙中流体(包括水和空气)的体积压缩系数；

　　　n——孔隙率。

现令土骨架体积压缩量等于孔隙空间压缩量，即 $\Delta V_g=\Delta V_n$，得

$$C_gV(\Delta\sigma_3-\Delta u_3)=C_n nV\Delta u_3$$

经过整理后，可写成

$$\Delta u_3=\frac{1}{1+n\dfrac{C_n}{C_g}}\cdot\Delta\sigma_3 \tag{3-41}$$

如令

$$\frac{1}{1+n\dfrac{C_n}{C_g}}=B$$

则式(3-41)可写成

$$\Delta u_3=B\Delta\sigma_3 \tag{3-42}$$

式中　B——孔隙压力系数，等于在一单位围压增量作用下，不排水土体中所产生的孔隙压力增量。

对于饱和土，孔隙中几乎充满水，这时 C_n 接近孔隙水的压缩系数(≈ 0)，它与土骨架的压缩系数 C_g 相比，可以略去不计，故 $C_n/C_g\rightarrow 0$，而 $B\rightarrow 1$。对于非饱和土，由于孔隙中含有一定量的空气，其孔隙流体的压缩系数 C_n 相对较大，这时比值 $C_n/C_g>0$，因此 $B<1$。显然，B 的变化与土的饱和度 S_r 有关，B 值随 S_r 的增加而增大，当 $S_r=1$ 时，$B=1$。但两者不是线性关系，其变化规律随土性质而异，可通过三轴试验确定。

例如，在实验室中对已知饱和度 S_r 的土样预先施加初始压力(相当于原位应力状态)，同时测定初始孔隙压力，然后在不排水条件下按设计要求对土样施加围压增量 $\Delta\sigma_3$，同时测定孔隙压力增量 Δu_3，再根据式(3-42)即可计算出 B 值，如不断改变 S_r 值进行同样试验，可求得一系列 B，这样就可建立 B 和 S_r 的变化关系，图 3-45 为特定应力水平下的 B 和 S_r 之间的关系曲线。

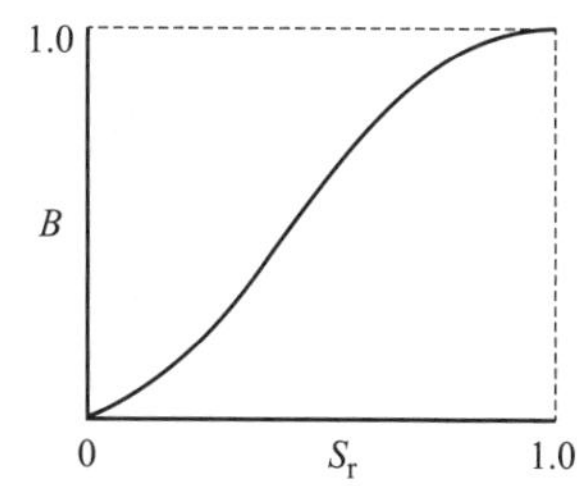

图 3-45　B—S_r 关系曲线

3.7.2　孔隙压力系数 A

设土样预先承受初始应力 σ_1、σ_2 和 $\sigma_3(=\sigma_2)$，在不排水条件下，沿最大主应力方向增加应力增量 $\Delta\sigma_1$，而在其他两个垂直方向应力维持不变，如图 3-46 所示，则土样中的孔隙压力将由原来的 u_0 增加到 $u_0+\Delta u_1$，即增加了 Δu_1，与此同时，在三个主应力方向的有效应力将有所变化，在大主应力方向的增减量为

$$\Delta\sigma_1'=\Delta\sigma_1-\Delta u_1$$

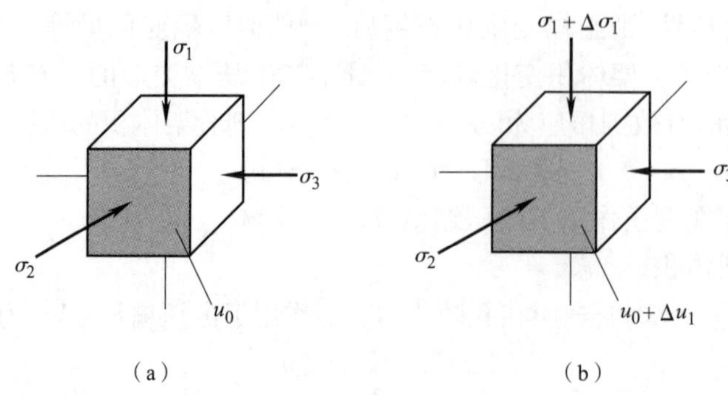

图 3-46　单轴压力围压 $\Delta\sigma_1$ 引起的孔隙压力 Δu_1

在其他主应力方向的增减量为

$$\Delta\sigma_2'=\Delta\sigma_3'=-\Delta u_1$$

按照一般固体力学理论，促使土骨架产生体积变化的是三个相互垂直的有效法向应力的平均值，即所谓平均有效应力，或称球形有效应力 σ_m'。如把土骨架当成弹性介质，则在上述应力的作用下，土骨架体积的改变量为

$$\sigma_m'=\frac{1}{3}(\Delta\sigma_1'+\Delta\sigma_2'+\Delta\sigma_3')=\frac{1}{3}(\Delta\sigma_1-3\Delta u_1)$$

$$\Delta V_g=\frac{1}{3}C_gV(\Delta\sigma_1-3\Delta u_1)$$

而土中孔隙体积的改变量为

$$\Delta V_n=C_nnV\cdot\Delta u_1$$

因假定土颗粒本身不可压缩，故上述 ΔV_g 应与 ΔV_n 相等，则

$$\Delta u_1=\frac{1}{3}\frac{1}{1+n\dfrac{C_n}{C_g}}\cdot\Delta\sigma_1=\frac{1}{3}B\Delta\sigma_1$$

但土骨架并非理想弹性介质，上述公式不能完全反映土受力后孔隙压力变化的真实情况，所以为了具有普遍意义，把上式改写成

$$\Delta u_1=AB\Delta\sigma_1 \tag{3-43}$$

式中　A——孔隙压力系数。

当土处于完全饱和状态时，$B=1$，则式(3-43)为

$$\Delta u_1=A\Delta\sigma_1 \tag{3-44}$$

和系数 B 一样，系数 A 也由试验确定。例如对完全饱和土样，在不排水条件下按预定要求施加初始压力，并测定初始孔隙压力 u_0，然后在大主应力方向施加压力增量 $\Delta\sigma_1$，并测出孔隙压力增量 Δu_1，再利用式(3-44)计算出 A 值。A 值的变化很大，并在很大程度上取决于土的压缩性和膨胀性。对于高压缩性土如软黏土，A 值常处于 0.5～1.0 之间，对于灵敏度很高的黏土，A 值可大于 1，而对于低压缩性土如硬黏土和密实砂，A 值较低，常在 0～0.5 之间，对于超固结黏土，A 值可以为负值。

上述不排水土样的孔隙压力增量，都是在围压增量 $\Delta\sigma_3$ 和单轴压力增量 $\Delta\sigma_1$ 的分别作用下求得的。如果对该土样在 σ_2 和 σ_3 方向施加 $\Delta\sigma_3$ 的同时，又在 σ_1 方向施加 $\Delta\sigma_1$，则由此引起的孔隙压力增量 Δu，可利用式(3-42)和式(3-43)求得

$$\Delta u=B\Delta\sigma_3+AB(\Delta\sigma_1-\Delta\sigma_3)=B[\Delta\sigma_3+A(\Delta\sigma_1-\Delta\sigma_3)] \tag{3-45}$$

上述各公式的推导中，把系数 A 和 B 当作常数对待。由于土的非线性性质，实际上系数 A 和 B 并非常数，它们随试验应力水平的变化而变化。

【例 3-5】有一不完全饱和土样，在不排水条件下，先施加围压 $\sigma_3=100$ kPa，测得孔隙压力系数 $B=0.65$，试求土样的 u 和 σ_3'；在上述土样上又施加 $\Delta\sigma_3=50$ kPa，$\Delta\sigma_1=150$ kPa，并测得孔隙压力系数 $A=0.5$，试求此时土样的 σ_1、σ_3、u、σ_1'、σ_3' 各为多少（假设 B 值不变）？

【解】根据式（3-42）可得，$u=\Delta u_3=B\Delta\sigma_3=0.65\times100=65$（kPa）

根据有效应力原理，$\sigma_3'=\sigma_3-u=100-65=35$（kPa）

当 $\Delta\sigma_3=50$ kPa，$\Delta\sigma_1=150$ kPa 时，土样内新增加的孔隙压力 Δu，根据式（3-45）可得

$$\Delta u=B[\Delta\sigma_3+A(\Delta\sigma_1-\Delta\sigma_3)]=0.65\times[50+0.5\times(150-50)]=65(\text{kPa})$$

则此时土样内的总孔隙压力

$$u=65+65=130(\text{kPa})$$

$$\sigma_1=100+150=250(\text{kPa})$$

$$\sigma_3=100+50=150(\text{kPa})$$

$$\sigma_1'=\sigma_1-u=250-130=120(\text{kPa})$$

$$\sigma_3'=\sigma_3-u=150-130=20(\text{kPa})$$

土力学人物小传（3）——布辛纳斯克

Valentin Joseph Boussinesq（1842—1929 年）（图 3-47）

法国著名物理家和数学家，1886 年当选法国科学院院士。他一生对数学物理中的所有分支（除电磁学外）都有重要的贡献。在流体力学方面，他主要研究涡流、波动、固体物对液体流动的阻力、粉状介质的力学机理、流动液体的冷却作用等方面。他在紊流方面的成就深得著名科学家 Saint Venant 的赞赏，而在弹性理论方面的研究成就受到了 Love 的称赞。1885 年他提出的集中荷载作用下弹性半无限体的应力和位移的计算理论为计算地基承载力和地基变形提供了理论根据。

图 3-47　布辛纳斯克

习　题

3-1　地下水位升降对土中自重应力的分布有何影响？对工程实践有何影响？

3-2　计算地基附加应力时，有哪些基本假定？

3-3　双层地基对土中应力分布有何影响？

3-4　取一均匀土样，置于 x、y、z 直角坐标中，在外力作用下测得应力为：$\sigma_x=10$ kPa，$\sigma_y=10$ kPa，$\sigma_z=40$ kPa，$\tau_{xy}=12$ kPa。试求算：

（1）最大主应力 σ_1，最小主应力 σ_3，以及最大剪应力 $\tau_{\max}$；

（2）求最大主应力作用面与 x 轴的夹角 θ；

（3）根据 σ_1 和 σ_3 绘出相应的摩尔应力圆，并在圆上标出大小主应力及最大剪应力作用面的相对位置？

3-5　砂土置于一容器中的铜丝网上，砂样厚 25 cm。由容器底导出一水压管，使管中水面高出容器溢水面 h。若砂样孔隙比 $e=0.7$，颗粒容重 $\gamma_s=26.5$ kN/m^3，如图 3-48 所示。求：

(1)当 $h=10$ cm 时,砂样中切面 a-a 上的有效应力;

(2)若作用在铜丝网上的有效应力为 0.5 kPa,则水头差 h 值应为多少?

3-6 根据图 3-49 所示的地质剖面图,请绘 A-A 截面以上土层的有效自重应力分布曲线。

3-7 一矩形基础,宽 2 m,长 4 m,在长边方向作用一偏心竖向荷载 1 500 kN,偏心距 $e=0.7$ m,试求基底最大压力。

3-8 有一 U 形基础,如图 3-50 所示。设在其 x—x 轴线上作用一单轴偏心垂直荷载 $P=6\ 000$ kN,P 作用在离基边 2 m 的 A 点上,试求基底左端压力 p_1 和右端压力 p_2。如把荷载由 A 点向右移到 B 点,则右端基底压力将等于原来左端压力 p_1,试问 AB 间距为多少?

3-9 有一填土路基,其断面尺寸如图 3-51 所示。设路基填土的平均容重为 21 kN/m³,试问,在路基填土压力下在地面下 2.5 m、路基中线右侧 2.0 m 的 A 点处的竖向附加应力是多少?

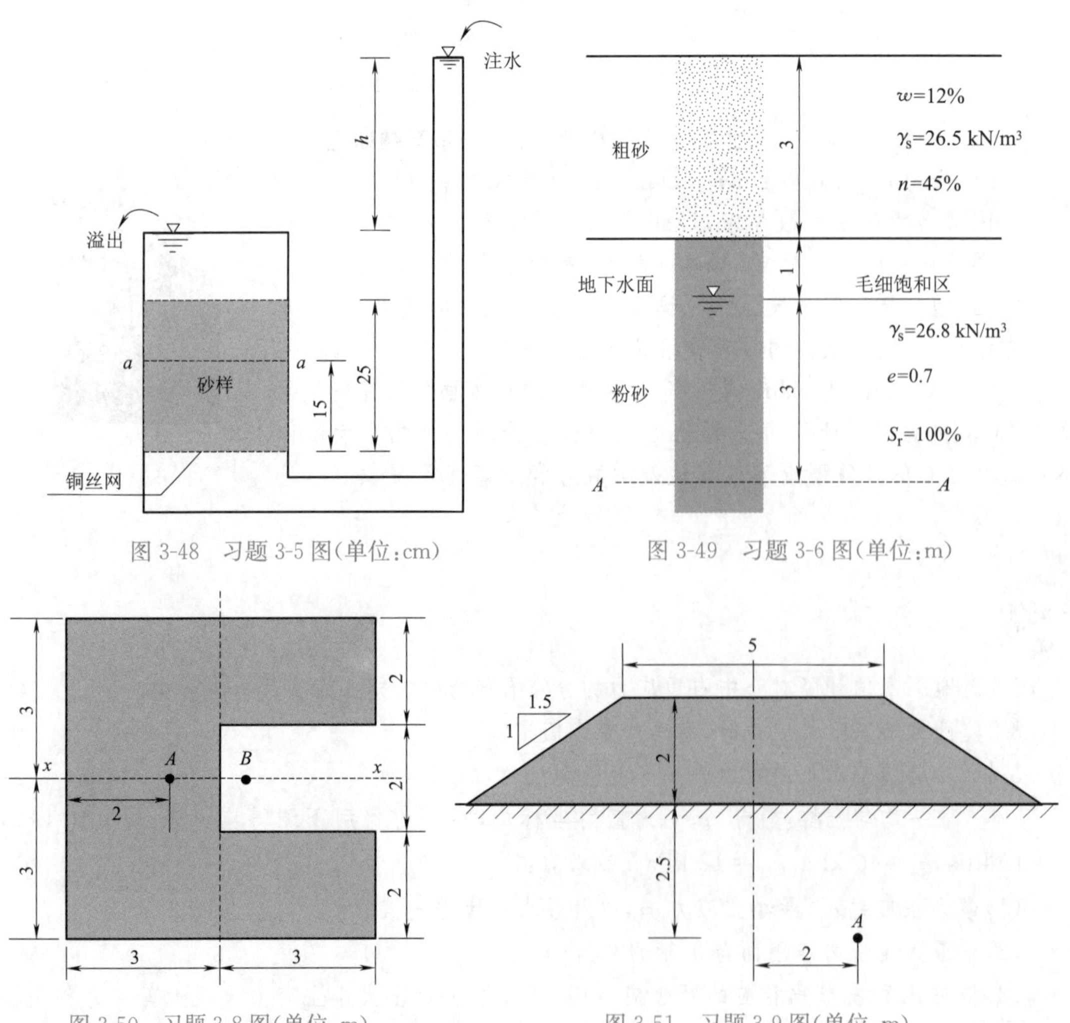

图 3-48 习题 3-5 图(单位:cm)

图 3-49 习题 3-6 图(单位:m)

图 3-50 习题 3-8 图(单位:m)

图 3-51 习题 3-9 图(单位:m)

3-10 如图 3-52 所示,求均布方形面积荷载中心线上 A、B、C 各点上的垂直荷载应力 σ_z,并比较用集中力代替此均布面积荷载时,在各点引起的误差(用%表示)。

3-11　设有一条形刚性基础，宽为 4 m，作用着均布线状中心荷载 $P=100$ kN/m（包括基础自重）和弯矩 $M=50$ kN·m/m，如图 3-53 所示。

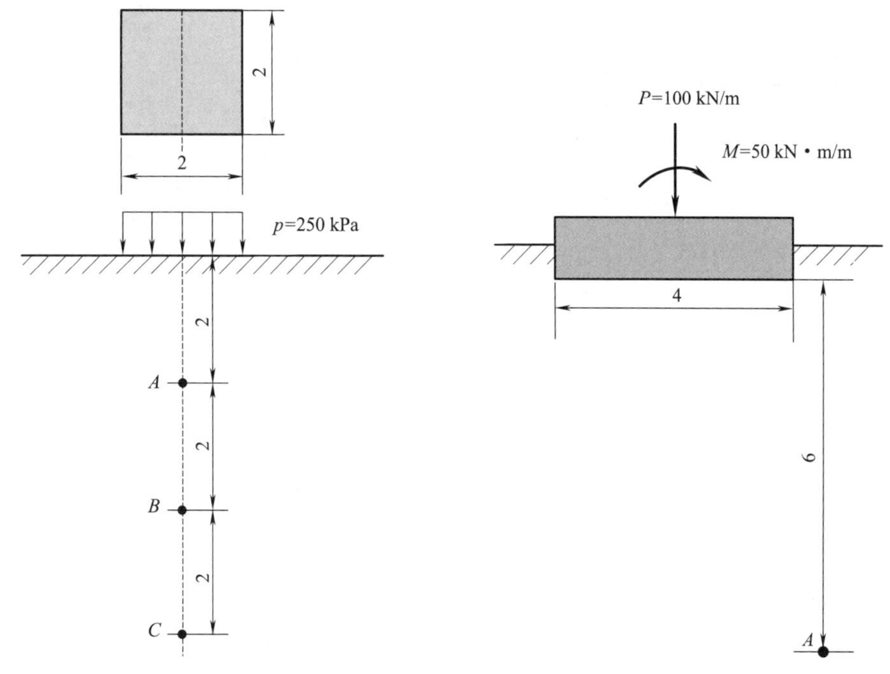

图 3-52　习题 3-10 图（单位：m）　　图 3-53　习题 3-11 图（单位：m）

（1）试用简化法求算基底压力的分布，并按此压力分布图形求基础边沿下 6 m 处 A 点的竖向附加应力 σ_z（基础埋深影响不计）。

（2）按均匀分布压力图形（不考虑 M 的作用）和中心线状分布压力图形荷载分别计算 A 点的 σ_z，并与（1）中结果对比，计算其误差（%）。

3-12　有一均匀分布的等腰直角三角形面积荷载，如图 3-54 所示，压力为 p(kPa)，试求 A 点及 B 点下 4 m 处的竖向附加应力 σ_z。

3-13　有一浅基础，平面成 L 形，如图 3-55 所示。基底均布压力为 200 kPa，试用角点法计算 M 点和 N 点以下 4 m 处的竖向附加应力 σ_z。

3-14　一条形刚性基础，宽为 4 m，作用着竖向均布线状荷载 $P=200$ kN/m（包括基础自重）和水平均布线状荷载 $H=50$ kN/m，如图 3-56 所示，试求 A 点及 B 点处的竖向附加应力 σ_z。（水平荷载可假定均匀分布在基础底面）

3-15　取一饱和黏土样，置入密封压力室中，不排水施加围压 30 kPa（相当于球形压力），并测得孔隙压力为 30 kPa，另在土样的垂直中心轴线上施加轴压 $\Delta\sigma_1=70$ kPa（相当于土样受到 $\Delta\sigma_1-\Delta\sigma_3$ 压力），同时测得孔隙压力为 60 kPa，求算孔隙压力系数 A 和 B。

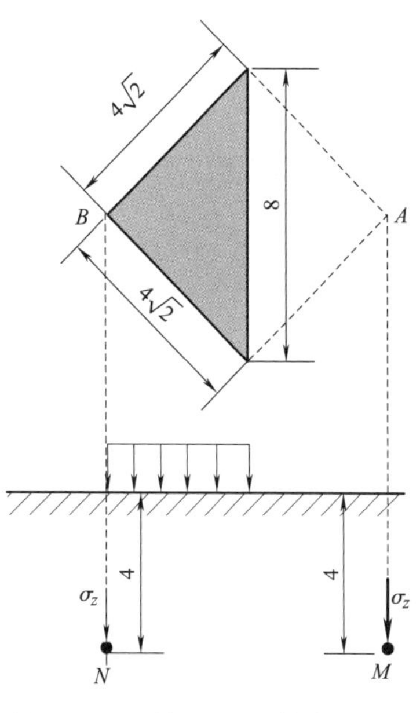

图 3-54　习题 3-12 图（单位：m）

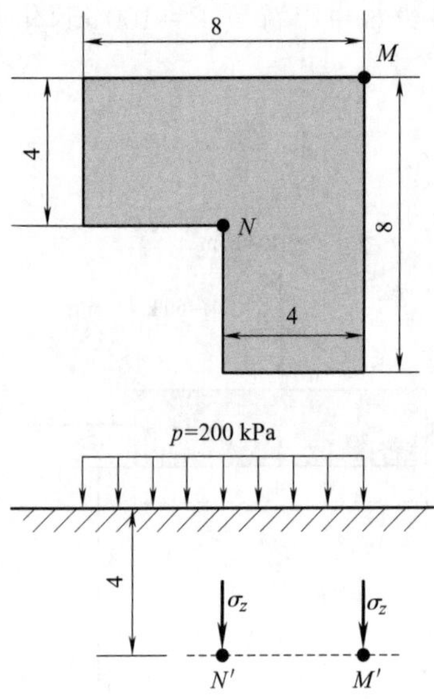

图 3-55 习题 3-13 图(单位:m)

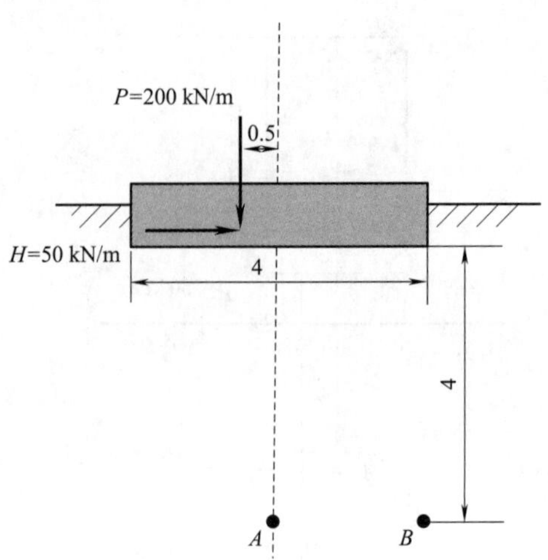

图 3-56 习题 3-14 图(单位:m)

第 4 章 土的压缩性及地基沉降计算

4.1 概　　述

同其他固体材料一样，土在受力后会产生变形。因此，上部结构在地基中产生的附加应力将导致地基土体的变形，发生竖向位移，称为地基沉降(settlement)。显然，过大的沉降将会影响上部结构的正常使用甚至导致结构的损坏，因此设计时需对沉降值进行计算，并将其控制在容许的范围之内。

而与金属等材料不同的是，土的变形的完成通常需要相对较长的时间，故地基的沉降往往是一个较长的过程：对砂、卵石等无黏性土地基，沉降的完成可能会是上部结构完成后的数月，黏性土地基更长，而饱和黏土地基可能需数年、十数年甚至更长时间。预测沉降随时间的发展过程对实际工程也有重要的意义，例如，铁路工程中，需根据路堤或桥梁基础沉降的发展过程，确定合适的铺轨时间，以便将此后的地基沉降(工后沉降)控制在容许范围内，保证运营期铁路的平顺性。

4.2 土的压缩性及压缩指标

4.2.1 土的压缩性

土体的变形可分为体积压缩变形和剪切变形。其中，剪切变形过大时土体将发生破坏，而压缩变形则是地基沉降的主要来源。

土在压应力作用下体积减小的性质称为土的压缩性(compressibility)。

土是由颗粒、水、气体组成的三相体，因此土发生压缩变形的原因可从土体受压后这三者的表现分析：

(1)对大多数土来说，其中的颗粒是岩石物理或化学的产物，在工程中常见的压应力水平作用下，其变形很小，几乎可忽略不计。

(2)水几乎是不可压缩的，因此其压缩变形也可忽略不计。

因此土颗粒及孔隙水的变形不是土发生压缩的主要原因。

(3)土在压应力作用下，颗粒发生移动，并使孔隙减小，宏观上表现为土的体积的减小，是土发生压缩的主要原因。所以，在计算中通常假定土颗粒的体积在压缩过程中保持不变，而土体的压缩量等于孔隙的减小量。

(4)土的压缩过程中，孔隙中的气体和水有以下表现：

①对非饱和土，孔隙水的存在对压缩的影响通常不大，而其中的气体会随孔隙的减小而排出，对土的压缩几乎没有什么影响。

②对饱和土，由于水是不可压缩的，因此土的压缩必然伴随着孔隙水的排出，且孔隙的减小量必然等于孔隙水体积的减小量，故土的压缩完成所需的时间取决于孔隙水排出的快慢，这一过程称为渗透固结(consolidation)。对饱和的卵石、砂等无黏性土，由于渗透性较好，故孔隙水很容易排出，渗透固结可在较短的时间内完成。而饱和黏土的渗透性很差，其渗透固结往往要持续较长的时间。在实际工程中，当地基中有厚度较大的饱和黏土层时，其沉降过程可能会持续数年、十数年甚至更长时间。

4.2.2 固结试验及压缩曲线

土的压缩变形特性可由室内试验和现场试验确定，其中最为常用和方便的是室内固结试验。

1. 固结试验

固结试验(consolidation test)也称压缩试验，其试验设备为固结仪，如图 4-1 所示。试验时，用环刀取原状土样并置于护环中，护环具有很高的刚度，可保证土样在压缩过程中不发生侧向膨胀。土样上、下两面置透水石，通过加压上盖将竖向荷载传至土样，使土样产生竖向压缩，并采用百分表量测其压缩量。

由于刚性护环的限制，故在整个压缩过程中，土样只沿竖向产生压缩而无侧向变形，即为单向压缩(固结)。在此条件下，土样的受力条件较为简单，只需通过竖向压力与土样竖向压缩量的关系即可反映出土的压缩特性。在实际工程中，若将地基土体的压缩近似地看作单向压缩，即可很方便地利用固结试验的结果计算地基沉降。

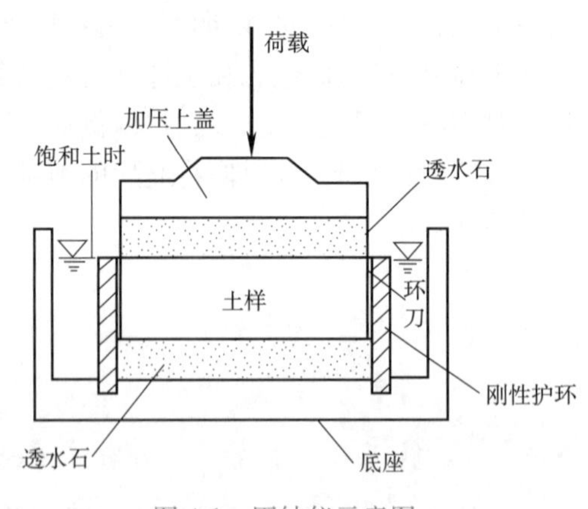

图 4-1 固结仪示意图

2. e—p 压缩曲线

当土样在压力作用下发生压缩时，其孔隙比也随之减小，因此，通过孔隙比 e 与压应力 p 之间的关系即 e—p 曲线，可反映土的压缩特性。由于试验所测得的是土的压缩量 S，故首先需建立 e 与 S 之间的关系。

设土样在初始压力 p_0 作用下的高度为 h_0，相应的孔隙比为 e_0；加载至第 i 级压力 p_i 时，土样的压缩量为 S_i，高度和孔隙比分别为 h_i 和 e_i。如前所述，在整个压缩过程中，土中颗粒的体积始终不变，且单向压缩时土样的截面积始终不变，故土颗粒的等效高度 h_s 也保持不变，因此有

$$h_s=\frac{h_0}{1+e_0}=\frac{h_i}{1+e_i}=\frac{h_0-S_i}{1+e_i} \tag{4-1}$$

最终得到

$$e_i=e_0-\frac{S_i}{h_0}(1+e_0) \tag{4-2}$$

利用式(4-2)可由压缩量确定出对应的孔隙比，进而得到孔隙比 e 与压力 p 之间的关系曲线，即压缩曲线，如图 4-2 所示。

此外，注意到固结试验中，作用在土样上的侧向(即水平方向)压力随竖向压力 p 的增大

而增大，使土样的侧向变形始终为0，土体在自重应力（或地面满布均匀荷载）作用下的固结与此相同，称为 K_0 固结，K_0 为静止土压力系数，采用 K_0 固结仪可测得其值的大小。

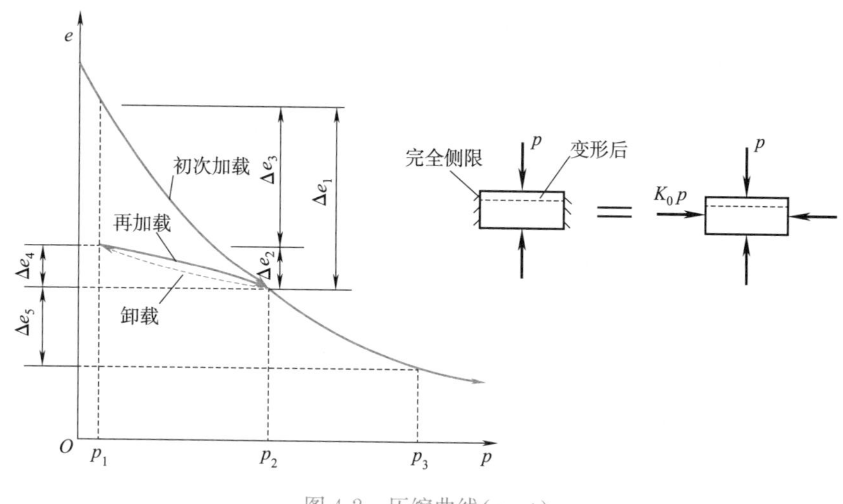

图4-2　压缩曲线（e—p）

3. 土的压缩特性

图4-2所示为重塑土样在加载、卸载、卸载后再加载等不同加载方式下的变形过程：

(1)首次加载（$p_1 \to p_2$）时，土样会产生较大的压缩量，对应的孔隙比变化为 Δe_1。

(2)加至 p_2 后卸载至 p_1（$p_2 \to p_1$），土样将发生回弹，但回弹量（弹性变形）Δe_2 远小于压缩量 Δe_1，大部分变形 Δe_3（塑性变形）无法恢复，表现出显著的塑性。

(3)重新加载（$p_1 \to p_2$）时，土样发生压缩，但压缩量 Δe_4 远小于初次加载时的压缩量 Δe_1。也就是说，土在再次受压时的变形量远小于其初次受压时的变形量。此外，再压缩曲线段与卸载曲线段非常接近。

(4)当压力超过当前压力水平（p_2）继续加载（$p_2 \to p_3$）时，土样将继续发生较大的变形 Δe_5。

利用土的上述特性，在实际工程中，可采用预压法降低上部结构在使用期间的沉降量。例如对软土地基，可先用堆土等方式对地基进行预压，此时地基会产生较大的沉降。之后除去堆土，修筑上部结构，相当于对地基土的再次加载，其沉降量将远小于不进行预压时的沉降量，使结构的沉降量得到有效的控制。

4. e—lg$p$ 压缩曲线

孔隙比 e 与压力 p 的关系也可以 e—lg p 曲线表示，由此还可进一步发现土的压缩性的另一些特点。图4-3所示为原状黏性土的 e—lg p 曲线，可以发现，该曲线可分为两段：当压力较小时，曲线较为平缓；超过某一压力时，曲线较陡，且接近于直线形式。

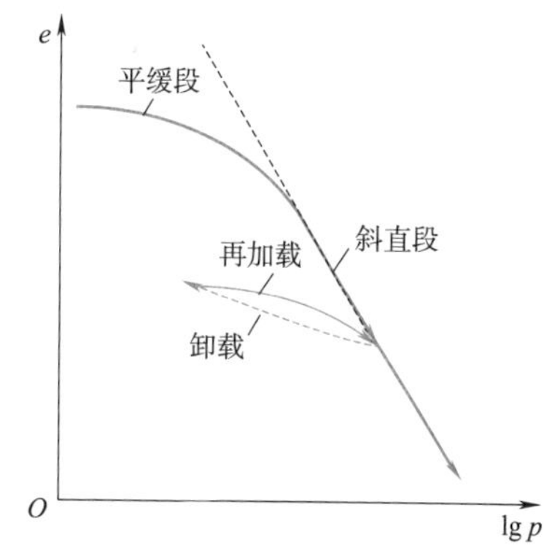

图4-3　压缩曲线（e—lg$p$）

对比该平缓段与图4-2中再加载段的相似性不难想到，平缓段对应的就是原状土样的再加载过程。实际上，由于原状土样取自地表以下一定深度，它在上覆土体压力的作用下发生固结；从地基中的被取出，对应于卸载过程；因此，进行固结试验时，前一段属于再加载过程。理论上讲，平缓段和斜直段分界点所对应的压力分界点是土样在原土层中所受到过的最大固结压力，称为先期固结压力（preconsolidation pressure），通常以 p_c表示。

之所以 $e—p$ 中的曲线段在 $e—\lg p$ 中成为斜直段，是因为当压力 p 逐渐增大时，$e—p$ 曲线逐渐平缓，$\mathrm{d}e/\mathrm{d}p$ 逐渐减小；而由于 $\mathrm{d}e/\mathrm{d}(\lg p)=p\mathrm{d}e/\mathrm{d}p$，所以不断减小的 $\mathrm{d}e/\mathrm{d}p$ 在 $e—\lg p$ 曲线中又得到了 p 的不断放大，其结果就是斜率 $\mathrm{d}e/\mathrm{d}(\lg p)$的基本恒定。

此外，与 $e—p$ 曲线中孔隙比随压力非线性的变化过程不同，$e—\lg p$ 曲线只需平缓段及斜直段的斜率，即 2 个不随压力改变的参数即可描述土的压缩过程（见 4.3 节），这给地基沉降的计算带来很大的便利。

5. *应力历史对原状黏性土压缩性的影响*

由固结试验得到的先期固结压力 p_c与土样从土层中取出前所受的自重应力 p_0之间可能有以下 3 种关系：

(1) $p_c=p_0$，为正常固结土（normally consolidated soil）。

(2) $p_c<p_0$，为欠固结土（underconsolidated soil）。出现这种情况，多是由于土样的上覆土层中有（或本身就是）新填土、吹填土等各类新近堆积的土，其压力对土的压缩时间尚短，土样在其作用下的固结尚未完成。

(3) $p_c>p_0$，为超固结土（overconsolidated soil）。这多是由于土样曾在更厚的上覆土层的压力作用下发生固结，之后由于水流冲刷、冰川剥蚀等原因减小了覆盖层的厚度，使当前的上覆压力减小。对超固结土，定义先期固结压力与当前自重应力之比为超固结比（over consolidated ratio），即

$$\mathrm{OCR}=\frac{p_c}{p_0} \tag{4-3}$$

6. *先期固结压力的确定*

先期固结压力的确定属经验方法，有不少学者对此进行了研究，其中以卡萨格兰德的方法最为简便和常用。其步骤如下（图 4-4）：

①在 $e—\lg p$ 曲线上找出曲率最大点。由于该点通常由目测确定，故有一定的误差。

②过该点作水平线及斜直段的切线。

③作②中两线夹角的平分线，并与斜直段的切线相交，其交点的横坐标即为先期固结压力 p_c。

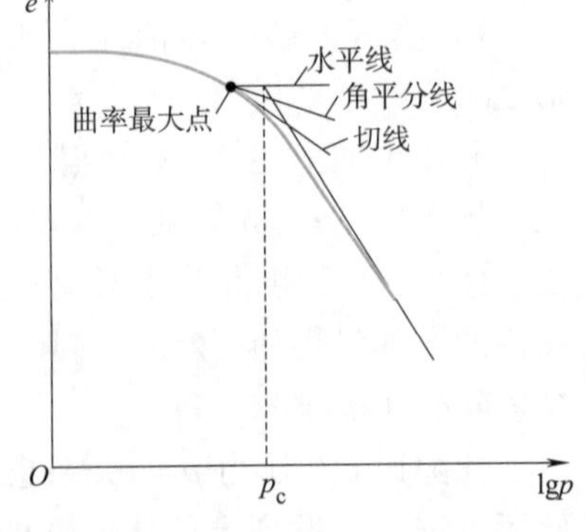

图 4-4　前期固结压力的确定

4.2.3　土的压缩指标

为定量地描述土的压缩性，根据土样的压缩曲线，定义以下压缩性指标。也就是说，下列所有指标反映的都是土在单向压缩时的特性。

1. *基于 $e—p$ 曲线的压缩指标*

(1)压缩系数 a

设压应力由 p_1增加到 p_2后，土样的孔隙比由 e_1减小到 e_2，则定义压缩系数（coefficient of compressibility）

$$a=\frac{e_1-e_2}{p_2-p_1}=-\frac{e_2-e_1}{p_2-p_1}=-\frac{\Delta e}{\Delta p} \tag{4-4}$$

式中 a——压缩曲线在 $p_1\rightarrow p_2$ 段的平均斜率(割线斜率),常用单位为 MPa^{-1}。

显然,即使对同一种土,其压缩系数的值也不是常量,而与其所受压力的大小有关。引入标准压缩系数 a_{1-2},即荷载由 100 kPa 到 200 kPa 所对应的压缩系数后,便可对不同土的压缩性的比较。显然,压缩系数越大,土的压缩性就越高。《建筑地基基础设计规范》(GB 5007—2011)中,按压缩性将土分为以下 3 种类型:

当 $a_{1-2}<0.1\ MPa^{-1}$ 时,为低压缩性土;

当 $0.1\ MPa^{-1}\leqslant a_{1-2}<0.5\ MPa^{-1}$ 时,为中压缩性土;

当 $a_{1-2}\geqslant 0.5\ MPa^{-1}$ 时,为高压缩性土。

(2)体积压缩系数 m_v

体积压缩系数(coefficient of volume change)是指单位压力增量产生的体积应变。由于压缩过程中土样的截面积保持不变,故其体积应变 ε_v(土样体积的减小量与土样总体积的比)与土样的压缩应变 $\varepsilon_s=S/h_1$ 相等。当压力由 $p_1\rightarrow p_2=p_1+\Delta p$ 时,根据定义,有

$$m_v=\frac{\varepsilon_v}{\Delta p}=\frac{\varepsilon_s}{\Delta p}=\frac{S}{h_1\Delta p} \tag{4-5}$$

由式(4-1)容易推得压缩量

$$S=\frac{e_1-e_2}{1+e_1}h_1=\frac{a\Delta p}{1+e_1}h_1$$

将上式代入式(4-5),整理后得到

$$m_v=\frac{a}{1+e_1} \tag{4-6}$$

其单位与压缩系数 a 相同。

(3)压缩模量 E_s

压缩模量(modulus of compressibility)定义为土样产生单位竖向压缩应变所需的压力增量。由于单向压缩时,压缩应变与体积应变相等,对比 E_s 与 m_v 的定义后,可知二者应为倒数关系,即

$$E_s=\frac{1}{m_v}=\frac{1+e_1}{a} \tag{4-7}$$

式中 E_s 常用单位为 MPa。

如前所述,e—p 曲线为非线性关系,故以此为基础定义的各压缩指标均非定值,而与所受压力 p 相关。

2. e—$\lg p$ 曲线的校正及对应的压缩指标

由于 e—$\lg p$ 曲线分为平缓段和斜直段,且其再压缩段曲线与卸载段曲线相近,故采用两个指标即可描述出土的压缩特性。

另一方面,由于土样从地层中取出到开始试验前的过程中难免会受到扰动,故试验结果与地基原状土的压缩特性会有一定的偏差,为此需对压缩曲线进行修正。通过对大量试验结果的分析,薛怀特曼(J. H. Schmertmann)认为在修正时可假设土样受到的扰动不影响其初始孔隙比 e_0,以及小于 $0.42e_0$ 段所对应的压缩曲线,并提出以下修正方法:

(1)正常固结土和欠固结土

如图 4-5(a)所示:

①由 A 点引水平线，再结合先期固结压力 p_c 定出 B 点。

②由 $0.42e_0$ 处引水平线与室内压缩曲线交于 D 点，过 B、D 点做直线 BE，其斜率 C_c 称为压缩指数(compression index)，为无量纲量。最终得到修正后的压缩曲线 ABE。

可以看出，修正及简化后的压缩曲线中，忽略了再压缩过程(对应于 AB 段)所产生的变形。

(2)超固结土

如图 4-5(b)所示：

①由 A 点引水平线，再结合自重压力 p_0 定出 B 点。

②由卸载和再加载曲线得到平均斜率 C_s，为无量纲量，该指标反映土在卸载后的回弹变形特性，以及重新加载时的压缩变形特性，故称为回弹指数(swelling index)或再压缩指数。

由 B 点以 C_s 为斜率引直线，并结合先期固结压力 p_c 得到 F 点。

③由 $0.42e_0$ 处引水平线与室内压缩曲线交于 D 点，过 F、D 点做直线 FE，最终得到修正后的压缩曲线 $ABFE$。

对超固结土，ABF 段对应再压缩过程。其中，忽略了压力小于 p_0 段(对应 AB)的变形，而 $p_0 \to p_c$ 段(对应 BF)则采用再压缩指标计算压缩变形。

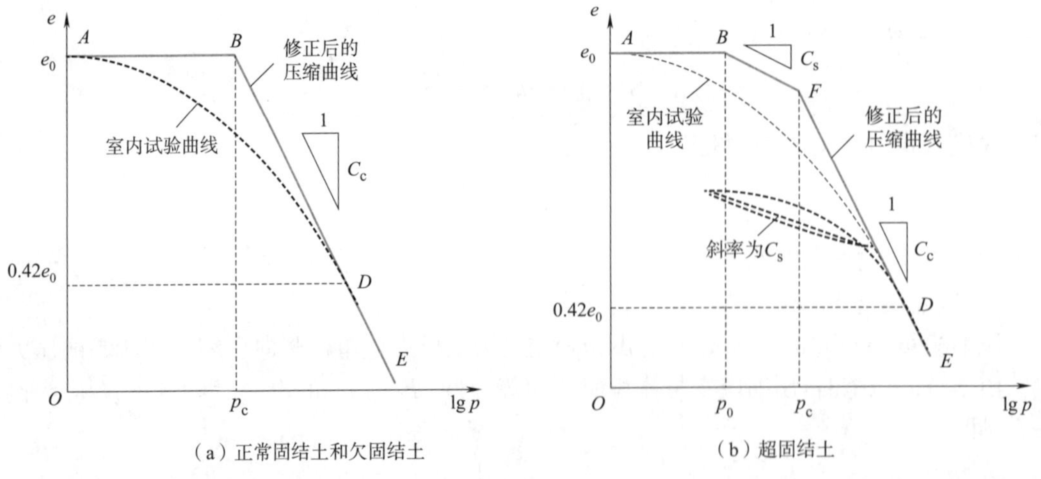

图 4-5 e—$\lg p$ 曲线的修正及相应的压缩指标

上述两个指标中，C_s 为 C_c 的 1/10～1/5，即 C_s 远小于 C_c。此外，C_c 和 C_s 是与所受压力无关的常量(a、m_v、E_s 的大小与压力相关)，计算地基沉降量时会更为方便。

4.2.4 土的其他变形指标

固结试验结果是土在无侧向变形(单向压缩)时压缩特性的反映，而实际地基中土的变形并非单向压缩。与此相比，三轴压缩试验的结果则可更全面地反映土在不同应力状态时的变形特性。此外，天然土层的性质往往存在空间性差异(即土性随取样位置不同而变)，土样较小且数量有限的室内试验并不一定能完全反映出现场土层的特性，且取样时的扰动会对其压缩特性产生影响，而对砂、卵石等类型的无黏性土，甚至取样都很困难。相比之下，现场试验如平板载荷试验、旁压试验则无这些缺点，能获得实际地基更为真实的变形特性。

三轴压缩试验以及现场平板载荷试验、旁压试验的基本原理及试验方法将分别在第 5 章和第 6 章中给出，以下只简单说明如何利用其试验结果确定相应的变形指标。

1. 由三轴试验确定土的变形模量

目前最常用的是常规三轴试验，其应力状态如图 4-6 中所示，即竖向压应力为大主应力 σ_1，水平方向作用的中、小主应力相等，即 $\sigma_2 = \sigma_3 = p$。试验时，σ_2 和 σ_3 保持不变，通过 σ_1 的增大使土样发生变形。当竖向压力 σ_1 增加时，土样不但发生竖向压缩，还会产生水平位移，这与前述固结试验中土样只发生竖向压缩的变形特点是不同的。

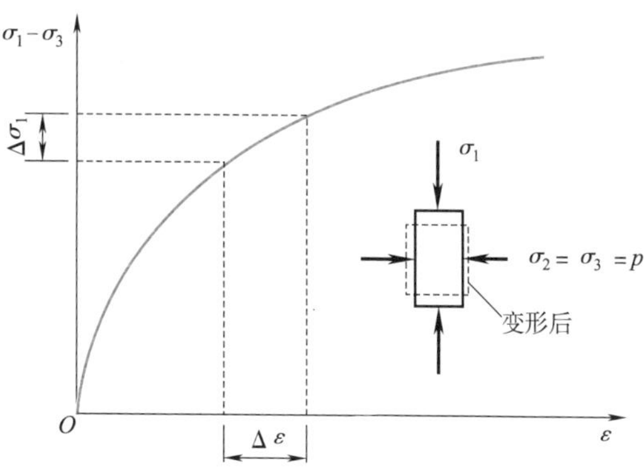

图 4-6　三轴试验的应力—应变曲线

定义土的变形模量为竖向压力增量与竖向应变之比，即

$$E_0 = \frac{\Delta\sigma_1}{\Delta\varepsilon} \tag{4-8}$$

由图中的应力（增量）—应变曲线可以看出，变形模量 E_0 是随竖向压力 σ_1 而变的。同时，不难看出，E_0 的大小也取决于水平压力 p 的大小：对于同样大小的 σ_1，p 越大（即 σ_1 与 p 相差越小），土样的水平及竖向变形越小；由此还可看出，由于试验中土样有向外的水平位移（与实际地基的变形特点相同），因此在同样的竖向压力水平下，变形模量 E_0 小于压缩模量 E_s。若假设土为线弹性体，应用广义虎克定律可得到

$$E_0 = E_s\left(1 - \frac{2\nu^2}{1-\nu}\right) \tag{4-9}$$

式中，ν 为泊松比。当然，式(4-9)是在假设土体为线弹性体的前提下得到的，能够反映出 $E_s > E_0$ 的特点，用于计算时则可能带来一定的误差。

2. 由平板载荷试验确定土的变形模量

试验时，将面积 A 为 0.25～0.5 m^2 的圆形或正方形厚钢板（承压板）置于地基土层之上，用千斤顶对其逐级施加压力 P，并通过承压板传至地基，使地基产生沉降。通过量测各级荷载作用下承压板的沉降，可得到压板平均压力 $p = P/A$ 与沉降 S 之间的关系曲线，如图 4-7 所示。显然，p—S 曲线所反映出的就是地基土层的变形特性。

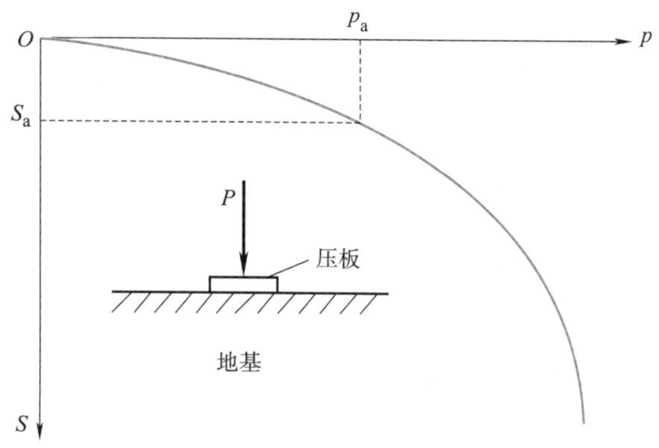

图 4-7　平板载荷试验的 p—S 曲线

虽然土是弹塑性材料，但当应力水平较低时，因塑性变形导致的非线性并不明显，故图 4-7

中，小于 p_a 的部分可近似地视为线性段，p_a 称为临塑压力，所对应的沉降以 S_a 表示。

根据弹性理论中刚性板在荷载 p 作用下沉降 S 的计算公式，可得到变形模量 E_0 的计算公式为

$$E_0=\frac{\pi}{4}\frac{1-\nu^2}{S_a}p_a D \qquad (圆形压板) \tag{4-10}$$

$$E_0=\frac{\sqrt{\pi}}{2}\frac{1-\nu^2}{S_a}p_a B \qquad (正方形压板) \tag{4-11}$$

式(4-10)和式(4-11)中，D 和 B 分别为圆形压板的直径及正方形压板的边长；ν 为地基土的泊松比，其经验取值为：大块碎石为 0.15，砂为 0.28，粉土为 0.31，粉质黏土为 0.37，黏土为 0.41。

4.3 分层总和法计算地基最终沉降

研究土的压缩性的最主要目的是计算地基的沉降变形。上部结构所受荷载通过基础传至地基后，产生附加应力，使地基土层产生变形，导致结构的下沉。即土的压缩性是内因，作用于地基土层内的附加应力是外因，而地基沉降是结果。

土的类型繁多，性质复杂，其压缩变形特性往往难以准确、全面地描述。而由第 3 章可知，即使将地基简化为最简单的均质、弹性的半无限体，附加应力的计算也是比较复杂的，更何况实际的地基既非均质，亦非弹性，要准确计算其附加应力会更加困难。因此，沉降计算时需引进一些必要的假设，对问题进行简化，由此产生了各类不同的沉降计算方法，而其中以土层单向压缩为假设的沉降计算方法在工程中的应用最为广泛。本章将介绍其中的分层总和法、以及基于平均应力系数的沉降计算方法。此外，如前所述，地基的沉降是一个发展过程，由这两种方法得到的是地基的最终沉降量(即地基变形稳定后的沉降量)。

4.3.1 分层总和法的计算原理及主要步骤

为简化计算，采用分层总和法计算时做了以下规定和假设：

(1)实际工程中，基础所受荷载偏心、地基土层厚度不均等原因，导致基础上各点下沉量的不等，因此规定以基础底面中心处的下沉量作为基础的沉降量，它实际上可看作基础的平均下沉量。

(2)由于地基中的附加应力随深度的增大而逐渐衰减为 0，故深度足够大后，其下地层的压缩变形及沉降可忽略不计，该深度范围(距基底的距离)称为压缩层厚度。

(3)在基底中心下取一铅垂土柱，假设在附加应力作用下，中心土柱只产生竖向压缩而无侧向变形，这样就可非常方便地利用压缩试验的结果计算土柱的压缩量。显然，则该土柱在压缩层厚度范围内的压缩量即为基础中心处的下沉量，即地基的沉降。

由于土的压缩性和地基中的附加应力都是随深度变化的，因此理论上讲，应该通过积分的方法计算整个土柱的压缩量，但同时考虑二者随深度的变化会使土柱压缩量的计算非常困难。为解决这一问题，一种方法是将土柱分为小段(即对土层进行分层)，分别计算各段的压缩量，最后相加得到整个土柱的压缩量(地基的沉降量)，即为分层总和法。另一种处理方法是，假设同一土层内土的压缩指标不随深度变化，这样可采用积分的方法求解该土层的压缩量，即基于平均应力系数(本质上属于积分方法)的沉降计算方法。

两种方法的计算原理本质上是相同的，以分层总和法为例，其主要计算步骤为：

(1)地基土层分层

分层实际上就是将中心土柱划分为小段，为后面计算各段土柱的压缩量做准备。

(2)计算各段土柱所受的原存应力(自重应力)

原存应力是指未施工时地基中的应力，通常为地基的自重应力，它虽然不是引起地基沉降的直接原因，但其大小对土的压缩性有直接影响。实际上，各段土柱的压缩量就是其所受应力由自重应力→自重应力＋附加应力这一过程中产生的。

(3)计算各段土柱所受的竖向附加应力

附加应力是土柱发生压缩的原因。各段土柱所受的竖向附加应力采用第 3 章中的方法计算。

(4)计算各段土柱的压缩量

根据该段土柱所在土层的压缩曲线或压缩指标以及应力状态计算其压缩量。

(5)确定压缩层厚度

即确定中心土柱所取的计算深度。

(6)计算地基沉降量

将压缩层厚度范围内各段土柱的压缩量求和，即为地基的沉降量。

此外，在表述上应注意："压缩量"用于描述一定厚度土层的竖向压缩变形，而"沉降量"是指土中一点的竖向位移，沉降量等于其下土层压缩量的和。二者的含义显然不同，不可混用。

4.3.2　分层总和法各主要步骤的详细内容

下面以图 4-8 中所示的基础为例，详细介绍分层总和法各上述各步骤工作的具体内容。

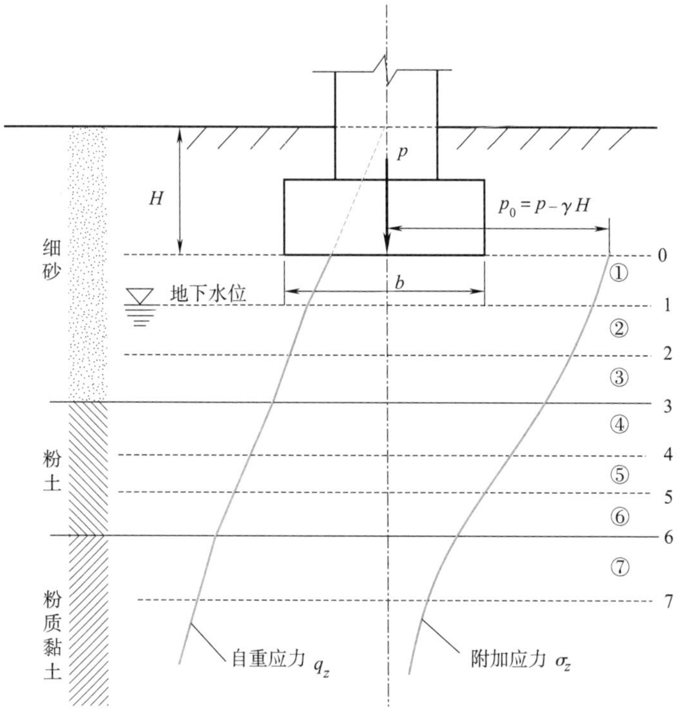

图 4-8　分层总和法计算图

1. 分层

(1)虽然理论上讲，层分得越薄，计算精度越高，但相应的计算工作量也越大，而影响沉降计算精度的因素很多，因此过细的划分是不必要的。通常，分层厚度只要小于 $0.4b$ 即可满足要求，b 为基础底面的短边。此外，同一分层内(即同一段土柱内)不应包含不同类型、不同状态的土，否则无法计算土柱的压缩量，因此各土层的分界面、地下水位面等都是必然的分层界面。

(2)自基础底面开始向下逐土层地进行划分。由于尚未确定压缩层厚度，故可先分至基底以下 $3b$(或根据经验确定)的深度。

(3)划分好的分层由基底向下依次编号，如图中各分层界面的编号为 0、1、2、3、4、…，各分层的编号为①、②、③、④、…。

2. 原存应力(自重应力)q_{zi} 的计算

地基中的原存应力通常为自重应力。第 i 个分层界面的自重应力为

$$q_{zi} = \gamma H + \sum_{j=1}^{i} \gamma_j h_j \tag{4-12}$$

式中 γ——基底以上土的容重，处在地下水位以下时，取浮容重；为多层土时，按土层厚度取加权平均值；

H——基础的埋深；

i——分层界面的编号；

j——分层(i 范围内)的编号；

γ_j——第 j 个分层的容重，处在地下水位以下时，取浮容重；

h_j——第 j 个分层的厚度。

3. 竖向附加应力 σ_{zi} 的计算

(1)基底净压力 p_0 的计算

作用在基础底面的竖向总荷载 P 包括上部荷载结构传来的荷载 F，以及基础底面到地面范围内的基础、桥墩(或柱)及土的自重 G，相应的基底平均压力 p 为

$$p=\frac{P}{A}=\frac{F+G}{A} \tag{4-13}$$

式中，A 为基础的底面积。显然，竖向荷载 P 的偏心(或作用于中心点的弯矩 M)对基底的平均压力并不产生影响。

进一步，定义

$$p_0=p-\gamma H \tag{4-14}$$

p_0 为基底净压力，亦称基底附加压力，即从 p 中扣除基底以上土层自重压力 γH 后的压力。采用基底净压力 p_0 而不是实际的基底压力 p 计算沉降的原因如下：

结构的施工过程是先开挖至深度 H，然后再修建基础和上部结构。在整个施工过程中，作用在基底面位置的压力由(开挖前的)γH→(开挖后的)0→(主体结构施工中的)γH→p。对地基土层来说，其中：

γH→0：为卸载回弹阶段。基础范围内的土被挖去后，相当于卸掉了大小为 γH 的压力，地基中的应力将减小，低于自重应力；同时，地基将发生回弹。

0→γH：为再压缩阶段。随着基础、上部结构的施工，基底压力将逐渐增大，当基底压力增至 γH 时，地基中的应力将恢复到原来的自重应力状态。故对地基土层来说，这一阶段属再压

缩过程，由前述土的压缩特性可知，其压缩变形较小。当基础埋深较小时，可忽略这部分沉降（如本法中）。

$\gamma H \rightarrow p$：新的压缩阶段。在主体结构的施工过程中，当其产生的基底的压力达到 γH 时，地基中的应力正好恢复到自重应力状态，因此应从 p 中扣除 γH，采用净压力 $p-\gamma H$ 计算地基中的附加应力。该阶段所对应的地基应力为自重应力→自重应力＋基底净压力产生的附加应力，所产生的沉降为地基沉降的主要来源，实际上，本方法所计算的就是这部分沉降。

由此还可看出，当埋深加大时，γH 将随之增大，土层的压缩过程将更多地处于再压缩阶段，甚至全部处于再压缩段，对应的沉降则随之减小。因此，通过加大基础埋深，可有效地降低地基的沉降。同时，埋深的增大还会使地基的承载力增大（见第 6 章）。实际工程中，通过加大基础埋深提高软弱土层地基承载力、降低沉降的方法称为补偿设计。

（2）由 p_0 计算附加应力 σ_{zi}

沉降计算所需的是中心土柱所受的竖向附加应力，即基底中心点所对应的各分层界面处的附加应力 σ_{zi}（i 为分层界面的编号），按第 3 章中的方法计算。

4. 土柱段压缩量 ΔS_i 的计算

由于自重应力及附加应力随深度而变，故各土柱段上、下面的应力并不相等。计算压缩量时，采用其上、下面应力的平均值，作为本段土柱中应力的平均值，即

平均自重应力为

$$\bar{q}_{zi}=\frac{1}{2}(q_{z(i-1)}+q_{zi}) \tag{4-15}$$

平均竖向附加应力为

$$\bar{\sigma}_{zi}=\frac{1}{2}(\sigma_{z(i-1)}+\sigma_{zi}) \tag{4-16}$$

式中，等号左侧下标 i 表示第 i 段土柱，右侧的 i 及 $i-1$ 则表示其上、下表面对应的分层界面。

（1）基本原理

土的压缩是孔隙比减小的结果，而孔隙比的大小与其所受的压应力之间存在着一一对应的关系，因此室内试验的土样和地基中的土柱段都对应着同一个 e—p 关系。如图 4-9 所示，本质上讲，土柱段 i 的压缩量的确定方法就是根据 e—p 关系，确定出在压缩前的孔隙比 e_{1i}（对应于施工前的应力，即自重应力 $\bar{q}_{zi}$），以及压缩后的孔隙比 e_{2i}（对应于施工完成后的应力，即自重应力＋基底净压力所产生的附加应力 $\bar{q}_{zi}+\bar{\sigma}_{zi}$），再由在此过程中孔隙比的减小量 Δe_i 确定其压缩量 ΔS_i。

同理，若采用压缩指标计算土柱段 i 的压缩量，则应采用 $\bar{q}_{zi} \rightarrow \bar{q}_{zi}+\bar{\sigma}_{zi}$ 段所对应的指标。

（2）利用压缩曲线 e—p 及相应指标计算

如图 4-10 所示，由于压缩前、后土柱段中颗粒高度不变，故有

$$h_{si}=\frac{h_i}{1+e_{1i}}=\frac{h_i-\Delta S_i}{1+e_{2i}}$$

$$\Delta S_i=\frac{e_{1i}-e_{2i}}{1+e_{1i}}h_i \tag{4-17}$$

式中　h_i——土柱段的高度。

由式（4-4）、式（4-6）、式（4-7），式（4-17）还可表达为

$$\Delta S_i=\frac{a_i\bar{\sigma}_{zi}}{1+e_{1i}}h_i=m_{vi}\bar{\sigma}_{zi}h_i=\frac{\bar{\sigma}_{zi}}{E_{si}}h_i \tag{4-18}$$

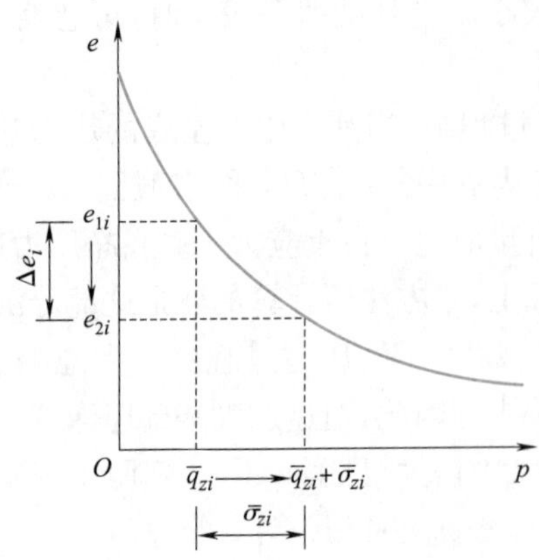

图 4-9 土柱段孔隙比与压力的对应关系

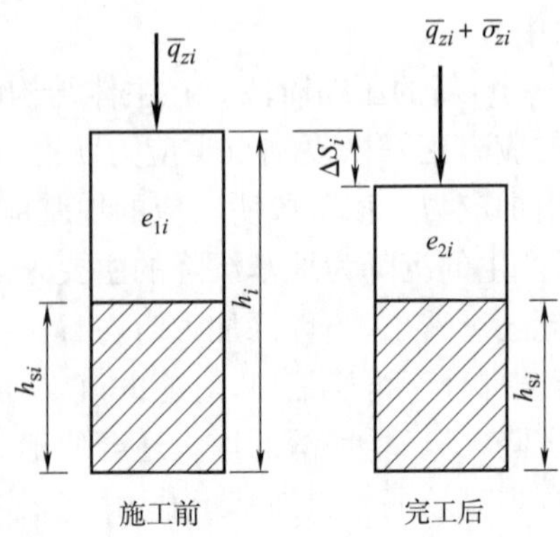

图 4-10 土柱段压缩量计算图

如前所述，压缩系数 a_i、体积压缩系数 m_{vi}、压缩模量 E_{si} 等压缩指标应根据该土柱段所受应力的变化范围 $\bar{q}_{zi} \to \bar{q}_{zi}+\bar{\sigma}_{zi}$ 取值。

(3)利用校正后的 e—lg$p$ 曲线计算

由式(4-17)可知，土柱段压缩量的计算公式亦可写为

$$\Delta S_i = \frac{\Delta e_i}{1+e_{1i}} h_i \tag{4-19}$$

因此，通过图 4-11 所示的校正后的 e—lg$p$ 曲线计算出 Δe_i后，代入式(4-19)后即可得到压缩量 ΔS_i的计算公式。图中 p_{ci} 为该段对应的前期固结压力。

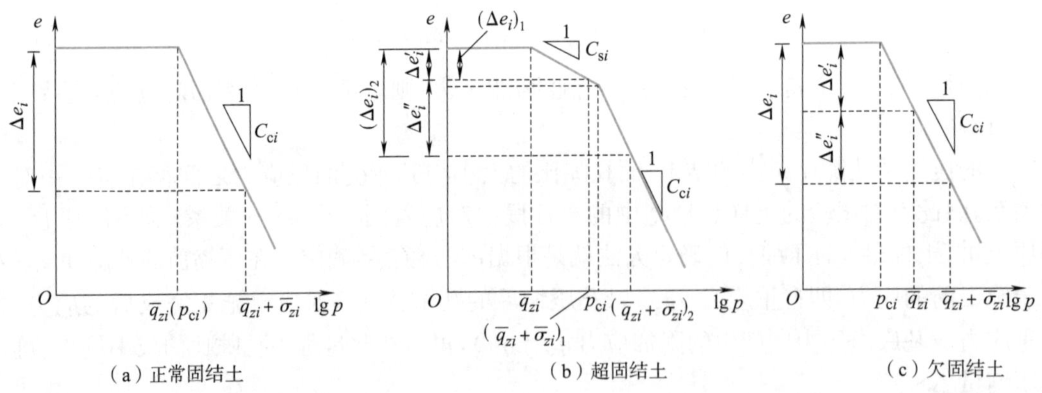

图 4-11 用 e—lg$p$ 曲线计算土柱段压缩量

①正常固结土

对正常固结土，其自重应力等于先期固结压力。当土柱段所受压力由 $\bar{q}_{zi}(p_{ci}) \to \bar{q}_{zi}+\bar{\sigma}_{zi}$ 时，其孔隙比的减小量为

$$\Delta e_i = C_{ci} \lg \frac{\bar{q}_{zi}+\bar{\sigma}_{zi}}{\bar{q}_{zi}}$$

代入式(4-19)后，得到

$$\Delta S_i = \frac{h_i}{1+e_{1i}} \cdot C_{ci} \lg \frac{\bar{q}_{zi}+\bar{\sigma}_{zi}}{\bar{q}_{zi}} \tag{4-20}$$

②超固结土

分为两种情况(图 4-11(b)中,对 $\bar{q}_{zi}+\bar{\sigma}_{zi}$ 加下标 1、2 以区别):

当附加应力较小时,其压缩发生在再压缩段。即 $\bar{q}_{zi}\to(\bar{q}_{zi}+\bar{\sigma}_{zi})_1$ 时,有

$$\Delta e_i=C_{si}\lg\frac{\bar{q}_{zi}+\bar{\sigma}_{zi}}{\bar{q}_{zi}}$$

代入式(4-19)后,得到

$$\Delta S_i=\frac{h_i}{1+e_{1i}}\cdot C_{si}\lg\frac{\bar{q}_{zi}+\bar{\sigma}_{zi}}{\bar{q}_{zi}}\qquad 当\ \bar{q}_{zi}+\bar{\sigma}_{zi}\leqslant p_{ci}时 \tag{4-21}$$

当附加应力较大时,其孔隙比的减小量 Δe_i 由再压缩段的 $\Delta e_i'$ 和压缩段的 $\Delta e_i''$ 这两部分组成,即 $\bar{q}_{zi}\to(\bar{q}_{zi}+\bar{\sigma}_{zi})_2$ 时,有

$$\Delta e_i=\Delta e_i'+\Delta e_i''=C_{si}\lg\frac{p_{ci}}{\bar{q}_{zi}}+C_{ci}\lg\frac{\bar{q}_{zi}+\bar{\sigma}_{zi}}{p_{ci}}$$

对应的压缩量为

$$\Delta S_i=\frac{h_i}{1+e_{1i}}\left(C_{si}\lg\frac{p_{ci}}{\bar{q}_{zi}}+C_{ci}\lg\frac{\bar{q}_{zi}+\bar{\sigma}_{zi}}{p_{ci}}\right)\quad 当\ \bar{q}_{zi}+\bar{\sigma}_{zi}>p_{ci}时 \tag{4-22}$$

③欠固结土

由于在自重压力作用下的固结尚未完成,故其孔隙比的减小量 Δe_i 由 $p_{ci}\to\bar{q}_{zi}$ 产生的 $\Delta e_i'$ 和 $\bar{q}_{zi}\to\bar{q}_{zi}+\bar{\sigma}_{zi}$ 产生的 $\Delta e_i''$ 这两部分组成,且

$$\Delta e_i=\Delta e_i'+\Delta e''_i=C_{ci}\lg\frac{\bar{q}_{zi}}{p_{ci}}+C_{ci}\lg\frac{\bar{q}_{zi}+\bar{\sigma}_{zi}}{\bar{q}_{zi}}=C_{ci}\lg\frac{\bar{q}_{zi}+\bar{\sigma}_{zi}}{p_{ci}}$$

对应的压缩量为

$$\Delta S_i=\frac{h_i}{1+e_{1i}}\cdot C_{ci}\lg\frac{\bar{q}_{zi}+\bar{\sigma}_{zi}}{p_{ci}} \tag{4-23}$$

(4)利用现场试验得到的变形模量计算

用现场荷载试验或其他原位测试手段获得的变形模量 E_{0i} 计算时,将式(4-9)压缩模量 E_s 的表达式代入式(4-18)中的最后一式,得到

$$\Delta S_i=\frac{\bar{\sigma}_{zi}}{E_{0i}}\left(1-\frac{2\nu_i^2}{1-\nu_i}\right)h_i=\beta_i\frac{\bar{\sigma}_{zi}}{E_{0i}}h_i \tag{4-24}$$

式中,ν_i 的经验取值见式(4-11)后的注释。

5. 压缩层厚度的确定

压缩层厚度 h_c 的确定原则是其下土(岩)层的压缩变形已小至可忽略不计。在实际计算时,有以下不同的判断方法:

(1)根据经验公式确定

如《建筑地基基础设计规范》(GB 5007—2011)中,对宽度 b 在 1～30 m 范围且无相邻基础影响时的压缩层厚度,给出以下经验公式

$$h_c=b(2.5-0.4\ln b) \tag{4-25}$$

式中 b 的单位为 m。

(2)按附加应力随深度的衰减程度判断

如 $\sigma_{zi}<0.1p$ 时;或 $\sigma_{zi}\leqslant0.2q_{zi}$ 时。

(3)按压缩量随深度的衰减程度判断

这种方法最为直接和可靠,是我国现行《建筑地基基础设计规范》、《铁路桥涵地基和基础

设计规范》等规范中采用的方法，其具体内容见 4.4 节。

(4)若地基中基岩或压缩变形可忽略的坚硬土层顶面距基底较近，压缩层厚度显然应选至该岩(土)层的顶面。

6. 地基沉降量计算

对各土柱段的压缩量求和，得到地基的沉降量

$$S=\sum_{i=1}^{n}\Delta S_i \tag{4-26}$$

【例 4-1】如图 4-12 所示，基础的底面尺寸为 $a\times b=3\ 500\ \text{mm}\times 3\ 500\ \text{mm}$，埋深为 1.5 m。所受的荷载为 $P=1\ 439\ \text{kN}$，$M=120\ \text{kN}\cdot\text{m}$。地层的情况如图 4-12 所示，其中：

素填土：$\gamma=16.5\ \text{kN/m}^3$；

黏土：$\gamma=18.5\ \text{kN/m}^3$；

粉土：地下水位以上 $\gamma=18.2\ \text{kN/m}^3$，水位以下 $\gamma_{sat}=19.8\ \text{kN/m}^3$；

粉质黏土：$\gamma_{sat}=19.2\ \text{kN/m}^3$；

各土固结试验的结果汇总于表 4-1。

按分层总和法计算地基沉降量。

表 4-1 固结试验结果

		压力 p/kPa						
		0	50	100	150	200	250	300
孔隙比 e	黏土	0.798	0.743	0.701	0.669	0.642	0.627	0.618
	粉土	0.680	0.650	0.627	0.613	0.605	0.599	0.594
	粉质黏土	0.765	0.710	0.670	0.642	0.627	0.618	0.612

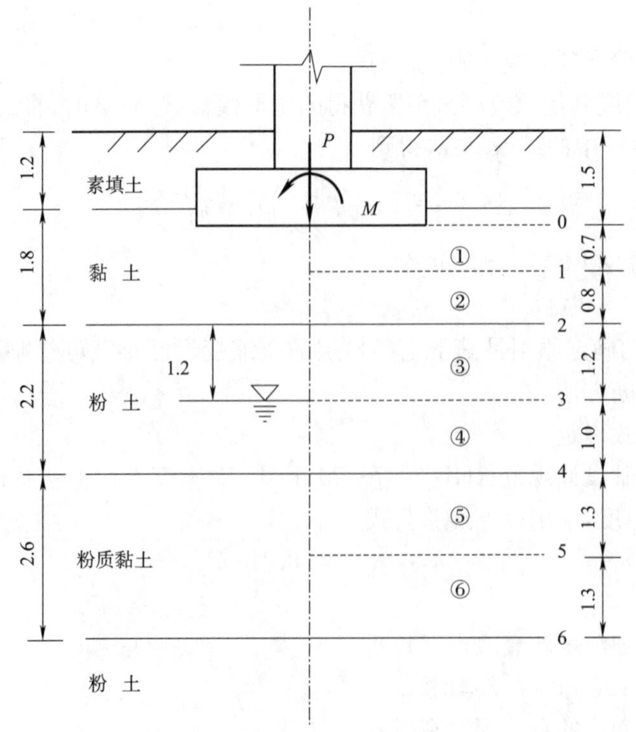

图 4-12 例 4-1 图(单位：m)

【解】(1)分层

按分层厚度$\leqslant 0.4b=0.4\times 3.5=1.4$(m)的原则由基础底面处向下分层,并编号。其中,黏土层的厚度为1.5 m,略大于1.4 m的要求,因与基底相距很近,附加应力沿深度变化较大,故将其划分为2层;地下水位在粉土层中,应在水位处分层。分层情况如图4-12中所示,共6层。

(2)计算分层界面处的自重应力

其计算公式为式(4-12)。

以下的各步骤中,均以第①层为例说明具体的计算方法。

$$q_{z0}=16.5\times 1.2+18.5\times 0.3=25.35(\text{kPa})$$

$$q_{z1}=q_{z0}+18.5\times 0.7=38.3(\text{kPa})$$

(3)计算分层界面处的竖向附加应力

显然,弯矩对基底中心点以下的附加应力没有影响,故只需考虑竖向荷载的作用。对矩形基础,采用角点法,其中心点以下的附加应力可表示为

$$\sigma_{zi}=4\alpha\left(\frac{b}{a},\frac{2z_i}{b}\right)\cdot p_0=4\alpha\left(1,\frac{z_i}{1.75}\right)\cdot p_0$$

其中,基底净压力为

$$p_0=p-\gamma H=\frac{P}{A}-\gamma H=\frac{1\ 439}{3.5\times 3.5}-25.35=92.12(\text{kPa})$$

故第①层顶面处的附加应力

$$\sigma_{z0}=p_0=92.12(\text{kPa})$$

底面处($z_1=0.7$ m)的附加应力

$$\sigma_{z1}=\alpha_1 p_0=4\alpha\left(\frac{a}{b},\frac{2z_1}{b}\right)p_0=4\alpha\left(\frac{3.5}{3.5},\frac{2\times 0.7}{3.5}\right)\times 92.12=4\alpha(1,0.4)\times 92.12$$

$$=4\times 0.24\times 92.12=88.44(\text{kPa})$$

(4)土柱段的压缩量

压缩量的计算公式采用式(4-17);为确定式中的e_{i1}和e_{i2},首先需计算各段自重应力、附加应力的平均值。即平均自重应力采用式(4-15);平均附加应力采用式(4-16)。

对第①段,有

$$\bar{q}_{z1}=\frac{q_{z0}+q_{z1}}{2}=\frac{25.35+38.30}{2}=31.83(\text{kPa})$$

$$\bar{\sigma}_{z1}=\frac{\sigma_{z0}+\sigma_{z1}}{2}=\frac{92.12+88.44}{2}=90.28(\text{kPa})$$

平均自重应力与附加应力之和为

$$\bar{q}_{z1}+\bar{\sigma}_{z1}=122.11(\text{kPa})$$

然后由$\bar{q}_{zi}$确定e_{i1},由$\bar{q}_{zi}+\bar{\sigma}_{zi}$确定$e_{i2}$。对第①段,由$\bar{q}_{z1}=31.83$ kPa经插值得到$e_{11}=0.763$,由$\bar{q}_{z1}+\bar{\sigma}_{z1}=122.11$ kPa得,$e_{12}=0.687$。

该段的压缩量为

$$\Delta S_1=\frac{e_{11}-e_{12}}{1+e_{11}}h_1=\frac{0.763-0.687}{1+0.763}\times 700=30.2(\text{mm})$$

按上述方法,可算出各段的压缩量,见表4-2中。

表 4-2 例 4-1 压缩量计算表

分层界面号	z_i/m	q_{zi}/kPa	$\frac{2z_i}{b}$	α_i	σ_{zi}/kPa	σ_{zi}/q_{zi}	分层号	$\bar{q}_{zi}$/kPa	$\bar{\sigma}_{zi}$/kPa	$\bar{q}_{zi}+\bar{\sigma}_{zi}$/kPa	土的类型	e_{1i}	e_{2i}	h_i/m	ΔS_i/mm
0	0	25.35	0	0.25	92.12	3.63									
1	0.7	38.30	0.400	0.24	88.44	2.31	①	31.83	90.28	122.11	黏土	0.763	0.687	0.7	30.2
2	1.5	53.10	0.857	0.193	71.12	1.34	②	45.70	79.78	125.48	黏土	0.748	0.685	0.8	28.8
3	2.7	74.94	1.543	0.117	43.11	0.58	③	64.02	57.12	121.14	粉土	0.644	0.621	1.2	16.8
4	3.7	84.74	2.114	0.078	28.74	0.34	④	79.84	35.93	115.77	粉土	0.636	0.623	1.0	7.9
5	5.0	96.70	2.857	0.049	18.06	0.19	⑤	90.72	23.40	114.12	粉质黏土	0.677	0.662	1.3	11.6
6	6.3	108.66	3.600	0.033	12.16	0.11	⑥	102.68	15.11	117.79	粉质黏土	0.668	0.660	1.3	6.2

(5)确定压缩层厚度

本算例中按 $\sigma_{zi} \leqslant 0.2q_{zi}$ 的标准确定计算深度。由表 4-2 可知，按此标准算至第⑤分层即可。为与下一个算例的结果进行对比，算至第⑥分层。

(6)计算地基沉降量

地基最终的沉降量为

$$S=\sum_{i=1}^{6}\Delta S_i=30.2+28.8+16.8+7.9+11.6+6.2=101.5(\text{mm})$$

4.4 基于平均附加应力系数的地基沉降计算方法

在上节的分层总和法中，为计算中心土柱的压缩量，人为地将各土层进一步划分为较薄的分层，以求和的方式避免复杂的积分计算。本节计算方法与分层总和法一样，同属于单向压缩法，其假设和原理也基本相同，所不同的是该法通过积分计算各土层的压缩量，因此不需对各土层做进一步的划分，是我国现行《建筑地基基础设计规范》(GB 5007—2011)、《铁路桥涵地基和基础设计规范》(TB 10093—2017)等规范中采用的方法。

如图 4-13 所示，对各土层不再进一步分层，而是直接计算各土层中心土柱的压缩量。

在第 i 层中心土柱中取微段 dz，由式(4-18)中的最后一个表达式可知，其压缩量可表示为

$$\mathrm{d}S=\frac{\sigma_{zi}}{E_{si}}\mathrm{d}z$$

式中，σ_{zi} 为该微段所受的附加应力。因此，土柱 i 的压缩量为

$$\Delta S_i=\int_{z_{i-1}}^{z_i}\frac{\sigma_{zi}}{E_{si}}\mathrm{d}z$$

式中，z_{i-1} 和 z_i 分别为该土柱顶面和底面的深度(自基底算起)。由第 3 章知，土柱所受的附加应力可用附加应力系数 α 和基底净压力 p_0 表示为 $\sigma_{zi}(z)=\alpha(z)p_0$，因此有

$$\begin{aligned}\Delta S_i&=\int_{z_{i-1}}^{z_i}\frac{\sigma_{zi}}{E_{si}}\mathrm{d}z=\frac{1}{E_{si}}\int_{z_{i-1}}^{z_i}\alpha(z)p_0\mathrm{d}z=\frac{p_0}{E_{si}}\left[\int_0^{z_i}\alpha(z)\mathrm{d}z-\int_0^{z_{i-1}}\alpha(z)\mathrm{d}z\right]\\&=\frac{p_0}{E_{si}}\left[z_i\int_0^{z_i}\alpha(z)\mathrm{d}z/z_i-z_{i-1}\int_0^{z_{i-1}}\alpha(z)\mathrm{d}z/z_{i-1}\right]\end{aligned}$$

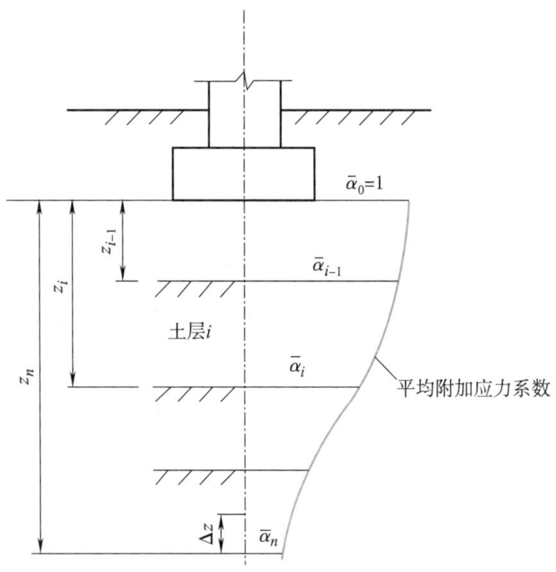

图 4-13　基于平均附加应力系数的沉降计算方法

注意到在上述推导过程中，假设压缩模量 E_{si} 在该土层（土柱）内保持不变，这是为使积分运算可行而对土层压缩特性进行的简化。实际上，如前所述，E_s 等压缩指标的值是与其应力状态密切相关的。在分层总和法中，通过分层可使同一土层中各土柱段所对应的压缩指标不同，而本法中则无法反映出压缩模量随深度的变化，当土层厚度较大时，会产生一定的误差。

式中的 $\int_0^{z_i}\alpha(z)\mathrm{d}z/z_i$ 实际是应力系数在 z_i 深度内的平均值，以 $\bar{\alpha}_i$ 表示。因此，该土层的压缩量可进一步表示为

$$\Delta S_i=\frac{p_0}{E_{si}}(z_i\bar{\alpha}_i-z_{i-1}\bar{\alpha}_{i-1})$$

最终，将地基沉降的计算公式表示为

$$S=\psi_s S'=\psi_s\sum_{i=1}^{n}\frac{p_0}{E_{si}}(z_i\bar{\alpha}_i-z_{i-1}\bar{\alpha}_{i-1}) \tag{4-27}$$

式中　S'——地基沉降量的理论计算值；

z_{i-1}，z_i——第 i 层土的顶面及底面距基础底面的距离；

n——地基沉降计算深度范围内所划分的土层数；计算深度的确定可采用下列方法：

在当前计算深度以上选高度为 Δz 的土柱（图 4-13），当其压缩量满足式(4-28)时，即认为当前的计算深度可满足精度要求，相应的总压缩量即为地基的沉降。否则，需取更大的深度计算。厚度 Δz 可按表 4-3 确定。此外，计算深度也可按(4-25)确定。

$$\Delta S'_n\leqslant 0.025S' \tag{4-28}$$

表 4-3　Δz 的值

b/m	$b\leqslant 2$	$2<b\leqslant 4$	$4<b\leqslant 8$	$b>8$
Δz/m	0.3	0.6	0.8	1.0

$\bar{\alpha}_{i-1}$，$\bar{\alpha}_i$——z_{i-1}、z_i 范围内的附加应力系数的平均值。查表 4-4 确定：

(1)表中所列为矩形基础角点下的平均附加应力系数的值,计算时可据此确定中心点处的对应值。

(2)表中 l、b 分别为矩形基础底面长、短边的长度,条形基础采用 $l/b=10$ 时的值。

p_0——基础底面的附加压力(净压力);

E_{si}——基础底面下第 i 层土的压缩模量,应取该相应土柱的平均自重应力→自重应力+附加应力段所对应的压缩模量;

ψ_s——沉降值经验修正系数,可根据地区沉降观测资料及经验确定,也可采用表 4-5 中的值($0.75f_{ak}<p_0<f_{ak}$时,采用线性插值)。表中的 f_{ak}为持力层土的地基承载力特征值(见第 6 章);$\overline{E}_s$ 按式(4-29)计算。

$$\overline{E}_s=\frac{\sum_{i=1}^{n}A_i}{\sum_{i=1}^{n}\frac{A_i}{E_{si}}}=\frac{z_n\overline{\alpha}_n}{\sum_{i=1}^{n}\frac{A_i}{E_{si}}} \tag{4-29}$$

所反映的是计算深度范围内压缩模量的当量值。式中的 A_i 为

$$A_i=\overline{\alpha}_i z_i-\overline{\alpha}_{i-1}z_{i-1} \tag{4-30}$$

表 4-4 矩形面积上均布荷载作用下角点的平均附加应力系数 $\overline{\alpha}$

z/b	l/b												
	1.0	1.2	1.4	1.6	1.8	2.0	2.4	2.8	3.2	3.6	4.0	5.0	10.0
0.0	0.250 0	0.250 0	0.250 0	0.250 0	0.250 0	0.250 0	0.250 0	0.250 0	0.250 0	0.250 0	0.250 0	0.250 0	0.250 0
0.2	0.249 6	0.249 7	0.249 7	0.249 8	0.249 8	0.249 8	0.249 8	0.249 8	0.249 8	0.249 8	0.249 8	0.249 8	0.249 8
0.4	0.247 4	0.247 9	0.248 1	0.248 3	0.248 3	0.248 4	0.248 5	0.248 5	0.248 5	0.248 5	0.248 5	0.248 5	0.248 5
0.6	0.242 3	0.243 7	0.244 4	0.244 8	0.245 1	0.245 2	0.245 4	0.245 5	0.245 5	0.245 5	0.245 5	0.245 5	0.245 6
0.8	0.234 6	0.237 2	0.238 7	0.239 5	0.240 0	0.240 3	0.240 7	0.240 8	0.240 9	0.240 9	0.241 0	0.241 0	0.241 0
1.0	0.225 2	0.229 1	0.231 3	0.232 6	0.233 5	0.234 0	0.234 6	0.234 9	0.235 1	0.235 2	0.235 2	0.235 3	0.235 3
1.2	0.214 9	0.219 9	0.222 9	0.224 8	0.226 0	0.226 8	0.227 8	0.228 2	0.228 5	0.228 6	0.228 7	0.228 8	0.228 9
1.4	0.204 3	0.210 2	0.214 0	0.216 4	0.218 0	0.219 1	0.220 4	0.221 1	0.221 5	0.221 7	0.221 8	0.222 0	0.222 1
1.6	0.193 9	0.200 6	0.204 9	0.207 9	0.209 9	0.211 3	0.213 0	0.213 8	0.214 3	0.214 6	0.214 8	0.215 0	0.215 2
1.8	0.184 0	0.191 2	0.196 0	0.199 4	0.201 8	0.203 4	0.205 5	0.206 6	0.207 3	0.207 7	0.207 9	0.208 2	0.208 4
2.0	0.174 6	0.182 2	0.187 5	0.191 2	0.193 8	0.195 8	0.198 2	0.199 6	0.200 4	0.200 9	0.201 2	0.201 5	0.201 8
2.2	0.165 9	0.173 7	0.179 3	0.183 3	0.186 2	0.188 3	0.191 1	0.192 7	0.193 7	0.194 3	0.194 7	0.195 2	0.195 5
2.4	0.157 8	0.165 7	0.171 5	0.175 7	0.178 9	0.181 2	0.184 3	0.186 2	0.187 3	0.188 0	0.188 5	0.189 0	0.189 5
2.6	0.150 3	0.158 3	0.164 2	0.168 6	0.171 9	0.174 5	0.177 9	0.179 9	0.181 2	0.182 0	0.182 5	0.183 2	0.183 8
2.8	0.143 3	0.151 4	0.157 4	0.161 9	0.165 4	0.168 0	0.171 7	0.173 9	0.175 3	0.176 3	0.176 9	0.177 7	0.178 4
3.0	0.136 9	0.144 9	0.151 0	0.155 6	0.159 2	0.161 9	0.165 8	0.168 2	0.169 8	0.170 8	0.171 5	0.172 5	0.173 3
3.2	0.131 0	0.139 0	0.145 0	0.149 7	0.153 3	0.156 2	0.160 2	0.162 8	0.164 5	0.165 7	0.166 4	0.167 5	0.168 5
3.4	0.125 6	0.133 4	0.139 4	0.144 1	0.147 8	0.150 8	0.155 0	0.157 7	0.159 5	0.160 7	0.161 6	0.162 8	0.163 9
3.6	0.120 5	0.128 2	0.134 2	0.138 9	0.142 7	0.145 6	0.150 0	0.152 8	0.154 8	0.156 1	0.157 0	0.158 3	0.159 5
3.8	0.115 8	0.123 4	0.129 3	0.134 0	0.137 8	0.140 8	0.145 2	0.148 2	0.150 2	0.151 6	0.152 6	0.154 1	0.155 4
4.0	0.111 4	0.118 9	0.124 8	0.129 4	0.133 2	0.136 2	0.140 8	0.143 8	0.145 9	0.147 4	0.148 5	0.150 0	0.151 6

续上表

z/b	l/b												
	1.0	1.2	1.4	1.6	1.8	2.0	2.4	2.8	3.2	3.6	4.0	5.0	10.0
4.2	0.107 3	0.114 7	0.120 5	0.125 1	0.128 9	0.131 9	0.136 5	0.139 6	0.141 8	0.143 4	0.144 5	0.146 2	0.147 9
4.4	0.103 5	0.110 7	0.116 4	0.121 0	0.124 8	0.127 9	0.132 5	0.135 7	0.137 9	0.139 6	0.140 7	0.142 5	0.144 4
4.6	0.100 0	0.101 7	0.112 7	0.117 2	0.120 9	0.124 0	0.128 7	0.131 9	0.134 2	0.135 9	0.137 1	0.139 0	0.141 0
4.8	0.096 7	0.103 6	0.109 1	0.113 6	0.117 3	0.120 4	0.125 0	0.128 3	0.130 7	0.132 4	0.133 7	0.135 7	0.137 9
5.0	0.093 5	0.100 3	0.105 7	0.110 2	0.113 9	0.116 9	0.121 6	0.124 9	0.127 3	0.129 1	0.130 4	0.132 5	0.134 8
5.2	0.090 6	0.097 2	0.102 6	0.107 0	0.110 6	0.113 6	0.118 3	0.121 7	0.124 1	0.125 9	0.127 3	0.129 5	0.132 0
5.4	0.087 8	0.094 3	0.099 6	0.103 9	0.107 5	0.110 5	0.115 2	0.118 6	0.121 1	0.122 9	0.124 3	0.126 5	0.129 2
5.6	0.085 2	0.091 6	0.096 8	0.101 0	0.104 6	0.107 6	0.112 2	0.115 6	0.118 1	0.120 0	0.121 5	0.123 8	0.126 6
5.8	0.082 8	0.089 0	0.094 1	0.098 3	0.101 8	0.104 7	0.109 4	0.112 8	0.115 3	0.117 2	0.118 7	0.121 1	0.124 0
6.0	0.080 5	0.086 6	0.091 6	0.095 7	0.099 1	0.102 1	0.106 7	0.110 1	0.112 6	0.114 6	0.116 1	0.118 5	0.121 6
6.2	0.078 3	0.084 2	0.089 1	0.093 2	0.096 6	0.099 5	0.104 1	0.107 5	0.110 1	0.112 0	0.113 6	0.116 1	0.119 3
6.4	0.076 2	0.082 0	0.086 9	0.090 9	0.094 2	0.097 1	0.101 6	0.105 0	0.107 6	0.109 6	0.111 1	0.113 7	0.117 1
6.6	0.074 2	0.079 9	0.084 7	0.088 6	0.091 9	0.094 8	0.099 3	0.102 7	0.105 3	0.107 3	0.108 8	0.111 4	0.114 9
6.8	0.072 3	0.077 9	0.082 6	0.086 5	0.089 8	0.092 6	0.097 0	0.100 4	0.103 0	0.105 0	0.106 6	0.109 2	0.112 9
7.0	0.070 5	0.076 1	0.080 6	0.084 4	0.087 7	0.090 4	0.094 9	0.098 2	0.100 8	0.102 8	0.104 4	0.107 1	0.110 9
7.2	0.068 8	0.074 2	0.078 7	0.082 5	0.085 7	0.088 4	0.092 8	0.096 2	0.098 7	0.100 8	0.102 3	0.105 1	0.109 0
7.4	0.067 2	0.072 5	0.076 9	0.080 6	0.083 8	0.086 5	0.090 8	0.094 2	0.096 7	0.098 8	0.100 4	0.103 1	0.107 1
7.6	0.065 6	0.070 9	0.075 2	0.078 9	0.082 0	0.084 6	0.088 9	0.092 2	0.094 8	0.096 8	0.098 4	0.101 2	0.105 4
7.8	0.064 2	0.069 3	0.073 6	0.077 1	0.080 2	0.082 8	0.087 1	0.090 4	0.092 9	0.095 0	0.096 6	0.099 4	0.103 6
8.0	0.062 7	0.067 8	0.072 0	0.075 5	0.078 5	0.081 1	0.085 3	0.088 6	0.091 2	0.093 2	0.094 8	0.097 6	0.102 0
8.2	0.061 4	0.066 3	0.070 5	0.073 9	0.076 9	0.079 5	0.083 7	0.086 9	0.089 4	0.091 4	0.093 1	0.095 9	0.100 4
8.4	0.060 1	0.064 9	0.069 0	0.072 4	0.075 4	0.077 9	0.082 0	0.085 2	0.087 8	0.089 3	0.091 4	0.094 3	0.093 8
8.6	0.058 8	0.063 6	0.067 6	0.071 0	0.073 9	0.076 4	0.080 5	0.083 6	0.086 2	0.088 2	0.089 8	0.092 7	0.097 3
8.8	0.057 6	0.062 3	0.066 3	0.069 6	0.072 4	0.074 9	0.079 0	0.082 1	0.084 6	0.086 6	0.088 2	0.091 2	0.095 9
9.2	0.055 4	0.059 9	0.063 7	0.067 0	0.069 7	0.072 1	0.076 1	0.079 2	0.081 7	0.083 7	0.085 3	0.088 2	0.093 1
9.6	0.053 3	0.057 7	0.061 4	0.064 5	0.067 2	0.069 6	0.073 4	0.076 5	0.078 9	0.080 9	0.082 5	0.085 5	0.090 5
10.0	0.051 4	0.055 6	0.059 2	0.062 2	0.064 9	0.067 2	0.071 0	0.073 9	0.076 3	0.078 3	0.079 9	0.082 9	0.088 0
10.4	0.049 6	0.053 7	0.057 2	0.060 1	0.062 7	0.064 9	0.068 6	0.071 6	0.073 9	0.075 9	0.077 5	0.080 4	0.085 7
10.8	0.047 9	0.051 9	0.055 3	0.058 1	0.060 6	0.062 8	0.066 4	0.069 3	0.071 7	0.073 6	0.075 1	0.078 1	0.083 4
11.2	0.046 3	0.050 2	0.053 5	0.056 3	0.058 7	0.060 9	0.064 4	0.067 2	0.069 5	0.071 4	0.073 0	0.075 9	0.081 3
11.6	0.044 8	0.048 6	0.051 8	0.054 5	0.056 9	0.059 0	0.062 5	0.065 2	0.067 5	0.069 4	0.070 9	0.073 8	0.079 3
12.0	0.043 5	0.047 1	0.050 2	0.052 9	0.055 2	0.057 3	0.060 6	0.063 4	0.065 6	0.067 4	0.069 0	0.071 9	0.077 4
12.8	0.040 9	0.044 4	0.047 4	0.049 9	0.052 1	0.054 1	0.057 3	0.059 9	0.062 1	0.063 9	0.065 4	0.068 2	0.073 9
13.6	0.038 7	0.042 0	0.044 8	0.047 2	0.049 3	0.051 2	0.054 3	0.056 8	0.058 9	0.060 7	0.062 1	0.064 9	0.070 7
14.4	0.036 7	0.039 8	0.042 5	0.044 8	0.046 8	0.048 6	0.051 6	0.054 0	0.056 1	0.057 7	0.059 2	0.061 9	0.067 7
15.2	0.034 9	0.037 9	0.040 4	0.042 6	0.044 6	0.046 3	0.049 2	0.051 5	0.053 5	0.055 1	0.056 5	0.059 2	0.065 0
16.0	0.033 2	0.036 1	0.038 5	0.040 7	0.042 5	0.044 2	0.046 9	0.049 2	0.051 1	0.052 7	0.054 0	0.056 7	0.062 5
18.0	0.029 7	0.032 3	0.034 5	0.036 4	0.038 1	0.039 6	0.042 2	0.044 2	0.046 0	0.047 5	0.048 7	0.051 2	0.057 0
20.0	0.026 9	0.029 2	0.031 2	0.033 0	0.034 5	0.035 9	0.038 3	0.040 2	0.041 8	0.043 2	0.044 4	0.046 8	0.052 4

表 4-5 沉降计算经验系数 ψ_s

基底附加压力	E_s/MPa				
	2.5	4.0	7.0	15.0	20.0
$p_0 \geq f_{ak}$	1.4	1.3	1.0	0.4	0.2
$p_0 \leq 0.75f_{ak}$	1.1	1.0	0.7	0.4	0.2

【例 4-2】按《建筑地基基础设计规范》计算例 4-1 的地基沉降量。地基土层的压缩模量分别为(由上到下)：

黏土：2.13 MPa；粉土：水上 4.47 MPa，水下 4.52 MPa；粉质黏土：2.79 MPa；粉土：5.8 MPa。

黏土的地基承载力特征值 $f_{ak}=100$ kPa。

【解】(1)土层的划分

基底以下为黏土、粉土和粉质黏土，计算深度范围暂取至粉质黏土，土层编号如图 4-14 所示。其中，由于 2 m$<b=3.5$ m$<$4 m，由表 4-3 知，$\Delta z=0.6$ m，作为第⑤层。

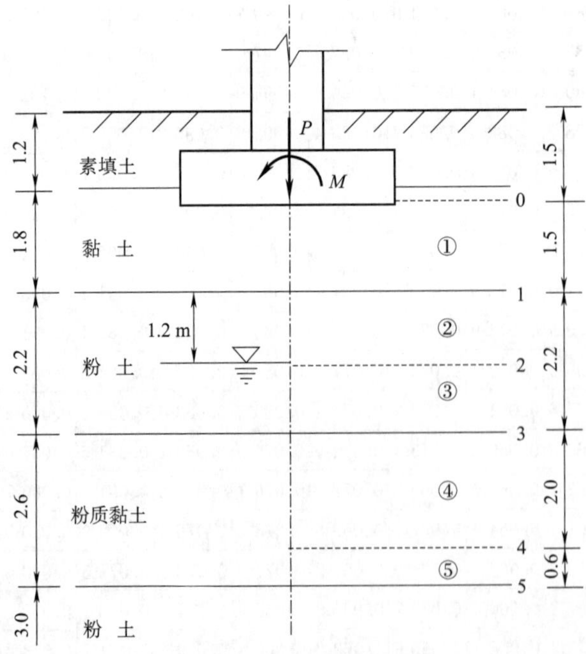

图 4-14 例 4-2 图(单位：m)

(2)计算各土层的压缩量

按角点法，有

$$\bar{\alpha}_i=4\bar{\alpha}\left(\frac{a}{b},\frac{2z_i}{b}\right)=4\bar{\alpha}\left(1,\frac{z_i}{1.75}\right)$$

以第①层的计算为例。

查表 4-4 可得到

$$\bar{\alpha}_0=1$$

$$\bar{\alpha}_1=4\bar{\alpha}\left(1,\frac{1.5}{1.75}\right)=4\times\bar{\alpha}(1,0.857)=4\times0.232=0.928$$

并有

$$A_1=\bar{\alpha}_1 z_1-\bar{\alpha}_0 z_0=0.928\times1.5-0=1.392$$

$$\Delta S_1'=\frac{p_0}{E_{s1}}(\bar{\alpha}_1 z_1-\bar{\alpha}_0 z_0)=\frac{92.12}{2.13}\times1.392=60.20(\text{mm})$$

各层的计算见表4-6。理论沉降量为

$$S_5'=\sum_{i=1}^{5}\Delta S_i=60.2+15.2+7.9+14.0+3.6=100.9(\text{mm})$$

所得结果与分层总和法101.5 mm的计算结果非常接近，这是因为：①两种计算方法本质上是一样的，只不过本法中以积分代替了前述分层总和法中分段求和的方式；②各土层的压缩模量为自重应力→自重应力＋附加应力段的平均压缩模量，与直接采用 $e—p$ 关系在本质上是一样的。

表4-6　例4-2压缩量计算表(1)

层面号	z_i/m	$\frac{2z_i}{b}$	$\bar{\alpha}(1,z_i/1.75)$	$\bar{\alpha}_i z_i$	土层号	土的类型	A_i/m	E_{si}/MPa	$\frac{A_i}{E_{si}}$	ΔS_i/mm
0	0	0	0.250	0.000						
1	1.5	0.857	0.232	1.392	①	黏土	1.392	2.13	0.654	60.2
2	2.7	1.543	0.197	2.128	②	粉土	0.736	4.47	0.165	15.2
3	3.7	2.114	0.170	2.516	③	粉土	0.388	4.52	0.086	7.9
4	5.7	3.257	0.129	2.941	④	粉质黏土	0.425	2.79	0.152	14.0
5	6.3	3.6	0.121	3.049	⑤	粉质黏土	0.108	2.79	0.039	3.6

(3)压缩底层的判断

$$\Delta S_n'=\Delta S_5'=3.6\ \text{mm}\geqslant0.025S_5'=0.025\times100.9=2.5(\text{mm})$$

不满足式(4-28)的要求，故还需继续向下计算。这也说明分层总和法中按 $\sigma_{zi}\leqslant0.2q_{zi}$ 的标准进行判断，当下部土层较软时，沉降计算结果可能会偏小。

(4)继续压缩量的计算

继续取下面的粉土层计算，见表4-7。其 Δz 的压缩量已降至0.6 mm，显然已满足式(4-28)的要求。故有

$$S'=S_7'=S_5'+\Delta S_6+\Delta S_7=100.9+3.5+0.6=105(\text{mm})$$

表4-7　例4-2压缩量计算表(2)

层面号	z_i/m	$\frac{2z_i}{b}$	$\bar{\alpha}(1,z_i/1.75)$	$\bar{\alpha}_i z_i$	土层号	土层类型	A_i/m	E_{si}/MPa	$\frac{A_i}{E_{si}}$	$\Delta s_i'$/mm
6	8.7	4.971	0.094	3.272	⑥	粉土	0.223	5.8	0.038	3.5
7	9.3	5.314	0.089	3.311	⑦	粉土	0.039	5.8	0.007	0.6

(5)沉降量的修正

$$\bar{E}_s=\frac{z_7\bar{\alpha}_7}{\sum_{i=1}^{7}\frac{A_i}{E_{si}}}=\frac{3.311}{1.141}=2.9(\text{MPa})$$

式中

$$\sum_{i=1}^{7}\frac{A_i}{E_{si}}=0.654+0.165+0.086+0.152+0.039+0.038+0.007=1.141$$

且 $p_0=92.12\ \text{kPa}>0.75f_{ak}=75\ \text{kPa}$，查表 4-5 并插值，得 $\psi_s=1.277$。

故最终算得沉降量

$$S=\psi_s S'=1.277\times105=134.1(\text{mm})$$

可以看出，本节基于平均附加应力系数的沉降计算方法与上一节的分层总和法都是以中心土柱为单向压缩作为前提计算沉降的，所不同的是，本节采用积分的方法计算各土层土柱的压缩量，较之上节人为分层(分段)，然后求和的方法更为简便。但应注意到，实现积分求解的前提是假设了同一土层中的压缩模量 E_{si} 不随深度变化，这与土的压缩特性是不相符的。因此，当土层厚度很大时，可人为地将其分层，每层采用不同的压缩模量值，避免因忽略压缩模量沿深度的变化而给沉降计算结果带来过大的误差。

总的来看，上述两种计算方法计算原理简单，便于工程应用，但其计算中采用的一些基本假设与实际情况并不完全相符：

(1)认为中心土柱在整个变形过程中不发生侧向膨胀(水平位移)，属于单向压缩。但实际上，只有在地基受满布均匀荷载，或基础底面形状对称且基础所受荷载对称等特殊情况下，这一条件才能满足，实际的中心土柱肯定会有一定的侧向膨胀。

(2)采用均匀分布的基底压力计算中心土柱所受的附加应力。由第 3 章可知，实际基础下的应力并非线性，更非均匀分布，因此这一假设与实际也是不相符的。

(3)地基附加应力的计算公式源于布辛纳斯克解，其基本假设是材料为线性弹性、均质和各向同性，实际的地基土层及土的力学特性显然要复杂得多。

显然，上述差异必然会影响到沉降计算结果的准确性。虽然通过经验系数的修正，可使理论计算结果与实际沉降更为接近，但与实际沉降相比，往往仍有较大的误差。

总的来说，地基沉降是一个复杂的问题，这里介绍的只是其中较为简单的、以单向压缩为基本假设的沉降计算方法。虽然国内外学者提出了各种计算方法，但要想通过计算得到较为准确的沉降值，仍是比较困难的。

4.5 基础的倾斜及影响因素

当基础两端的沉降存在差异时，基础就会在此方向上发生倾斜。过大的倾斜会影响上部结构的正常使用，甚至导致结构的损坏，乃至倒塌。

造成基础不均匀沉降的主要原因包括：

(1)荷载偏心

基础所受的偏心荷载导致基底压力的不均，进而造成基础两端沉降的差异，使基础发生倾斜。在实际工程中，基础的偏心受压是很难避免的，但应严格控制其偏心距，将基础的倾斜控制在容许的范围内。

比萨斜塔是倾斜的典型实例。该建筑的压缩层范围内含有砂、粉土及高可塑性的黏土，到 19 世纪时，其沉降量已达 2.5 m，而严重的沉降往往会伴随着严重的倾斜，而倾斜使原本分布比较均匀的基底压力变得极不均匀(最严重时，其南、北两端的基底压力分别为 930 kPa 和 62 kPa)，进一步加剧了塔的倾斜。

(2)土层厚度不均

基础两端下方土层厚度的不均，也会造成基础两端沉降的差异，导致基础的倾斜。苏州虎丘塔的严重倾斜就是因其基础下的土层覆于表面倾斜的基岩上，使土层较厚侧的沉降明显大于较薄侧的沉降，导致塔向土层较厚侧发生严重的倾斜。

(3)相邻基础的影响

基底压力会使整个地基产生沉降变形，因此，基础的沉降可能会导致其影响范围内的其他基础的下沉，称为附加沉降。而且，被影响的基础除发生整体下沉外，显然距影响基础较近的一端沉降较大，较远一端沉降较小，因此还会向影响基础倾斜。由此可知，实际工程中：

①当相邻较近的甲、乙两建筑同时修建时，两建筑将向内倾斜，如图 4-15 所示。或建筑虽已完工，但沉降尚未完成，也将产生类似的情况。

图 4-15　基础倾斜导致的相邻结构物的内倾

②若甲完工且沉降已完成后建乙，因甲的沉降因已发生，虽然其基底压力会使乙地基中的应力增大，但发生在乙修建前，因此成为乙地基原存应力的一部分，故甲对乙的沉降并无显著影响。而乙对甲的影响同①，故最终结果是甲向乙倾斜。

高层建筑常包括主塔和裙房两部分，主塔的沉降通常大于裙房的沉降。为减小其相互影响，可先修主塔，使大部分沉降发生在裙房修建之前。当修建裙房时，因主塔的后期沉降较小，故对裙房的影响已较小。而裙房虽为后建，但产生的附加应力较小，对主塔的影响也会较小。

(4)基坑施工的影响

基坑施工对临近结构物的影响有两方面：一是开挖会造成地层的不均匀沉降，导致结构物的下沉并向基坑方向倾斜；另一方面，基坑施工过程中的降水会使土层沉降，且由于水位的下降深度随着与基坑距离的增大而减小，导致地基的不均匀沉降，并使结构物发生倾斜。

4.6　饱和黏性土的渗透固结和一维固结问题的计算方法

如前所述，土的压缩是由于其中孔隙的减小，故对饱和土来说，孔隙水排出速度的快慢决定了压缩完成所需的时间，而排水速度则取决于土的渗透性：对砂土等渗透性很好的无黏性土，受压时孔隙水能很快排出，其压缩过程能较快地完成。而对渗透性很差的黏土来说，这一过程会持续较长的时间。因此，对含有饱和黏土层的地基，特别是其厚度较大时，沉降过程可能会持续数年、十数年甚至更长的时间。

软土属饱和黏土中性质较差的一种，是细粒土在海水、湖水等静水或缓慢流水中沉积，并伴随有机物的化学反应而生成的。它的孔隙比大，含水量高。在工程中，将孔隙比大于 1.5 者称为淤泥，介于 1～1.5 之间的称为淤泥质土。软土具有强度低、压缩性高、渗透性差的特点，主要分布于沿海地区、内陆一些河湖沿岸、山间谷地，如我国的上海、天津等地区。软土地基的沉降具有量值大、持续时间长的特点，如始建于 1954 年的上海展览中心，其沉降一直到 1979 年还在继续，此时其中央大厅的沉降量已达 1.6 m，直接影响了其正常使用功能。

对饱和黏性土地基，除需确定其最终沉降量外，预测其沉降的发展过程，也是十分重要的。

4.6.1 饱和黏性土的渗透固结及超静水压力的概念

1. 渗透固结

饱和黏性土在压应力作用下孔隙水排出，土体发生压缩(固结)的过程称为渗透固结。

图 4-16 所示的模型可形象地说明饱和黏性土的渗透固结原理。图中的弹簧代表土中颗粒形成的骨架，充满容器的水代表孔隙水，活塞与容器密贴，上面的排水孔体现土的渗透性，所受压力代表土的总应力 σ，其向下移动则对应于饱和土的压缩沉降。

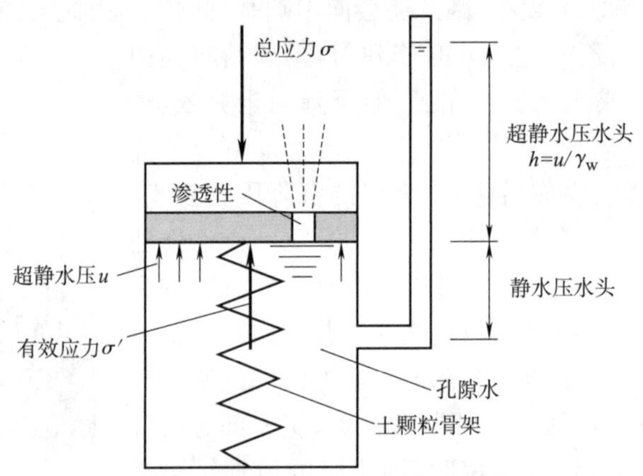

图 4-16　饱和黏性土的渗透固结模型

作用在活塞上的压力 σ 由弹簧反力 σ' 和水的反力 u 共同承担，对应于饱和土所受的总应力 σ 分别由有效应力 σ'(土骨架的应力)和孔隙水压 u 共同承担，即

$$\sigma=\sigma'+u \tag{4-31}$$

这实际就是第 3 章中介绍的有效应力原理。

当 $t=0$ 即 σ 突然施加的一瞬间，由于水来不及排出，活塞无法下降，弹簧不发生压缩，因此 $\sigma'=0$，而 σ 全部由水承担，即 $u=\sigma$。

当 $t>0$ 之后，水由排水孔排出，活塞下降并使弹簧压缩受力，弹簧(土骨架)和水(孔隙水)共同承担 σ，且弹簧承担的压力逐渐增大，而水承担的压力逐渐降低，即 $0<\sigma'<\sigma$，$0<u<p$。

当 $t\to\infty$ 即经过很长时间后，弹簧的压缩最终使 $\sigma'=\sigma$，即压力 σ 全部由弹簧承担，水承担的压力消散为 0，即 $u=0$，容器中的水不再排出，活塞停止下降，代表土体所受应力已全部转化为有效应力，所产生的孔隙水压力消散为 0，渗透固结过程的完成。

2. 超静水压力

饱和黏性土在受到压力作用时，其中的孔隙会有收缩的趋势，使孔隙水所受的压力增大而高于目前的静水压力，其超出静水压力的部分称超静水压力(excess hydrostatic pressure)，用 u 表示。图 4-16 中，在 σ 作用下，容器中水所承担的压力 u 就是超静水压，与其对应的水头为 $h=u/\gamma_w$。

图 4-17 所示的饱和黏性土层中，在外荷载 p 施加之前，土中各点的静水压力(及对应的静水头)是随深度 z 线性增大的，但同时其势水头是随深度 z 的增大而线性减小的，故总水头保持恒定而不随深度改变，因此土中没有渗流发生。

外荷载 p 的施加在地基中产生附加应力 σ，并由此引起超静水压力 u，对应的水头为 $h=$

u/γ_w。由于饱和黏性土层的上、下土层均为透水性较好的中砂，故其上、下表面处的孔隙水会很快排出，相应的超静水压很快消散为0；而饱和黏性土层内部的孔隙水无法很快排出，故其上、下两面的超静水压为0，中央的超静水压最高，相应的总水头也是两面低、中间高。在水头差的作用下，饱和黏性土中产生由中央向上、下表面的渗流。随着时间的推移，超静水压 u 逐渐降低，而有效应力 σ' 逐渐增大，饱和黏性土的压缩变形也逐渐增大。

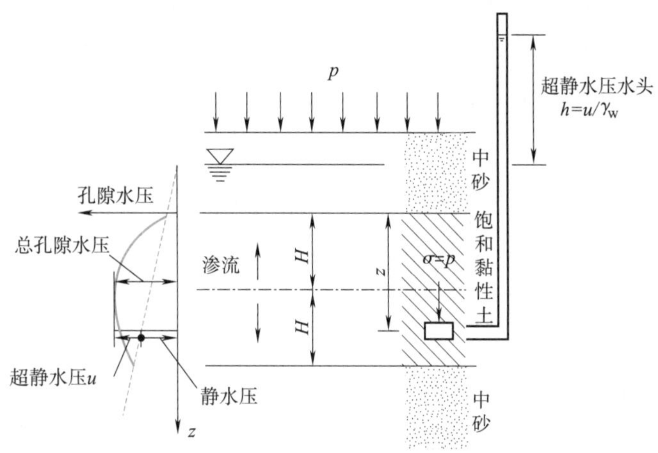

图4-17　一维固结计算模型

在下节4.6.2中建立饱和黏性土的固结方程时，将会用到达西定律 $v=ki$，其中的水力梯度 $i=\Delta h/L$，Δh 为渗流过程中的水头损失。由上述分析不难看出，在饱和黏性土的渗流过程中，总水头损失 Δh 实际就是渗流途中超静水压水头的减小量，因此，对饱和黏性土的渗透固结问题，水力梯度 $i=\Delta h/L$ 中的 h 是超静水压水头而不是总水头。

3. 饱和黏性土的沉降过程

饱和黏土的沉降发展经历瞬时沉降、主固结沉降、次固结沉降这三个阶段。

(1)瞬时沉降

瞬时沉降是指饱和黏性土在荷载施加后很短的时间内发生的沉降，此时因孔隙水尚来不及排出，故该沉降不是由土层发生体积压缩而产生的。实际上，瞬时沉降来源于因地基中剪应力作用产生的剪切变形，故亦称为剪切沉降(shear settlement)。

瞬时沉降可采用弹性理论计算，其计算公式为

$$S_d=C_d\cdot\frac{1-\nu^2}{E_0}p_0b \tag{4-32}$$

式中　p_0——基础底面的净压力；

b——矩形基础的宽度(短边)或圆形基础的直径；

E_0——地基土的变形模量，所反映的是饱和黏性土在瞬间加载时的变形特性，故应在不排水条件下(三轴试验)测得；

ν——地基土的泊松比：因瞬间加载时土体没有体积压缩变形，故计算时应取为0.5；

C_d——与基础刚度(刚性或完全柔性)、基底形状及尺寸、沉降计算点的位置(如基底中心或周边)有关的计算系数。例如计算刚性的圆形、正方形基础中心点的沉降值时，其值分别为 $C_d=\pi/4=0.785$，$C_d=\sqrt{\pi}/2=0.886$，与前述式(4-10)和式(4-11)中的系数相对应。

通常，瞬时沉降在整个沉降中所占的比例较小。

(2)主固结沉降

因渗透固结产生的沉降称为主固结沉降(primary consolidation settlement)，为大多数饱和黏性土沉降的主要组成部分。

(3)次固结沉降

研究结果表明，当渗透固结过程结束后，饱和黏性土的沉降还会继续一定时间，这部分沉降称为次固结沉降(secondary consolidation settlement)，一般认为这是土骨架蠕变造成的。

对一般黏性土，次固结沉降在总沉降中所占的比例较低，可不考虑。对塑性指数较大、正常固结的软黏土，尤其是有机土，其值可能会较大。因其理论计算比较复杂，故在实际工程中，多采用半经验法估算。

总的来看，在多数情况下，饱和黏性土的沉降以主固结沉降(即渗透固结引起的沉降)为主。下文渗透固结问题的计算，均只对应于主固结过程。

4.6.2 一维固结理论及固结度的计算

一维固结理论及相应的方程由太沙基在 1925 年建立，计算时假设饱和黏性土仅在竖向发生压缩和渗流，故为一维固结问题。对三维固结问题，可采用太沙基—伦杜立克(Rendulic)理论或比奥(M. A. Biot)理论求解。以下介绍一维固结问题的求解方法。

1. 基本假设

建立一维渗透固结方程时，假设黏性土满足以下条件：

(1)土层均质，处于饱和状态。

(2)土粒和水不可压缩——这实际也是土的各类压缩问题的计算前提。

(3)土中的渗流和压缩只沿竖向发生，即简化为一维渗透固结问题分析计算。

(4)土中的渗流服从达西定律，且渗透性不受其压缩的影响，即渗透固结过程中 k 始终保持不变。

(5)土的压缩性不因发生压缩而变，压缩系数 a 始终保持不变。

(6)外荷载为均匀满布荷载，且一次性地瞬时施加。

2. 固结度的概念

饱和黏性土在某一时刻 t 渗透固结完成的程度通过指标固结度(degree of consolidation)来描述。固结度有两种定义方式，第一种定义为时刻 t 饱和黏性土层中一点的有效应力与总应力之比，即

$$U_z(z,t)=\frac{\sigma'(z,t)}{\sigma(z)}=\frac{\sigma(z)-u(z,t)}{\sigma(z)} \tag{4-33}$$

它所反映的是饱和黏性土层中一点(深度 z 处)超静水压力的消散程度。第二种方式定义为饱和黏性土在时刻 t 的沉降(或压缩量)与最终沉降(或压缩量)之比。即

$$U(t)=\frac{S(t)}{S} \tag{4-34}$$

在下文中将会看到，$U(t)$等于$U_z(z,t)$在饱和黏性土厚度范围内的平均值，故又称为平均固结度。在实际工程中，第二个定义的应用更为广泛，若无特别声明，以下所说的固结度均指平均固结度。

式(4-34)中的地基最终(即稳定后)沉降量 S 可按上一节的方法计算，因此当固结度 $U(t)$

确定后，即可由 $S(t)=S\cdot U(t)$ 得到地基在时刻 t 的沉降。此外，由固结度计算公式还可确定地基沉降达到某一量值所需的时间。

3. 固结方程的建立及求解

(1)固结方程的建立方法

渗透固结的过程是：外荷载在土层中产生应力 σ，并由 σ 引起超静水压 $u(t)$；随着土体中孔隙的减小、孔隙水的外渗，$u(t)$ 逐渐消散，有效应力 $\sigma'(t)$ 随之提高，压缩量 $S(t)$ 逐渐增大；最终孔隙水压彻底消散为 0，总应力全部转化为有效应力，沉降达到稳定值 S。因此，可以说 $S(t)$ 取决于 $\sigma'(t)$，而 $\sigma'(t)$ 取决于 $u(t)$，因此超静水压 $u(t)$ 的求解是其中的关键。

超静水压 $u(t)$ 的求解方程称为固结方程。其建立的基本思路是：在饱和黏性土层中取一水平面积为 1、厚度为 $\mathrm{d}z$ 的微单元，如图 4-17 所示。在整个渗透固结过程中，该单元中不断有水渗入或渗出，同时其中孔隙的体积在逐渐减小。由于黏性土始终处于饱和状态，故在任意时段 $t\rightarrow t+\mathrm{d}t$ 内，微单元中孔隙水的体积变化随时间的变化量 $\mathrm{d}Q$ 始终等于孔隙体积的变化量 $\mathrm{d}V$，即

$$\mathrm{d}Q=\mathrm{d}V \tag{4-35}$$

分别建立 $\mathrm{d}Q$、$\mathrm{d}V$ 与超静水压 u 的关系，然后代入式(4-35)，即可得到 u 的求解方程，即固结方程。

(2)$\mathrm{d}Q$ 的表达式

如图 4-17 所示，取坐标原点位于黏性土层顶部，z 轴以向下为正。由于是一维固结问题，故超静水压 u 只与深度 z 和时间 t 相关，可设为 $u(z,t)$。

如图 4-18(a)所示，设由顶面流入微单元的水的渗流速度为 v，则由底面流出的水的渗流速度可表示为 $v+\frac{\partial v}{\partial z}\cdot\mathrm{d}z$。因此，在由 $t\rightarrow t+\mathrm{d}t$ 的时段内，单元体内孔隙水的体积变化量为

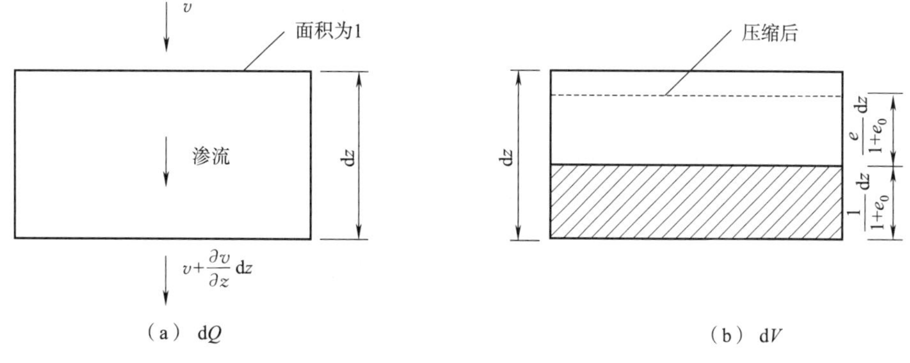

图 4-18　dQ 及 dV 计算简图

$$\mathrm{d}Q=\left(v+\frac{\partial v}{\partial z}\mathrm{d}z\right)\cdot 1\cdot \mathrm{d}t-v\cdot 1\cdot \mathrm{d}t=\frac{\partial v}{\partial z}\mathrm{d}z\mathrm{d}t$$

由达西定律知，渗流速度 $v=k\cdot i$，其中 i 为微单元上、下面之间的水力梯度，并有

$$i=\frac{\partial h}{\partial z}$$

如前所述，式中的 h 是与超静水压 u 对应的水头，即 $h=u/\gamma_w$，故渗流速度 v 可表示为

$$v=k\cdot i=k\cdot\frac{\partial h}{\partial z}=\frac{k}{\gamma_w}\frac{\partial u}{\partial z}$$

将上式代入 dQ 的表达式，得到

$$dQ=\frac{k}{\gamma_w}\frac{\partial^2 u}{\partial z^2}dzdt \tag{4-36}$$

(3)dV 的表达式

在 $t\to t+dt$ 的时段内，由于超静水压的消散，使微单元内的有效应力 σ' 提高了 $d\sigma'$，并导致单元土体发生压缩，其孔隙体积减小 de。根据压缩系数 a 的定义，有

$$de=-a\cdot d\sigma'$$

式中的有效应力 σ' 等于总应力 σ 减去超静水压力 u，且注意到只要外荷载是瞬时施加的，总应力 σ 就不随时间变化，因此有效应力可表示为 $\sigma'(z,t)=\sigma(z)-u(z,t)$，其中的总应力 σ 仅与深度 z 有关，而与时间 t 无关，因此有 $d\sigma'=\partial\sigma'/\partial t\cdot dt=-\partial u/\partial t\cdot dt=-du$，代入上述 de 的表达式后，得

$$de=a\cdot du=a\frac{\partial u}{\partial t}dt \tag{4-37}$$

如图 4-18(b)所示，e_0 为饱和黏土的初始孔隙比，则微单元中颗粒的体积为 $1\cdot dz/(1+e_0)$，且在压缩过程中保持不变，因此压缩变形后的孔隙体积可表示为 $V=e/(1+e_0)dz$。在 $t\to t+dt$ 的时段内，孔隙体积的变化量为

$$dV=\frac{\partial}{\partial t}\left(\frac{e}{1+e_0}dz\right)dt=\frac{1}{1+e_0}\cdot\frac{\partial e}{\partial t}dt\cdot dz$$

注意到式中的 $\frac{\partial e}{\partial t}dt=de$，因此将式(4-37)代入上式后得到

$$dV=\frac{1}{1+e_0}de\cdot dz=\frac{a}{1+e_0}\frac{\partial u}{\partial t}dzdt \tag{4-38}$$

(4)固结方程及其解

如前所述，微单元中孔隙水的体积变化随时间的变化量 dQ 始终等于孔隙体积的变化量 dV，将式(4-36)、式(4-38)代入式(4-35)后得到

$$\frac{1+e_0}{a}\cdot\frac{k}{\gamma_w}\cdot\frac{\partial^2 u}{\partial z^2}=\frac{\partial u}{\partial t}$$

引入固结系数(coefficient of consolidation)

$$c_v=\frac{1+e_0}{a}\cdot\frac{k}{\gamma_w}=\frac{k}{m_v\gamma_w} \tag{4-39}$$

最终得到饱和黏性土中超静水压的求解方程(即固结方程)为

$$c_v\frac{\partial^2 u}{\partial z^2}=\frac{\partial u}{\partial t} \tag{4-40}$$

式中，固结系数 c_v 综合反映饱和黏性土的渗透固结特性，其常用的单位是 cm^2/s、cm^2/年、m^2/年。

为求解方程(4-40)，尚需给出相应的初始条件和边界条件。这里的初始条件是指 $t=0$ 时 u 应满足条件，而边界条件是 u 在几何边界上(即饱和黏性土的上、下表面)应满足的条件。

当 $t=0$ 即荷载突然施加的一瞬间，孔隙水来不及排出，因此荷载 p 在黏性土中各点产生的附加应力 $\sigma(=p)$ 全部由孔隙水来承担，因此有初始条件

$$u(z,t)\big|_{t=0}=p \tag{4-41}$$

当 $t>0$ 时，若饱和黏性土上方、下方均为砂等渗透性好的土层(图 4-17，称为双面排水)，则因饱和黏性土上、下表面位置的孔隙水可在加载后立即排出，超静水压随之完全消散，故其

超静水压始终为 0，因此有边界条件

$$u(z,t)\big|_{z=0}=0,\quad u(z,t)\big|_{z=2H}=0 \tag{4-42a}$$

注意这里为双面排水，式中的 H 取土层厚度的一半。否则，若其中一面（如上表面）与渗透性好的土层相接，另一面（如下表面）与透水性很差的土（岩）相接，孔隙水只能通过上表面排出，称为单面排水，此时取 H 为土层的厚度，相应的边界条件为

$$u(z,t)\big|_{z=0}=0,\quad \partial u/\partial z\big|_{z=H}=0 \tag{4-42b}$$

其中第二式的 $\partial u/\partial z=\gamma_w\cdot\partial h/\partial z=\gamma_w\cdot i=\gamma_w/k\cdot v=0$，故该条件实际所反映的就是不透水面处的渗流速度 $v=0$。

式(4-40)结合相应的初始条件式(4-41)、边界条件式(4-42a)或式(4-42b)，采用分离变量法求解，最终得到

$$u=2p\sum_{m=0}^{\infty}\frac{1}{M}\sin\frac{Mz}{H}\exp(-M^2T_v) \tag{4-43}$$

式中，$M=\frac{1}{2}\pi(2m+1)$，$m=1,2,3,\cdots$；T_v 称为时间因数（time factor），是一个无量纲参数。且有

$$T_v=\frac{c_v t}{H^2} \tag{4-44}$$

如前所述，上述式中的 H 在饱和黏性土层双面排水时取其厚度的一半，单面排水时则取黏土层的整个厚度。实际上，H 所反映的是该黏性土层中孔隙水的最大排水距离，即最远处的孔隙水排出黏性土层所需流过的距离：对于单面排水，显然不透水面处的水需穿过整个土层厚度才能排出；而双面排水时，由于土层一点的孔隙水会选择距离最近的透水面排出，故此时孔隙水以土层中心面为界，分别向上、下表面排出，流过的最大距离为土层厚度的一半，此时的中心面相当于一个不透水面，故黏性土层上半部分、下半部分的渗透固结过程与厚度为 H 的单面排水的情况相同。

(5)超静水压的分布形式

由式(4-43)可做出不同时间（$0<t_1<t_2<t_3<\infty$）时饱和黏性土层中超静水压 u 沿土层深度的分布曲线，如图 4-19 所示。由图可以看出：

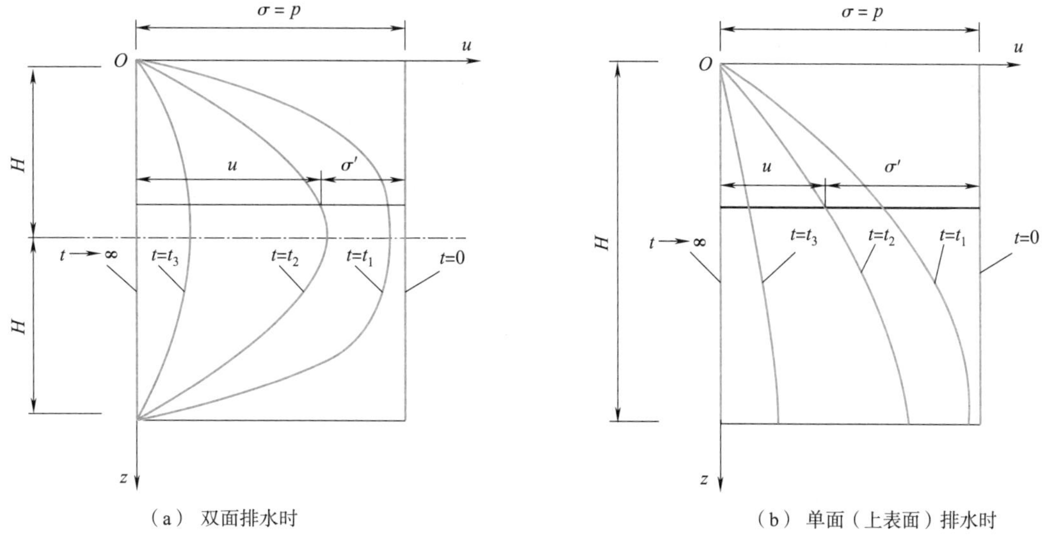

图 4-19　超静水压沿土层厚度的分布

①外荷载 p 在饱和黏性土层中引起的超静水压 u 随时间的发展逐渐减小，最终消散为 0。

②透水面处的超静水压始终为 0，而排水距离最大的位置(双面排水时的土层中心面、单面排水时的不透水面)始终最大。双面排水时，以土层水平中心面为对称面，u 对称分布。

③饱和黏性土层中有效应力 $\sigma'=\sigma-u=p-u$，故有效应力沿深度的分布特点是透水面处最大，而排水距离最大处的最小，这也表明饱和黏性土不同深度处的固结速度是不同的。

4. 固结度的计算

固结度的定义见式(4-34)。下面以两面排水情况为例，推导固结度的计算公式。

在饱和黏性土中取厚度为 dz 的微段，其压缩量可表示为 $dS=m_v\sigma' dz$，因此时刻 t 整个土层的压缩量可表示为

$$S(t)=\int_0^{2H} m_v\sigma'(z,t)dz \tag{4-45}$$

饱和黏性土的渗透固结完成后，孔隙水压力消散为 0，土层内各点的竖向有效应力 $\sigma'=p$，由式(4-45)知，土层最终的压缩量为

$$S=\int_0^{2H} m_v p dz=2m_v pH$$

而时刻 t 的有效应力 $\sigma'=p-u$，由式(4-45)知，对应的压缩量为

$$S(t)=\int_0^{2H} m_v(p-u)dz$$

因此有

$$U(t)=\frac{S(t)}{S}=\frac{\int_0^{2H} m_v(p-u)dz}{2m_v pH}=\frac{\int_0^{2H}\frac{p-u}{p}dz}{2H}$$

比较上式与式(4-33)，并注意到 $\sigma=p$，不难看出 $U(t)$ 就是 $U_z(z,t)$ 在饱和黏性土厚度范围内的平均值。将超静水压 u 的表达式(4-43)代入上式，最终得得到

$$U(T_v)=1-2\sum_{m=0}^{\infty}\frac{1}{M^2}\exp(-M^2 T_v) \tag{4-46}$$

不难证明，式(4-46)也适用于单面排水的情况，只要将 H 取为黏性土层的整个厚度即可。式中的级数收敛很快，通常取前几项计算即可达到足够高的精度，图 4-20 中给出了 $U—T_v$ 所对应的曲线。此外，为方便计算，表 4-8 给出了 $U—T_v$ 间的数值关系。

表 4-8 $U—T_v$ 关系表

U/%	T_v	U/%	T_v
0	0	35	0.096
5	0.002	40	0.126
10	0.008	45	0.159
15	0.018	50	0.196
20	0.031	55	0.239
25	0.049	60	0.287
30	0.071	65	0.34

续上表

U/%	T_v	U/%	T_v
70	0.403	90	0.848
75	0.476	95	1.125
80	0.567	98	1.5
85	0.682	100	∞

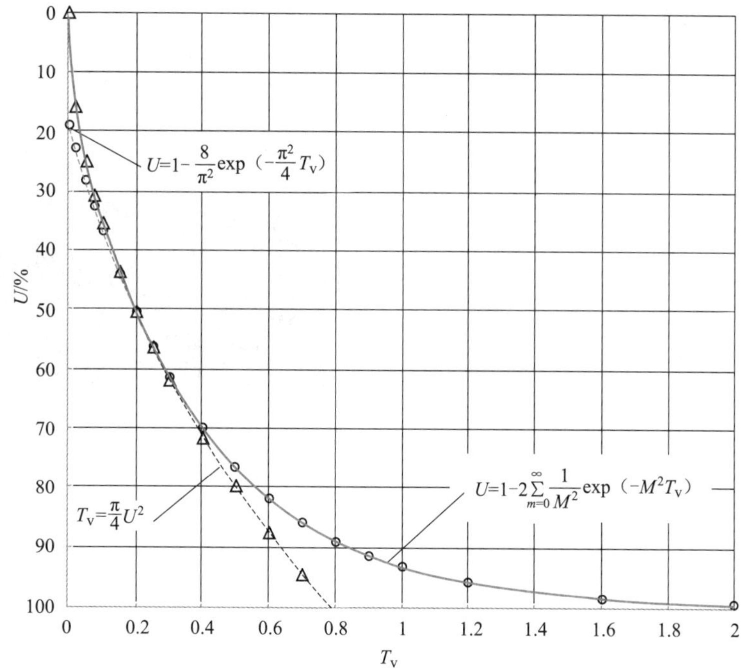

图 4-20　U 与 T_v 的关系曲线

图 4-20 中还给出了式(4-46)中仅取第一项 $m=0$，即

$$U\approx 1-\frac{8}{\pi^2}\exp\left(-\frac{\pi^2}{4}T_v\right),\quad U\geqslant 35\%\text{时} \tag{4-47}$$

式(4-47)所对应的曲线(圆形标记)，可以看出，当 $U\geqslant 35\%$后，它与式(4-46)的曲线已几乎重合。此外，泰勒(Taylor)发现，当固结度 $U\leqslant 60\%$时，U 与 T_v之间的关系与式(4-48)非常接近三角形标记，实际上还应 $U\geqslant 3\%$，即

$$T_v\approx\frac{\pi}{4}U^2,\quad 3\%\leqslant U\leqslant 60\%\text{时} \tag{4-48}$$

因此，对实际工程问题，将式(4-47)与式(4-48)相配合，即可很方便地由 T_v计算 U 或由 U 计算 T_v，即计算某一时刻饱和黏性土层的固结度，或计算达到某一固结度所需的时间。

分析 U—T_v—H 之间的关系不难看出，对同一种土，当 H 增大时，T_v将减小，U 也随之减小，也就是说，饱和黏性土层越厚，其固结速度越慢，完成固结所需的时间越长，因为 H 实际上代表的就是土中孔隙水的最大排水距离。

实际工程中，利用土再压缩时的变形远小于首次压缩时变形这一特性，通过在结构修建之前对软土地基进行堆载预压，可大大减小结构在使用期间的沉降，同时还可提高地基的承载力。但当软土厚度较大时,预压时的固结过程会持续很长时间。如图 4-21 所示,为提高固结速度,可在软土层中设置砂井或塑料排水板等形式的竖向排水系统,预压时孔隙水经很短的距离即可排入砂井或塑料排水板中,再由此迅速排出软土层,从而大大加快固结速度,这种方法称为排水固结法。

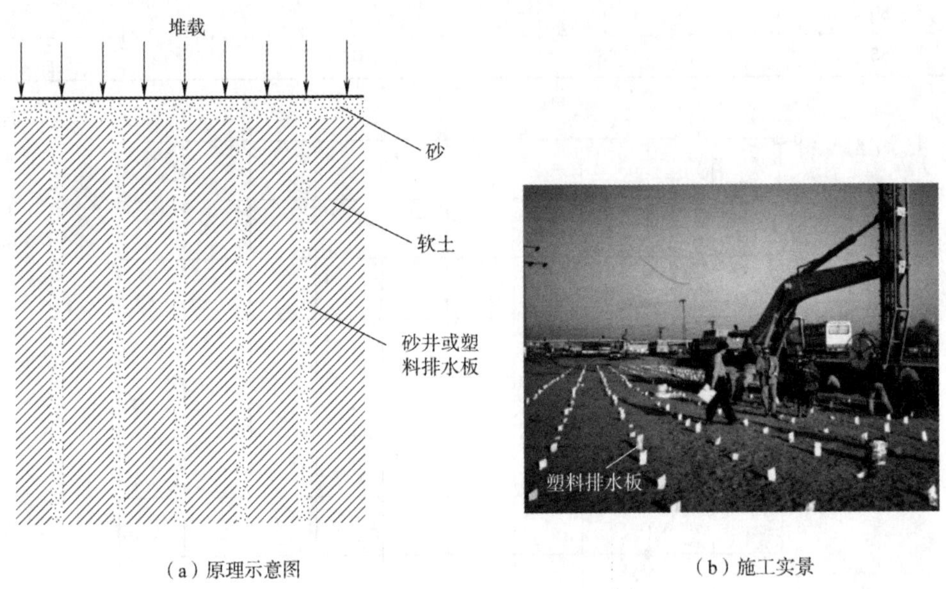

图 4-21 排水固结法

5. 算例

【例 4-3】如图 4-22(a)所示的某场地,其地层由上到下分别为:

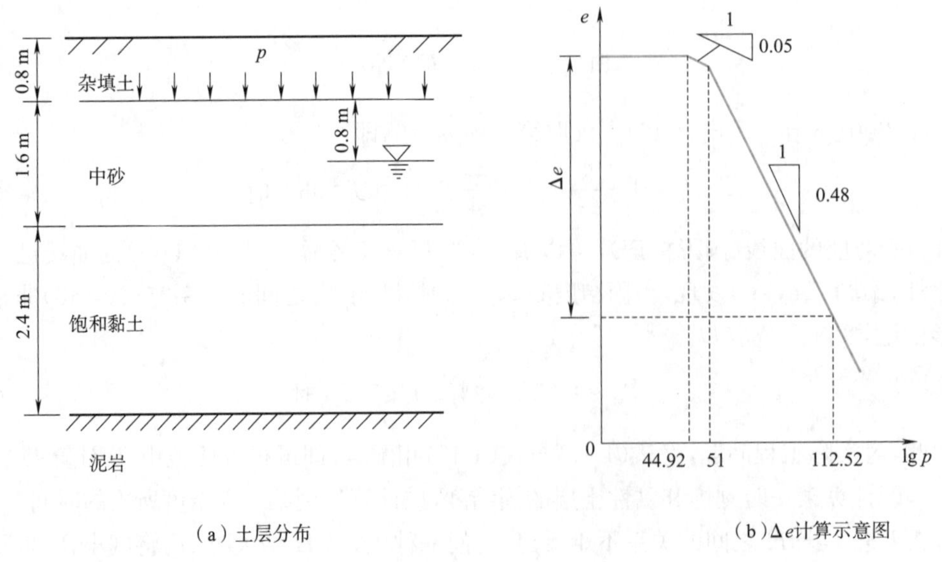

图 4-22 例 4-3 图

杂填土:厚度为 0.8 m,$\gamma=15.5\ \mathrm{kN/m^3}$;

中砂:厚度为 1.6 m,水位以上 $\gamma=17.7\ \mathrm{kN/m^3}$,水位以下 $\gamma_{sat}=20.2\ \mathrm{kN/m^3}$;

饱和黏土：厚度为 2.4 m，孔隙比 $e=1.1$，容重为 18.5 kN/m^3；

从黏土层的中心位置(即：距上、下面 1.2 m 处)取 2 cm 厚的土样进行固结试验，测得其压缩指数 $C_c=0.48$，膨胀指数 $C_s=0.05$，先期固结压力为 51 kPa；

泥岩：不透水。

现挖除杂填土，然后在地表堆填土(相当于 $p=80$ kPa 的均匀满布荷载)进行预压。

(1)计算黏土层的最终压缩量。

(2)若固结试验时土样在加载 20 min 后固结度达到 50%，试计算饱和黏土层固结度达到 95%需要多少天及相应的压缩量。

【解】(1)饱和黏土的压缩量

饱和黏土层中心处的自重应力

$$\bar{q}_z=0.8\times15.5+0.8\times17.7+0.8\times(20.2-10)+1.2\times(18.5-10)$$
$$=44.92(\text{kPa})<p_c=51\ \text{kPa}$$

故属于超固结土。

附加应力　　$\bar{\sigma}_z=80-0.8\times15.5=67.6(\text{kPa})$

自重应力+附加应力为

$$\bar{q}_z+\bar{\sigma}_z=44.92+67.6=112.52(\text{kPa})$$

如图 4-22(b)所示，由式(4-22)知，饱和黏土层的压缩量为

$$\Delta S=\frac{h}{1+e_1}\left(C_s\lg\frac{p_c}{\bar{q}_z}+C_c\lg\frac{\bar{q}_z+\bar{\sigma}_z}{p_c}\right)$$
$$=\frac{2.4}{1+1.1}\left(0.05\times\lg\frac{51}{44.92}+0.48\times\lg\frac{112.52}{51}\right)=0.1917(\text{m})=191.7\ \text{mm}$$

(2)固结时间

对土样，由表 4-8 可知，当固结度 $U=50\%$时，对应的时间因数 $T_{v1}=0.196$。由式(4-44)知，固结系数

$$c_v=\frac{T_{v1}H_1^2}{t_1}=\frac{0.196\times(0.02/2)^2}{20}=9.8\times10^{-7}(\text{m/min})$$

因固结试验是两面排水的，故式中的 H_1 为土样厚度的一半。对实际土层，当固结度 $U=95\%$时，对应的时间因数 $T_{v2}=1.125$，因此有

$$t_2=\frac{T_{v2}H_2^2}{c_v}=\frac{1.125\times2.4^2}{9.8\times10^{-7}}=6\ 612\ 245(\text{min})\approx4\ 592(\text{d})$$

实际土层为单面排水，故式中的 H_2 取土层的整个厚度。

也可按下述方法，不求固结系数，直接计算固结时间。由

$$c_v=\frac{T_{v1}H_1^2}{t_1}=\frac{T_{v2}H_2^2}{t_2}$$

得

$$t_2=\frac{T_{v2}H_2^2}{T_{v1}H_1^2}t_1=\frac{1.125\times2.4^2}{0.196\times(0.02/2)^2}\times20=6\ 612\ 245(\text{min})\approx4\ 592(\text{d})$$

两种方法的计算结果是完全一样的。

(3)95%固结度时的压缩量

固结度达到 95%时饱和黏土层的压缩量为

$$\Delta S_{95}=\Delta S\times95\%=191.7\times95\%=182.1(\text{mm})$$

4.6.3 非均匀应力场作用下的固结度计算

由其推导过程可知,固结方程式(4-40)适用于外荷载不随时间改变(即瞬时加载)的各类渗透固结问题,但当其初始条件及边界条件改变时,其超静水压 u,进而其固结度 U 的解也会随之改变。通常,边界条件式(4-42)不会改变,即饱和黏性土层的边界要么是排水的,要么是不排水的。但初始条件式(4-41)将随外荷载的不同而改变:

(1)均匀满布荷载 p 作用时,土层中各点的竖向附加应力 $\sigma=p$,即引起超静水压的应力沿深度均匀分布,对应的初始条件为式(4-41)。

(2)当外荷载的形式改变时,所产生的附加应力 σ 将不再沿深度均匀分布,其初始条件将随着发生改变,相应的解也将发生改变。例如,实际工程中,基础底面的尺寸是有限的,因此在地基中产生的附加应力是随深度衰减的。此外,当地基土层是疏浚港口、河道等时堆积在岸上的新近吹填土等饱和土时,土层会在自重应力作用下发生渗透固结,如在固结尚未完成时即在其上修筑上部结构,则饱和土层将在自重应力和附加应力的共同作用下渗透固结。因此,此时引起饱和黏性土层渗透固结的初始条件将不同于式(4-41)。

为便于叙述,将引起超静水压并使土层发生渗透固结的应力称为固结应力:①在大多数情况下,固结应力就是附加应力;②上述吹填土在自重作用下发生沉降时,固结应力是填土产生的自重应力;③当吹填土上建有结构物时,土层在自重应力和附加应力共同作用下固结沉降,固结应力就是二者之和。下文中,将上述各种情况对应的固结应力统一的以 σ 表示。在固结度的计算中,将沿深度非线性分布的固结应力简化为线性形式。实际上,就是将初始超静水压的分布简化为线性分布形式。

1. 固结度计算的叠加原理

由于固结方程式(4-40)是关于 u 的线性偏微分方程,因此 u 的求解可运用叠加原理。假设土层中固结应力 σ 的分布形式如图 4-23 所示,由于初始超静水压 $u(z,t)\big|_{t=0}=\sigma(z)$,故这实际就是初始超静水压的分布形式。

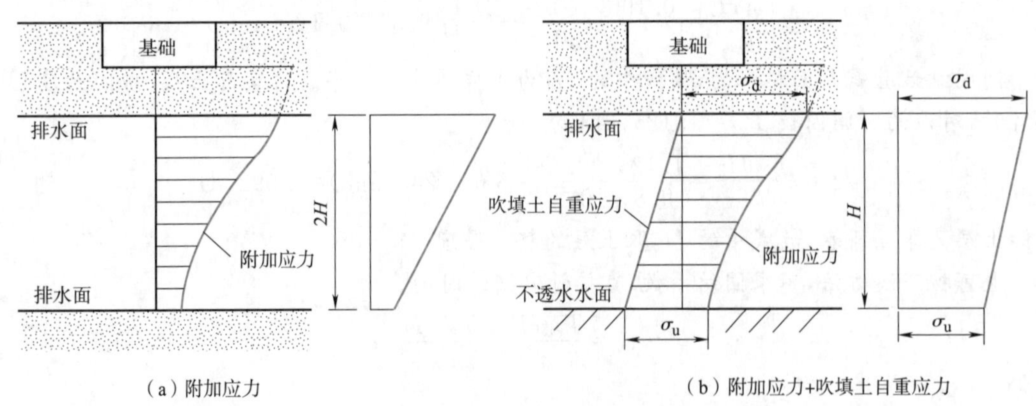

(a) 附加应力　　(b) 附加应力+吹填土自重应力

图 4-23　固结应力 σ 的分布形式及简化

如图 4-24 所示,将梯形分布的固结应力分为 A、B 两部分,对应的固结应力分别为 $\sigma_A(z)$ 和 $\sigma_B(z)$,即

$$\sigma(z)=\sigma_A(z)+\sigma_B(z) \tag{4-49}$$

它们在土层中产生的初始超静水压分别为 $u_A(z,t)\big|_{t=0}=\sigma_A(z)$,$u_B(z,t)\big|_{t=0}=\sigma_B(z)$,并有

$$u(z,t)=u_{\mathrm{A}}(z,t)+u_{\mathrm{B}}(z,t) \tag{4-50}$$

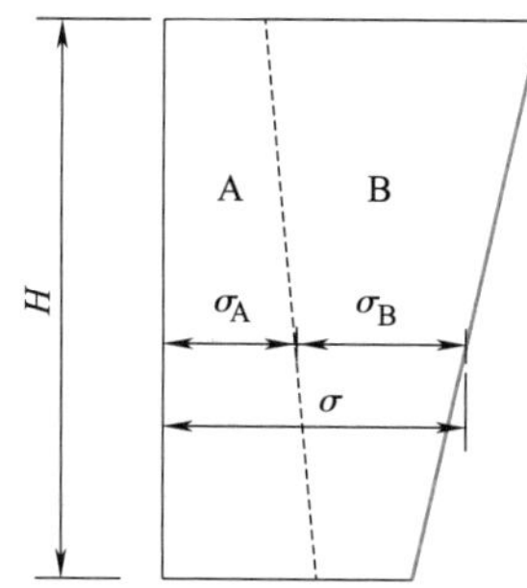

图 4-24　叠加法中固结应力的划分

根据定义，固结度

$$U(t)=\frac{S(t)}{S}=\frac{\int_0^H m_{\mathrm{v}}(\sigma-u)\mathrm{d}z}{\int_0^H m_{\mathrm{v}}\sigma\mathrm{d}z}=\frac{\int_0^H(\sigma-u)\mathrm{d}z/H}{\int_0^H m_{\mathrm{v}}\sigma\mathrm{d}z/H}=\frac{\bar{\sigma}-\bar{u}(t)}{\bar{\sigma}} \tag{4-51a}$$

式中变量上的“－”表示该量在厚度 H 内的平均值。同理，在 $\sigma_{\mathrm{A}}(z)$ 和 $\sigma_{\mathrm{B}}(z)$ 分别作用下的固结度分别为

$$U_{\mathrm{A}}(t)=\frac{S_{\mathrm{A}}(t)}{S_{\mathrm{A}}}=\frac{\bar{\sigma}_{\mathrm{A}}-\bar{u}_{\mathrm{A}}(t)}{\bar{\sigma}_{\mathrm{A}}} \tag{4-51b}$$

$$U_{\mathrm{B}}(t)=\frac{S_{\mathrm{B}}(t)}{S_{\mathrm{B}}}=\frac{\bar{\sigma}_{\mathrm{B}}-\bar{u}_{\mathrm{B}}(t)}{\bar{\sigma}_{\mathrm{B}}} \tag{4-51c}$$

将式(4-49)和式(4-50)中的变量转为其平均值，再与式(4-51)联立消去超静水压 $\bar{u}(t)$、$\bar{u}_{\mathrm{A}}(t)$、$\bar{u}_{\mathrm{B}}(t)$后，得

$$U\cdot\bar{\sigma}=U_{\mathrm{A}}\cdot\bar{\sigma}_{\mathrm{A}}+U_{\mathrm{B}}\cdot\bar{\sigma}_{\mathrm{B}}$$

上式两边乘以高度 H，并注意到 σ、$\sigma_{\mathrm{A}}(z)$、$\sigma_{\mathrm{B}}(z)$沿深度都是线性分布的，故有

$$U\cdot F=U_{\mathrm{A}}\cdot F_{\mathrm{A}}+U_{\mathrm{B}}\cdot F_{\mathrm{B}} \tag{4-52}$$

式中 F、F_{A}、F_{B}分别为对应于图 4-24 中梯形、A、B 部分的面积。显然，式(4-52)同样适用于双面排水情况。

此外不难看出，若将梯形划分为矩形和三角形，矩形(均匀应力)时的固结度计算公式为式(4-46)，故只要得到三角形固结应力作用下的固结度，应用叠加原理就可得到梯形固结应力时的固结度。

2. 固结应力为三角形分布时的固结度计算

如图 4-25 所示，按固结应力的分布形式与对应的排水条件，有 3 种不同的类型：

(1)透水面在应力为 0 处时(情况 a)

如图 4-25(a)所示，相应的初始条件变化为

$$u(z,t)\big|_{t=0}=p\,\frac{z}{H} \tag{4-53}$$

边界条件仍为式(4-42b)，即

$$u(z,t)\big|_{z=0}=0,\quad \partial u/\partial z\big|_{z=H}=0 \tag{4-42b}$$

由式(4-40)、式(4-42b)及式(4-53)，应用分离变量法求解，可得超静水压：

$$u = 2p\sum_{m=0}^{\infty}\frac{1}{M^2}\cos\frac{M(H-z)}{2H}\exp(-M^2T_v) \tag{4-54}$$

固结度为

$$U = 1-4\sum_{m=0}^{\infty}\frac{(-1)^m}{M^3}\exp(-M^2T_v) \tag{4-55}$$

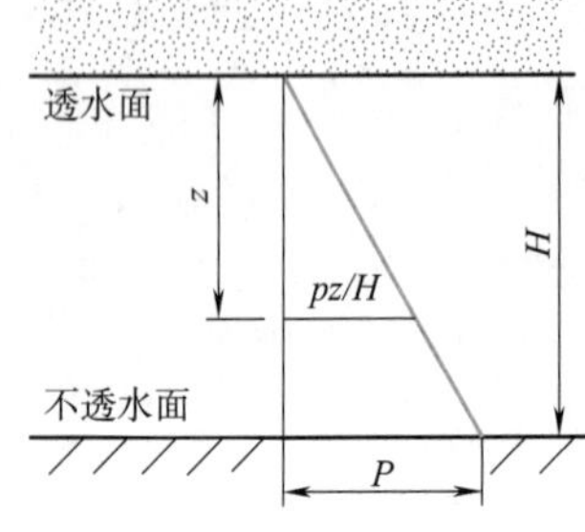

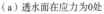

（a）透水面在应力为0处

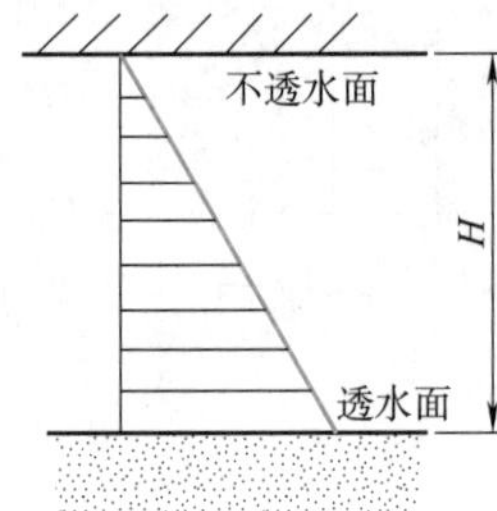

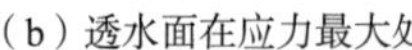

（b）透水面在应力最大处

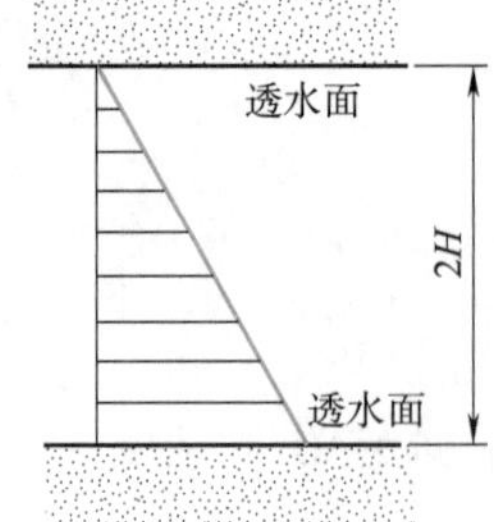

（c）上、下均为透水面

图 4-25　固结应力为三角形分布时的排水条件

不难理解，如果土层中的固结应力呈上大下小的倒三角形分布，但其上表面不透水，下表面为透水面，则其渗透固结过程与图 4-25(a)的完全相同，固结度的计算公式亦为式(4-55)。

实际上，只要土层中的应力分布形式以及与之对应的两个表面的排水条件相同，其固结度就是相同的，与其绝对的上、下位置无关。

式(4-46)及式(4-55)是以下各种不同问题的固结度计算公式建立的基础。

(2)透水面在应力最大处时(情况 b)

设单面排水且压力沿深度均匀分布条件下的固结度为 $U_{\square}$，固结应力分布图的面积为 $F_{\square}$；以对角线将矩形分为两个完全相同的三角形：则其中一个对应于图 4-25(a)，相应的固结度为 $U_{\triangle}$，面积为 $F_{\triangle}$；另一个对应于(b)，其固结度为 U_b，面积为 F_b；根据叠加原理，有

$$U_{\square}\cdot F_{\square}=U_{\triangle}\cdot F_{\triangle}+U_b\cdot F_b$$

其中 $F_b=F_{\triangle}=1/2F_{\square}$，故有

$$U_b=2U_{\square}-U_{\triangle} \tag{4-56}$$

式中 $U_{\square}$ 及 $U_{\triangle}$ 的计算公式分别为式(4-46)及式(4-55)。

(3)两面均为透水面时(情况 c)

设其固结度为 U_c，面积为 F_c，显然有 $F_c=1/2F_{\square}$，因此由

$$U_{\square}\cdot F_{\square}=U_c\cdot F_c+U_c\cdot F_c$$

得 $U_c=U_{\square}$，即双面排水时，三角形分布应力的固结度与均匀分布时的固结度相等，亦按式(4-46)计算。

3. 固结应力为梯形分布时固结度计算

(1)两面排水时

设其固结度为 U_T，面积为 F_T，按叠加原理，有

$$U_T\cdot F_T=U_{\square}\cdot F_{\square}+U_{\triangle}\cdot F_{\triangle} \tag{4-57}$$

如前所述，双面排水时，$U_{\triangle}=U_{\square}$，由此得到 $U_T=U_{\square}$，按式(4-46)计算。

因此，双面排水时，无论地基应力是何种分布形式，其固结度均按式(4-46)计算。

(2)单面排水时

如图 4-26 所示,若透水面和不透水面所对应的应力分别为 σ_d 和 σ_u,则当 $\sigma_d \leqslant \sigma_u$ 时,$F_{\square}=\sigma_d \cdot H$,$F_{\triangle}=1/2 \cdot (\sigma_u-\sigma_d) \cdot H$,$F_T=1/2 \cdot (\sigma_u+\sigma_d) \cdot H$,代入式(4-57)并整理后得到

$$U_T=\frac{2}{\alpha+1}U_{\square}+\frac{\alpha-1}{\alpha+1}U_{\triangle} \tag{4-58a}$$

式中,α=不透水面的应力/排水面的应力$=\sigma_u/\sigma_d$。不难证明,当 $\sigma_d>\sigma_u$ 时,式(4-58a)同样成立。

为将 $\sigma_d=0$ 的情况统一地纳入计算公式,也可定义 $\beta=1/\alpha=\sigma_d/\sigma_u$,将式(4-58a)等价地表示为

$$U_T=\frac{2\beta}{\beta+1}U_{\square}+\frac{1-\beta}{\beta+1}U_{\triangle} \tag{4-58b}$$

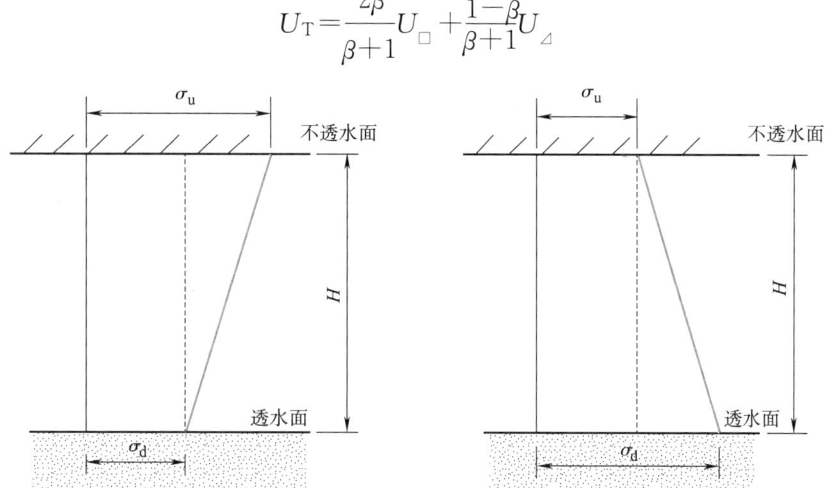

图 4-26　固结应力为梯形分布时(单面排水)时的计算图

4. 固结度计算方法总结

综上所述,各类问题的固结度计算公式最终可归纳为以下两种情况:

(1)双面排水时,无论应力分布形式如何,均按式(4-46)计算。单面排水且附加应力均布时亦可按该式计算。

(2)单面排水时,按式(4-58)计算,其中的 $U_{\square}$ 及 $U_{\triangle}$ 则分别采用式(4-46)及式(4-55)计算。

图 4-27 给出了几种典型情况下的 U—T_v 关系曲线。

4.6.4　固结系数的确定

固结系数是反映黏性土渗透固结特性的重要指标。此外,对渗透性很差的黏性土,无法用静水头和动水头法确定其渗透系数 k,但由式(4-39)可知,当固结系数 c_v 确定后,即可利用通过式(4-59)确定。

$$k=m_v\gamma_w c_v \tag{4-59}$$

固结系数由固结试验得到的沉降量与时间之间的关系 S—t(或 U—t)确定。如前所述,饱和黏性土的沉降包括瞬时沉降、主固结沉降、次固结沉降等三部分,因此不能直接利用只反映主固结沉降的式(4-46)确定 c_v,而需先确定出 S—t 曲线中的主固结段。理论上讲,将试验得到的 U—t 试验点按式(4-46)进行拟合,可得到拟合后的 S—t 曲线,再与实测的 S—t 曲线进行对比,即可分出瞬时沉降、主固结沉降和次固结沉降,但其实施比较困难。在实际应用中,多采用下述半经验法。

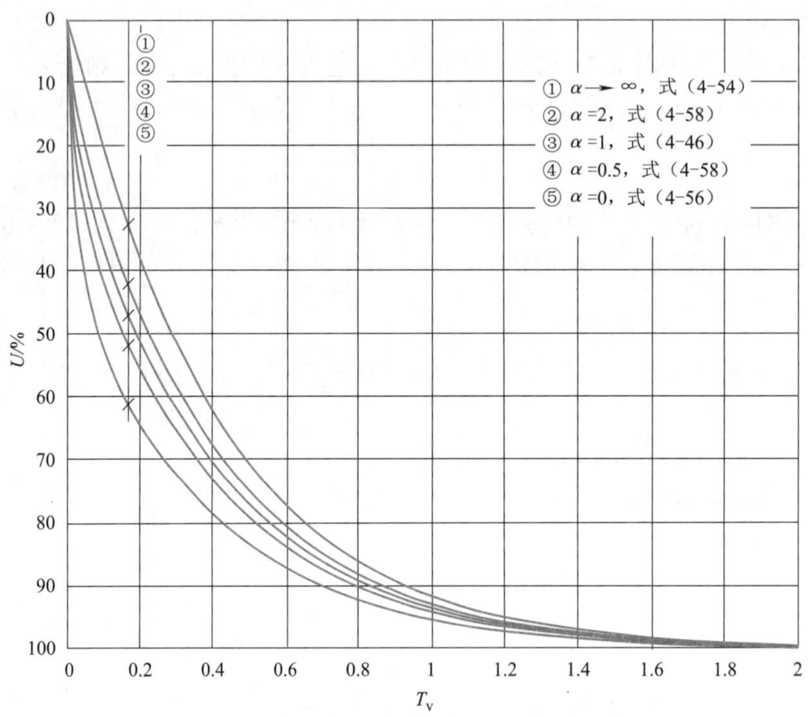

图 4-27　几种固结问题的 $U—T_v$ 关系曲线

1. 时间平方根法

根据固结度近似计算式(4-48)在 $U—\sqrt{T_v}$(或 $S—\sqrt{t}$)坐标系中表现为一条直线的特点，泰勒提出以下确定固结系数的方法。

将固结试验结果绘制在 $S—\sqrt{t}$ 坐标系中，如图 4-28 所示。

(1)找出沉降曲线上的直线段并向两端延伸得直线①，它与纵轴交于 S_0。显然，该直线所反映的就是 $U\leqslant 60\%$ 时的理论固结曲线(对应于式(4-46)，只有主固结)，故 S_0 是土样受压后产生的瞬时沉降。

(2)按固结度达到 90%时的沉降确定 c_v。为此，首先需确定该点在实测曲线上的位置：在 $U>60\%$ 后，式(4-48)与式(4-46)的计算结果逐渐偏离，由计算可知，当 $U=90\%$ 时，由式(4-46)得到的 $T_{v90}=0.848$，而式(4-48)的 $T'_{v90}=0.636$，因此有 $T_{v90}=0.848/0.636\cdot T'_{v90}=1.333\,T'_{v90}$，$\sqrt{T_{v90}}=1.15\sqrt{T'_{v90}}$，并有 $\sqrt{t_{v90}}=1.15\sqrt{t'_{v90}}$。基于这一关系，在图中找到水平线②，使实测曲线的横坐标与直线①的横坐标之比=1.15，则对应的沉降值 S_{90} 就是固结度为 90%时的沉降值，并由此确定出 t_{90}。然后，按式(4-44)有

$$c_v=\frac{T_{v90}H^2}{t_{90}}=0.848\,\frac{H^2}{t_{90}} \tag{4-60}$$

即可确定出固结系数。式中的 H 是土样厚度的一半(两面排水时)，取压缩前、后厚度的平均值。

(3)进一步可知，固结度达到 100%(主固结完成)时的沉降 S_{100} 可由 S_{90} 点下移 1/9 的($S_0\sim S_{90}$)段长度得到，对应于水平线③。沉降大于 S_{100} 后的沉降为次固结沉降。

2. 时间对数法

将固结试验结果绘制在 $S—\lg t$ 坐标系中，如图 4-29 所示。其中的小图为主固结理论计算

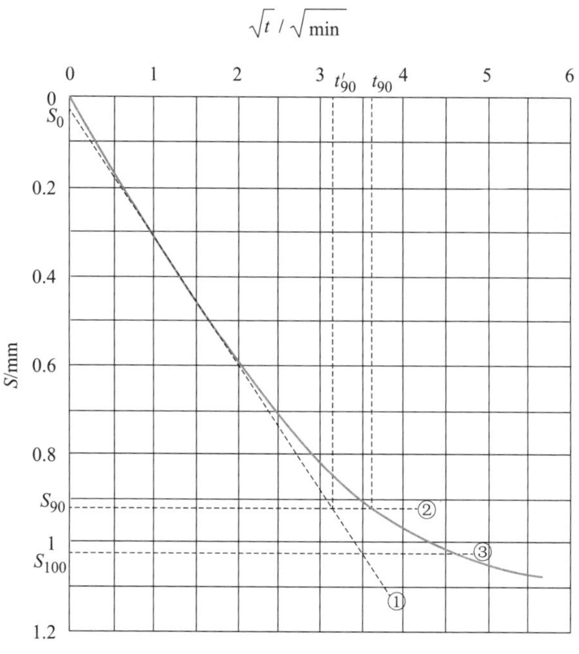

图 4-28　平方根法确定固结系数

式(4-46)在 U—$\lg T_v$ 坐标系中的曲线，它大致可分为 3 段：固结度较低时曲线平缓下降，然后以接近直线的形式较大坡度下降，固结将近完成时再次转为平缓的直线段。根据这个特征，卡萨格兰德提出以下方法：

(1)在试验曲线的第一段任选 A、B 两个点，其对应的时间满足 $t_A:t_B=1:4$(例如，可选 $t_A=1$ min，$t_B=4$ min)，相应的沉降值分别为 S_A、S_B。假设瞬时沉降为 S_0，$S_0 \rightarrow S_A$ 的增量 $\Delta S_{0A}=S_A-S_0$，$S_A \rightarrow S_B$ 的增量 $\Delta S_{AB}=S_B-S_A$。由关系式 $T_v=\pi/4 \cdot U^2$ 可知，$S_A:S_B=U_A:U_B=1:2 \rightarrow \Delta S_{AB}:\Delta S_{0A}=1:1$。因此，如图 4-29 所示，由 S_A 上移 ΔS_{AB}，得到的点就是瞬时沉降为 S_0。

(2)做第二、第三段的切线①、②，其交点对应的就是主固结完成时的沉降值 S_{100}。大于该沉降的部分为次固结沉降。

(3)由 $S_0 \rightarrow S_{100}$ 段的中点 S_{50} 定出 $U=50\%$ 所对应的时间 t_{50}，因 $T_{v50}=0.190$，因此有

$$c_v=T_{v50}\frac{H^2}{t_{50}}=0.190\frac{H^2}{t_{50}} \tag{4-61}$$

式中 H 的意义及确定方法同式(4-60)。

通常，由上述两种方法得到固结系数是比较接近的。需要注意的是，固结试验中所加压力的大小会对饱和黏性土的压缩性、渗透性产生影响，进而影响到其固结系数 c_v，因此在试验时的压力应尽量与实际地基的压力水平相对应。

4.6.5　实际地基固结沉降的计算

前述固结度计算公式是在仅有一层饱和黏性土，且外荷载瞬时施加的情况下得到的。而实际工程中，地基中的饱和黏性土往往不只一层，同时，作用在地基上的荷载显然是随施工的进展逐渐加大，到竣工后才保持不变的，以下简要介绍其固结度(沉降)的计算方法。

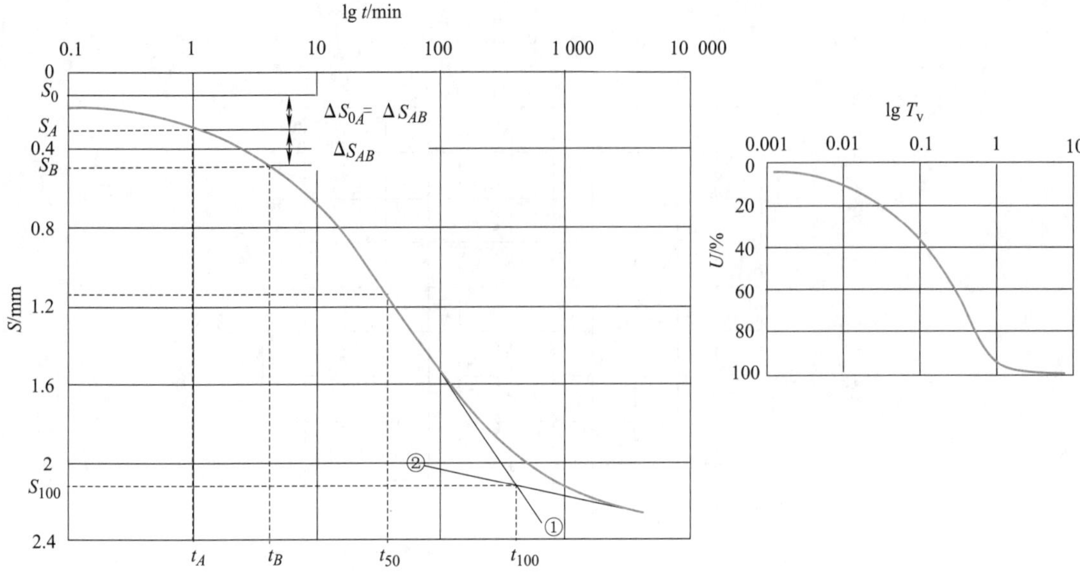

图 4-29 时间对数法确定固结系数

1. 多层饱和黏性土时的固结度计算

多层饱和黏性土的情况可分为两种：一种是各饱和黏性土层由透水层隔开，此时可按前述方法分别计算各土层的固结度，并得到各土层在不同时刻的压缩量，再依此计算地基在不同时刻的沉降。另一种是几层不同的饱和黏性土叠在一起，此时可将其合为一层黏性土，并采用等效固结系数计算。其中，渗透系数可采用第 2 章中多层土中竖向渗流时的等效渗透系数公式计算，即

$$k_e=\frac{H_e}{\sum_{i=1}^{m}\frac{H_i}{k_i}} \tag{4-62}$$

式中 H_e——饱和黏性土层的总厚度。

等效体积压缩系数按等效压缩量原则(即整个饱和黏性土层压缩量等于各土层压缩量之和)，采用式(4-63)计算。

$$m_{ve}=\frac{2}{H_e^2}\sum_{i=1}^{m}m_{vi}H_i(H_e-z_i) \tag{4-63}$$

式中 z_i——i 土层的中心到基底面的距离。

最终得到等效固结系数为

$$c_{ve}=\frac{k_e}{m_{ve}\gamma_w} \tag{4-64}$$

2. 考虑加载过程的沉降—时间关系曲线修正

如图 4-30 所示，假设实际工程中基底压力的施加过程是：$t=0\rightarrow T_0$ 期间，荷载由 0 线性增长至 p，之后($t>T_0$)保持不变。图中虚线是按瞬时加载计算得到的 S—t 曲线。

为考虑加载过程对沉降过程的影响，太沙基提出以下经验修正方法：

①当 $0\leqslant t\leqslant T_0$ 时：修正后的沉降 $S'(t)=S(t/2)\cdot p(t)/p$，其中 $S(t/2)$ 为 S—t 曲线上 $t/2$ 时刻的沉降值，$p(t)$ 为 t 时刻的荷载值，该修正方法在图中以对 t_1 时刻沉降值的修正为例。

②当 $t>T_0$ 时：修正后的沉降 $S'(t)=S(t-T_0/2)$，其中 $S(t-T_0/2)$ 对应于 S—t 曲线上

$t-T_0/2$时刻的沉降值，该修正方法在图中以对t_2时刻沉降值的修正为例。

按上述方法，最终得到修正后的沉降—时间(S'—t)曲线，如图中实线所示。

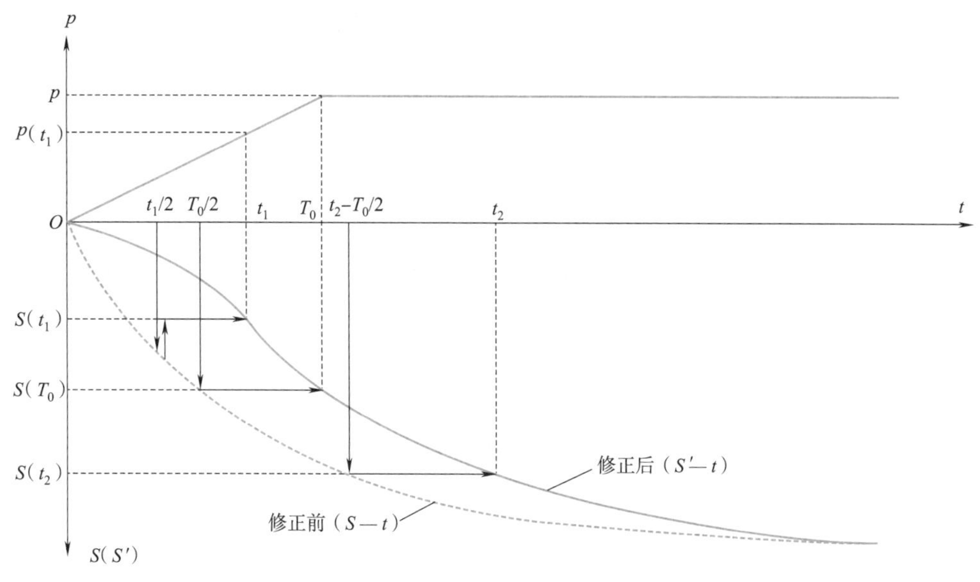

图4-30　沉降—时间关系曲线的修正

土力学人物小传(4)——太沙基

Karl Terzaghi(1883—1963年)(图4-31)

1883年10月2日生于奥地利布拉格，1963年10月25日在美国马萨诸塞州温彻斯特逝世。现代土力学的创始人，被誉为土力学之父。他先后在麻省理工学院、维也纳高等工业学院和英国伦敦帝国学院任教，后长期执教于美国哈佛大学。1925年，他出版的德文版《土力学》，被认为是现代土力学诞生的标志。他是第一～第三届(1936—1957年)国际土力学与基础工程学会的主席，曾4次荣获ASCE(美国土木工程师协会)的Norman奖，并被8个国家的9个大学授予荣誉博士学位。为了表彰他的功勋，美国土木工程师学会专门设立了太沙基奖及太沙基讲座。

图4-31　太沙基

习　题

4-1　对同一种土，其压缩指标是否为常数？为什么？

4-2　置于均质土层中的正方形基础，边长为b，埋深为H，基底总压力为P，单位面积上的压力为p。试分析在下列不同情况下，地基沉降将会增大还是减小：(1)H和P不变，b增大；(2)b和p不变，H增大；(3)H和p不变，b增大。

4-3　甲、乙两栋相距很近的建筑，甲很高且基底压力较大，乙较低且基底压力较小，二者的基础埋深相同。试分析为减小其沉降的相互影响，应先修建哪栋建筑。

4-4　试分析说明可否采用分层总和法计算基础角点下的沉降。

4-5　什么是超静水压？它与静水压有何不同？

4-6　简要分析影响饱和黏性土固结度的因素有哪些？

4-7 测得某土样的初始孔隙比为 $e_0=0.788$，表 4-9 所示为固结试验得到的其压缩量 S—压力 p 的试验结果。试：

表 4-9 题 4-7 土样固结试验结果

压力 p/kPa	0	50	100	150	200	250	300
压缩量 S/mm	0	0.62	1.09	1.44	1.74	1.91	2.01

(1)绘出该土的 e—p 曲线。

(2)计算对应于 $p=100$ kPa→200 kPa 段的压缩系数、体积压缩系数、压缩模量。

(3)判断该土压缩性的高低。

4-8 采用面积为 1 000 cm^2 的圆形压板进行平板载荷试验，当直线段上的压力 $p=100$ kPa时，压板的沉降量 $S=4.89$ mm。试：

(1)计算该土层的变形模量并估算其压缩模量(取土的泊松比 $\nu=0.25$)。

(2)若在压板(基础底面)以下 3 m 存在软弱土层，实际基础的尺寸为 3 m×3.5 m，则采用上述试验得到的变形指标计算地基沉降，是偏于安全还是不安全？为什么？

4-9 场地的土层由上到下为：

中砂：厚度为 5 m，容重 $\gamma=17$ kN/m^3；

饱和黏土：厚度为 2 m，容重 $\gamma_{sat}=19$ kN/m^3，颗粒的相对密度 $G_s=2.7$。从中心(即其上表面以下 1 m)处取土样进行固结试验，测得其先期固结压力为 140 kPa，压缩指数 $C_c=0.17$，膨胀指数 $C_s=0.02$。

中砂：很厚。

试计算地表施加 $p=80$ kPa 的均匀满布荷载时，黏土层的压缩量是多少？

4-10 如图 4-32 所示，筏形基础底面的中心在 O 点，基础的埋深为 5.2 m，作用在基础底面的总的竖向力 $P=65\,644$ kN。土层情况为：

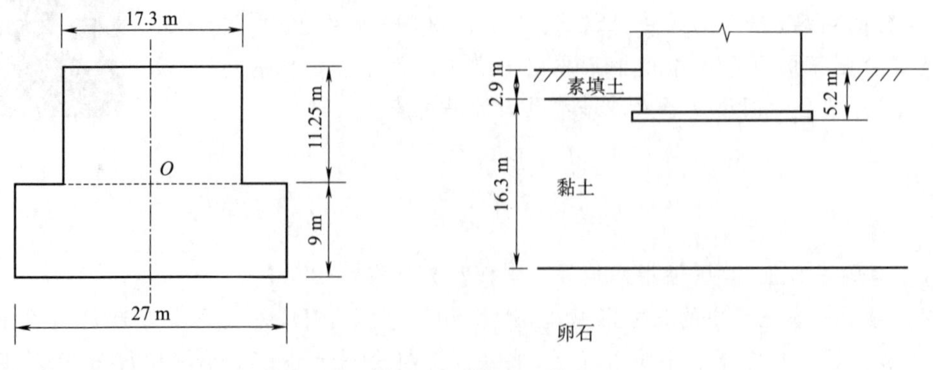

图 4-32 题 4-10 图

素填土：厚度 2.9 m，容重 16 kN/m^3；

黏土：厚度 16.3 m，容重 18.5 kN/m^3；其固结试验结果见表 4-10。

卵石：密实状态，其压缩变形可忽略不计。

表 4-10　题 4-10 黏土固结试验结果

压力(kPa)	0	50	100	150	200	250	300
孔隙比	0.765	0.735	0.715	0.705	0.695	0.688	0.685

试采用分层总和法计算基础沉降。(要求:(1)最大分层厚度不超过 4 m;(2)压缩层深度取至卵石层顶面)

4-11　厚度为 8 m 的砂层,下部为基岩。其地下水位以上的容重 $\gamma=18.5\ \mathrm{kN/m^3}$,水位以下的容重 $\gamma_{sat}=19.1\ \mathrm{kN/m^3}$,固结试验的结果见表 4-11。

表 4-11　题 4-11 砂的固结试验结果

压力/kPa	50	100	150	200
孔隙比	0.680	0.654	0.635	0.620

试计算地下水位由地表以下 2 m 下降到地表以下 5 m 后地表的沉降量。

4-12　如图 4-33 所示,基础的底面尺寸为 3 600 mm×3 000 mm,埋深为 1.5 m。所受的荷载为 $P=1\ 600$ kN,$M=120$ kN·m。各土层的指标如下:

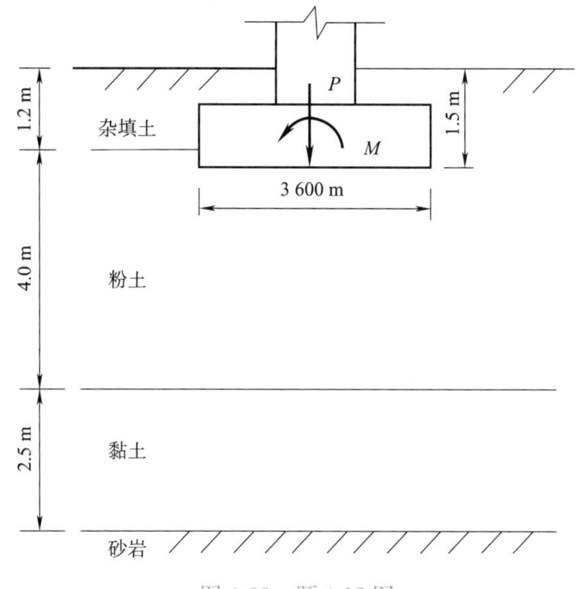

图 4-33　题 4-12 图

杂填土:$\gamma=15.5\ \mathrm{kN/m^3}$;

粉土:$\gamma=18.2\ \mathrm{kN/m^3}$,压缩模量 $E_s=4.6$ MPa,地基承载力特征值 $f_{ak}=120$ kPa;

黏土:$\gamma=18.6\ \mathrm{kN/m^3}$,压缩模量 $E_s=3.2$ MPa;

按《建筑地基基础设计规范》计算基础的沉降量。(压缩层深度取至砂岩顶面)

4-13　取厚度 2 cm 的饱和黏土进行固结试验(两面排水),10 min 后其固结度达到 50%。

(1)计算此时土样中的最大超静水压。(取前 2 项级数计算)

(2)若实际饱和黏土层的厚度为 3 m,单面排水,试计算在满布荷载作用下,其饱和度达到 90%所需的时间。

4-14　如图 4-34 所示,条形基础的宽度为 2.4 m,埋深 1.2 m,基底竖向压力 $P=210$ kN/m,弯矩 $M=15$ kN·m/m。中砂中夹有厚度分别为 1 m 和 1.6 m 的同一种类型的饱和黏土层。土的指标为：

中砂：$\gamma=17.8\ \text{kN/m}^3$；

饱和黏土：$\gamma=18.9\ \text{kN/m}^3$，固结试验结果见表 4-12。

表 4-12 题 4-14 饱和黏土固结试验结果

p/kPa	0	50	100	150	200
e	1.150	0.830	0.651	0.587	0.568

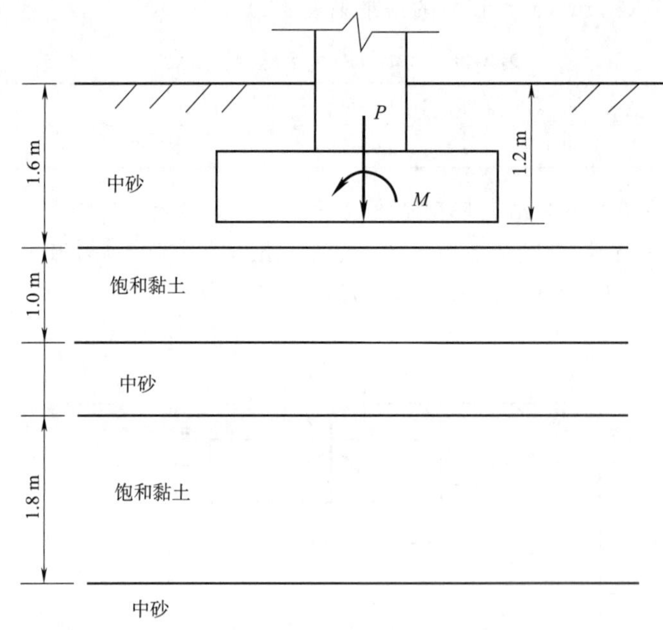

图 4-34 题 4-14 图

(1)计算地基的最终沉降量(忽略中砂的压缩变形)。

(2)若固结试验时(土样厚度 2 cm，两面排水)固结度达到 95%所需的时间为 45 min，试计算实际地基沉降完成 95%所需的时间。

4-15 题 4-14 中，假设基础所受荷载在前 90 天随时间线性增长，90 天之后保持不变，试确定沉降完成 95%所需的时间。

第 5 章 土的抗剪强度

5.1 概　　述

任何材料在受到外力作用后，都会产生一定的应力和变形。当材料应力达到某一特定值时，材料会发生断裂，或者材料虽未断裂，但是其变形速率不断加快且不停止，这些现象都表明材料达到破坏状态。通常，材料应力所达到的临界值，也就是材料刚刚开始破坏时的应力，称为材料的强度。所以，有关材料的强度理论也可称为破坏理论。

与一般固体材料不同，土是三相介质的散粒状堆积体，几乎不能承受拉力，但能承受一定的剪力和压力。相比而言土体能够承受的剪力比压力小得多，土体的破坏主要受其抵抗剪力能力的大小控制。所以在一般工作情况下，土的破坏形态主要表现为剪切破坏(shear failure)，故把土的强度称为抗剪强度(shear strength)。如山区较为常见的滑坡灾害，就是边坡上的一部分土体相对另一部分土体发生的剪切破坏，如图 5-1 所示。如建筑地基，当地基土受到过大的荷载，会出现部分土体沿某一滑移面挤出，导致建筑物严重下陷，甚至倾倒，如图 5-2所示。土的剪切破坏形式有多种多样，有的表现为脆裂，破坏时形成明显剪裂面，如紧密砂土和干硬黏土等；有的表现为塑流，即剪应变随剪应力发展到一定数值后时，应力不增加而应变继续增大，形成流动状，如软塑黏土等；有的表现为多种破坏形式的组合。

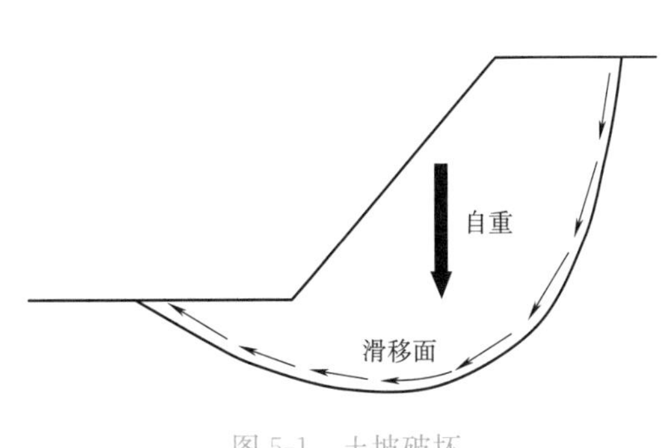

图 5-1　土坡破坏

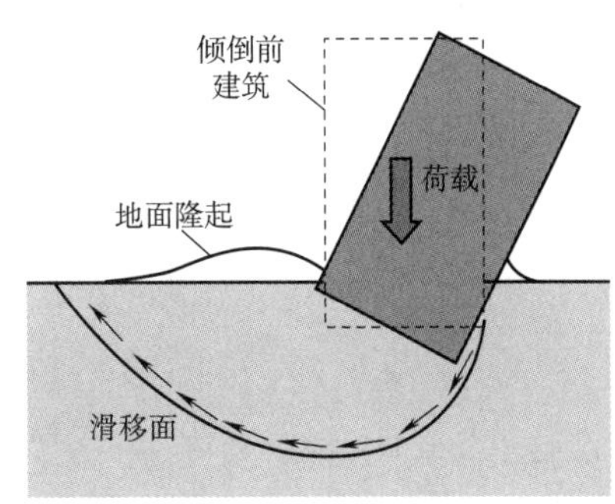

图 5-2　地基破坏

关于土的破坏标准，应根据土的性质和工程情况而定：对于剪裂破坏，一般用剪变过程中剪切面上剪应力的最大值作为土的破坏应力，或称剪切强度；对于塑流状破坏，一般剪切变形很大，对于那些对变形不敏感的工程，可用最大剪应力作为破坏应力，对变形要求严格的工程，不容许出现过大变形，这时往往按最大容许变形来确定抗剪强度值。

理论上，土的强度常以应力的某种函数形式表达。函数形式不同，形成的强度理论也相异。虽然土体强度理论有不少，但是到目前为止比较简单且在实际工程中应用广泛的是摩尔—库仑(Mohr-Coulomb)强度理论。

5.2 土的抗剪强度理论

5.2.1 库仑定律

早在1773年，法国科学家库仑(C. A. Coulomb)使用直接剪切试验研究了土体的抗剪强度特性，直接剪切试验装置如图5-3所示。该装置包括上、下两个剪切盒，其中上剪切盒固定，土样放置于上、下两个剪切盒内。试验时，首先对试样施加竖向压力N，然后施加水平力T，逐渐增加水平力，直至试样发生破坏。测试并绘制加载过程中剪应力和剪切位移的关系曲线图，如图5-4(a)所示。图中每条曲线的峰值为土样在该级法向应力σ作用下所能承受的最大剪应力τ_f，即对应的抗剪强度。

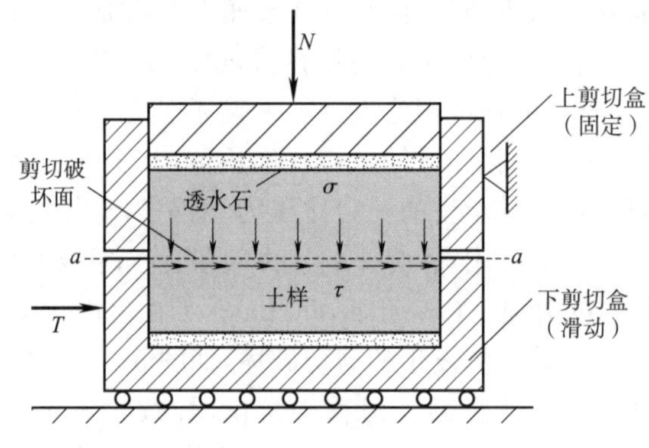

图5-3　直剪试验装置

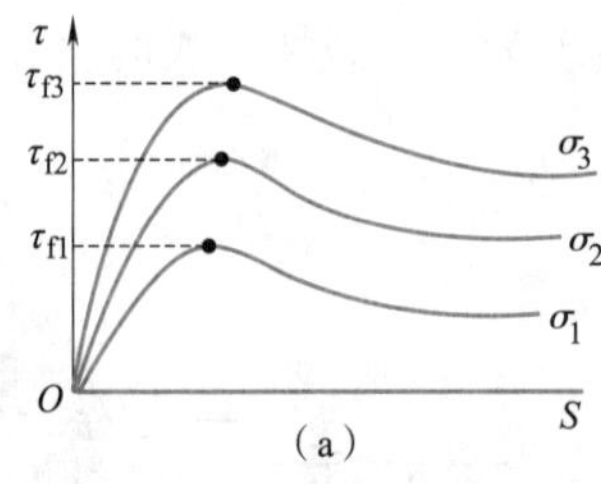

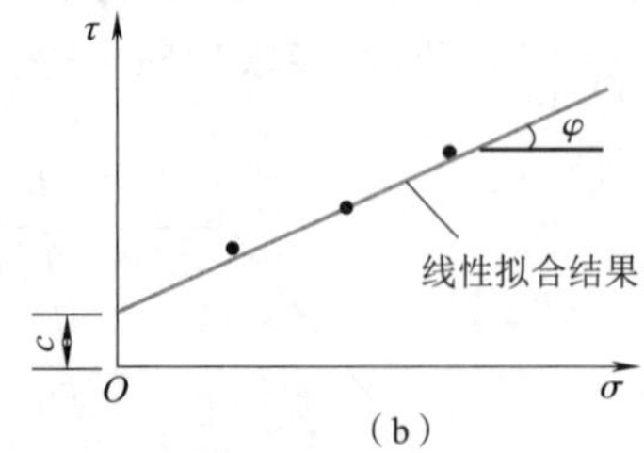

图5-4　抗剪强度线

试验结果表明，抗剪强度τ_f与法向应力σ呈线性关系，如图5-4(b)所示。库仑将其表示为如下线性方程

$$\tau_f = c + \sigma \tan\varphi \tag{5-1}$$

式中　c——强度线在纵坐标上的截距，称为土的黏聚力(cohesion)，kPa；

σ——作用在剪切面上的法向应力，kPa；

φ——强度线倾角，称为土的内摩擦角(angle of internal friction)，(°)。

式(5-1)就是著名的库仑定律。可以看出，土的抗剪强度由两部分组成，一部分是滑动面上土的黏聚力c，反映土体内部土颗粒间相互凝聚结合的性质；另一部分是土的摩擦阻力，它与滑动面上有效法向应力σ成正比，比例系数为$\tan\varphi$，反映土体颗粒之间的摩擦性质。可见，式(5-1)中只有两个常数，即黏聚力c和内摩擦角φ，它们取决于土的性质和状态，通常情况下与土体应力大小无关，称为土的抗剪强度指标，通过室内或现场试验确定。

5.2.2　摩尔—库仑强度理论

前述的库仑定律用于判断土体是否会沿某一特定面发生破坏。但在大多数问题中，事先并不知道会沿哪个面发生破坏。因此，所需解决的问题就是针对已知的应力状态，建立当沿某个面发生剪切破坏时，应力所需满足的条件。

(1)应力状态和摩尔应力圆

对如图5-5(a)所示的半无限水平地基中任一点的应力状态进行分析。设该点受到的最大主应力σ_1和最小主应力σ_3分别为水平和竖直方向，这里应力以受压为正。对该点的应力单元作任意截面，截面上的剪应力分量τ和法向应力分量σ将随着截面的转动而发生变化，其完整的二维应力状态可以使用摩尔圆来表示，如图5-5(b)所示，摩尔圆是关于σ轴对称的，所以仅画了上半部分。摩尔圆周上的每一点均与一个截面上的应力分量相对应，其中，摩尔圆周上的点和截面所对应转角的方向相同，但转角大小前者为后者的2倍。摩尔应力圆的圆心坐标为$(\sigma_1+\sigma_3)/2$，半径为$(\sigma_1-\sigma_3)/2$，可以用方程(5-2)来表示。

$$\left(\sigma-\frac{\sigma_1+\sigma_3}{2}\right)^2+\tau^2=\left(\frac{\sigma_1-\sigma_3}{2}\right)^2 \tag{5-2}$$

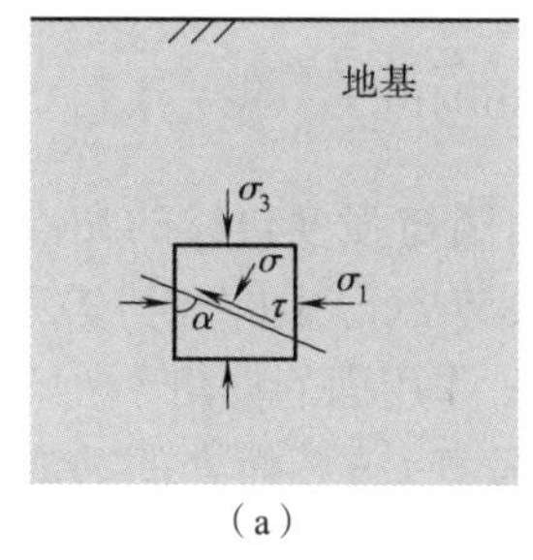

(a)

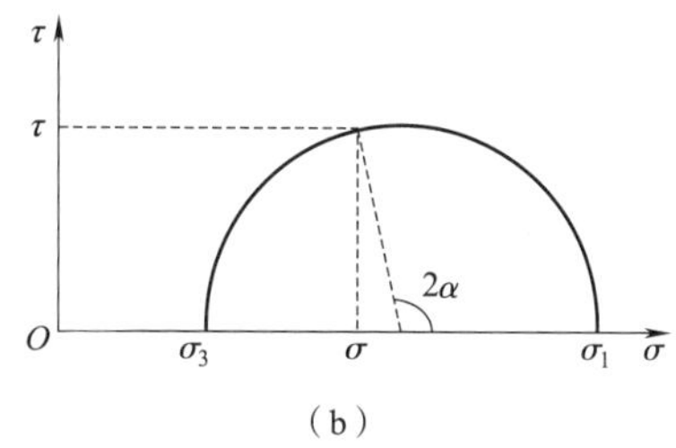

(b)

图5-5　摩尔应力圆

(2)极限平衡状态

当土体单元发生剪切破坏时，即破坏面上剪应力达到其抗剪强度时，称该土体单元达到极限平衡状态。根据库仑定律，剪切破坏取决于剪切面上的剪应力τ和法向应力σ是否满足式(5-1)。对于土中一点，根据摩尔应力圆分析，其在不同方向的截面上作用有大小不同的剪应力和法向应力，当该点发生破坏时，并不是该点所有面上的剪应力和法向应力都满足库仑定律，而是仅在个别面上达到该条件。因此，土体单元中只要有一个面发生剪切破坏，就认为其破坏或者达到极限平衡状态。

如前所述，在τ—σ图上，库仑定律可以表示为一条截距为c、倾角为φ的直线，该直线定义了土体单元达到破坏状态或者极限平衡状态所有点的集合，也称为抗剪强度包线，如图5-6所示。将摩尔应力圆同样绘制于该图上，当应力圆与强度包线相切时，土体单元就达到了极限平衡状态，切点所对应的面就是破坏面。这种摩尔应力圆与强度包线相切的情况，可以用一个方程来表示，该方程被称为极限平衡状态方程，见式(5-3)。

推导过程为：图5-6中线段①长度为摩尔圆的半径，即线段①$=\frac{1}{2}(\sigma_1-\sigma_3)$；线段②长度为圆心横坐标，线段②$=\frac{1}{2}(\sigma_1+\sigma_3)$，由此得线段③$=\frac{1}{2}(\sigma_1+\sigma_3)\sin\varphi$；线段④$=c\cdot\cos\varphi$；线和圆

相切，满足关系①=③+④，由此得到式(5-3)。该极限平衡状态方程还可以表达为如式(5-4)和式(5-5)的形式。

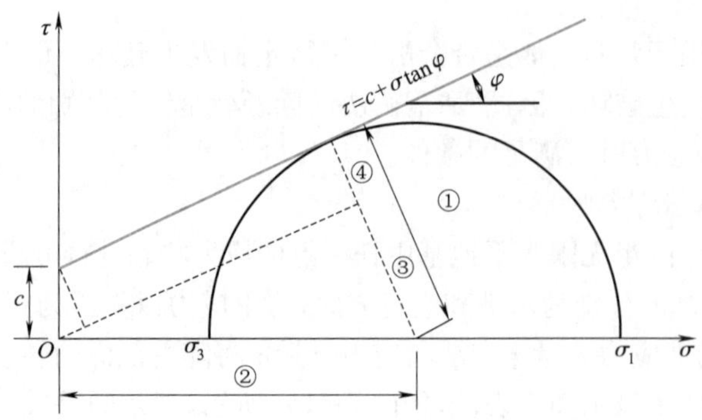

图 5-6　极限平衡状态

$$\frac{1}{2}(\sigma_1-\sigma_3)=\frac{1}{2}(\sigma_1+\sigma_3)\sin\varphi+c\cdot\cos\varphi \tag{5-3}$$

$$\sigma_1=\sigma_3\cdot\tan^2\left(45°+\frac{\varphi}{2}\right)+2c\cdot\tan\left(45°+\frac{\varphi}{2}\right) \tag{5-4}$$

$$\sigma_3=\sigma_1\cdot\tan^2\left(45°-\frac{\varphi}{2}\right)-2c\cdot\tan\left(45°-\frac{\varphi}{2}\right) \tag{5-5}$$

下面分析破坏时破坏面的位置。如图 5-7 所示，摩尔圆与强度包线的切点所对应的截面就是土体的剪切破坏面，该破坏面一般成对出现。根据图 5-7(a)中的几何关系，$2\alpha=90°+\varphi$，$2\beta=90°-\varphi$；由此可得土体单元中，破坏面与最大主应力 σ_1 作用面的夹角 $\alpha=45°+\varphi/2$，与最小主应力 σ_3 作用面的夹角 $\beta=45°-\varphi/2$。另外我们还可以发现，破坏面处的剪应力并非该土体单元的最大剪应力，最大剪应力面与最大主应力面的夹角为 45°，因此土体的剪切破坏面位置与金属等材料是不同的，主要原因在于土体的抗剪强度与其法向应力相关。

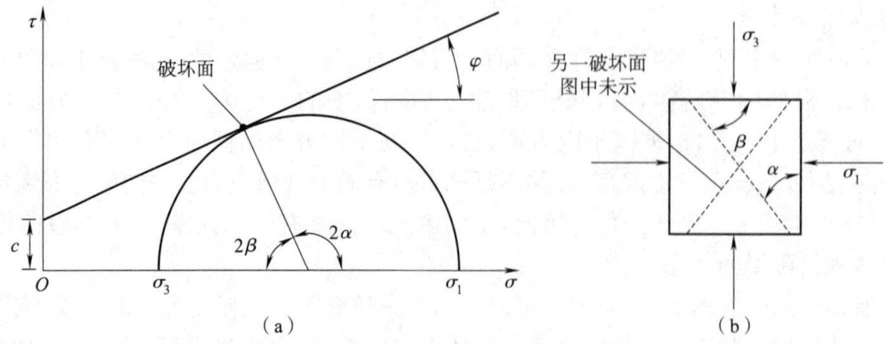

图 5-7　土中剪切破坏面的位置

(3)摩尔—库仑强度理论

摩尔(O. Mohr)在库仑研究的基础上，提出材料的破坏是剪切破坏的理论，认为在外力作用下土体是沿着某一剪切面(或剪切带)发生剪切破坏的。在这个剪切面上的最大剪应力 τ_{max} 就等于该面上的抗剪强度 τ_f，而该强度 τ_f 又与该面上的法向应力 σ 有关，即

$$\tau_f=f(\sigma) \tag{5-6}$$

式(5-6)在τ—σ坐标图上呈曲线形式，称为摩尔强度包线。与库仑定律相比，这个函数更加广义，库仑定律可以看作是该函数在特定情况下的一个特例。大量试验数据表明，在应力变化范围不很大的情况下，一般土的摩尔强度包线可以简化为库仑定律的直线形强度包线。这种以库仑定律作为抗剪强度包线，根据剪应力是否达到抗剪强度作为破坏准则的理论被称为摩尔—库仑强度理论，其数学表达式与前述的极限平衡状态方程相同，见式(5-3)、式(5-4)或式(5-5)。

(4)土中一点破坏的判断方法

当土体的破坏面确定时，我们可以直接使用库仑定律进行判断土中一点是否破坏。但很多时候破坏面并不清楚，此时就需要借助前述的极限平衡状态方程来进行判断。

在τ—σ坐标图中绘制库仑强度包线和摩尔应力圆，如图5-8所示。可能出现三种情况：①应力圆与强度包线相离，则表示该点任意截面的剪应力均小于其抗剪强度，不会发生剪切破坏；②应力圆与强度包线相切，则表示在切点所对应的面上剪应力刚好等于其抗剪强度，土体单元处于极限平衡状态；③应力圆与强度包线相割，即超出了强度包线，表明发生破坏。实际上这种应力状态是不会存在的，最终应力圆会退回到与强度包线相切的位置。

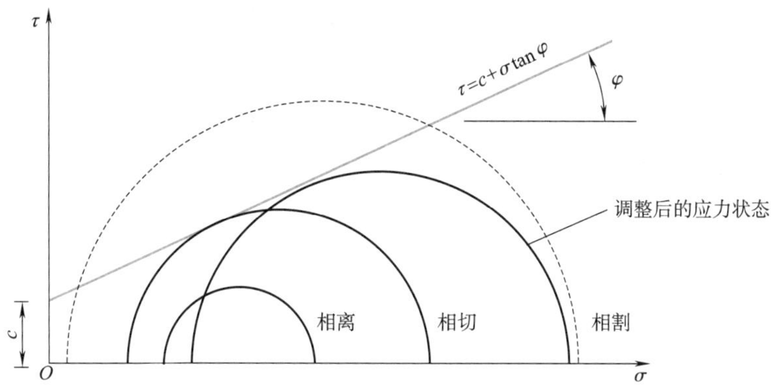

图5-8　判断土中一点是否破坏的图形解释

第一种方法是根据应力圆半径与垂线距离的关系来判断，如图5-9所示。应力圆半径长度为$\frac{1}{2}(\sigma_1-\sigma_3)$，圆心到强度包线的垂线距离为$\frac{1}{2}(\sigma_1+\sigma_3)\sin\varphi+c\cdot\cos\varphi$，通过对比二者的大小关系即可判断土体单元是否破坏。若$\frac{1}{2}(\sigma_1-\sigma_3)<\frac{1}{2}(\sigma_1+\sigma_3)\sin\varphi+c\cdot\cos\varphi$，则土体单元未破坏；若$\frac{1}{2}(\sigma_1-\sigma_3)\geqslant\frac{1}{2}(\sigma_1+\sigma_3)\sin\varphi+c\cdot\cos\varphi$，则土体单元发生破坏。

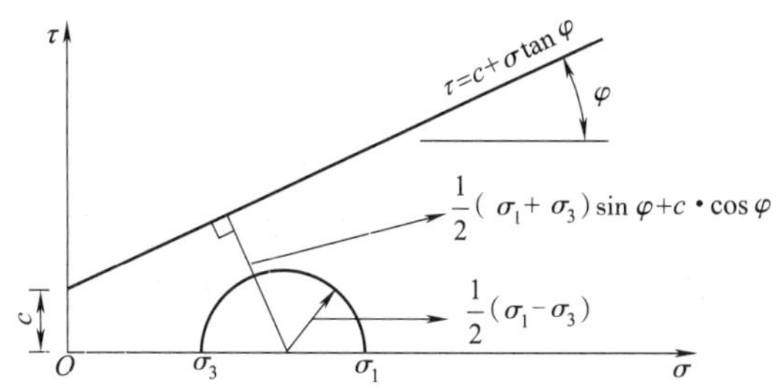

图5-9　应力圆半径与垂线距离的关系

第二种方法是主应力比较法，如图5-10所示。我们假设小主应力σ_3不变，根据极限平衡状态方程，计算得到满足极限平衡条件的大主应力 $\sigma_1^* = \sigma_3 \cdot \tan^2\left(45° + \frac{\varphi}{2}\right) + 2c \cdot \tan\left(45° + \frac{\varphi}{2}\right)$，若 $\sigma_1 \geqslant \sigma_1^*$ 则表示土体单元破坏，反之则未破坏；另外，我们也可以假设大主应力 σ_1 不变，计算得到满足极限平衡条件的小主应力 $\sigma_3^* = \sigma_1 \cdot \tan^2\left(45° - \frac{\varphi}{2}\right) - 2c \cdot \tan\left(45° - \frac{\varphi}{2}\right)$，若 $\sigma_3 \leqslant \sigma_3^*$ 则表示土体单元破坏，反之则未破坏。

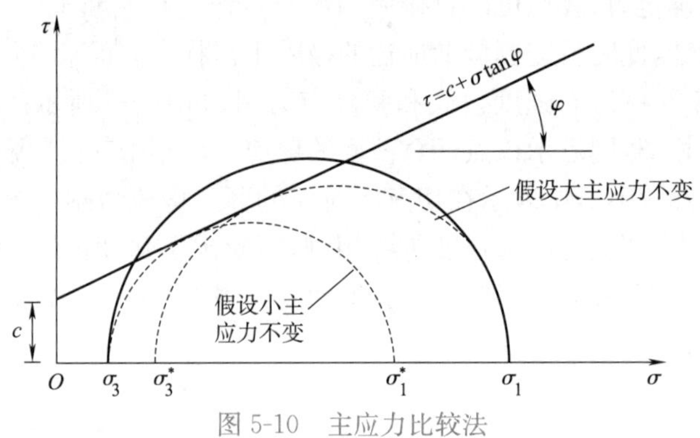

图 5-10 主应力比较法

【例 5-1】地基中某一单元土体上的大主应力为 430 kPa，小主应力为 200 kPa。通过试验测得土的抗剪强度指标 $c=15$ kPa，$\varphi=20°$。试问该单元土体处于何种状态？

【解】使用主应力比较法进行判断。

(1)大主应力比较法

已知 $\sigma_1=430$ kPa，$\sigma_3=200$ kPa，$c=15$ kPa，$\varphi=20°$，则

$$\sigma_1^* = \sigma_3 \tan^2\left(45° + \frac{\varphi}{2}\right) + 2c\tan\left(45° + \frac{\varphi}{2}\right) = 450.8(\text{kPa})$$

可见：σ_1^* 大于该单元土体实际大主应力 σ_1，实际应力圆半径小于极限应力圆半径，所以，该单元土体未破坏。

(2)小主应力比较法

已知 $\sigma_1=430$ kPa，$\sigma_3=200$ kPa，$c=15$ kPa，$\varphi=20°$，则

$$\sigma_3^* = \sigma_1 \tan^2\left(45° - \frac{\varphi}{2}\right) - 2c\tan\left(45° - \frac{\varphi}{2}\right) = 189.8(\text{kPa})$$

可见：σ_3^* 小于该单元土体实际小主应力 σ_3，实际应力圆半径小于极限应力圆半径，所以，该单元土体未破坏。与大主应力比较法的结论一致。

5.3 抗剪强度试验

土的抗剪强度，可通过室内试验和现场原位试验求得。关于室内测定土的抗剪强度指标，目前最常用的是直接剪切试验（direct shear test）、无侧限抗压强度试验（unconfined compression test）和三轴压缩试验（triaxial compression test）等。

5.3.1 直接剪切试验

直接剪切所用试验仪器称为直剪仪，其装置如图 5-3 所示。仪器主要为上下两个重叠在

一起的土样剪切盒，一个固定，另一个可沿上下剪切盒的水平接触面 *a-a* 滑动，土样置于剪切盒内，土样上下置透水石，以利于土样排水，其上加钢盖板。设土样断面为 A，在钢盖板上加垂直压力 N，压力通过盖板均匀分布在土样上，然后对下段剪力盒逐渐施加水平剪力 T，直到土样顺着截面 *a-a* 被剪断为止。显然 *a-a* 是固定剪切面，在其上的平均压力为 $\sigma=N/A$，而平均剪应力为 $\tau=T/A$。在 σ 不变的情况下，逐渐增加 τ 值，土样同时发生剪切位移，当 τ 值达到最大值 τ_{max} 时，土样被剪破，这时可取 τ_{max} 作为破坏应力，即土的抗剪强度 τ_f。再取同类型土样，改变垂直压力 N，用同样方法可求得与之相应的另一最大剪应力 τ_{max}。这样用 3～4 个相同土样，采用不同垂直压力，可测得 3～4 组(σ,τ_f)数据。再以 σ 为横坐标，τ_f 为纵坐标，把这些数据绘在坐标图上，并近似地连成一条直线，这就是强度包线，如图 5-4 所示。而强度指标 c 和 φ 可在图 5-4 上直接量出，该强度包线的表达式就是前述的库仑定律。

1. 仪器的主要优点

(1)该仪器构造比较简单，操作方便，易于把松散颗粒土样装入仪器中。该仪器虽无控制孔隙水压的装置，但利用它可对透水性强的砂土进行排水直接剪切试验，即快速，又方便。

(2)能用于土样的大剪切应变试验。对于要求测试土样大变形后的残余抗剪强度(对此后面将另行介绍)，如果用三轴仪，土样轴向应变仅限于 15%～20%，这样的应变可能无法测得其残余强度。而直剪仪在略加改动后就能用常规方法进行此类剪切试验。当剪切盒移到终点时，再进行反向加载，使其反向运动，进而获得土样的反复剪应变强度。从试验效果看，这样的反复剪变形，相当于应变不断地重复，而剪应力则在不断地衰减，直到最小值，这就相当于土的残余剪切强度了。

(3)如果把剪切盒尺寸放大，就可用于大尺寸土样。有些土如卵石土、砾石土、裂隙黏土等，不宜用小尺寸土样，应使用大尺寸土样，这样才能把土中裂隙和大颗粒土包括进去，以求出此类土的平均抗剪强度，这样的大尺寸剪力盒很容易制造，试验技术也不复杂。

2. 仪器的缺点

(1)剪切过程中，主应力方向随剪应力的增大而变化，土样受力过程复杂，如图 5-11 所示；而且剪切面上的应力分布非常复杂，并非假定均匀，这会给试验结果带来一定误差。

(2)在剪切过程中，剪切面不断缩小，这与剪切面为定值的假定不符。

(3)直剪仪不能控制孔隙水压，因而不能求出饱和土样在不同排水条件下的抗剪强度。

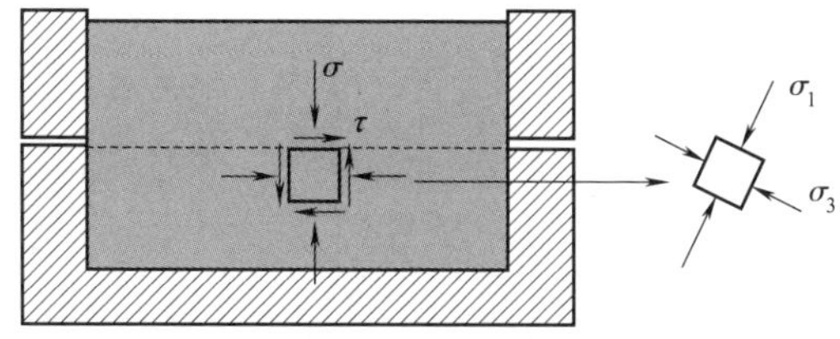

图 5-11　直剪试验中主应力方向的变化

5.3.2　无侧限抗压强度试验

无侧限抗压强度试验，是对圆柱形土样不加侧向压力，只在中心轴线上逐步加垂直压力，直到土样破坏为止的试验。该试验可确定某些特殊土样的抗剪强度。无侧限压缩仪的构造很简单，通过手摇或电动螺杆加压，用压力环和百分表测量土样压应力和垂直应变。

试验主要过程：把土样两端削平，上下置圆形压板，使压力能均匀分布在断面积为 A 的土样两端部，再逐步加大垂直压力 N，如图 5-12(a)所示。作用在顶端的均布压力 $\sigma=N/A$，侧压力为零，即 $\sigma_2=\sigma_3=0$，其应力圆将通过原点，如图 5-12(b)所示。随着 σ_1 的增加，应力圆也在逐渐扩大，直到土样破坏，其垂直应力 $\sigma_1=\sigma_f$。最后的应力圆为极限应力圆，如图 5-12(b)中的 C_n 圆，它的直径为 σ_f。

应看到，因为侧压条件只有 $\sigma_2=\sigma_3=0$，所以同种土样进行无侧限抗压强度试验只存在一个极限应力圆，即同类土样的破坏压力 σ_f 都应相等。一个极限应力圆是无法确定其强度线的，除非另加其他条件。

若土样为干硬黏性土，压坏时有明显的剪裂面，如图 5-12(a)所示。测出裂面与垂直线的夹角 α，根据上节所述道理，裂面与大主应力作用方向的夹角 $\alpha=45°-\varphi/2$，故可求出内摩擦 φ ($\varphi=90°-2\alpha$)。有了 φ 角，强度线的方向可确定，极限应力圆的切线位置也就定下来了。由此可求出强度线与纵轴的截距，即土的黏聚力 c，$c=\dfrac{\sigma_f}{2}\tan(45°-\varphi/2)$。

如果土样为饱和黏土，加压时孔隙水来不及排出，剪切面上的有效压力可近似为零，这意味着 $\varphi_u=0$，抗剪强度只剩下黏聚力 c_u，即 $\tau_f=c_u$，由此求得的强度线(即总应力强度线)的方向为水平，它与极限应力圆相切，与纵坐标相交的截距为 $c=\sigma_f/2$，其中 σ_f 为土样破坏时的垂直压应力，如图 5-13 所示。

由上述可以看出，无侧限抗压强度试验不宜用于不满足上述条件的黏性土和难以制备土样的砂土，只能在特定的条件下使用。

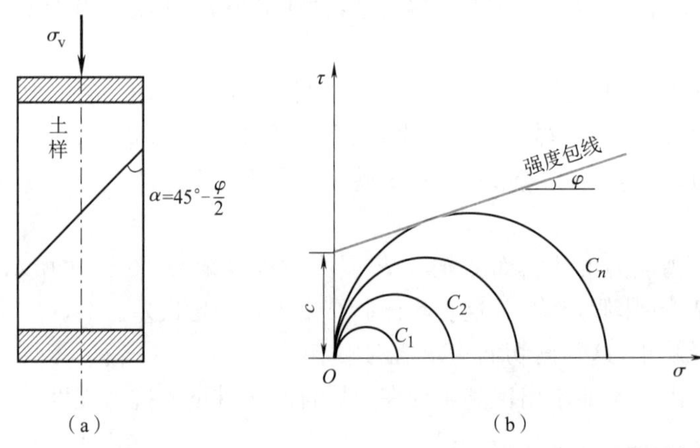

图 5-12 无侧限抗压强度试验

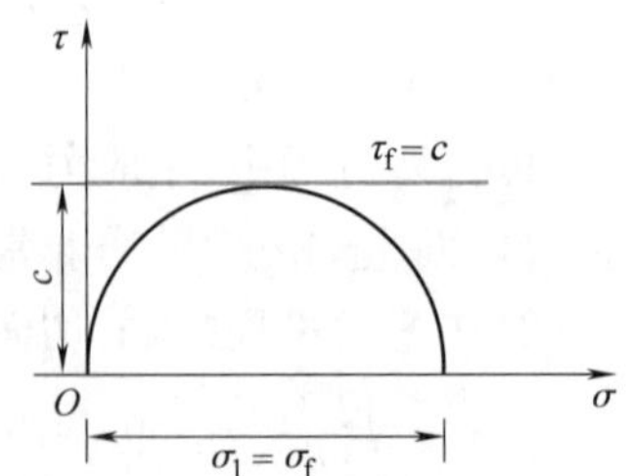

图 5-13 饱和黏土的无侧限抗压强度试验

5.3.3 三轴压缩试验

三轴压缩试验是目前研究土的抗剪强度比较完善的试验方法。其试验设备为三轴仪，装置简图如图 5-14 所示。圆柱形土样制备完毕后，用橡皮薄膜裹好置于盛满水的压力室内，然后进行试验加压。常用的三轴加压程序有如下两种：第一种是先加液压 p，即把压力水通入盛土样的压力室，使土样在三个轴向受到相等的压力 p，即承受所谓的“围压”。并维持液压不变，再在垂直方向通过压杆施加垂直压力 σ_v。当 σ_v 加到极限压力 σ_f 时，土样被压坏。在加压过程中，小主应力 $\sigma_2=\sigma_3=p$ 不变，大主应力 $\sigma_1=p+\sigma_v$ 逐渐加大，对应的应力圆从横坐标 p 点开始，逐步向右扩大，直到极限应力圆的 σ_f+p，如图 5-15(a)所示。这时极限应力圆的直径为压力差 $\sigma_1-\sigma_3=\sigma_f$。

这类加压方式可使用应变控制式或应力控制式的垂直加压装置。应变控制式是由仪器底座带动土样，以定速向上推压，这相当于压杆以定速向下施压，达到以加载速率控制土样变形速率的目的；应力控制式是压杆直接施加设定的试验压力。应力控制式的试验常用于所谓的“减载”三轴试验，即当液压和垂直压力都加到一定值，保持压杆垂直压力 σ_v 不变，逐步减小液压 p，这时应力圆的直径 σ_v 不变，而应力圆的位置随 p 的降低由右向左移动，直到 $p=p_f$ 时，土样被剪坏，此时的应力圆为极限应力圆 C_n，如图 5-15(b)所示。

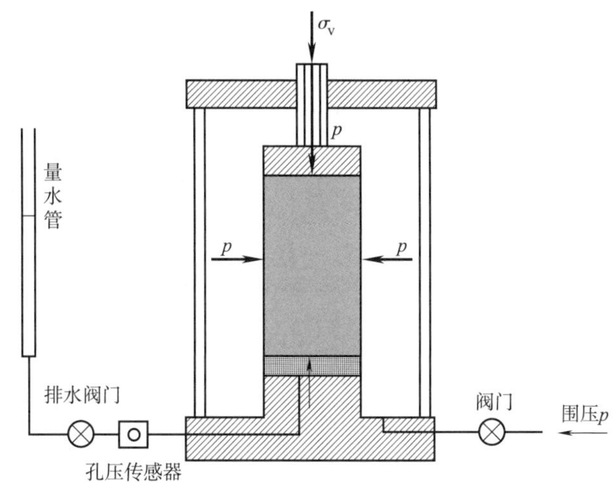

图 5-14　三轴压缩试验装置

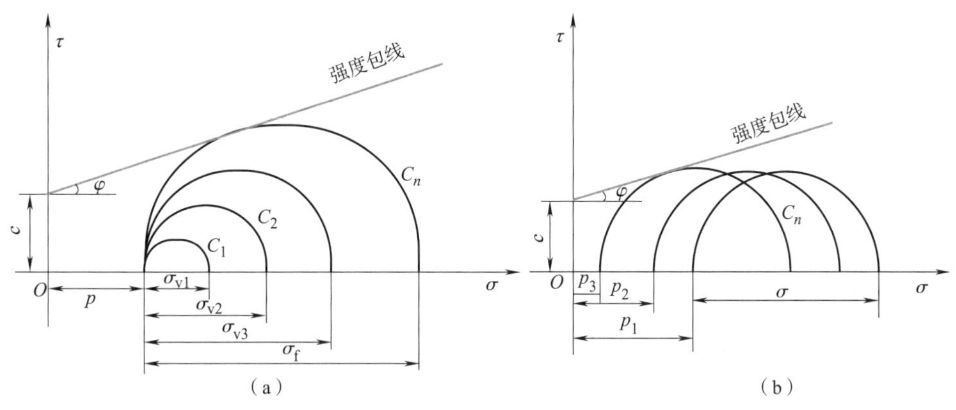

图 5-15　三轴试验常规加压过程

此外根据特殊需要，可进行一些特殊试验，如进行挤伸试验，即先在压力室内加较大的液压，然后在垂直加力杆上加拉力 σ_v，以减小土样端部围压的作用，这时室内水压为大主应力即 $\sigma_1=\sigma_2=p$，并维持不变，而竖向应力为小主应力 $\sigma_3=p-\sigma_v$，并在不断地缩小，土样也朝竖向伸长，直到 $\sigma_v=\sigma_f$ 时，土样被剪破为止。整个试验过程中应力圆的发展如图 5-16 所示，其 $\sigma_1=\sigma_2=p$ 是不变的，随着拉力 σ_v 的增加，σ_3 在减小，应力圆直径 σ_v 在向左扩大，直到 $\sigma_v=\sigma_f$ 成为极限应力圆。这类试验以采用应变控制式加载装置为宜。

一般情况下，用一个极限应力圆是不能确定强度线的，必须用相同土样，不断改变受力条件而做出不同极限应力圆。例如第一种加压方式，可改变试验的液压 p，从而改变所以极限应力圆的 σ_3，这样可以做出不同的极限应力圆；对于第二种加压方式，对每个试样采用不同的压杆垂直压力 σ_v，可以做出一系列不同直径的极限应力圆。有了这些不同的极限应力圆，就可绘制它们的强度包线。对于一般黏性土，包线往往是曲线，实际上可近似地取成直线，作为土的强度线，由强度线可定出土的剪切强度指标 c 和 φ，如图 5-17 所示。

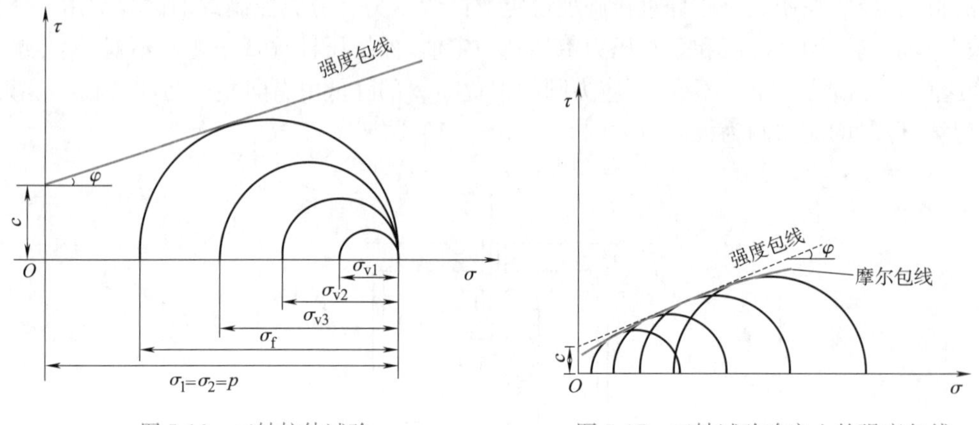

图 5-16　三轴拉伸试验　　图 5-17　三轴试验确定土的强度包线

三轴试验的主要优点在于能根据工程实际情况，采用不同的排水条件，选取和控制孔隙水压，以求得与实际情况相接近的土的抗剪强度。

根据排水条件的不同，试验大致可分为三种：

①不排水剪或快剪(UU-test，unconsolidation undrained test)。其方法是在加液压之前，将连通到饱和土样的排水管关闭，在整个试验过程中孔隙水无法排出，然后施加液压和垂直压力，直到土样被剪破。不排水快剪模拟荷载快速施加、孔隙水来不及排出状态下土的抗剪强度(c_u，φ_u)。

②固结不排水剪或固结快剪(CU-test，consolidation undrained test)。其方法是先把排水管打开，然后加液压，使饱和土样固结，再把排水管关闭，或者与孔隙压力计相连，后再加垂直压力直到土样破坏，在轴向加载过程中不排水。这样不仅可以测得总应力抗剪强度，而且可通过孔隙压力计换算出有效压力。固结不排水剪或固结快剪可模拟土体在现有固结状态下荷载快速施加时的抗剪强度。

③排水剪或慢剪(CD-test，consolidation drained test)。其特点是在试验过程中，始终把排水管打开，以保证在试验的各个阶段，土中孔隙压力都能消散，这样求得的强度为有效应力强度(c'，φ')。排水剪或慢剪模拟土体在固结状态下缓慢施加荷载的抗剪强度。很明显第三种方法求得的强度最高，第二种次之，第一种最低。

由于试验方法和边界条件不同，直剪和三轴压缩试验结果存在一定差别。通常，直剪试验结果略大于三轴试验，差别大小也取决于土的初始密实程度。试验表明，对于松散砂土两者差异不大，直剪得出的 φ 值比三轴试验大 $1°\sim2°$；对于密实砂土，直剪得出的 φ 值比三轴试验大 $3°\sim5°$。这主要是因为土样在复杂应力状态($\sigma_1>\sigma_2>\sigma_3$)的摩擦阻力大于相对简单应力状态($\sigma_1>\sigma_2=\sigma_3$)的缘故。

【例 5-2】取相同土样在直剪仪上进行剪切试验。当垂直压力 p 等于 100 kPa、200 kPa 和 300 kPa 时，测得剪坏时剪切面上的剪应力 τ 分别为 80 kPa、111 kPa 和 141 kPa。试求算土样的内摩擦角 φ 和黏聚力 c。

【解】根据上述试验资料，绘制 p—τ 坐标，发现它们基本在一直线上，如图 5-18 所示，符合库仑强度理论。为了计算 φ 和 c，可选取第一和第三组数据。第一组 $p_1=100$ kPa，$\tau=$

80 kPa;第三组 $p_3=300$ kPa,$\tau_3=141$ kPa。将其代入式(5-2)中,得

$$80=100\tan\varphi+c \tag{a}$$

和

$$141=300\tan\varphi+c \tag{b}$$

解上两式,得 $$\tan\varphi=\frac{141-80}{300-100}=0.305$$

则 $$\varphi=16.96°$$

把 φ 值代入式(a),则 $$c=80-30.5=49.5(\text{kPa})$$

【例 5-3】把半干硬黏土样放在无侧限压缩仪中进行试验,当垂直压力 $\sigma_1=100$ kPa 时,土样被剪破,如把同一土样置入三轴仪中,先在压力室中加水压 $\sigma_3=150$ kPa,再加垂直压力,直到 $\sigma_1=400$ kPa,土样才破坏。试求:①土样的 φ 和 c 值;②土样破裂面与垂线的夹角 α;③在三轴仪中剪破时破裂面上的法向应力和剪应力。

【解】根据在无侧限压缩仪和三轴仪中土样破坏时的应力状态,可以在应力坐标上绘制两个极限应力圆 O' 和 O'',如图 5-19 所示。其共同切线为强度线,由该图可求算:

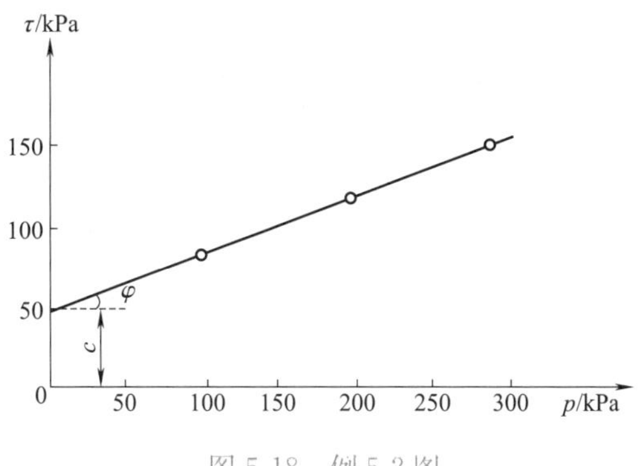

图 5-18　例 5-2 图

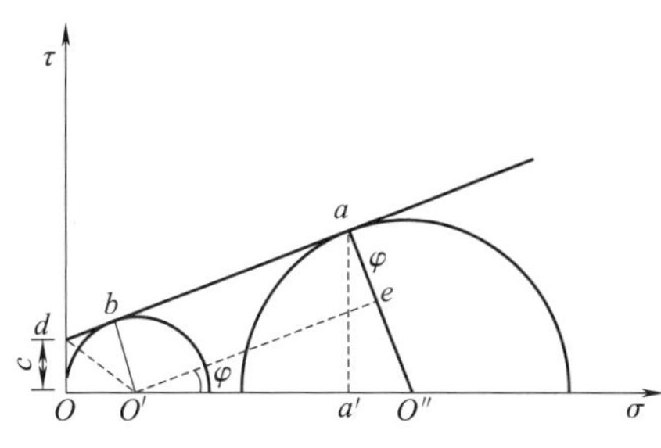

图 5-19　例 5-3 图

(1)O' 圆的半径 $O'b=50$ kPa,O'' 圆的半径 $O''a=\frac{400-150}{2}=125(\text{kPa})$。因 $\angle O'O'e=\varphi$,故

$$\sin\varphi=\frac{\overline{O''e}}{\overline{O''O'}}=\frac{125-50}{150+125-50}=\frac{75}{225}=0.333$$

得 $$\varphi=19.47°$$

由于 $\angle OdO'=\beta=\frac{1}{2}(90°+\varphi)=54.74°$,由 $\Delta O'Od$ 中可解出:

$$c=\frac{O'O}{\tan\beta}=\frac{50}{1.414}=35.36(\text{kPa})$$

(2)土样破裂面与垂线的夹角 $$\alpha=45°-\frac{19.47°}{2}=35.26°$$

(3)由极限应力圆 O'' 看出,剪裂面上的法向应力 Oa' 为 σ_f,剪应力 $\overline{aa'}$ 为 τ_f,由于 $\angle O''aa'=\varphi$,从 $\Delta O''aa'$ 可导出 σ_f 和 τ_f 为

$$\sigma_f=\overline{Oa'}=\frac{400+150}{2}-\frac{400-150}{2}\sin\varphi=275-125\times0.333=233.3(\text{kPa})$$

$$\tau_f=\overline{aa'}=\frac{400-150}{2}\cos\varphi=125\times0.943=117.9(\text{kPa})$$

5.4 砂土抗剪强度

5.4.1 砂土强度试验和强度机理

砂土一般指颗粒粗且无黏聚力的土，如粉砂、细砂直至粗砂等，其强度的实验室测试方法多采用前面所述的直剪仪或三轴仪。当为干砂或为饱和砂土但需进行排水试验时（即在剪切过程中让孔隙水自由出入），以采用直剪仪较为方便。如对饱和砂土进行不排水试验时（即在剪切过程中防止孔隙水的渗流），宜采用三轴仪。不论用哪种试验方法，在常规压力下所测得的砂土有效强度线是一直线，并通过原点，即$c=0$，可用式(5-1)强度公式表示，即$\tau_f=\sigma'\tan\varphi'$，其中$\varphi'$是在有效压力$\sigma'$作用下测得的有效内摩擦角，一般都在28°～42°之间。对于极松砂（由人工搅散的干砂），其φ角等于干砂的天然坡角α。所谓砂土的天然坡角，是指在自重作用下，砂土可能堆成的最大坡度。天然密实砂土的内摩擦角一般比其天然坡角大5°～10°。

砂土抗剪强度的构成大致可为三个部分。第一部分是砂粒表面的滑动摩擦，摩擦角的大小取决于砂粒的矿物成分，例如石英砂的表面摩擦角φ_s为26°，长石和它差不多，而云母却相当它的二分之一，这部分摩阻力将构成砂土抗剪强度的主体。砂粒表面摩擦角φ_s一般小于砂土测试的内摩擦角φ。第二部分是颗粒之间相互咬合的作用，它主要产生于紧密砂中。当紧密砂样受到剪切作用时，颗粒之间的咬合受到破坏，由于颗粒排列紧密，在剪力作用下，颗粒要移动，必然要围绕相邻颗粒转动，从而造成土骨架的膨胀，这就称为剪胀。土体膨胀所做的功，需要消耗剪力所产生的能量，因而提高了抗剪强度。需要强调的是，土的剪切面并非理想的平整滑面，而是沿着剪力方向连接颗粒接触点形成的不规则波动面，如图5-20所示。在常规压力下，颗粒本身强度大于颗粒之间的摩擦阻力，所以剪切面不可能穿过颗粒本身，颗粒只能沿着接触面翻转，这种沿不规则波动面的转动，必然要牵动附近所有颗粒，因此很难形成单一剪切面，而形成具有一定厚度的剪切扰动带。对于密实砂，整个剪切带由于颗粒转动将会产生体积膨胀。对于松砂，将没有剪胀现象。组成砂土强度的第三部分是，当砂土结构受到剪切破坏后，颗粒将进行重新排列，无论是密实砂或松砂，这种现象都是存在的，这也需要消耗一定的剪切能，因此又增加了部分强度。此外在高压力（或围压）作用下，部分砂粒受剪切后将被压碎，这需要消耗部分能量，也是强度增大的组成因素。

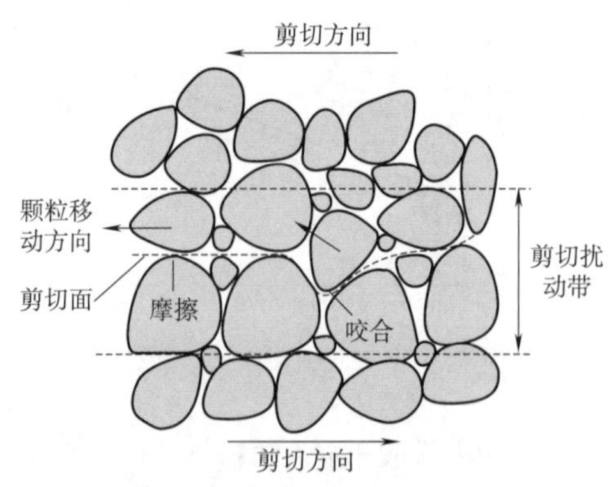

图5-20 砂土的剪切带

5.4.2 砂土强度和密实度的关系

在剪切过程中，砂土剪应力与剪切位移之间的关系，与砂土初始密度有关：当为密实砂土时，剪切位移刚开始，剪应力上升很快，迅速达到峰值A，如图5-21(a)中的曲线ⓐ，随着剪位移的继续发展，剪应力有所下降，直到一般称为残余强度τ_r的稳定值；对于松砂，随剪位移的发展剪应力提高缓慢，直到剪位移较大时，剪应力才达到最大值B，以后不再减小，其最大剪应力与密实砂的残余强度基本相等，见图5-21(a)中的曲线ⓑ。在剪切试验中，一般取最大剪应力作为确定砂土强度的破坏应力，故密实砂土所测出的内摩擦角φ要大于松砂，如图5-21(b)所示。由密实砂土残余强度确定的残余内摩擦角 φ_r，与松砂所测定的内摩擦角基本相等，这源于密实砂土的残余剪应力与松砂最大剪应力大致相同。

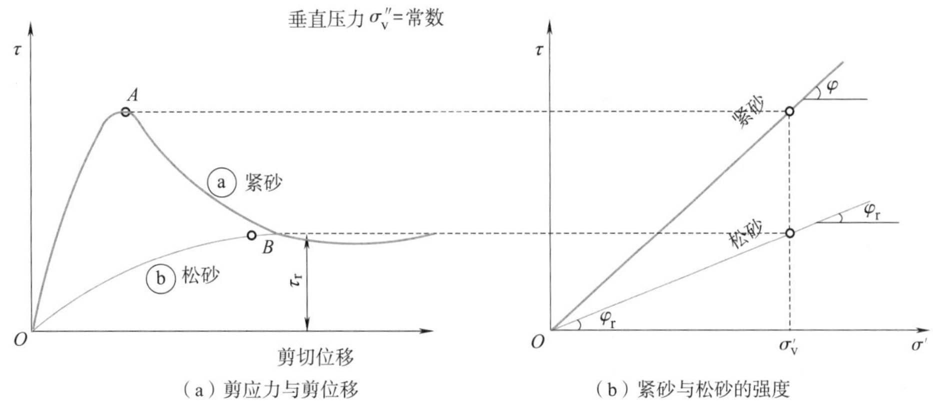

图 5-21　砂土剪应力、剪位移和强度的关系

密实砂之所以在剪切过程中出现峰值剪应力，与密实砂土在剪切过程中孔隙体积的变化有关。密实砂在剪切时，首先其孔隙有微小压缩，之后是膨胀，如图 5-22 所示。前面已解释了膨胀原因。由于膨胀所需的能量，使剪应力很快达到峰值，随后膨胀趋于停止，砂粒重新排列，这时孔隙体积逐步稳定到一临界值，对应的孔隙比称为临界孔隙比 e_{cr}（critical void ratio）。这时剪应力开始下降到残余强度。至于松砂，由于颗粒结构不稳定，孔隙较大，一旦受剪切，孔隙颗粒坍塌，孔隙收缩，一般称为剪缩，随着剪位移的发展，颗粒位置逐步调整，孔隙略有回胀，以后的变化逐步趋于稳定，并趋向于临界孔隙比，同时剪应力也随剪应变逐步发展达到最大值。

砂土在剪切过程中是否出现剪胀或剪缩现象，主要取决于它的初始孔隙比。如果砂土的初始孔隙比正好等于其临界孔隙比 e_{cr}，则在剪切过程中，砂土体积基本无变化，这当然是特例。砂土的临界孔隙比也不是固定不变的，它随压力（或围压）的大小而变。当围压增高时，e_{cr}值降低，反之则提高，如图 5-23 的曲线所示。

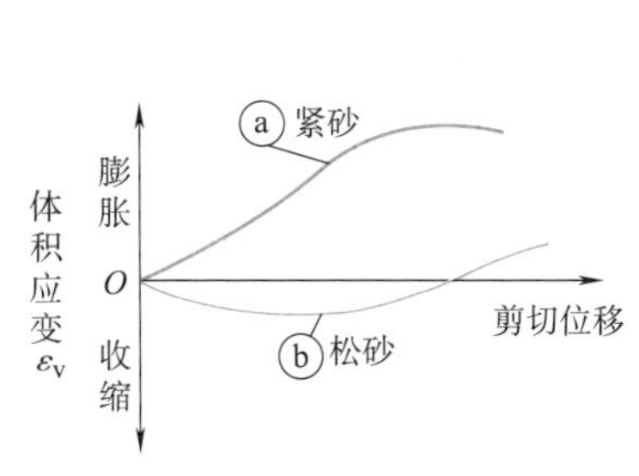

图 5-22　砂土体积变化和剪位移的关系

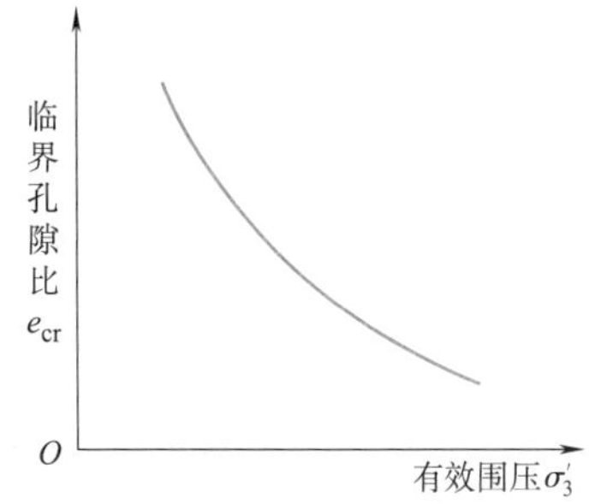

图 5-23　临界孔隙比与有效围压的关系

临界孔隙比对研究地基振动液化有重要意义，它可用来判断砂土地基在振动作用下是否出现液化。对在一定地层压力下的砂土，存在着相应的 e_{cr}值，如图 5-23 中曲线所示。当砂土天然孔隙比 $e>e_{cr}$时，振动时砂土孔隙有可能出现振缩；如果是饱和砂土，振动时将产生超孔隙水压，过大超孔隙水压可使地基砂土产生液化现象，进而丧失承载力。

5.4.3 高压下砂土强度

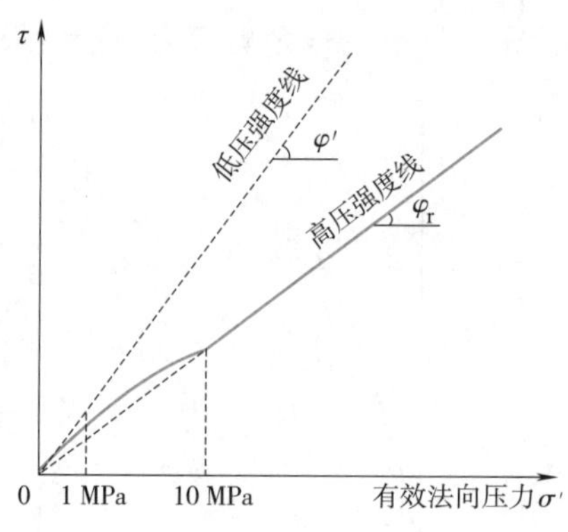

图 5-24 高压下密实砂土的强度包线

前述内容是正常基础压力下($\sigma_z \leqslant 1$ MPa)的砂土强度,这时的 φ 角为定值,强度线为直线。当压力超过 1 MPa时(相当于重大建筑物基底压力),如为密实砂土,则强度线开始向下弯曲,当压力接近 10 MPa 时,强度线稍有翘起并开始变为直线,其延长线通过原点,内摩擦角已减小到残余内摩擦角 φ_r,如图 5-24 所示。出现这现象的主要原因在于高压下,砂土颗粒在接触点处被压碎,剪胀角随着压力提高而逐步减小,最后完全消失,φ 角也趋稳定。对于松砂,由于没有剪胀现象,其强度线始终是直线,不随压力增高而变,内摩擦角为 φ_r,与高压力下密实砂的内摩擦角相同。由此可见,在高压力下砂土的抗剪强度与砂土初始孔隙比无关。

5.4.4 影响砂土强度的因素

砂土的抗剪强度,主要受到如下几种因素的影响:

(1)颗粒矿物成分、颗粒形状和级配

砂土矿物成分对强度的影响,主要源于矿物表面摩擦力,例如石英的表面摩擦角为 26°,长石也差不多,而云母仅为 13.5°,故石英、长石砂的强度较云母高。颗粒形状和级配对强度的影响也很明显,多棱角的颗粒和级配良好的砂土,颗粒之间的咬合作用大于圆滑型和粒径单一的砂土,从而提高砂土的内摩擦角 φ。

(2)沉积条件

天然沉积的砂土都是水平向沉积,颗粒排列大致呈水平方向,适于承受垂直压力,垂直向压缩性小于水平向,垂直截面上的抗剪强度高于水平截面,垂直截面上的颗粒咬合作用大于水平截面。当然,砂土土层的各向异性还与颗粒形状、大小和组成有关。

(3)试验条件

试验条件对砂土强度有一定影响。如对于密实砂土,直剪仪获得的 φ' 值较常规三轴仪的大 4°左右;对于松砂,则仅大 1°左右。其原因在于密实砂具有较强的咬合作用,在直剪仪上需要更大的能量克服它,松砂咬合作用较弱,相应的 φ' 值也就差别不大。

(4)其他因素

关于初始孔隙比、围压大小等的影响,前面已经讨论。至于加荷速度,对于干砂强度影响不大,但对于饱和砂,由于剪切时造成孔隙变化,产生孔隙水压,从而促使孔隙水的流动,这就需要剪应力提供一定能量。加荷速度越快,能量要求的越大,获得的强度也越高。

5.5 黏性土抗剪强度

黏性土强度大致源于以下三个方面:①颗粒间的黏聚力,这里包括颗粒间胶结物的胶结力、黏粒间的电荷吸力和分子吸力等;②为了克服剪胀需要付出的力;③颗粒间的摩擦力。在较小的轴应变下黏聚力可达到峰值,但随着应变发展迅速消失,这是由于胶结物脆裂和电引力的消失所致。在黏聚力消失的同时,剪胀所需的剪应力却很快达到峰值,随后逐渐消减。摩擦力随轴应变增大而逐渐达到最大值。黏性土强度主要由这三方面强度综合叠加而成。

对于正常固结黏土，没有剪胀问题，黏聚力也较小，故在一定围压下强度随应变的增大出现较小峰值，而后逐渐降低到稳定值，即残余强度。对于超固结黏土，在剪切过程中将出现剪胀现象，黏聚力也很高，因此在相同固结压力下，强度随应变的发展将出现较大峰值，随后逐步降到与正常固结黏土相同的残余强度。对于无剪胀现象且黏聚力不大的软黏土，试验时通常出现变形很大而强度尚未达到峰值，此时可取 15%轴向应变点作为破坏点。

如前所述，黏性土抗剪强度与试验过程中的排水条件有关。下面将基于三轴试验的不同排水条件对饱和黏土的强度展开讨论。

5.5.1　不排水剪或快剪强度

在不排水条件下，饱和黏土含水量和体积不变。理论上，增加的荷载首先产生超孔隙水压，由于不能排水使得超孔隙水压力不能消散，所以土体有效应力不变。超孔隙水压力是各向均等的，故总应力摩尔圆的半径相等，为垂直压杆施加的压力 $\sigma_v=\sigma_1-\sigma_3$。此时所得的极限应力圆只是随初始围压 σ_3 大小而位置左右移动应力圆，它们的包线应为水平线(图 5-25)。

不排水快剪的内摩擦角 φ_u 和黏聚力 c_u 分别为

$$\varphi_u=0 \tag{5-7}$$

$$c_u=\frac{\sigma_1-\sigma_3}{2} \tag{5-8}$$

如此测得的 φ_u 和 c_u 为总应力强度指标。

如果土样受到前期上覆土层压力 p_0' 的固结作用，在土样取出后和试件制作过程中，表面附近部分土体结构与应力状态可能受到干扰和释放。为此把这种土样放入压力室时，先施加相当于地层前期压力的固结压力，使土样应力恢复到原位状态，再关闭排水管阀进行不排水试验。试验中开始施加的任何大小围压对土样中原存的有效压力不产生影响。在剪应力作用下，土样中原存的有效压力将影响抗剪强度 c_u，因此 c_u 与原存有效压力 p_0' 有关。一般而言，c_u 将随土样埋深或前期压力的增加而增大。

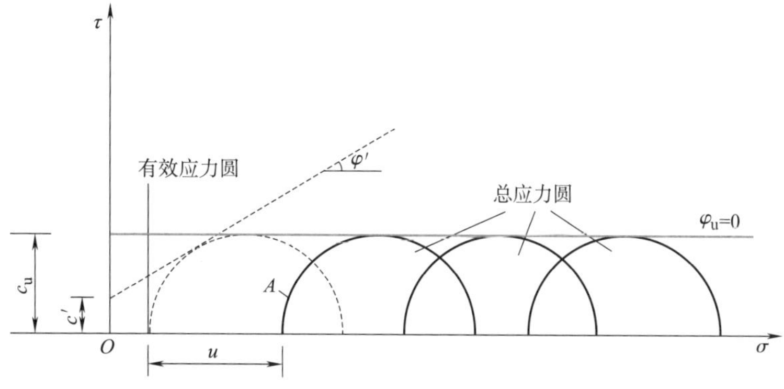

图 5-25　饱和黏土不排水剪试验

5.5.2　固结不排水剪或固结快剪强度

在 5.3 节中曾介绍过固结不排水剪的试验方法。对于不同的固结压力，可获得不同位置和不同直径的极限应力圆。

若为正常固结黏土，极限应力圆包线为过原点的直线，称为固结不排水剪强度线，如图 5-26(a)所示。黏聚力 c_{cu}为零，内摩擦角为 φ_{cu}。

若土样为超固结黏土，其前期固结压力为 p'_m，在固结不排水剪时，当剪切力作用前的固结压力小于 p'_m，土呈现超固结土特性，极限应力圆的包线大致成平缓拱曲线，且不过原点。包线可近似地取为直线，与纵轴的截距为黏聚力 c_{cu}，如图 5-26(b)所示，p'_m越高，c_{cu}越大，直线倾角为内摩擦角 φ_{cu}。若剪切前的固结压力大于 p'_m，土样将呈现正常固结土特性，所得到的极限应力圆包线的延长线通过原点，$c_{cu}=0$，其倾角较超固结段者为大。

工程中为了实用方便，可将上述两坡段折线近似地用一段直线来代替。值得注意的是，从天然土层中取出的土样都承受过前期固结压力，至少也受到土层自重有效压力的作用，若为表层土，由于水分蒸发而使土体收缩，也会表现出超固结性质，故试验得出的固结快剪强度线往往为包括前期超固结阶段在内的综合强度线，$c\neq0$，如图 5-26(b)所示。若这类土在历史上未受到更大的固结压力，则属于正常固结土。

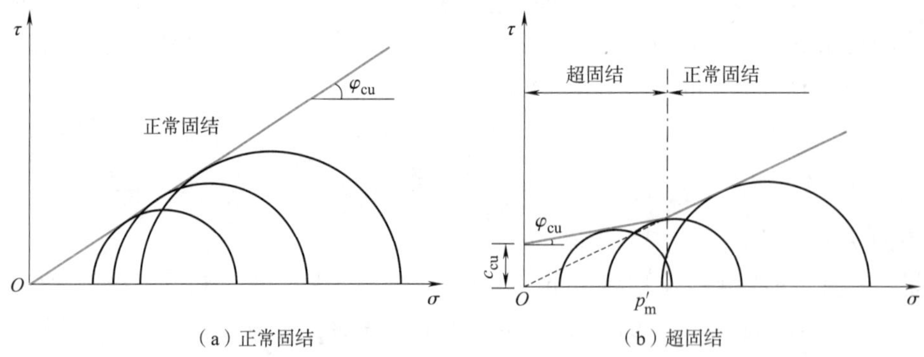

图 5-26　黏性土固结不排水剪试验

正常固结黏土的有效应力强度线可由如下方法确定。当土样受围压充分固结之后，超孔隙水压为零。但在不排水剪切时，土样会产生新的超孔隙压力 u。若土样为正常固结黏土，超孔隙压力为正(受压)，将总应力圆向左移动 u 即可得有效应力圆。由于 $\sigma_1-\sigma_3=\sigma'_1-\sigma'_3$，故两个圆的半径应相等。不同固结压力的总应力圆将产生不同的 u，借此可求得不同位置的有效应力圆，其包线为有效强度线，并通过原点，如图 5-27(a)所示。显然有效应力强度线的 φ'大于总应力强度线的 φ_{cu}。

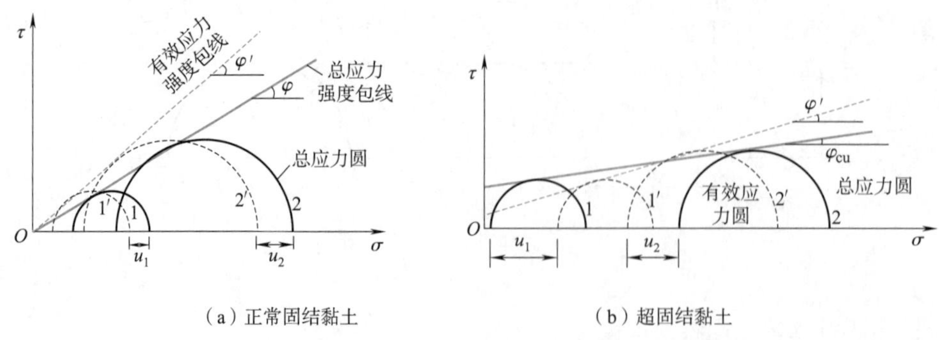

图 5-27　固结快剪总应力和有效应力强度线

对于超固结黏土，如图 5-27(a)所示，当剪切前的固结压力小于土样前期固结压力 p'_m时，土处于超固结状态，在不排水剪作用下所引起的超孔隙压力一般为负值，称为负孔隙水压，它使有效应力圆从总应力圆位置向右移 u_1；当固结压力大于前期固结压力 p'_m时，土处于正常固结状态，在不排水剪切作用下所引起的超孔隙压为正值，因而有效应力圆从总应力圆位置向左移 u_2。可见，有效应力强度线斜率大于总应力强度线，即 $\varphi'>\varphi_{cu}$和 $c'<c_{cu}$。

正常固结黏土的 φ'和 φ_{cu}之间有着固定关系。设土样在原位受土层自重有效压力 p'_0（垂直）和 $K_0p'_0$（水平）作用，在固结快剪中，先使土样受 K_0 固结，垂直压力为 p'_0，水平压力为 $K_0p'_0$，然后进行不排水剪，直到破坏。在破坏时的应力为

$$\sigma_1=p'_0+\Delta\sigma_1$$

$$\sigma_3=p'_0K_0$$

不排水剪切破坏时产生新的超孔隙水压 $\Delta u=A_f\Delta\sigma_1$，故有效压力为

$$\sigma'_1=\sigma_1-\Delta u=p'_0+(1-A_f)\Delta\sigma_1$$

$$\sigma'_3=\sigma_3-\Delta u=K_0p'_0-A_f\Delta\sigma_1$$

按照摩尔—库仑理论有

$$\sin\varphi_{cu}=\frac{\sigma_1-\sigma_3}{\sigma_1+\sigma_3}=\frac{\Delta\sigma_1+(1-K_0)p'_0}{\Delta\sigma_1+(1+K_0)p'}$$

所以
$$\Delta\sigma_1=\frac{\sin\varphi_{cu}(1+K_0)-(1-K_0)}{1-\sin\varphi_{cu}}p'_0 \tag{5-9}$$

又
$$\sin\varphi'=\frac{\sigma'_1-\sigma'_3}{\sigma'_1+\sigma'_3}=\frac{\Delta\sigma_1+(1-K_0)p'_0}{\Delta\sigma_1(1-2A_f)+(1+K_0)p'_0} \tag{5-10}$$

把式(5-9)代入式(5-10)，并经过整理，可得

$$\sin\varphi_{cu}=\sin\varphi'\frac{A_f(1-K_0)+K_0}{K_0+\sin\varphi'(1+K_0)A_f} \tag{5-11}$$

式(5-11)中 φ_{cu}与 φ'之间的关系，主要取决于 K_0 和 A_f。

5.5.3　排水剪或慢剪强度

如前所述在整个试验过程中，始终把连通土样的排水管阀打开，并非常缓慢地施加固结压力和垂直压力，以使剪切过程中每一步加载产生超孔隙压力完全消除。若为应力控制式加载，则每加一级垂直压力都要维持很长时间，让土中剪力产生的超孔隙水能充分渗出；如为应变控制式加载，则垂直压杆的推动速度非常慢，以确保剪切过程产生的超孔隙压能完全消失。因此，试验过程中的总应力路径也就是有效应力路径，试验求得的总强度线也就是有效强度线。

对于正常固结黏土，其强度线通过原点，即黏聚力 $c_d=0$，内摩擦角 φ_d与有效内摩擦角 φ'相等；对于超固结黏土，当试验中的固结压力小于前期固结压力时，强度线略成拱曲形，且不通过原点，通常可近似取成直线，在纵轴上的截距为 c_d，倾角为 φ_d，当试验中的固结压力大于前期固结压力时，强度线为直线，延长线通过原点，表现为正常固结黏土，如图 5-28 所示。工程实践中可根据地基工作压力大小取不同段的强度指标，或把上述折线强度线近似为直线。

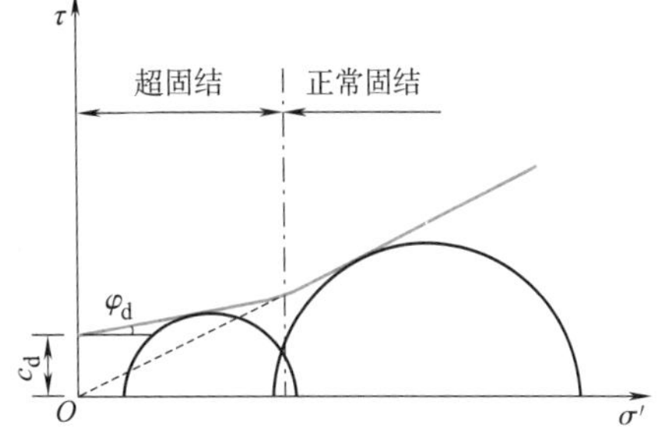

图 5-28　慢剪或排水剪试验

如上所述，用慢剪测定有效强度指标的试验时间太长。在工程分析中，常采用固结快剪，

以测定有效强度指标 c' 和 φ'，因为 c' 和 φ' 与慢剪的 c_d 和 φ_d 很接近。但必须了解固结快剪中的 c'、φ' 并不完全等于慢剪中的 c_d、φ_d，两者虽然都是有效强度指标，由于受力条件不同（前者是在土体积不变条件下不排水剪切后所得，而后者是在体积变化条件下排水剪切后所求得），一般说来 c_d 和 φ_d 略大于 c' 和 φ'。但二者相差不大，在工程上常用后者代替前者。

用直接剪切仪也可进行排水剪试验，但所求得的 c_d 和 φ_d 值一般大于三轴仪。这主要由试验条件的不同造成的。

以上三种不同排水条件的抗剪强度差别较大。在工程实践中，应使试验方法尽量接近地基土的受力和排水条件，这样的试验结果，才有实用价值。根据大量的工程实践，采用最多得强度试验方法是固结快剪和快剪。

【例 5-4】有一正常固结饱和黏土，在三轴仪中进行固结快剪。试验过程是：先在压力室加 200 kPa 水压对土样进行固结并在整个试验中保持不变，然后关闭连通土样的排水管阀，在垂直方向施加压力。当压力增量 $\Delta\sigma_1=160$ kPa 时，土样被剪坏。若剪坏时的孔隙压力系数 $A_f=0.6$，试求算：固结快剪总内摩擦角 φ_{cu} 和有效内摩擦角 φ'。

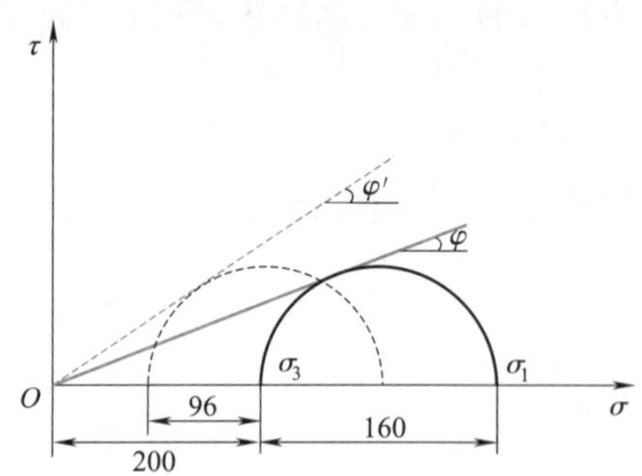

图 5-29　例 5-3 图(单位：kPa)

【解】土剪破时的小主应力 $\sigma_3=200$ kPa，大主应力 $\sigma_1=200+160=360$(kPa)，极限应力圆半径为 $\Delta\sigma_1/2=160/2=80$(kPa)，可在应力坐标图上绘出极限应力圆，如图 5-29 所示。由于是正常固结黏土，强度线应通过原点，故可确定 φ_{cu} 和 φ'。

极限应力圆的半径为 $\Delta\sigma_1/2$，由图上可以看出：

$$\sin\varphi_{cu}=\frac{\Delta\sigma_1/2}{\sigma_3+\Delta\sigma_1/2}=\frac{80}{200+80}=0.286$$

得
$$\varphi_{cu}=16.6°$$

在剪坏时孔隙压力增加了 $\Delta u=A_f\cdot\Delta\sigma_1=0.6\times160=96$(kPa)，因此极限应力圆应向左移动 96 kPa，则

$$\sin\varphi'=\frac{\Delta\sigma_1/2}{\sigma_3+\frac{\Delta\sigma_1}{2}-\Delta u}=\frac{80}{280-96}=0.435$$

得
$$\varphi'=25.77°$$

需指出，由于我国幅员辽阔，各地区土的组成和性质差别很大，特殊土类和不良土层众多，不同地方的同类土性质也存在差异。因此，在具体工程实践中必须根据相关规范进行岩土工程勘察试验，设计计算时应参照当地的实际经验进行。

5.6　应力路径及其影响

5.6.1　应力路径的定义

在应力图中常用应力变化轨迹来表示土中一点应力状态的变化过程，这种轨迹称为应力路径(stress path)。这种表示方法可使复杂的应力变化过程用简单明了的图形展示出来，以

便于理解分析。

以前述固结排水三轴试验为例进行说明。加压过程中土中应力状态的发展可由一系列有效应力圆表示，如图5-30(a)所示。可以看出，把诸多应力圆绘在图上，虽然能表示一个简单应力变化过程，但显示复杂。如果加压过程有卸载和重复加载阶段，则应力圆更多，更繁杂不清，不便于理解。若用应力路径来表示，则相对简单明了。常用有两种表示法：(1)用剪裂面上的应力变化来表示土样的应力发展过程，如图5-30(a)中各阶段应力圆上的A、B、C、D、E代表该圆上的应力变化，把这些点连接起来形成应力路径AE，如图5-30(b)所示；(2)用最大剪应力面$\left(\frac{\sigma_1-\sigma_3}{2},\frac{\sigma_1+\sigma_3}{2}\right)$的应力变化来表示。

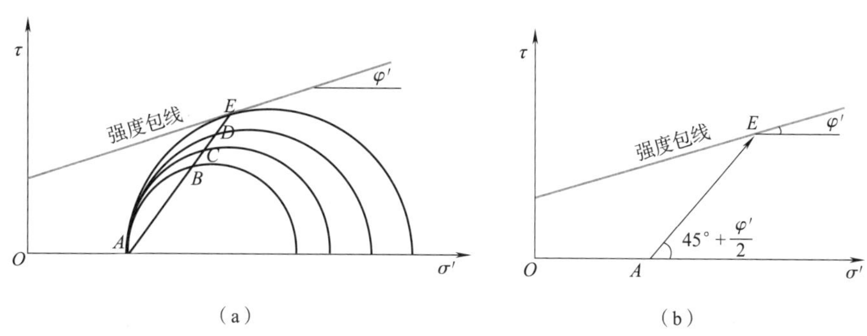

图5-30　以剪裂面上应力表示的有效应力路径

5.6.2　总应力路径与有效应力路径

应力路径有总应力路径和有效应力路径之分。前者是直接引用总应力值来表示应力状态的变化，而后者是在总应力路径基础上减去孔隙水压力，而形成有效压应力路径。现以有效应力路径为例，用常规三轴排水试验进行阐述。试验开始加固结压力，再加垂直压力，整个试验过程中使超孔隙水压力始终保持为零，所测得的应力指标为有效应力。根据加载途径可绘出一系列应力圆，如图5-31(a)所示，每个应力圆的顶点A、B、C、D、E表示最大剪应力的变化，为了简化，可把这些点绘在以$p'=\frac{\sigma_1'+\sigma_3'}{2}$为横坐标、$q=\frac{\sigma_1-\sigma_3}{2}$为纵坐标的图上，如图5-31(b)所示，并连成直线，得到有效应力路径AE。设E点是极限应力圆顶点，把不同初始固结压力的极限应力圆的顶点连接起来形成K_f线，如图5-32所示。该线也是一种强度线，其倾角为α，与纵坐标截距为a，它与强度包线有着内在联系。由图5-32通过式(5-3)可得

$$\tan\alpha=\sin\varphi' a=c'\cos\varphi'$$

根据上述排水试验的应力路径AE(图5-33)，在固结压力σ_3'加上后，维持σ_3'不变，增加σ_1'，则应力路径AE的斜率为$\frac{\Delta q}{\Delta p'}=\frac{\Delta\sigma_1'}{\Delta\sigma_1'}=\tan 45°=1$。若应力路线改为$AH$，意味着土样固结后，在分级减去围压$\Delta\sigma_3'$的同时，增加垂直压力$\Delta\sigma_v'$，并满足$\Delta\sigma_3'=\Delta\sigma_v'$，从而使大主应力$\sigma_1'$保持不变(即$\Delta\sigma_1'=0$)，则$AH$的斜率为$\frac{\Delta q}{\Delta p}=-\frac{\Delta\sigma_3'}{\Delta\sigma_3'}=-\tan45°=-1$。至于应力路径$AG$，相当于土样固结后，在分级减去围压$\Delta\sigma_3'$的同时，增加垂直压力$\Delta\sigma_v'$，并满足$\Delta\sigma_v'=2\Delta\sigma_3'$，从而使平均压力$p'$保持不变，即$\Delta p'=\frac{\Delta\sigma_1'+\Delta\sigma_3'}{2}=\frac{(2\Delta\sigma_3'-\Delta\sigma_3')-\Delta\sigma_3'}{2}=0$，即$AG$为垂线。

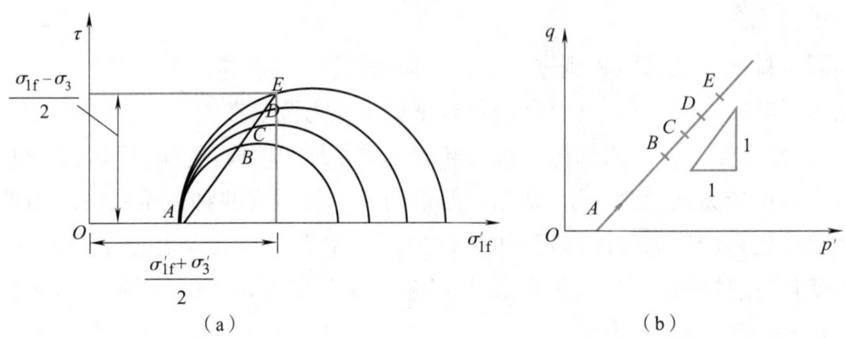

图 5-31　以最大剪应力面上应力表示应力路径

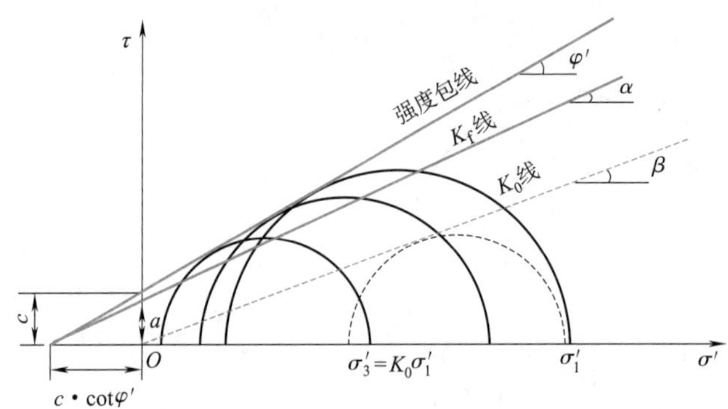

图 5-32　K_f强度线和 K_0 线

此外,还有一种加载方式称为无侧向变形固结,或称 K_0 固结,即在三轴压缩仪中对土加垂直固结压力,其垂直压力增量为 $\Delta\sigma'_1$,而侧压力增量为 $\Delta\sigma'_3=K_0\Delta\sigma'_1$,$K_0$ 为无侧向变形的侧压力系数。如果由 O 点开始进行 K_0 固结加压(图 5-33),则应力路径为过原点的 K_0 线,它的斜率为$\frac{\Delta q}{\Delta p}=\frac{\Delta\sigma'_1-\Delta\sigma'_3}{\Delta\sigma'_1+\Delta\sigma'_3}=\frac{1-K_0}{1+K_0}=\tan\beta$,$K_0$ 线的倾角为 β 角。如果由 A 点进行 K_0 固结,则应力路径为 AI,与 K_0 线平行。利用 K_0 线可对土样的变形进行如下判断:效应力路径与 K_0 线平行,说明土样在该应力路线下的侧向应变为零;应力路径的倾角大于 K_0 线的 β 角,如图 5-33中的 AE,意味着土样发生侧向膨胀;当应力路径倾角小于 β,如图 5-33 中的应力路径 AF,土样将发生侧向收缩;路径 AK 与 AF 方向相反,应为侧向膨胀。

上述应力路径表示法可显示总应力路径,并可与有效应力路径进行对比。对于正常固结土进行的固结不排水试验,总应力路径为直线 AB,如图 5-34 所示,而有效应力路径为向左弯曲线 AB',两线之间的水平差距为试验过程中产生的超孔隙水压 u。若为超固结黏土,总应力路径不变,有效应力路径 AB' 向前弯曲,表明破坏时引起的孔隙水压可能为负值,如图 5-35所示。

应力路线可表示地基土在自重作用下的初始固结、在荷载作用下的有效应力变化,如图 5-36所示。图中 OA 表示天然土层在自重作用下固结(K_0 固结)的有效应力路线,AB 表示荷载施加时刻(孔隙水未排出)的有效应力路线,BC 为随后土层在固结过程中的有效应力路径,而 AC 为荷载施加后的总应力路径。取土样按上述应力路线进行三轴加压试验,测出各阶段应变值,可对饱和黏土地基的固结沉降进行计算。

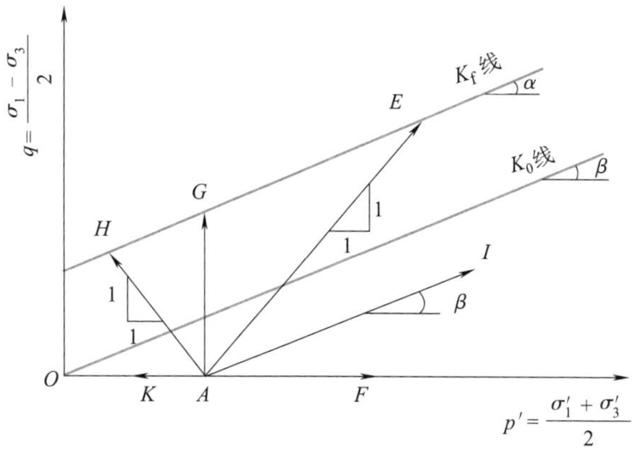

图 5-33　几种典型应力路径和 K_0 线

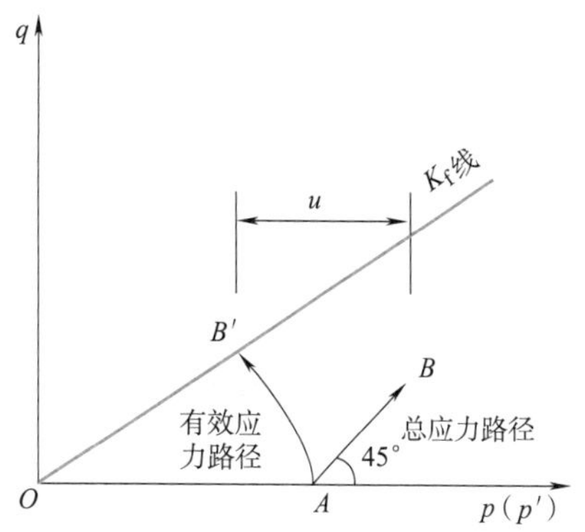

图 5-34　固结不排水试验的总应力路径与有效应力路径(正常固结黏土)

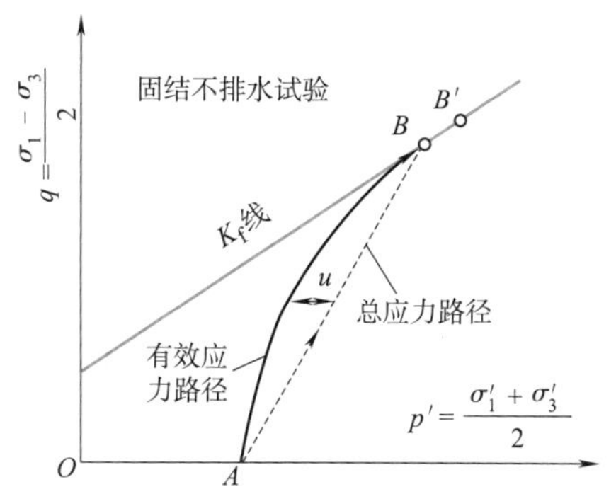

图 5-35　超固结黏土有效应力和总应力路径

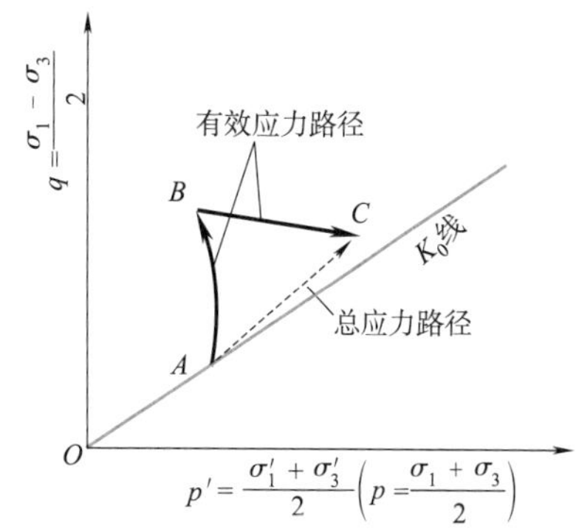

图 5-36　在荷载作用下地基中一点的应力路径

5.6.3　应力路径的影响

试验资料表明，应力路径的不同对砂类土的内摩擦角影响不大，尽管不同应力路径下破坏时的应力差$(\sigma_1-\sigma_3)_f$可能很大。对饱和黏土进行的固结快剪，其有效强度指标 c'、φ' 也与应力路径无关。但是对于各向异性的饱和黏土，不同的应力路径将会大大影响总强度指标 c_{cu} 和 φ_{cu}。

应力路径对变形有显著影响。同一应力状态，但来自不同的应力路径，会产生不同的变形。例如对于目前应力水平相同的两土样，一个先受高压作用，再卸去高压(超固结)，一个未受到高压力作用(正常固结)，虽然两者现在的应力条件相同，但由于压力路径不同，前者压缩性显然小于后者。可见，不同的应力路径(也可称为应力历史)对变形影响不同。

☆5.7　土的屈服条件和破坏准则

5.7.1　土的屈服条件

土属于非弹性介质，其应力—应变关系为非线性关系。工程中为了便于分析，可根据土的特性把应力应变曲线进行适当简化。当应力水平较低、应变较小时，曲线关系可简化成直线，如图 5-37 中 OA 段。此时的变形为弹性变形，卸载后可恢复。当曲线超过 A 点，线段坡度明显减小，所产生的应变不可恢复，为塑性应变。对应于 A 点的应力称为屈服应力。A 点以后的曲线形可分为三种类型：一是成水平状发展，如图中 Ab 线，即应力不变而应变继续发展，直到破坏，这种土体称为理想弹塑性体，屈服应力也即破坏应力或强度；二是曲线随应变的发展而缓慢增大，如图中 Aa 曲线，这说明屈服应力不是定值，而是随塑性应变的增长而缓慢提高，直到破坏，这种土体称为应变硬化(strain hardening)或加工硬化体，屈服应力不等于破坏应力，而是弹性极限；第三种类型与第二种性质相反，当应变超过 A 点后，随应变的发展屈服应力逐渐衰减，如图 5-37 中 Ac 线，这种土体称为应变软化(strain softening)或加工软化体。

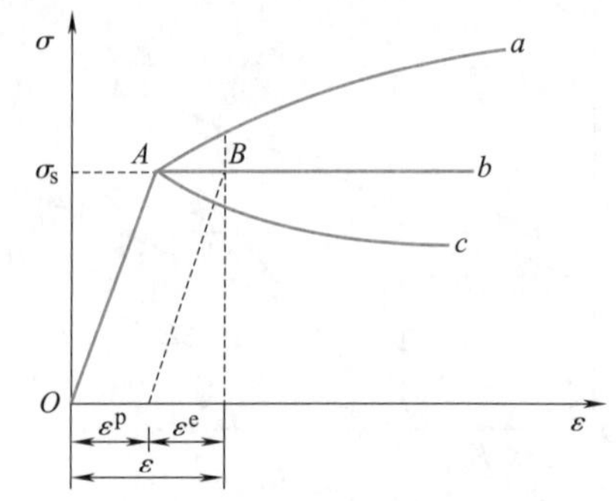

图 5-37 理想化材料的应力—应变关系

Aa—应变硬化材料；Ab—理想塑性材料；Ac—应变软化材料

对于理想弹塑性土，在复杂应力条件下，若应力满足某一特定的应力函数，则土体开始屈服或破坏，该函数称为屈服条件或强度准则。这种函数的一般表达式为

$$f(\sigma_1,\sigma_2,\sigma_3)=k_f \tag{5-12}$$

式中，k_f 为试验常数，随土的性质而异。函数形式取决于所采用的强度理论，如摩尔—库仑理论等。

式(5-12)在主应力空间所描绘出的应力轨迹称为屈服面或破坏面。当应力在屈服面空间范围内时，应力所对应的土体处于弹性状态，当应力达到屈服面，即应力满足于式(5-12)，土体开始屈服变形或破坏。

对于应变硬化和应变软化的土，其屈服应力不是常数，是随塑性应变的发展而变化的。因此屈服函数的一般表达形式不同于式(5-12)。就应变硬化土而言，其屈服面与塑性应变 ε_{ij}^{p} 或塑性功 $W_p=\int\sigma_{ij}\,\delta\varepsilon_{ij}^{p}$ 有关，屈服函数一般表达式为

$$f(\sigma_1,\sigma_2,\sigma_3,H)=0 \tag{5-13}$$

式中 H——硬化参数，$H=H(\varepsilon_{ij}^{p})$ 或 $H=W_p$。

按不同理论，式(5-13)在主应力空间的图形可分为两大类：一种是屈服面在主应力空间成开口锥体，其中心轴为主对角线 $\sigma_1=\sigma_2=\sigma_3$，如图 5-38(a)所示。屈服面与破坏面共轴且现状相似。当应力达到屈服面并略微向外增长时，将引起新的塑性应变，同时使屈服面向外扩张，形成新的屈服面。若该面发展到破坏面，则土体达到破坏。若应力衰减，应力路径指向面内，则屈服面维持不变，土处于弹性应力状态，这种模型为“开口锥体模型”。该类模型未考虑平均压力(各向等压或球应力)对土体塑性体积应变的影响，故有人提出在锥形破坏面(或者是锥形屈服面)的开口端加上一个“帽子”状拱形屈服面，从而形成另一类封闭状模型，即“帽子模型”。当平均压力 σ_m 沿主对角线增长，可使屈服面向外推移，如图 5-38(b)所示。

5.7.2 土的强度理论和破坏准则

有关土的强度理论甚多。在这些理论中最能反映土强度特征的是摩尔—库仑强度理论，它最常用的表达形式为式(5-3)，可作为理想弹塑性土体的破坏准则。如令 σ_1、σ_2、σ_3 代表主应

力的顺序而不表示其大小，则该破坏准则也可写成：

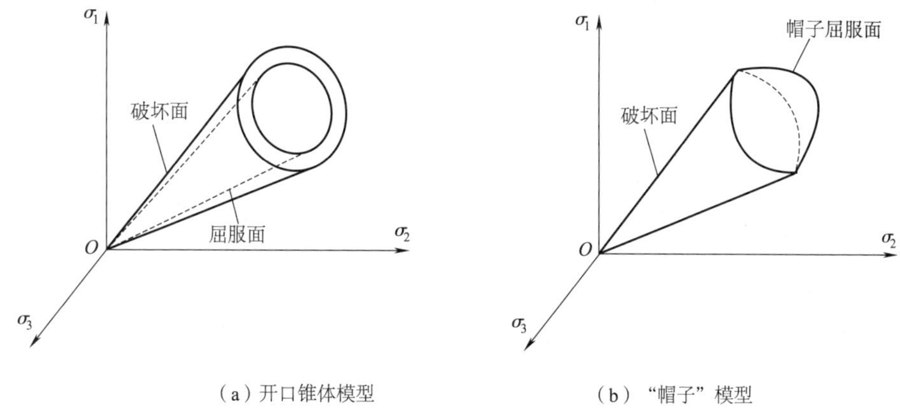

（a）开口锥体模型　（b）“帽子”模型

图5-38 土的屈服模型

$$\{(\sigma_1-\sigma_2)^2-[2c\cos\varphi+(\sigma_1+\sigma_2)\sin\varphi]^2\}\times\{(\sigma_2-\sigma_3)^2-[2c\cos\varphi+(\sigma_2+\sigma_3)\sin\varphi]^2\}\times \{(\sigma_3-\sigma_1)^2-[2c\cos\varphi+(\sigma_1+\sigma_2)\sin\varphi]^2\}=0 \tag{5-14}$$

式(5-14)在主应力空间所描绘出的轨迹为开口等边不等角六面锥体，如图5-39所示，中心轴线为主对角线 $\sigma_1=\sigma_2=\sigma_3$。若过主对角线上作一个与该直线垂直的平面，交三主轴于 A、B、C 并获得等截距，则该平面方程为 $\sigma_1+\sigma_2+\sigma_3=$常数，称为八面体等斜面(按这样的平面在主应力空间可作八个，构成正八面体之故)。该平面 ABC 与六面锥体的交线轨迹构成等边不等角的六边形。图5-40为该斜面正投影，$A_1B_2C_1A_2B_1C_2A_1$ 为该轨迹线，A_1 点相当于在 $\sigma_1>\sigma_2=\sigma_3$ 的三轴压缩强度，而 A_2 点则相当于在 $\sigma_1<\sigma_2=\sigma_3$ 的三轴挤伸试验中的挤伸强度。至于 B_1、B_2 和 C_1、C_2 的意义与 A_1、A_2 相同，只不过应力编号相应改变。可以证明，$\dfrac{OA_1}{OA_2}=\dfrac{OB_1}{OB_2}=\dfrac{OC_1}{OC_2}=\dfrac{3+\sin\varphi}{3-\sin\varphi}>1$，这基本符合试验结果。

但该理论不考虑中主应力对强度的影响，与试验结果略异，说明理论稍有不足。

土力学中常见的强度理论还有广义特雷斯卡破坏准则(extended Tresca yield criterion)和广义米赛斯破坏准则(extended Von-Mises yield criterion)等。它们是在考虑平均应力$\left(\sigma_m=\dfrac{\sigma_1+\sigma_2+\sigma_3}{3}\right)$的影响而对特雷斯卡和米赛斯破坏准则进行修正后得出的。后两理论广泛用于金属等固体材料，特斯卡理论是最大剪应力达到屈服值，破坏轨迹为正六面柱体面，米赛斯理论是塑性功到达屈服值，其破坏轨迹为圆柱形面。

广义特雷斯卡破坏准则可写成

$$[(\sigma_1-\sigma_2)^2-(c_1+k_1\sigma_m)^2]\cdot[(\sigma_2-\sigma_3)^2-(c_1+k_1\sigma_m)^2][(\sigma_3-\sigma_1)^2-(c_1+k_1\sigma_m)^2]=0 \tag{5-15}$$

广义米赛斯破坏准则可写成

$$(\sigma_1-\sigma_2)^2+(\sigma_2-\sigma_3)^2+(\sigma_3-\sigma_1)^2=(c_2+k_2\sigma_m)^2 \tag{5-16}$$

以上两式中的 c_1、k_1 和 c_2、k_2 均为试验参数。式(5-15)在主应力空间的轨迹是正六面锥体，而式(5-16)则为外接于正六面锥体的圆锥体，它们与八面体斜面的交线图形分别为正六边形和圆形，如图5-40所示。由该图可以看出，两理论的强度线轨迹对中心轴是对称的，压缩强度与挤伸强度相等，这与土的试验结果不符。许多学者的试验研究已证实，不论对于黏土或砂土，在所有强度理论中摩尔—库仑理论更接近试验结果，故到目前为止，该理论仍为广大岩土工程技术人员所接受。

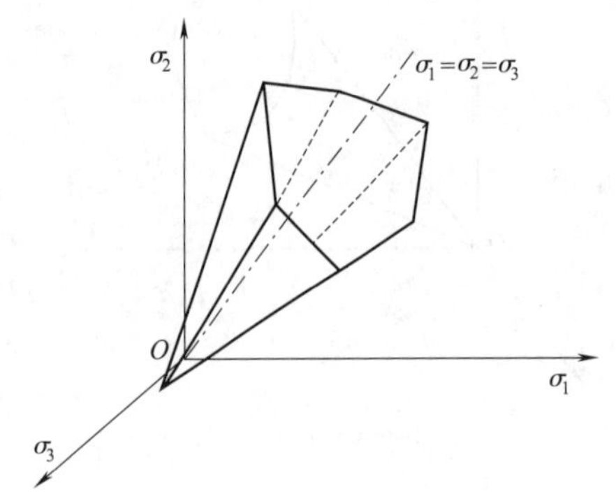

图 5-39　摩尔—库仑强度理论在应力空间的轨迹

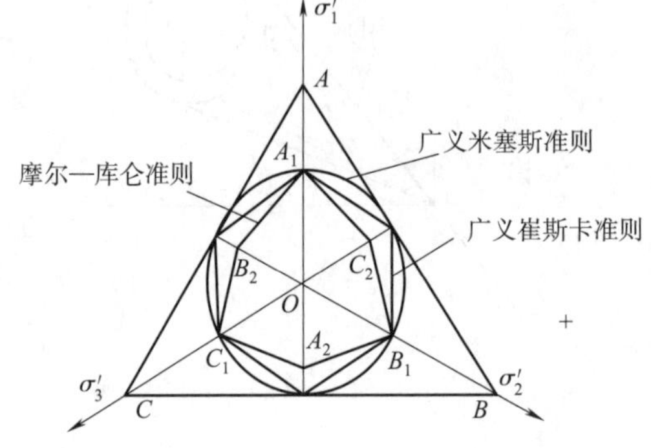

图 5-40　八面体等斜面上的强度轨迹

土力学人物小传(5)——库仑

Charles Augustin Coulomb(1736—1806 年)(图 5-41)

1736 年 6 月 14 日生于法国昂古莱姆，1774 年当选为法国科学院院士。他对土木工程(结构、水力学、岩土工程)以及自然科学(包括力学、电学和磁学)等都有重要的贡献。1773 年，库仑向法兰西科学院提交论文“最大最小原理在某些与建筑有关的静力学问题中的应用 ”，对土的抗剪强度进行了系统研究，并提出了土的抗剪强度准则(即库仑定律)，还对挡土结构上的土压力的确定进行了系统研究，首次提出了主动土压力和被动土压力的概念及其计算方法(即库仑土压力理论)。该文在 1776 年由法国科学院刊出，被认为是古典土力学的基础。

图 5-41　库仑

习　题

5-1　当土样承受一组压力(σ_1,σ_3)作用，土样正好达到极限平衡。如果此时，在大小主应力方向同时增加压力 $\Delta\sigma$，问土的应力状态如何？若同时减少 $\Delta\sigma$，情况又将怎样？

5-2　设有干砂样置入剪切盒中进行直剪试验，剪切盒断面面积为 60 cm^2，在砂样上作用垂直荷载 900 N，然后作水平剪切，当水平推力达 300 N 时，砂样开始被剪坏。试求当垂直荷载为 1 800 N 时，应使用多大的水平推力砂样才能被剪坏？该砂样的内摩擦角为多大？并求此时的大小主应力和方向。

5-3　如果在上题相同的剪切盒中置入黏土样，并在与上题相同的垂直力和剪切力作用下(即垂直力 900 N，水平推力为 300 N)土开始被剪破。试问，当垂直压力增高时，哪一个土样(与砂样比较)的抗剪强度大？

5-4　设有含水量较低的黏性土样作单轴压缩试验，当压力加到 90 kPa 时，黏性土样开始破坏，并呈现破裂面，此面与竖直线成 35°角，如图 5-42 所示。试求其内摩擦角 φ 及黏聚力 c。

5-5　对某土样进行剪试验，测得垂直压力 p=100 kPa 时，极限水平剪力 τ_f=75 kPa。以同样土体进行三轴试验，液压为 200 kPa，当垂直压力加到 550 kPa(也包括液压)时，土样被剪坏。求该土样的 φ 和 c 值。

5-6 某土样内摩擦角 $\varphi=20°$，黏聚力 $c=12$ kPa。问(a)作单轴压缩试验时，或(b)液压为5 kPa的三轴压缩试验时，垂直压力加到多大(三轴试验的垂直压力包括液压)土样将被剪坏？

5-7 设砂土地基土中一点的大小主应力分别为500 kPa和180 kPa，其内摩擦角 $\varphi=36°$。求：

(a)该点最大剪应力是多少？最大剪应力作用面上的法向应力是多少？

(b)哪一点截面上的总应力偏角为最大？其最大偏角值为？

(c)此点是否已达极限平衡？为什么？

(d)如果此点未达到极限平衡，若大主应力不变，而改变小主应力，使达到极限平衡，这时的小主应力应为多少？

5-8 已知一砂土层中某点应力达极限平衡时，过该点的最大剪应力平面上的法向应力和剪应力分别为264 kPa和132 kPa。试求：

(a)该点处的大主应力 σ_1 和小主应力 σ_3；

(b)过该点的剪切破坏面上的法向应力 σ_f 和剪应力 τ_f；

(c)该砂土的内摩擦角；

(d)剪切破坏面与大主应力作用面的夹角 α。

5-9 取黏性土试样进行三轴试验：围压为 $p=50$ kPa时，压杆荷载 $\sigma_v=78$ kPa时土样破坏；$p=100$ kPa时，$\sigma_v=109.91$ kPa时土样破坏。

(a)确定该土的 c、φ 值；

(b)如图5-43所示，若土样中存在着与水平面夹角 $\beta=30°$ 的软弱面，其黏聚力 $c_r=5$ kPa，内摩擦角 $\varphi_r=10°$，计算 $p=100$ kPa时，σ_v 增至多大时土样发生破坏？

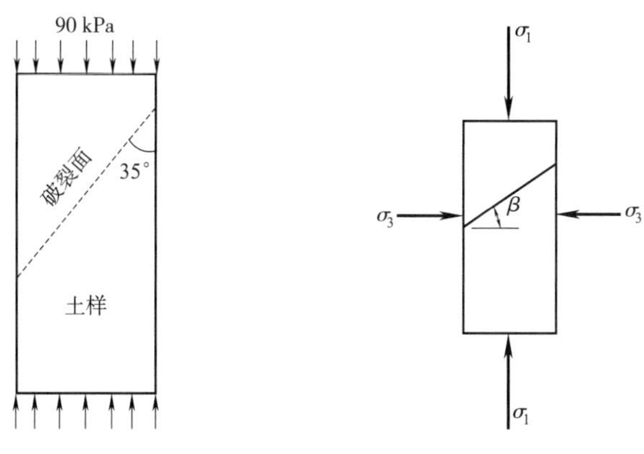

图5-42 习题5-4图　　图5-43 习题5-9图

5-10 现对一扰动过的软黏土进行三轴固结不排水试验，测得不同围压 σ_3 下，在剪坏时的压力差和孔隙水压力(表5-1)。试求算：(a)土的有效压力强度指标 c'、φ' 和总应力强度指标 c_{cu}、φ_{cu}；(b)当围压 σ_3 为250 kPa时，破坏的压力差为多少？其孔隙压力是多少？(提示：3个极限应力圆的强度包线可通过绘图进行线性拟合。)

表5-1 围压、压力差和孔隙压力

围压 σ_3/kPa	剪切破坏时	
	$(\sigma_1-\sigma_3)_f$/kPa	u_f/kPa
150	117	110

续上表

围压 σ_3/kPa	剪切破坏时	
	$(\sigma_1-\sigma_3)_f$/kPa	u_f/kPa
350	242	227
750	468	455

5-11　对饱和黏土样进行固结不排水三轴试验，围压 $\sigma_3=250$ kPa，剪坏时的压力差 $(\sigma_1-\sigma_3)_f=350$ kPa，破坏时的孔隙水压 $u_f=100$ kPa，破裂面与水平面夹角 $\alpha=60°$。试求：

(a)剪切面上的有效法向压力 σ_f' 和剪应力 τ_f；

(b)最大剪应力 τ_{max} 和方向？

5-12　慢剪、固结快剪和快剪的适用条件是怎样的？如同一土样采用上述三种试验方法，所得结果是否一样？为什么？

5-13　设底层为很厚的均匀正常固结的饱和黏土层，其 $\gamma_{sat}=20$ kN/m^3，静止侧压系数 $K_0=1$，在底面下 3 m 处取出土样，把它置于三轴仪中进行固结排水试验，围压 120 kPa，然后关闭土样排水阀，再施加垂直压力，当 $\Delta\sigma_1=80$ kPa 时，土样被剪坏。若取同样土样使固结压力为 150 kPa，试估计 $\Delta\sigma_1$ 为多少时，土样方被剪破？设孔隙压力系数 $A_f=0.7$，按上述试验测得的总应力和有效应力强度指标为多少？若在地下 15 m 处取出土样，按上述相同围压进行固结快剪试验，其测得的 c、φ 值是否有变化？为什么？

第6章 天然地基承载力

6.1 概　　述

地基是指位于建筑物下方的承受建筑物荷载并维持其稳定的岩土体。工程中将地基分为天然地基(natural foundation)和人工地基(artificial foundation)两大类。天然地基是指未经人工处理和扰动并保持了天然土层的结构和状态的地基,而人工地基则是指经过人工处理而形成的地基。

地基承受建筑物基础传来荷载的能力称为地基承载力(foundation bearing capacity)。工程实践中通常用两个指标来衡量地基的承载力,即地基的极限承载力(ultimate bearing capacity)和容许承载力(allowable bearing capacity)。极限承载力是指地基承载力所能达到的极限值,通常用地基破坏前所能承受的最大基底压力表示;容许承载力是指在保证地基稳定(不破坏)的条件下,地基的变形不超过其容许值时的地基承载力,通常用满足强度和变形(沉降)两方面的要求并留有一定安全储备时所允许的最大基底压力表示。

为了保证上部结构的安全和正常使用,地基应满足下述三方面的要求:

(1)强度要求:即地基必须具有足够的强度,在荷载的作用下地基不能破坏;

(2)变形要求:即在荷载和其他外部因素(如冻胀、湿陷、水位变动等)作用下,地基产生的变形不能大于其上部结构的容许值;

(3)稳定性要求:即地基应有足够的抵抗外部荷载和不利自然条件影响(如渗流、滑坡、地震)的稳定能力。

地基是建筑体系的有机组成部分。由于岩土材料的复杂性,地基又是该体系中最容易出问题的环节,而且地基位于基础之下,一旦出事难于补救。因此,地基检算在建筑物的设计中占有十分重要的地位。

地基检算包含对地基强度(承载力)、变形(沉降)和稳定性三个方面的检算,其中地基强度检算是最基本的,也是地基基础设计必须要进行检算的项目。本章主要讨论天然地基承载力的确定方法。

确定地基承载力的方法一般包括理论公式法(theoretical equation method)、经验公式法(empirical equation method)、原位试验法(in-situ testing method)等。理论公式法是利用土的抗剪强度指标按照理论推导得到的公式确定地基承载力的方法。经验公式法是利用室内试验指标、现场测试指标或野外鉴别指标,通过代入相关规范给定的经验公式确定地基承载力的方法。原位试验法是通过现场试验确定地基承载力的方法,原位试验包括静载试验、静力触探试验、标准贯入试验、旁压试验等,其中以静载试验为最可靠。

本章先介绍浅基础的地基破坏模式,再介绍浅基础天然地基承载力的常用确定方法,包括理论公式法、经验公式法、原位试验法以及极限分析法。

6.2 地基的典型破坏形态

地基承载力是地基土在一定外部环境下的固有属性，但其发挥的程度与地基的变形密切相关。也就是说，对于特定的地基土层，当基础的形状、尺寸、埋深及受荷情况等相关因素确定时，地基的承载能力也就确定了，但其发挥的程度则与地基的变形相关。这种一一对应的关系一直持续到地基承载力的完全发挥，此时，地基承载力也达到它的极限值——极限承载力。所以地基的承载力与地基的破坏直接相关，故在介绍地基承载力的计算理论和确定方法之前，我们先对地基的破坏形态与过程做一个简要的分析。

地基的破坏形态和土的性质、基础埋深以及加荷速度等有密切的关系。由于实际工程所处的条件千变万化，所以地基的实际破坏形式多种多样。但总体来看可以归纳为整体剪切破坏(general shear failure)、局部剪切破坏(local shear failure)和冲切破坏(punching shear failure)三种典型形态(图 6-1)。

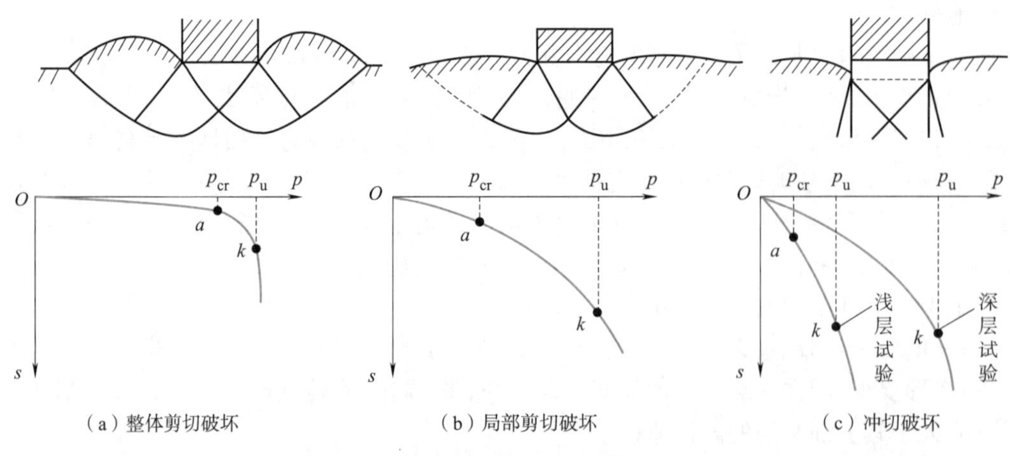

图 6-1 地基的典型破坏形态

1. 整体剪切破坏

对于地基为密实的砂土或硬黏土且基础埋置较浅的情况，在上部竖向荷载逐级增大的过程中，当基底压力 p 小于 p_{cr}时，其荷载沉降曲线(p—s 曲线)接近于直线，如图 6-1(a)所示，可看作地基处于弹性变形阶段。当基底压力达到 p_{cr}时，基底两端点处土体达到极限状态并开始产生塑性变形，故 p_{cr}称为临塑荷载(critical edge load)，但整个地基仍处于弹性变形阶段。当 $p>p_{cr}$时，地基的塑性变形区或剪切破坏区从基础的两端点逐步扩大，但塑性区以外仍然为弹性区，故整个地基处于弹塑性区域混合状态。当荷载继续增加时，塑性区也相应扩大，地基沉降量也迅速加大，相应的 p—s 曲线将出现一曲线段。当基底压力达到某一特定值 p_u时，基底剪切破坏面与地面连通而形成一弧形滑动面，地基土沿此滑动面从基底的一侧或两侧大量挤出，整个地基将失去稳定而破坏。这样的破坏形式称为整体剪切破坏，相应的 p_u称为极限荷载(ultimate load)。

对于饱和黏土地基，在基础浅埋而且荷载快速增加的条件下，也容易形成整体剪切破坏。

2. 局部剪切破坏

当地基为一般的黏性土或砂土，基础埋深较浅时，在荷载逐步增加的初始阶段，基础随荷载大致成比例地下沉，反映在 $p—s$ 曲线上为起始的直线段，如图 6-1(b)所示，说明整个地基尚处在弹性变形阶段。当基底压力超过 p_{cr} 后，基础沉降已不再是线性增加，而是以越来越大的梯度下沉，$p—s$ 曲线进入到曲线阶段，说明基底以下土体已出现剪切破坏区。当荷载达到某一特定值后，$p—s$ 曲线的梯度不随荷载增加而增加，而是基本保持常数，这个特定压力值称为极限压力 p_u。这时地基中的剪切破坏面仅发展到一定位置而没有延伸到地表面。图 6-1(b)中所示基底下面的实线剪切面为实际破裂面，而虚线仅表示破裂面的延展趋势。基础两侧的土体没有明显的挤出现象，地表也只有微量隆起。如压力超过了按上述标准所确定的极限值 p_u，破坏面仍不会很快延伸到地表，其塑性变形不断地向四周及深层发展，沉降迅速增加而达到破坏状态。这样的地基破坏称为局部剪切破坏。当发生局部剪切破坏时，地基的竖向变形很大，其数值随基础的深埋而增加。例如在中密砂层上作用表面荷载时，极限压力下的相对下沉量(下沉量与基础宽度之比，即 s/b)一般在 10%以上，并且随着埋深的增加，相对下沉量将相应地提高，有时可达 20%～30%。

当基础埋置较深时，无论是砂土还是黏性土地基，最常见的破坏形态是局部剪切破坏。

3. 冲切破坏

当地基为松砂或其他松散结构土层时，不论基础是位于地表或具有一定埋深，随着荷载的增加，基础下面的松砂逐步被压密，而且压密区逐渐向深层扩展，基础也随之切入土中，因此在基础边缘形成的剪切破坏面将竖直向下发展，如图 6-1(c)所示。基底压力很少向四周传递，基础边缘以外的土体基本上受不到侧向挤压，地面也不会产生隆起现象。如图 6-1(c)中的 $p—s$ 曲线，对于表面荷载可能还有一小段起始直线段，但当基础有一定埋深时，一开始就是曲线段。曲线梯度随基底压力加大而渐增，当 $p—s$ 曲线的平均下沉梯度接近常数，且出现不规则下沉时的压力可作为极限压力 p_u。当基底压力达到 p_u 时，基础的下沉量将比其他两种破坏形态者来得更大，故称该种破坏形态为冲切破坏。

6.3　地基的临塑压力和临界荷载

6.3.1　临塑压力

假定地基为弹塑性半无限体，在地基中有一埋深为 H 的浅埋条形基础，地基土的天然容重为 γ。如前所述，当基底两端点处土体应力达到极限平衡并开始产生塑性变形时的基底压力称为临塑压力 p_{cr}。图 6-2(a)表示与基础长轴相垂直的地基剖面。在基坑开挖前，地表以下深度为 H 的水平截面上均匀地分布着竖向压力 γH。当基坑开挖后再施加建筑荷载 p 时，就相当于在原来的满布压力 γH 的基础上，再加上一个条形分布压力 $p-\gamma H$(即基底增加承受的荷载)。此时，半无限体界面移到深度 H 的水平截面上。

在条形分布压力 $p-\gamma H$ 的作用下，在新的界面以下深度 z 处一点 M 的大小主应力可按第 3 章的下述公式求得，即

$$\left.\begin{matrix}\sigma_1'\\ \sigma_3'\end{matrix}\right\}=\frac{p-\gamma H}{\pi}(\psi\pm\sin\psi) \tag{6-1}$$

式中　ψ——视角，如图 6-2(a)所示。

在土体自重作用下，M 点的大主应力为竖向自重应力 $\sigma_1''=\gamma(H+z)$，小主应力为水平自重应力 $\sigma_3''=K_0\gamma(H+z)$，其中，$K_0$ 为土的静止侧压力系数，一般小于 1。

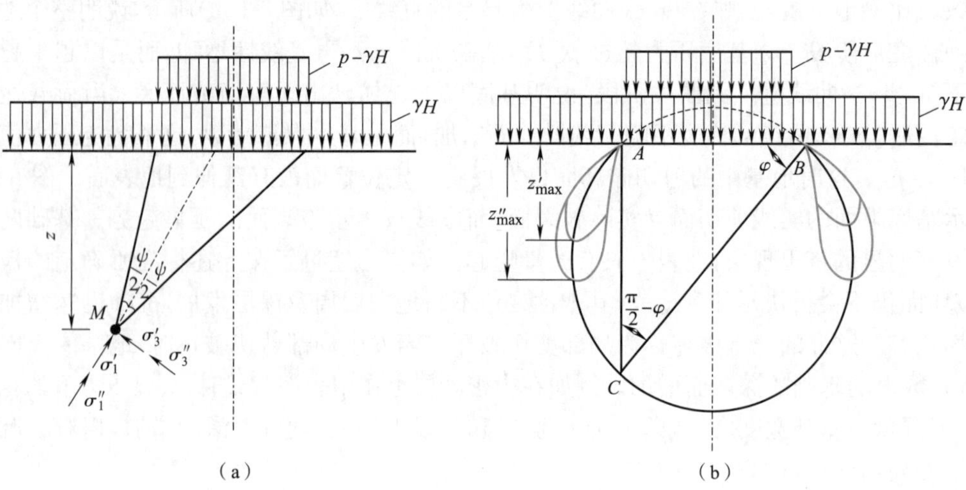

图 6-2 地基临塑压力的计算图示

由于σ_1'和σ_1''的方向不一致,故不能直接相加。在实用中为简化计算,近似地假定$K_0=1$,则$\sigma_1''=\sigma_3''$,这意味着M点在土体自重作用下将产生相当于静水压力的受力状态,即在任何方向的压力是相等的。这样,两部分应力就可直接相加了。此时M点的大小主应力将分别为

$$\left.\begin{matrix}\sigma_1\\ \sigma_3\end{matrix}\right\}=\left.\begin{matrix}\sigma_1'+\sigma_1''\\ \sigma_3'+\sigma_3''\end{matrix}\right\}=\frac{p-\gamma H}{\pi}(\psi\pm\sin\psi)+\gamma(H+z) \tag{6-2}$$

假定M点的应力已达到极限平衡,按照一点极限平衡的应力条件,大小主应力应满足摩尔—库仑强度准则,故把式(6-2)代入摩尔—库仑强度准则,得

$$\sin\varphi=\frac{\dfrac{p-\gamma H}{\pi}\sin\psi}{\dfrac{p-\gamma H}{\pi}\psi+\gamma(H+z)+c\cot\varphi}$$

或改写为

$$z=\frac{p-\gamma H}{\gamma\pi}\left(\frac{\sin\psi}{\sin\varphi}-\psi\right)-\frac{c}{\gamma\tan\varphi}-H \tag{6-3}$$

式(6-3)是在压力p为定值时,以z和ψ为变量的塑性区边界方程,如图 6-2(b)所示。该塑性区的最大深度$z_{\max}$可通过令$\dfrac{dz}{d\psi}=0$求得,即

$$\frac{dz}{d\psi}=\frac{p-\gamma H}{\gamma\pi}\left(\frac{\cos\psi}{\sin\varphi}-1\right)=0$$

其解为

$$\cos\psi=\sin\varphi=\cos\left(\frac{\pi}{2}-\varphi\right)$$

$$\psi=\frac{\pi}{2}-\varphi \tag{6-4}$$

将式(6-4)代入式(6-3)中,可求得塑性区的最大深度为

$$z_{\max}=\frac{p-\gamma H}{\gamma\pi}\left(\cot\varphi-\frac{\pi}{2}+\varphi\right)-\frac{c}{\gamma\tan\varphi}-H \tag{6-5}$$

对于一定的基底压力p,通过式(6-4)和式(6-5)可定出塑性区最大深度位置的变化轨迹,如图 6-2(b)所示。它是由基底任一端B作一线与基底成φ角,与过基底另一端A的竖直线相

交于 C，再以 BC 为直径作圆，则此圆的圆弧即为塑性区最大深度 z_{max} 所在位置的变化轨迹。显然，在圆弧上任一点的视角 $\psi=\pi/2-\varphi$，都满足条件式(6-3)。

这里必须指出，基底压力 p 必须大于 p_{cr}，否则，地基中就不会产生塑性区，更谈不到求 z_{max} 了。这时的压力 p 相当于图 6-1(a)中 p—s 曲线上 ak 段的压力。当压力逐步减小时，则塑性区将收缩，z_{max} 将变小，当 z_{max} 变为零时，意味着塑性区收缩至条形基础的两端点，与此相应的基底压力也就是临塑压力 p_{cr} 了。故在式(6-5)中令 $z_{max}=0$，可解出 p_{cr}，即令

$$\frac{p-\gamma H}{\gamma\pi}\left(\cot\varphi-\frac{\pi}{2}+\varphi\right)-\frac{c}{\gamma\tan\varphi}-H=0$$

得

$$p=p_{cr}=\frac{\pi(c\cot\varphi+\gamma H)}{\cot\varphi-\dfrac{\pi}{2}+\varphi}+\gamma H=\left(1+\frac{\pi}{\cot\varphi-\pi/2+\varphi}\right)\cdot\gamma H+\left(\frac{\pi\cot\varphi}{\cot\varphi-\pi/2+\varphi}\right)\cdot c \tag{6-6}$$

若有 $\varphi=0$，则式(6-6)可写成

$$p_{cr}=c\pi+\gamma H \tag{6-7}$$

若同时又为表面荷载，即 $H=0$，则

$$p_{cr}=c\cdot\pi \tag{6-8}$$

这时，达到极限平衡的已不仅仅是基底两端点，而是以基底宽度为直径的半圆弧上各点。由式(3-31)的推导过程可以看出，在以基底为直径的半圆弧上($\psi=90°$)，剪应力相等而且为最大，即 $\tau=\tau_{max}=p/\pi$，当 $\varphi=0$ 时，则土的抗剪强度 $S=c$，如 $\tau_{max}=S=c$，则在半圆弧上的各点将同时达到极限平衡，故 $\tau_{max}=p/\pi=c$，或 $p=p_{cr}=c\cdot\pi$，这和式(6-8)完全一致。

由式(6-6)看出，临塑压力 p_{cr} 仅与 γ、H、c 和 φ 等参数有关，与基础宽度无关。这是因为 p_{cr} 是相当于基底两端点处达到极限平衡时的基底压力，而这一点达到极限平衡只决定于这一点的外侧压力 γH 和内侧压力 p_{cr} 以及土的力学参数 c 和 φ，故与基础宽度无关。

6.3.2 临界荷载

当 $\varphi\neq0$ 时，用 p_{cr} 作为地基的容许承载力是足够安全的，因为此时的地基只有位于基础两端点处达到极限平衡，而整个地基仍处于弹性应力状态。如塑性区再扩大一些，也不至于引起整个地基的破坏。故有人建议用塑性区的最大深度达到基础宽度的 1/4 或 1/3 时的基底压力作为地基容许承载力，称为临界荷载(critical load)$p_{1/4}$ 和 $p_{1/3}$。《建筑地基基础设计规范》规定，当偏心距小于或等于 0.033 倍基础底面宽度时，临界荷载 $p_{1/4}$ 可作为地基承载力的特征值。

$$p_{1/4}=\frac{\pi}{4(\cot\varphi-\pi/2+\varphi)}\cdot\gamma b+\left(1+\frac{\pi}{\cot\varphi-\pi/2+\varphi}\right)\cdot\gamma H+\left(\frac{\pi\cot\varphi}{\cot\varphi-\pi/2+\varphi}\right)\cdot c \tag{6-9}$$

$$p_{1/3}=\frac{\pi}{3(\cot\varphi-\pi/2+\varphi)}\cdot\gamma b+\left(1+\frac{\pi}{\cot\varphi-\pi/2+\varphi}\right)\cdot\gamma H+\left(\frac{\pi\cot\varphi}{\cot\varphi-\pi/2+\varphi}\right)\cdot c \tag{6-10}$$

但必须看到，用式(6-5)确定塑性区的最大深度 z_{max} 在理论上是有矛盾的，因在推导过程中，计算土中应力时采用了弹性半无限体的公式，现又假定地基中出现了塑性区，显然这已不是弹性半无限体了。严格地说，式(6-3)并不能代表塑性区的图形，式(6-5)也不能代表塑性区的最大发展深度。原则上只有根据土的本构关系进行计算才能得到合理的塑性区图形。不过当式(6-5)中的 z_{max} 逐渐向零收敛时，这种矛盾就逐步缩小。当 $z_{max}=0$，即塑性区为零时，矛

盾也就消失了。所以用式(6-3)、式(6-5)求 p_{cr} 是可以的,而用塑性区的最大发展深度达某一界限值时的基底压力作为地基容许承载力只是工程中采用的近似方法。

6.4 浅基础地基极限承载力的理论解

地基极限承载力的理论公式主要有两类:一类是根据土体的极限平衡理论,建立微分方程,根据边界条件求出地基达到极限平衡时各点的精确解。采用这种方法求解时在数学上遇到的困难太大,目前尚无严格的一般解析解,仅能对某些边界条件比较简单的情况求解。另一类是先假定地基破坏图式,再根据静力平衡原理求得地基极限荷载。这类方法概念明确、计算简单,在工程实践中得到广泛应用。有关这方面的理论公式很多,对于浅埋基础,常用普朗特—维西克(Prandtl-Vesic)地基极限承载力公式、太沙基(Terzaghi)地基极限承载力公式。

6.4.1 普朗特—维西克地基极限承载力公式

和其他类似公式一样,普朗特—维西克分两步假设来计算地基的极限承载力:第一步,假设地基土自重 γ 为零,但黏聚力 c 和基底以上的过载 $q(=\gamma H$,以下称为过载)不为零,由此算出地基的极限压力 p_u';第二步,假设地基的黏聚力 c 和过载 q 为零,但自重 γ 不为零,可算出另一极限压力 p_u''。

对于一般地基,即地基自重、黏聚力和过载等均不为零的极限压力计算,可以用 $p_u=p_u'+p_u''$ 作为近似解答。从理论上讲,因为两次假定的地基条件不同,所产生的破坏形式也不一样,因此不能线性叠加。换言之,上述两个极限压力之和是不等于精确解的极限压力的。但计算情况表明,这样算出的结果误差不大,而且数值偏小,故偏安全。所以这种近似算法仍能被设计者所接受。

现将其计算步骤分述如下:

1. 假设 $\gamma=0$,即地基无自重

设基础埋有一定深度,即基底两侧存在着过载 q,地基在基底压力 p_u' 作用下,形成图 6-3(a)所示的滑动图式。滑动体是对称的,可将其分成Ⅰ、Ⅱ和Ⅲ三个相连的滑动区,在基础下面为三角形极限平衡区Ⅰ,由于该土体直接受 p_u' 作用而向两侧挤压,故称主动区,其滑面 AC 和 BC 与基底面(大主应力作用面)的夹角为 $45°+\varphi/2$。基础外侧为三角形极限平衡区Ⅲ,由于该土体受Ⅱ区挤压而产生被动变形,故称被动区,其滑动面 AE 和 ED 与水平面(小主应力作用面)的交角为 $45°-\varphi/2$。在Ⅰ区和Ⅲ区之间存在着扇形极限平衡区Ⅱ,此为过渡区,其底部滑动面假定为对数螺旋线,扇形区的顶角为 90°。上述三个区相互间处于静力平衡状态,可以由此解出基底压力 p_u'。

首先,研究主动区Ⅰ的应力状态。作用在该区顶面 AB 上的竖向压力 p_u' 是大主应力 σ_1(假定基底光滑,剪应力为零)。由于 $\gamma=0$,所以在Ⅰ区中任何位置上的主应力均相等,故滑面 BC 上任意点的大主应力也应是 p_u'。作用在该滑面上的法向应力 σ_a 可用应力圆求解。如图 6-3(b)所示,在 σ 轴上取一 n 点,使 $On=p_u'=\sigma_1$,过 n 点作极限应力圆切强度线于 a 点,过 a 点作 σ 轴的垂线 ab,交 σ 轴于 b 点,再过 n 点作强度线的垂线,交该线于 n_1。由图可得如下关系:

$$\sigma_a = Ob = On - bn = On - nn_1 = \sigma_1 - (p_i + \sigma_1)\sin\varphi = p'_u - (p_i + p'_u)\sin\varphi$$
$$= p'_u(1 - \sin\varphi) - p_i \sin\varphi \qquad (6\text{-}11)$$

式中，$p_i = c\cot\varphi$。

很显然，BC 面上的法向应力 σ_a 是常数，与深度无关。

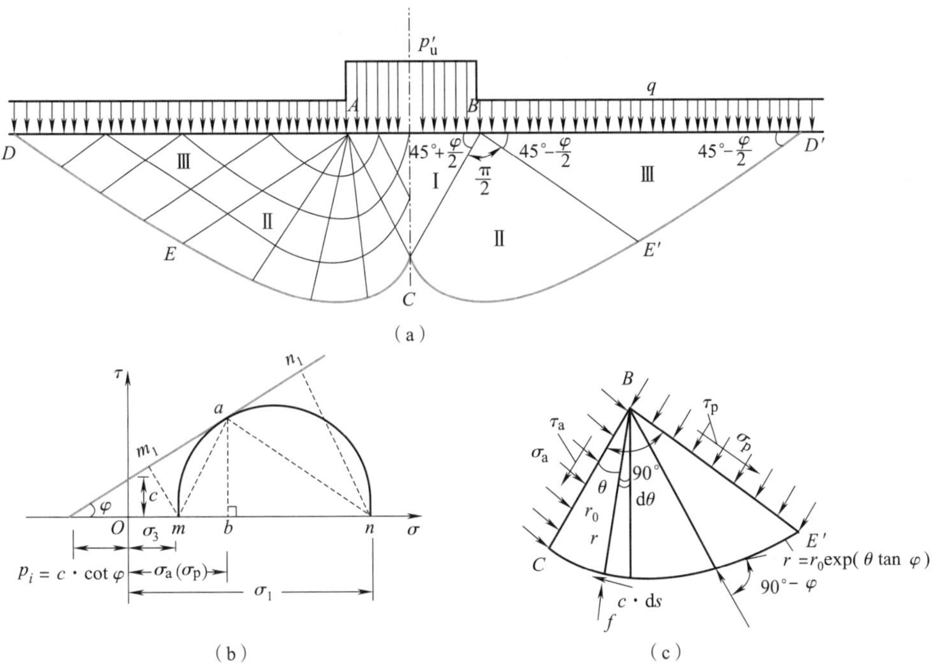

图 6-3　普朗特—维西克公式 $\gamma=0$ 时的地基剪切破坏图式及受力分析

其次，研究被动区Ⅲ的应力状态。在该区顶面有过载 q，它是小主应力 σ_3。由于不计重力，故在滑面 BE' 上任意点处的小主应力亦应等于 q。作用在该面上的法向应力 σ_p 同样可用图 6-3(b)中的应力圆求解，不过这时的极限应力圆应代表被动区的应力状态。在该图中设 $Om = q = \sigma_3$，过 m 点作强度线的垂线并交该线于 m_1 点，由该图可推导出如下关系：

$$\sigma_p = Ob = Om + mb = Om + mm_1 = \sigma_3 + (p_i + \sigma_3)\sin\varphi = q(1 + \sin\varphi) + p_i\sin\varphi \qquad (6\text{-}12)$$

σ_p 与深度无关，它在 BE' 上的分布是常数。

再研究扇形区Ⅱ的应力状态。如图 6-3(c)所示，扇形的顶角为 90°。其滑动面分为两组：一组为过 B 点的辐射状径线；一组是相互平行的对数螺旋线。辐射径线与对数螺旋线的夹角为 $\pi/2 - \varphi$。该曲线可用极坐标 (r, θ) 表示。令 B 为极点，BC 为极轴，则一组辐射线为 $\theta =$ 常数，而另一组为与辐射线相交成 $\pi/2 - \varphi$ 的对数螺旋线，其表达式为

$$r = r_0 \exp(\theta \tan\varphi) \qquad (6\text{-}13)$$

式中　r_0——该曲线在极轴上初始点的起始径距。

作用在扇形体Ⅱ上的所有外力共同处于静力平衡状态，它们对极点 B 的力矩之和应为零，即 $\sum M_B = 0$。作用在 BC 和 BE' 滑面上的剪应力 τ 以及 CE' 曲面上的反力 f 都通过 B 点，相应的力矩为零，剩下的是 σ_a、σ_p 和 $c \cdot ds$ 的合力力矩。BC 滑动面上的法向应力 σ_a 对 B 点的力矩为 $\sigma_a \overline{BC}^2/2$；作用在 BE' 面上的法向应力 σ_p 可由式(6-12)求得，同理，它对 B 点的力矩为 $\sigma_p \overline{BE'}^2/2$；作用在对数螺旋曲面上的黏聚力，在曲面某一微分段上所分布的力为 $c \cdot ds =$

$c \cdot \dfrac{r}{\cos\varphi}\mathrm{d}\theta$，它对 B 点的力矩为 $c \cdot \mathrm{d}s \cdot r\cos\varphi = c \cdot r^2 \mathrm{d}\theta = cr_0^2 \exp(2\theta\tan\varphi) \cdot \mathrm{d}\theta$。因而在 CE' 曲面上的黏聚力对 B 点的合力矩可通过积分求得如下：

$$\int_0^{\pi/2} cr^2 \mathrm{d}\theta = cr_0^2 \int_0^{\pi/2} \exp(2\theta\tan\varphi) \cdot \mathrm{d}\theta = \frac{1}{2}cr_0^2 \cot\varphi[\exp(\pi\tan\varphi) - 1] \tag{6-14}$$

上述三部分力矩中由 σ_a 所产生的力矩是滑动力矩，而 σ_p 和 c 所产生的力矩是抗滑力矩。由扇形体的受力平衡，三部分力矩之和应为零，故可写出

$$\sum M_B = \frac{1}{2}\sigma_a \overline{BC}^2 - \frac{1}{2}\sigma_p \overline{BE'}^2 - \frac{1}{2}cr_0^2 \cot\varphi[\exp(\pi\tan\varphi) - 1] = 0 \tag{6-15}$$

式中 $\overline{BC}$——扇形区螺旋曲线的起始径距 r_0；

$\overline{BE'}$——该曲线的终点径距 r_1，$r_1 = r_0 \exp\left(\dfrac{\pi}{2}\tan\varphi\right)$。

现把 $\overline{BC}$、$\overline{BE'}$ 及由式(6-11)、式(6-12)求出的 σ_a、σ_p 诸值代入式(6-15)中，整理后求得

$$p'_u = q\frac{1+\sin\varphi}{1-\sin\varphi} \cdot \exp(\pi\tan\varphi) + p_i\left[\frac{1+\sin\varphi}{1-\sin\varphi} \cdot \exp(\pi\tan\varphi) - 1\right]$$

写为

$$p'_u = q\tan^2\left(45° + \frac{\varphi}{2}\right) \cdot \exp(\pi\tan\varphi) + c\cot\varphi\left[\tan^2(45° + \frac{\varphi}{2}) \cdot \exp(\pi\tan\varphi) - 1\right] \tag{6-16}$$

由于不考虑地基自重，上式中未包含基础的宽度 b，也就是求得的极限压力与基础的宽度无关。如令

$$N_q = \tan^2\left(45° + \frac{\varphi}{2}\right) \cdot \exp(\pi\tan\varphi) \tag{6-17}$$

$$N_c = \cot\varphi\left[\tan^2\left(45° + \frac{\varphi}{2}\right) \cdot \exp(\pi\tan\varphi) - 1\right] = (N_q - 1)\cot\varphi \tag{6-18}$$

则式(6-16)又可写成

$$p'_u = qN_q + cN_c = \gamma HN_q + cN_c \tag{6-19}$$

2. 假设地基土无黏聚力，且基础置于地基表面，即 $c = q = 0$

在这种情况下，$\gamma \neq 0$ 时地基的极限压力 p''_u 主要取决于地基土的自重，并与基础宽度成正比，它的表达式为

$$p''_u = \frac{1}{2}\gamma bN_\gamma \tag{6-20}$$

式中 b——基础宽度；

N_γ——承载力系数，它是决定于 φ 的无量纲系数。

因为考虑重力，所以各滑面上的大、小主应力的量值及方向均随深度而变化，故式(6-20)中的 N_γ 难以通过解析法求出，通常用数值求解。它随基底下三角形楔体斜边与基底之夹角 α 的改变而发生显著变化。

必须指出，现有各种极限承载力公式所算得的结果相差很大，其根源在于各公式所假定的基底下三角形楔体的斜角 α 不同，从而得出差别很大的 N_γ 值。目前多倾向于采用卡柯—克雷塞(Caquot-Kerisel)的算法。计算时采用 $\alpha = 45° + \varphi/2$，通过不同的 φ 值计算出 N_γ 值。后来维西克(A. S. Vesic)提出用一个近似的经验公式来代替，即

$$N_\gamma \approx 2(N_q + 1)\tan\varphi \tag{6-21}$$

上述两步计算都是在对地基情况做特殊假定的条件下进行的。对于一般情况，即基础有一定的埋深，并同时考虑地基土的自重 γ、黏聚力 c 和内摩擦角 φ（即 $\gamma\neq0, c\neq0, \varphi\neq0, q\neq0$），这时地基的极限压力 p_u 等于前述两步假定的极限压力之和，即

$$p_u = p_u' + p_u'' = \gamma HN_q + cN_c + \frac{1}{2}\gamma bN_\gamma \tag{6-22}$$

式中，N_q、N_c 和 N_γ 都是 φ 的函数，称为承载力系数，可由式(6-17)、式(6-18)和式(6-21)求得，也可由表 6-1 查得。

式(6-22)只适用于中心竖向荷载作用下的条形基础。当基础形状改变，荷载出现偏心或倾斜，地基的极限荷载将相应发生变化。从理论上来研究这些变化甚为复杂，而目前倾向于采用经验修正方法，即对式(6-22)的 N_q、N_c 和 N_γ 各乘上适当的修正系数。例如，对矩形、方形等不同的基础形状，可乘上相应的形状修正系数 ξ_q、ξ_c 和 ξ_γ，其值可按维西克所推荐的表 6-2 查得。若荷载是倾斜的，则乘上相应的倾斜修正系数 i_q、i_c 和 i_γ，其值同样可以查表 6-2。若基础形状改变和倾斜荷载同时发生，则式(6-22)可改写成

$$p_u = qi_q\xi_q N_q + ci_c\xi_c N_c + \frac{1}{2}\gamma bi_\gamma\xi_\gamma N_\gamma \tag{6-23}$$

当荷载存在偏心时，对于条形基础可采用 $b' = b - 2e$（e 为偏心距）代替原来的宽度；若为矩形基础，则用 $b' = b - 2e_b$、$a' = a - 2e_a$ 分别代替原来的 b、a，e_b、e_a 分别为沿基础短边和长边的偏心距。

表 6-1　普朗特—维西克公式承载力系数

φ/(°)	N_q	N_c	N_γ	φ/(°)	N_q	N_c	N_γ
0	1.00	5.14	0.00	19	5.80	13.93	4.68
1	1.09	5.38	0.07	20	6.40	14.83	5.39
2	1.20	5.63	0.15	21	7.07	15.81	6.20
3	1.31	5.90	0.24	22	7.82	16.88	7.13
4	1.43	6.19	0.34	23	8.66	18.05	8.20
5	1.57	6.49	0.45	24	9.60	19.32	9.44
6	1.72	6.81	0.57	25	10.66	20.72	10.88
7	1.88	7.16	0.71	26	11.85	22.25	12.54
8	2.06	7.53	0.86	27	13.20	23.94	14.47
9	2.25	7.92	1.03	28	14.72	25.80	16.72
10	2.47	8.34	1.22	29	16.44	27.86	19.34
11	2.71	8.80	1.44	30	18.40	30.14	22.40
12	2.97	9.28	1.69	31	20.63	32.67	25.99
13	3.26	9.81	1.97	32	23.18	35.49	30.21
14	3.59	10.37	2.29	33	26.09	38.64	35.19
15	3.94	10.98	2.65	34	29.44	42.16	41.06
16	4.34	11.63	3.06	35	33.30	46.12	48.03
17	4.77	12.34	3.53	36	37.75	50.59	56.31
18	5.26	13.10	4.07	37	42.92	55.63	66.19

续上表

φ/(°)	N_q	N_c	N_γ	φ/(°)	N_q	N_c	N_γ
38	48.93	61.35	78.02	44	115.31	118.37	224.63
39	55.96	67.87	92.25	45	134.87	133.87	271.75
40	64.20	75.31	109.41	46	158.50	152.10	330.34
41	73.90	83.86	130.21	47	187.21	173.64	403.65
42	85.37	93.71	155.54	48	222.30	199.26	496.00
43	99.01	105.11	186.53	50	319.06	266.88	762.86

表 6-2 承载力修正系数(普朗特—维西克公式)

1. 基础形状修正系数

基础形状($b<a$)	ξ_q	ξ_c	ξ_γ
条形基础	1.00	1.00	1.00
矩形基础($a \cdot b$)	$1+\dfrac{b}{a}\tan\varphi$	$1+\dfrac{b}{a}\dfrac{N_q}{N_c}$	$1-0.4\dfrac{b}{a}$
圆形和方形基础	$1+\tan\varphi$	$1+\dfrac{N_q}{N_c}$	0.60

2. 条形基础的倾斜荷载修正系数

i_q	i_c	i_γ
$\left(1-\dfrac{H}{V+ab\cdot c\cdot\cot\varphi}\right)^2$	$i_q-\dfrac{1-i_q}{N_c\tan\varphi}$	i_q^2

注:当 $\varphi=0$ 时,$i_c=1-\dfrac{2H}{ba\cdot c\cdot N_c}$,表中 H 为水平荷载,V 为垂直荷载。

6.4.2 太沙基地基极限承载力公式

太沙基假定基础底面是粗糙的,基础与地基之间存在摩擦力。摩擦力阻止了直接位于基底下那部分土体的变形,使它不能处于极限平衡状态。在荷载作用下基础向下移动时,基底下的土体形成一个刚性核(或称弹性核),与基础组成整体,竖直向下移动。下移的刚性核,挤压两侧土体,使地基土破坏,形成滑裂线网。

太沙基在求解地基极限承载力时做了如下三条假设:(1)条形基础底面粗糙;(2)除刚性核外,滑动区域范围内的土体均处于极限平衡状态;(3)基底以上两侧的土体用过载 q 表示。根据这三条假设,滑动面的形状如图 6-4 所示。

滑动土体共分为三个区:Ⅰ区为基础下的刚性核,代替普朗特公式的主动区,滑动面 AC 或 BC 与水平面成 φ 角。Ⅱ区为过渡区,假定与普朗特公式一样,一组滑动面是通过 A 点、B 点的辐射线,另一组是对数螺旋曲线 CE 和 CE',实际上,如果考虑土的容重时,滑动面就不会是对数螺旋曲线,太沙基也忽略了土的容重对滑动面的影响,也是一种近似解。由于滑动面 AC 与 AE 间的夹角应等于 $90°+\varphi$,所以对数螺旋曲线在 C 点切线是竖直的。Ⅲ区与普朗特公式一样,为被动区,即处于被动极限平衡状态,滑动面 AE 或 DE 与水平面夹角为 $45°-\varphi/2$。

以图 6-4(a)中的刚性核 ABC 为隔离体,分析其受力平衡来推求地基的极限承载力。如图 6-4(b)所示,刚性核受到下列力的作用:

(1)刚性核 ABC 的自重 W,竖直向下,其值为

$$W=\frac{1}{2}\gamma b^2\tan\varphi \tag{6-24}$$

(2)AB 面(即基底面)上的极限荷载 P_u,竖直向下,它等于地基极限承载力 p_u 与基础底面宽度 b 的乘积,即

$$P_u = p_u b \tag{6-25}$$

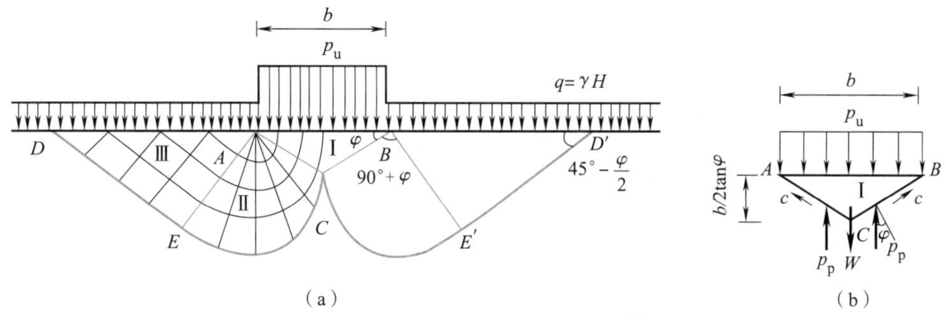

图 6-4　太沙基公式地基滑动面形状及刚性核受力分析

(3)刚性核两斜面 AC、BC 上总的黏聚力 C,与斜面平行、方向向上,它等于土的黏聚力 c 与$\overline{AC}$、$\overline{BC}$的乘积,即

$$C = c \cdot \overline{AC} = c \cdot \overline{BC} = \frac{cb}{2\cos\varphi} \tag{6-26}$$

(4)作用在刚性核两斜面上的反力(被动力)P_p,它与 AC、BC 面的法线呈 φ 角。

将上述各力,在竖直方向建立平衡方程,即

$$P_u = 2C\sin\varphi + 2P_p - W \tag{6-27}$$

把式(6-24)～式(6-26)代入式(6-27),整理后可得

$$p_u = c\tan\varphi + 2\frac{P_p}{b} - \frac{1}{4}\gamma b\tan\varphi \tag{6-28}$$

若 P_p 为已知,就可按式(6-28)求得地基极限承载力 p_u。

被动力 P_p 是由土的容重 γ、黏聚力 c 及过载 q 三种因素引起的总值,要精确地确定它是很困难的。太沙基从实际工程要求的精度出发做了适当简化,可以用下述简化方法分别计算三种因素引起的被动力的总和。

(1)土无质量、有黏聚力、有内摩擦角、无过载,即 $\gamma=0$、$c\neq0$、$\varphi\neq0$、$q=0$;

(2)土无质量、无黏聚力、有内摩擦角、有过载,即 $\gamma=0$、$c=0$、$\varphi\neq0$、$q\neq0$;

(3)土有质量、无黏聚力、有内摩擦角、无过载,即 $\gamma\neq0$、$c=0$、$\varphi\neq0$、$q=0$。

即 $P_p = P_{pc} + P_{pq} + P_{p\gamma}$

代入式(6-28),经整理后得到太沙基地基极限承载力计算公式为

$$p_u = \gamma H N_q + c N_c + \frac{1}{2}\gamma b N_\gamma \tag{6-29}$$

对比式(6-29)与式(6-22),可发现普朗特—维西克公式与太沙基公式形式上完全一致,承载力系数 N_q、N_c 和 N_γ 虽然都是 φ 的函数,但计算公式并不相同,太沙基公式中承载力系数 N_q、N_c 分别为

$$N_q = \frac{\exp\left[\left(\frac{3}{2}\pi - \varphi\right)\tan\varphi\right]}{2\cos^2\left(45° + \frac{\varphi}{2}\right)} \tag{6-30}$$

$$N_c=(N_q-1)\cot\varphi \tag{6-31}$$

对于 N_γ，太沙基未给出显式，需用试算法求得。各承载力系数可通过表 6-3 查得。

表 6-3 承载力系数(太沙基公式)

$\varphi/(°)$	N_q	N_c	N_γ	$\varphi/(°)$	N_q	N_c	N_γ
0	1.00	5.71	0.00	25	12.72	25.13	8.34
1	1.10	6.00	0.01	26	14.21	27.09	9.84
2	1.22	6.30	0.04	27	15.90	29.24	11.60
3	1.35	6.62	0.06	28	17.81	31.61	13.70
4	1.49	6.97	0.10	29	19.98	34.24	16.18
5	1.64	7.34	0.14	30	22.46	37.16	19.13
6	1.81	7.73	0.20	31	25.28	40.41	22.65
7	2.00	8.15	0.27	32	28.52	44.04	26.87
8	2.21	8.60	0.35	33	32.23	48.09	31.94
9	2.44	9.09	0.44	34	36.50	52.64	38.04
10	2.69	9.60	0.56	35	41.44	57.75	45.41
11	2.98	10.16	0.69	36	47.16	63.53	54.36
12	3.29	10.76	0.85	37	53.80	70.07	65.27
13	3.63	11.41	1.04	38	61.55	77.50	78.61
14	4.02	12.11	1.26	39	70.61	85.97	95.03
15	4.45	12.86	1.52	40	81.27	95.66	116.31
16	4.92	13.68	1.82	41	93.85	106.81	140.51
17	5.45	14.56	2.18	42	108.75	119.67	171.99
18	6.04	15.52	2.59	43	126.50	134.58	211.56
19	6.70	16.56	3.07	44	147.74	151.95	261.60
20	7.44	17.69	3.64	45	173.29	172.29	325.34
21	8.26	18.92	4.31	46	204.19	196.22	407.11
22	9.19	20.27	5.09	47	241.80	224.55	512.84
23	10.23	21.75	6.00	48	287.85	258.29	650.67
24	11.40	23.36	7.08	50	415.15	347.51	1 072.80

上述太沙基地基极限承载力公式是在整体剪切破坏的条件下得到的。对于局部剪切破坏时的承载力，太沙基建议先把土的强度指标进行修正，即

$$c'=\frac{2}{3}c \tag{6-32}$$

$$\tan\varphi'=\frac{2}{3}\tan\varphi \quad 或 \quad \varphi'=\arctan\left(\frac{2}{3}\tan\varphi\right) \tag{6-33}$$

再用修正后的 c'、φ'，就可计算局部剪切破坏时地基的承载力。

$$p_u=\gamma HN_q'+c'N_c'+\frac{1}{2}\gamma bN_\gamma' \tag{6-34}$$

式中　N_q',N_c',N_γ'——修正后的承载力系数，都是土的内摩擦角 φ' 的函数。

当基础不是条形时，太沙基建议按以下公式计算：

对于边长为 b 的方形基础

$$p_u = \gamma H N_q + 1.2 c N_c + 0.4 \gamma b N_\gamma \text{(整体破坏)} \tag{6-35a}$$

$$p_u = \gamma H N'_q + 1.2 c' N'_c + 0.4 \gamma b N'_\gamma \text{(局部破坏)} \tag{6-35b}$$

对于半径为 R 的圆形基础

$$p_u = \gamma H N_q + 1.2 c N_c + 0.6 \gamma R N_\gamma \text{(整体破坏)} \tag{6-36a}$$

$$p_u = \gamma H N'_q + 1.2 c' N'_c + 0.6 \gamma R N'_\gamma \text{(局部破坏)} \tag{6-36b}$$

对于边长为 b 和 a 的矩形基础，可按 b/a 值在条形基础($b/a=0$)和方形基础($b/a=1$)之间内插求得极限承载力。

【例 6-1】一砖混结构下的条形基础，基础宽度 $b=2.0$ m，埋深 $H=1.5$ m。地基为粉土，天然容重 $\gamma=18.0$ kN/m^3，内摩擦角 $\varphi=26°$，黏聚力 $c=10.0$ kPa，地下水位深 8 m。计算此地基的极限承载力。若由于地下水位升高，粉土的内摩擦角降为 $\varphi=16°$，其他条件不变，计算地基的极限承载力。

【解】(1)按普朗特—维西克地基极限承载力公式计算

根据土的内摩擦角 $\varphi=26°$，查表 6-1 得 $N_q=11.85$、$N_c=22.25$、$N_\gamma=12.54$。

代入式(6-22)可求得地基极限承载力：

$$p_u = \gamma H N_q + c N_c + \frac{1}{2}\gamma b N_\gamma = 18.0\times1.5\times11.85 + 10.0\times22.25 + \frac{1}{2}\times18.0\times2.0\times12.54$$

$$=768.2\text{(kPa)}$$

根据土的内摩擦角 $\varphi=16°$，查表 6-1 得 $N_q=4.34$、$N_c=11.63$、$N_\gamma=3.06$。

代入式(6-22)可求得内摩擦角降低后的地基极限承载力：

$$p_u = \gamma H N_q + c N_c + \frac{1}{2}\gamma b N_\gamma = 18.0\times1.5\times4.34 + 10.0\times11.63 + \frac{1}{2}\times18.0\times2.0\times3.06$$

$$=288.6\text{(kPa)}$$

(2)按太沙基地基极限承载力公式计算

根据土的内摩擦角 $\varphi=26°$，查表 6-3 得 $N_q=14.21$、$N_c=27.09$、$N_\gamma=9.84$。

代入式(6-29)可求得地基极限承载力：

$$p_u = \gamma H N_q + c N_c + \frac{1}{2}\gamma b N_\gamma = 18.0\times1.5\times14.21 + 10.0\times27.09 + \frac{1}{2}\times18.0\times2.0\times9.84$$

$$=831.7\text{(kPa)}$$

根据土的内摩擦角 $\varphi=16°$，查表 6-3 得 $N_q=4.92$、$N_c=13.68$、$N_\gamma=1.82$。

代入式(6-22)可求得内摩擦角降低后的地基极限承载力：

$$p_u = \gamma H N_q + c N_c + \frac{1}{2}\gamma b N_\gamma = 18.0\times1.5\times4.92 + 10.0\times13.68 + \frac{1}{2}\times18.0\times2.0\times1.82$$

$$=302.4\text{(kPa)}$$

由计算结果可见，基础的形式、尺寸与埋深相同，地基土的容重、黏聚力不变，仅内摩擦角由26°减小为 16°，地基的极限承载力就由 768.2 kPa(或 831.7 kPa)降为 288.6 kPa(或 302.4 kPa)，仅为原极限承载力的 37%左右，可知地基土的内摩擦角的大小，对地基极限承载力的影响很大。

6.5 按经验公式确定地基承载力

除了前面所述的理论公式外，还有其他一些用于确定地基承载力的方法，其中规范给出的经验公式法为重要的方法之一。在我国，各地区和有关部门相关地基基础设计规范通常都给出地基承载力计算公式和承载力值。这些规范所提供的计算公式和承载力值，主要是根据土工试验、工程实践、地基载荷试验等，并参照国内外同类规范综合考虑确定的，具有足够的安全储备。

本节将详细介绍《铁路桥涵地基和基础设计规范》(TB 10093—2017)(以下简称《铁路地基规范》)和《建筑地基基础设计规范》(GB 50007—2011)(以下简称《建筑地基规范》)中确定地基承载力的方法。

6.5.1 按《铁路地基规范》确定地基承载力

对于铁路桥涵基础，可以利用《铁路地基规范》所推荐的各种地基的基本承载力表和承载力经验公式确定地基的容许承载力。在《铁路地基规范》中，地基的容许承载力以$[\sigma]$表示，它相当于把地基的极限承载力除以大于1的安全系数K。而基本承载力(basic bearing capacity)系指当基础宽度$b\leqslant 2$ m，埋置深度$h\leqslant 3$ m时的地基容许承载力，以σ_0表示。该规范给出的基本承载力数据表，都是根据我国各地不同地基上已有建筑物的观测资料和载荷试验资料(有关载荷试验将在下节讨论)用统计分析方法制订出来的。若要利用这些表格中的数据，必须先划分地基土的类别并测定其物理力学指标，然后从表中找到相对应的基本承载力σ_0。当基础宽度大于2 m、深度大于3 m时，则可根据σ_0按后述方法进行宽、深修正以求得地基的容许承载力$[\sigma]$。

1. 地基的基本承载力σ_0

(1)黏性土

黏性土的类型很多，有经过水的搬运沉积下来的沉积土，有基本没有经过搬运就地风化成的残积土。有的同是沉积土，但因沉积年代不同，性质不一。故它们的承载力不能笼统地按同一物理力学指标来确定，必须根据土的具体情况区别对待。

对于Q_4冲积或洪积黏性土，其沉积年代较短，土的结构强度小，对土的承载力影响不大。根据大量试验资料整理分析得知，决定地基承载力的主要参数是土的液性指数I_L和天然孔隙比e。故可按I_L和e由表6-4查出σ_0。当土中含有粒径大于2 mm的颗粒，且其重量占全土重30%以上时，σ_0可酌量提高。

表6-4 Q_4冲、洪积黏性土地基的基本承载力σ_0(kPa)

孔隙比e	液性指数I_L												
	0	0.1	0.2	0.3	0.4	0.5	0.6	0.7	0.8	0.9	1.0	1.1	1.2
0.5	450	440	430	420	400	380	350	310	270	240	220	—	—
0.6	420	410	400	380	360	340	310	280	250	220	200	180	—
0.7	400	370	350	330	310	290	270	240	220	190	170	160	150
0.8	380	330	300	280	260	240	230	210	180	160	150	140	130
0.9	320	280	260	240	220	210	190	180	160	140	130	120	100
1.0	250	230	220	210	190	170	160	150	140	120	110	—	—
1.1	—	—	160	150	140	130	120	110	100	90	—	—	—

对于 Q_3 或以前的冲、洪积黏性土，或处于半干硬状态的黏性土，由于沉积年代久远和含水率低，土的结构强度较高，土的力学指标就显得突出。经过大量试验资料的分析发现，土的压缩模量 E_s 为该类土承载力的一个控制参数。按《铁路地基规范》制表时的统一规定：

$$E_s=\frac{1+e_1}{a_{1-2}} \tag{6-37}$$

式中　e_1——土样在 0.1 MPa 压力下的孔隙比；

a_{1-2}——土样在 0.1～0.2 MPa 压力段内的压缩系数，MPa^{-1}。

根据土的 E_s 值，就可由表 6-5 查出 σ_0 来。当 $E_s<10$ MPa 时，σ_0 可按表 6-4 确定。

表 6-5　Q_3 及其以前冲(洪)积黏性土地基的基本承载力 σ_0

压缩模量 E_s/MPa	10	15	20	25	30	35	40
σ_0/kPa	380	430	470	510	550	580	620

残积黏性土因没有经过较大的搬运过程，仍然保存着较高的结构强度，其压缩模量 E_s 同样成为地基承载力的控制参数，但 σ_0 和 E_s 之间的变化规律和上述黏性土不一样。表 6-6 为残积黏性土的基本承载力表，其用法和表 6-5 相同。该表主要适用于西南地区碳酸盐类岩层的残积红土，其他地区可参照使用。

表 6-6　残积黏性土地基基本承载力 σ_0

压缩模量 E_s/MPa	4	6	8	10	12	14	16	18	20
σ_0/kPa	190	220	250	270	290	310	320	330	340

在使用上述各表时，若地基土的 I_L、e 和 E_s 诸值介于表中两数之间，可用线性内插法求 σ_0。

(2)粉土

决定粉土地基承载力的主要因素是土的天然孔隙比 e 和天然含水率 w，故可根据该两个指标由表 6-7 查得地基的基本承载力 σ_0，表中括号内的数值仅供内插使用。

表 6-7　粉土地基的基本承载力 σ_0(kPa)

e	w						
	10	15	20	25	30	35	40
0.5	400	380	(355)				
0.6	300	290	280	(270)			
0.7	250	235	225	215	(205)		
0.8	200	190	180	170	(165)		
0.9	160	150	145	140	130	(125)	
1.0	130	125	120	115	110	105	(100)

注：1. e 为土的天然孔隙比，w 为土的天然含水率，%；

2. 湖、塘、沟、谷与河漫滩地段的粉土以及新近沉积的粉土应根据当地经验取值。

关于黏性土和粉土的划分，请参见第 1 章。

(3)砂类土

决定砂类土地基 σ_0 的主要因素是土的密实度和土的颗粒级配，它直接影响到土的内摩擦角 φ、容重 γ 和地基承载力。同时应考虑地下水对细、粉砂的影响。这不仅是涉及水的浮力作用，还要考虑细、粉砂的振动液化问题。所以表 6-8 对于粗、中砂按砂土分类的密实度来决定 σ_0，而对于细、粉砂除考虑土的分类和密实度外，还要考虑水的影响。同样的细、粉砂在非饱和状态下的 σ_0 要大于饱和状态下的 σ_0，饱和的稍松细、粉砂则没有给出承载力。

表 6-8　砂类土地基的基本承载力 σ_0（kPa）

土名	湿度	密实程度			
		稍松	稍密	中密	密实
砾砂、粗砂	与湿度无关	200	370	430	550
中砂	与湿度无关	150	330	370	450
细砂	稍湿或潮湿	100	230	270	350
	饱和	—	190	210	300
粉砂	稍湿或潮湿	—	190	210	300
	饱和	—	90	110	200

砂土的密实程度可按相对密实度 D_r 或标准贯入试验来划分，请参见第 1 章相关内容。

（4）碎石类土

碎石类土的承载力与土的碎石类型有关。当为颗粒粒径较大而圆浑的卵石时，其强度要比粒径小而多棱角的砾石为高。另一方面它又与土的密实程度有关，所以碎石类土的基本承载力主要决定于土的类型和密实程度，其 σ_0 列于表 6-9 中。使用该表格时还要注意，当土名相同时，其承载力的变化还与填充物和碎石的坚硬程度有关。故表中所列的 σ_0 有一个变化范围，凡填充物为砂类土时取高值，填充物为黏性土时取低值，碎石质坚者取高值，质软者取低值。如碎石类土是半胶结的，可按同类密实土的 σ_0 值提高 10％～30％。对于漂石土和块石土的 σ_0 值，可参照卵石土和碎石土适当提高。

表 6-9　碎石类土地基的基本承载力 σ_0（kPa）

土名	密实程度			
	松散	稍密	中密	密实
卵石土、粗圆砾土	300～500	500～650	650～1 000	1 000～1 200
碎石土、粗角砾土	200～400	400～550	550～800	800～1 000
细圆砾土	200～300	300～400	400～600	600～850
细角砾土	200～300	300～400	400～500	500～700

关于碎石类土的密实程度的划分，可根据动力触探 $N_{63.5}$、开挖时的难易程度、孔隙中填充物的紧密程度、开挖后边坡的稳定状态、钻孔时的钻入阻力等进行综合判定。

（5）岩石地基

岩石地基的承载力不能简单地取一个岩样做单轴压力试验来判定，因为整个岩体存在着节理和裂隙。岩样强度是单个的、局部的，不能代表岩石地基的整体强度。所以在确定岩石地基承载力时既要考虑岩石的坚硬程度，又要考虑岩石的节理和裂隙发育情况。表 6-10 为岩石地基的 σ_0，在表中把岩石按坚硬程度分为硬质岩、较软岩、软岩和极软岩四类。节理发育情况也分成不发育（或较发育）、发育和很发育三类。显见节理不发育或较发育岩层的承载力较节理发育者为高。

表 6-10　岩石地基的基本承载力 σ_0(kPa)

<table>
<tr><th rowspan="3">岩石类别</th><th colspan="3">节理发育程度</th></tr>
<tr><th>节理很发育</th><th>节理发育</th><th>节理不发育或较发育</th></tr>
<tr><th>节理间距 2～20 cm</th><th>节理间距 20～40 cm</th><th>节理间距大于 40 cm</th></tr>
<tr><td>硬质岩</td><td>1 500～2 000</td><td>2 000～3 000</td><td>大于 3 000</td></tr>
<tr><td>较软岩</td><td>800～1 000</td><td>1 000～1 500</td><td>1 500～3 000</td></tr>
<tr><td>软岩</td><td>500～800</td><td>700～1 000</td><td>900～1 200</td></tr>
<tr><td>极软岩</td><td>200～300</td><td>300～400</td><td>400～500</td></tr>
</table>

如地基为风化岩石，应根据风化后残积物的形态类别，按同类型土的承载力表查其 σ_0。对于岩石的裂隙呈张开形态或有泥质填充时，表中数值应取低值。对于溶洞、断层、软弱夹层、易溶岩等情况，应个别研究以确定其地基承载力。

2. 一般地基的容许承载力

《铁路地基规范》推荐的地基容许承载力修正公式为

$$[\sigma]=\sigma_0+k_1\gamma_1(b-2)+k_2\gamma_2(h-3) \tag{6-38}$$

式中　$[\sigma]$——地基的容许承载力，kPa；

σ_0——地基的基本承载力，kPa；

b——基础宽度，m，当大于 10 m 时，按 10 m 计算；

h——基础的埋置深度，m，自天然地面起算，有水流冲刷时自一般冲刷线起算；位于挖方内，由开挖后地面算起；h 小于 3 m 时取 h 等于 3 m，h/b 大于 4 时 h 取 $4b$；

γ_1——基底以下持力层土的天然容重，kN/m^3；

γ_2——基底以上土的天然容重，kN/m^3，如基底以上为多层土，则取各层土容重的加权平均值；

k_1，k_2——宽度、深度修正系数，按持力层土的类型决定，可参照表 6-11 取值。

表 6-11　地基承载力的宽度和深度修正系数

<table>
<tr><th rowspan="4">系数</th><th colspan="18">土的类别</th></tr>
<tr><th colspan="4">黏性土</th><th rowspan="3">粉土</th><th colspan="2">黄土</th><th colspan="8">砂类土</th><th colspan="4">碎石类土</th></tr>
<tr><th colspan="2">Q_4 的冲、洪积土</th><th rowspan="2">Q_3 及其以前的冲、洪积土</th><th rowspan="2">残积土</th><th rowspan="2">新黄土</th><th rowspan="2">老黄土</th><th colspan="2">粉砂</th><th colspan="2">细砂</th><th colspan="2">中砂</th><th colspan="2">粗砂砾砂</th><th colspan="2">碎石圆砾角砾</th><th colspan="2">卵石</th></tr>
<tr><th>$I_L<0.5$</th><th>$I_L\geq 0.5$</th><th>稍、中密</th><th>密实</th><th>稍、中密</th><th>密实</th><th>稍、中密</th><th>密实</th><th>稍、中密</th><th>密实</th><th>稍、中密</th><th>密实</th><th>稍、中密</th><th>密实</th></tr>
<tr><td>k_1</td><td>0</td><td>0</td><td>0</td><td>0</td><td>0</td><td>0</td><td>0</td><td>1</td><td>1.2</td><td>1.5</td><td>2</td><td>2</td><td>3</td><td>3</td><td>4</td><td>3</td><td>4</td><td>3</td><td>4</td></tr>
<tr><td>k_2</td><td>2.5</td><td>1.5</td><td>2.5</td><td>1.5</td><td>1.5</td><td>1.5</td><td>1.5</td><td>2</td><td>2.5</td><td>3</td><td>4</td><td>4</td><td>5.5</td><td>5</td><td>6</td><td>5</td><td>6</td><td>6</td><td>10</td></tr>
</table>

由形式上看，式(6-38)与理论公式(6-22)或式(6-29)很相似，都由三项组成，而且第二项含有 γb，第三项含有 γh(也即 γH)。这说明经验公式中的每项都具有一定的力学意义。第二项主要来自基底以下滑动土体的重力，故 γ_1 是指基底以下土的容重。如在水下，且为透水土，γ_1 应考虑浮力影响，采用浮容重。第三项是表示过载作用，故 γ_2 是基底以上土的容重。如基础在水面以下，且持力层为透水者，则过载将受浮力作用，故基底以上的水下土层不论是否透水，

其 γ_2 均应采用浮重。若持力层为不透水者，则作为过载的不仅有基底以上的土颗粒重，而且也包含孔隙水重，故不论基底以上的水下土是否透水，γ_2 均应采饱和容重。

式(6-38)第二项中含有宽度 b，随着基础宽度的增大，地基承载力也相应地提高，这反映该公式与地基承载力的理论公式有一致性。但考虑到基础宽度超过一定值时，地基荷载应力的影响深度也相应加大，随之而来的是沉降量增加，对于建筑物的使用而言这是不利的，因此对地基承载力随宽度的增加应有所限制。《铁路地基规范》规定，当基础宽度 b 大于 10 m 时，式(6-38)中的 b 值仍取 10 m。该公式中第三项含有 h，说明承载力随基础埋深呈线性地增加。对于浅基础，这个公式仍大致可用，但对于深基础就不可用了。试验结果表明，承载力随深度的变化并非线性关系，而是随深度的增加，承载力的增长率逐步递减。

经验公式中的 k_1、k_2 与理论公式中的 N_γ、N_q 有一定对应关系，它们都是内摩擦角 φ 的函数。考虑到当 $\varphi=0$ 时，$N_\gamma=0$ 这一规律，黏性土的 φ 值一般都偏小，故 k_1 值也应取小值。另一方面，又考虑到黏性土地基的沉降量较大，公式第二项中含有宽度 b 的因素，对沉降不利，故表 6-11 中对黏性土的 k_1 值一律取零，以策安全。

对于稍松砂土和松散碎石类土地基，k_1、k_2 值可取表中稍、中密值的 50%。对于岩石地基，如节理不发育或较发育者，不作任何深、宽修正。对于节理发育或很发育的岩石地基，则可采用碎石类土的宽度和深度修正系数。对于已风化成砂土、黏性土者，可参照砂土、黏性土的修正系数。

3. 软土地基容许承载力

软土地基，包括淤泥和淤泥质土地基，在进行地基基础设计时，必须通过检算，使之满足地基的强度和变形的要求。在检算地基沉降量的同时，还要按下式计算[σ]，以供检算地基强度之需。

$$[\sigma]=5.14c_u\cdot\frac{1}{m}+\gamma_2 h \tag{6-39}$$

建于软土地基上的小桥和涵洞基础也可用式(6-40)确定地基的容许承载力。

$$[\sigma]=\sigma_0+\gamma_2(h-3) \tag{6-40}$$

式中 m——安全系数，视软土灵敏度及建筑物对变形的要求等因素而选用 1.5～2.5；

c_u——土的不排水剪切强度，kPa；

γ_2，h——同式(6-38)；

σ_0——软土地基的基本承载力，kPa，由表 6-12 查得。

表 6-12 软土地基的基本承载力 σ_0(kPa)

天然含水率 w/%	36	40	45	50	55	65	75
σ_0	100	90	80	70	60	50	40

4. 地基承载力的提高

对于下列情况可考虑适当提高地基容许承载力[σ]：

(1)修建在水中的基础，如果持力层不是透水土，则地基以上水柱将起到过载或反压平衡作用，因而可提高地基承载力。故《铁路地基规范》规定，凡地基土符合该述条件者，由常水位到河床一般冲刷线，水深每高 1 m，容许承载力[σ]可增加 10 kPa。

(2)当上部荷载为主力加附加力时，考虑到附加力是非长期恒定作用的活载，对地基的作用相对较小且作用方向可变，故可将[σ]提高 20%，提高幅度的确定应与附加力大小和作用时间长短相关联。

(3)当上部荷载为主力加特殊荷载(地震力除外)时,考虑到特殊荷载出现的概率较小,作用时间短暂,而土的短时动强度一般要高于静强度,因此可将[σ]适当提高。提高的幅度与地基土的状态有关,见表6-13。

表6-13 主力加特殊荷载(地震力除外)作用下地基容许承载力的提高系数

地基情况	提高系数
基本承载力 $\sigma_0>500$ kPa 的岩石和土	1.4
150 kPa$<\sigma_0\leqslant 500$ kPa 的岩石和土	1.3
100 kPa$<\sigma_0\leqslant 150$ kPa 的土	1.2

(4)既有桥台的地基土因受多年运营荷载的压实致密,故其基本承载力可予以提高,但提高值不应超过25%。

6.5.2 按《建筑地基规范》确定地基承载力

地基土属于大变形材料,当外荷载增加时,地基的变形相应增加,实际上很难界定出一个真正的"承载力极限值"来。由此,《建筑地基规范》更加强调按变形控制设计的思想,并将地基的容许承载力称为承载力特征值(characteristic value of subsoil bearing capacity),同时给出了下述定义:由载荷试验测定的地基土压力变形曲线线性变形段内规定的变形所对应的压力值,其最大值为比例界限值。

《建筑地基规范》推荐按下述经验公式计算地基的承载力特征值:

$$f_a=f_{ak}+\eta_b\gamma(b-3)+\eta_d\gamma_m(d-0.5) \tag{6-41}$$

式中 f_a——修正后的地基承载力特征值,kPa;

f_{ak}——地基承载力特征值,kPa,可由载荷试验或其他原位测试、公式计算,并结合工程实践经验等方法综合确定;

η_b,η_d——基础宽度和埋置深度的承载力修正系数,按基底下土的类别查表6-14确定;

γ——基础底面以下土的容重,kN/m^3,地下水位以下取浮容重;

γ_m——基础底面以上土的加权平均容重,kN/m^3,地下水位以下取浮容重;

b——基础的底面宽度,m,矩形基础应取其短边。当基础宽度小于3 m时取为3 m,大于6 m时取为6 m;

d——基础的埋置深度,m,一般自室外地面标高算起。在填方整平地区,可自填土地面标高算起,但填土在上部结构施工后完成时,应从天然地面标高算起。对于地下室,当采用独立基础或条形基础时,基础埋深应从室内地面标高算起;当采用筏基或箱基时,应自室外地面标高算起。

表6-14 地基承载力修正系数

土的类别		η_b	η_d
淤泥和淤泥质土		0	1.0
人工填土 e 或 I_L 大于等于0.85的黏性土		0	1.0
红黏土	含水比 $a_w>0.8$	0	1.2
	含水比 $a_w\leqslant 0.8$	0.15	1.4

续上表

土的类别		η_b	η_d
大面积压实填土	压实系数大于 0.95、黏粒含量 $\rho_c \geq 10\%$ 的粉土	0	1.5
	最大干密度大于 2.1 t/m³ 的级配砂石	0	2.0
粉土	黏粒含量 $\rho_c \geq 10\%$	0.3	1.5
	黏粒含量 $\rho_c < 10\%$	0.5	2.0
e 或 I_L 均小于 0.85 的黏性土		0.3	1.6
粉砂、细砂(不包括很湿与饱和时的稍密状态)		2.0	3.0
中砂、粗砂、砾砂和碎石土		3.0	4.4

注:1. 强风化和全风化的岩石,可参照所风化成的相应土类取值,其他状态下的岩石不修正;

2. 地基承载力特征值按深层平板载荷试验确定时,η_d 取 0;

3. $a_w = w/w_L$。

由于我国地域辽阔,地基土的区域性特征十分突出,为了避免全国使用统一表格所引起的种种弊端,《建筑地基规范》舍弃了传统的承载力表,而更加突出了载荷试验和原位测试以及工程经验的重要性。

当荷载偏心距 e 小于或等于基底宽度的 1/30 时,地基承载力特征值也可由地基土强度指标的标准值 φ_k 和 c_k,通过下列承载力理论公式计算得出

$$f_a = M_b \gamma b + M_d \gamma_m d + M_c c_k \tag{6-42}$$

式中 f_a——由地基土的抗剪强度指标确定的地基承载力特征值,kPa;

M_b, M_d, M_c——承载力系数,由 φ_k 按表 6-15 确定,其中,φ_k 是基底以下相当于一倍基础短边宽度的深度范围内土的内摩擦角标准值;

b——基础底面宽度,m,大于 6 m 时取为 6 m;对于砂土,小于 3 m 时取为 3 m;

c_k——基底以下一倍基础短边宽度的深度范围内土的黏聚力标准值,kPa;

其余符号的意义同前。

上述 c_k 及 φ_k 由室内试验确定。

表 6-15 承载力系数 M_b、M_d、M_c

φ_k/(°)	M_b	M_d	M_c	φ_k/(°)	M_b	M_d	M_c
0	0.00	1.00	3.14	22	0.61	3.44	6.04
2	0.03	1.12	3.32	24	0.80	3.87	6.45
4	0.06	1.25	3.51	26	1.10	4.37	6.90
6	0.10	1.39	3.71	28	1.40	4.93	7.40
8	0.14	1.55	3.93	30	1.90	5.59	7.95
10	0.18	1.73	4.17	32	2.60	6.35	8.55
12	0.23	1.94	4.42	34	3.40	7.21	9.22
14	0.29	2.17	4.69	36	4.20	8.25	9.97
16	0.36	2.43	5.00	38	5.00	9.44	10.80
18	0.43	2.72	5.31	40	5.80	10.84	11.73
20	0.51	3.06	5.66				

【例 6-2】有一厚层 Q_4 冲积黏性土层，地下水面在地表下 3 m 处。测得水面以下土的资料为：$w=25\%$，$w_L=26\%$，$w_p=15\%$，$\gamma_s=27\ kN/m^3$。水面以上的 $\gamma=19\ kN/m^3$。设基础为长条形，宽 5 m，准备埋深 4 m。试按《铁路地基规范》求地基的容许承载力。

【解】已知 $w_L=26\%$，$w_p=15\%$，故塑性指数 $I_p=26-15=11$，按《铁路地基规范》中土的分类，$10<I_p<17$，确定地基土为粉质黏土。由于基础埋深 4 m，基底在地下水面以下 1 m，故基底土为饱和土，即 $S_r=1.0$。又已知地基土的 $w=25\%$，$\gamma_s=27\ kN/m^3$，可以推算出地基土的 I_L、e 和浮容重 γ' 如下

$$I_L=\frac{w-w_p}{I_p}=\frac{25-15}{11}=0.91$$

$$e=\frac{\gamma_s\cdot w}{\gamma_w}=\frac{27\times0.25}{10}=0.675$$

$$\gamma'=\frac{\gamma_w\cdot e+\gamma_s}{1+e}-\gamma_w=\frac{10\times0.675+27}{1+0.675}-10=10.15\ (kN/m^3)$$

由于是 Q_4 黏性土，可根据表 6-4 由 I_L 和 e 用线性内插法求得土的基本承载力 $\sigma_0=198\ kPa$。因为基础宽度超过 2 m，埋深超过 3 m，故承载力应予修正，可按式(6-38)计算。由表 6-11 查得：$k_1=0$，$k_2=1.5$，而公式中的 γ_2 应采用基底以上土的加权容重，即

$$\gamma_2=\frac{\gamma'\times1+\gamma\times3}{4}=\frac{10.15+19\times3}{4}=16.79\ (kN/m^3)$$

计算时从安全角度出发，考虑为透水土层，故水下土的容重用浮容重 γ'。

修正后的容许承载力为

$$[\sigma]=\sigma_0+k_2\gamma_2(h-3)=198+1.5\times16.79\times1=223.18(kPa)$$

【例 6-3】设地基为均匀的粉质黏土，现已由地基载荷试验确定 $f_{ak}=190\ kPa$，其他所有资料同于上题。试按《建筑地基规范》计算基础埋深 4 m 时经修正后的地基承载力特征值。

【解】根据例 6-2 得知，地下水位深 3 m，基础宽度为 5 m，埋深为 4 m，水面以上土的天然容重 $\gamma=19\ kN/m^3$，水面以下土的浮容重为 $\gamma'=10.15\ kN/m^3$。

粉质黏土 $I_L=0.91$，$e=0.675$，根据表 6-14，取 $\eta_b=0$，$\eta_d=1.0$，可算出修正后的地基承载力特征值为

$$\begin{aligned}f_a&=f_{ak}+\eta_b\gamma(b-3)+\eta_d\gamma_m(d-0.5)\\&=190+0\times10.15\times(5-3)+1.0\times\frac{10.15\times1+19\times3}{4}\times(4-0.5)\\&=248.8(kPa)\end{aligned}$$

6.6 由原位测试确定地基承载力

目前确定地基承载力最可靠的方法，莫过于在现场对地基土进行直接测试，该类方法一般称为地基土的原位测试。其中最直接可信的方法是在设计位置的地基土上进行载荷试验，这相当于在原位进行地基基础的模型试验，对确定地基承载力具有直接意义。其次，通过各种特制仪器在地基土中进行测试，用间接方法确定地基的承载力。这些方法中较为有效的有静力触探、动力触探、标准贯入和旁压试验等。对于重要建筑物和复杂地基，目前都明确规定需用原位测试方法来确定地基承载力，并且最好采用多种测试方法，以便相互对比参考。

在各种原位测试方法中，除载荷试验较费时和费钱外，其他方法都很简便快捷，能在较短

的时间内获得大量资料，因而在工程建设中得到大力推广。本节主要介绍《铁路工程地质原位测试规程》(TB 10018—2018)(以下简称《原位测试规程》)所推荐的试验方法的要点和确定地基承载力的相关内容。

6.6.1 平板载荷试验

平板载荷试验(plate loading test)即为现场载荷试验，是在原位条件下，向地基逐级施加荷载，并同时观测地基随时间发展的变形(沉降)的一种测试方法。该试验是确定天然地基承载力和变形特性参数的综合性测试手段，可用来测定载荷板下应力主要影响范围内地基土的承载能力和变形特性。浅层平板载荷试验适用于浅层地基土；深层平板载荷试验适用于深层地基土或大直径桩端的岩土，试验深度不应小于 5 m。

(1)试验设备及试验原理

平板载荷试验设备分加载设备和量测设备两大部分。加载设备包括千斤顶、油泵、承压板、主梁和配载次梁等。量测设备包括位移传感器、基准梁、固定支座和记录仪等。其现场布置如图 6-5 所示。

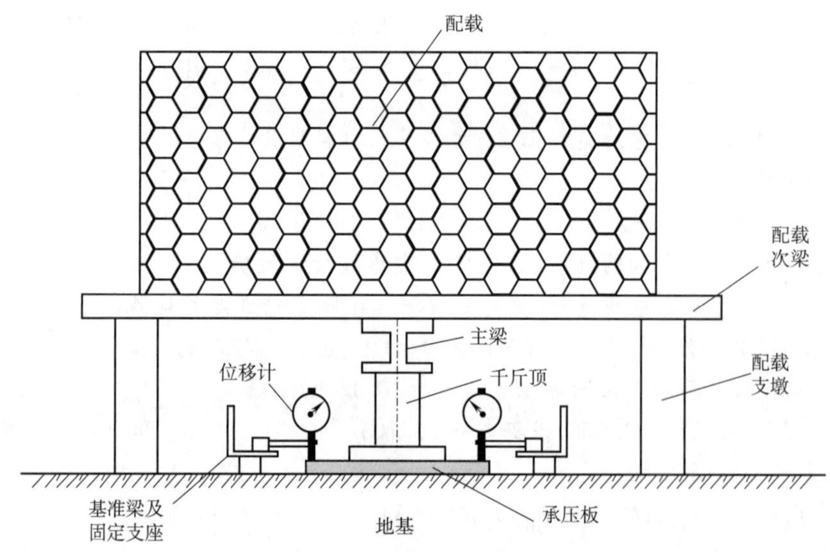

图 6-5 平板载荷试验现场布置

当油泵向千斤顶注油时，千斤顶将向主梁、次梁和配载施加一个作用力，同时将其反作用力通过加载平板施加到地基上。通过测试地基在不同荷载作用下的沉降变形情况，就可利用得到的测试曲线和相应的理论公式计算地基的变形参数和承载力指标。

(2)试验方法

平板载荷试验方法分相对稳定法(慢速法)、快速法和等沉降速率法三种，常用的方法是相对稳定法。载荷试验点应选在具有代表性的地点，每个场地不宜少于 3 个，当场地内岩土体不均匀时应适当增加点数。浅层平板载荷试验应布置在基础底面标高处，且不应小于自然地面下 0.5 m；深层平板载荷试验应布置在基础底面或桩端。

进行平板载荷试验时，首先应在试验土层上挖试坑，坑底标高与基底设计标高相同。如在基底压缩层范围内有不同性质的土层，则应对每一土层挖试坑，坑底达到土层顶面，在坑底放置刚性压板，板上分级施加中心荷载。根据地基土的软硬程度不同，压板面积大致为 0.25～

1.0 m^2，松软土取大值，密实土取小值，常用标准压板是 0.5 m^2。承压板形状多为方形或圆形。

浅层平板载荷试验的试坑宽度或直径不应小于承压板边长或直径的 3 倍，承压板与坑边净距不应小于承压板边长或直径。深层平板载荷试验的试井直径应等于承压板直径，当试井直径大于承压板直径时，紧靠承压板周围土的高度不应小于承压板直径。

荷载应逐级施加，每级荷载相当于压板极限荷载的 1/15～1/10。在分级加压过程中，应根据试验要求逐级测量压板的沉降量，直到地基破坏。

(3)地基承载力确定方法

在平板载荷试验加压过程中，当荷载加到某一级时，地基土会突然从基底下挤出，即发生所谓整体剪切破坏，这时的压力—沉降曲线产生陡降，如图 6-1(a)所示，从这样的曲线上可以找到极限压力 p_u，它等于地基破坏时的前一级压力。但一般地基的压力沉降曲线多呈图 6-1(b)所示的形式，即曲线逐步变陡，没有突然的转折点，它对应于所谓的局部剪切破坏。这时的极限压力 p_u不易确定。为确定它，一般是设法找出该线段中的最大曲率位置，或前后两段不同线型的分界点。

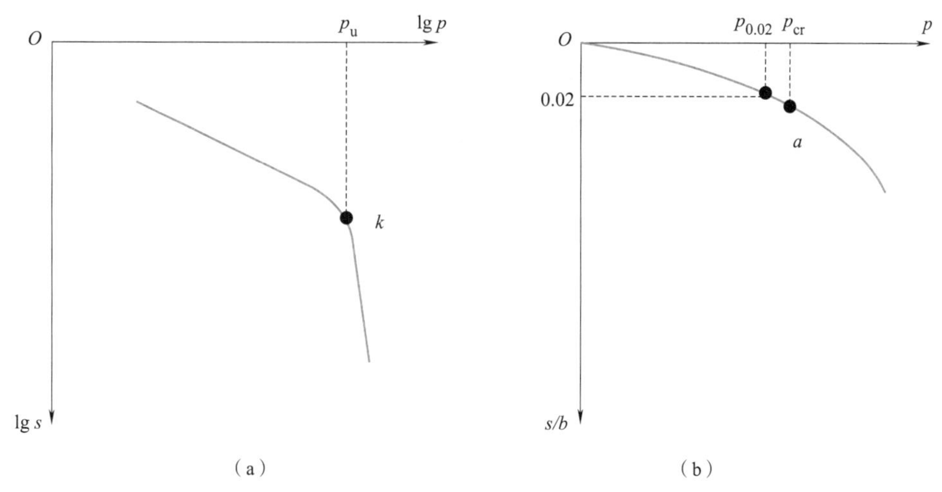

图 6-6 地基土的压力—沉降曲线

根据实测资料用双对数坐标绘成 lg$s$—lg$p$ 曲线，如图 6-6(a)所示，找到曲率最大点 k 对应的压力 p_u，即为极限压力。也可以采用其他方法，总之要在曲线上找到一个变化点，作为极限压力的临界点，从而能定出 p_u。而地基的容许承载力可取为 p_u/K，K 为安全系数，可按工程的重要性和地基土的压缩性特征取 2～3。

要在压力—沉降曲线上找到临界点的重要条件，是要把曲线做得相当长。但往往由于时间紧迫，加载设备能力不足等因素，压力—沉降曲线常常做得不完整。要在短曲线上按上述方法找 p_u是困难的。但是只要曲线中出现初始直线段的临塑压力 p_{cr}，则可把 p_{cr} 作为容许承载力，或者绘制成相对沉降—压力曲线，如图 6-6(b)所示。所谓相对沉降是指 s/b，b 为压板的边长(方形)或直径(圆形)，而 s 为沉降量。表 6-16 是《原位测试规程》所列出的各类土的容许相对沉降值，可供实际工作参考。根据地基土的类别由表 6-16 中查得容许相对沉降值后可在 s/b—p 曲线上查得对应的压力，即可当作地基的容许承载力。

表 6-16 各类土的容许相对沉降值

土名	黏性土				粉土			砂类土			
状态	流塑	软塑	硬塑	坚硬	稍密	中密	密实	松散	稍密	中密	密实
s/b	0.020	0.016	0.012	0.010	0.020	0.015	0.010	0.020	0.016	0.012	0.008

注：对于软～极软的软质岩、强风化～全风化的风化岩，应根据工程的重要性和地基的复杂程度取 $s/b = 0.001 \sim 0.002$ 所对应的压力为 σ_0。

因为载荷试验的压板尺寸比实际基础的尺寸要小得多，故按上述方法求得的地基容许承载力是偏于安全的。由式(6-22)或式(6-29)可看到，压板尺寸越小，则对应的 p_u 也小，用它来代替实际基础的 p_u，自然是偏于安全的。另外，如在地表或在敞坑中做载荷试验，其所确定的容许承载力只能算是基本承载力，当用于地基基础设计时，还要根据基础的实际宽度和埋深考虑承载力是否需要进行宽、深修正。

6.6.2 静力触探

静力触探(cone penetration test)是采用静力触探仪，通过液压千斤顶或其他机械传动方法(图 6-7)，把带有圆锥形探头的钻杆压入土层中，通过测试探头受到的阻力，可以了解地基土的基本特征。静力触探仪的构造形式是多样的，总的说来，大致可分成三部分，即探头、钻杆和加压设备。探头是静力触探仪的关键部件，有严格的规格与质量要求。目前，国内外使用的探头可分为三种类型(图 6-8)。

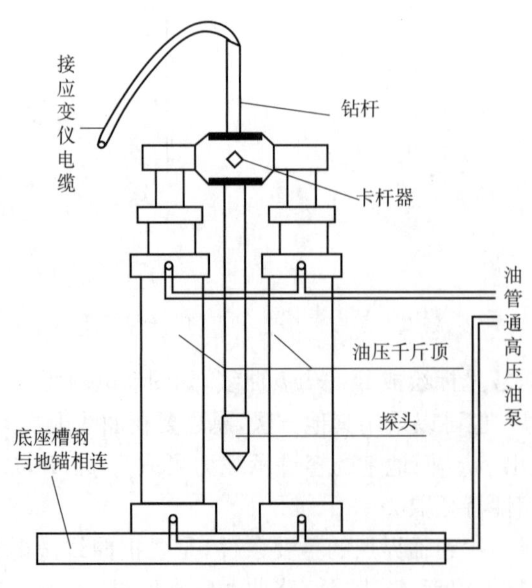

图 6-7 静力触探仪示意

(1)单桥探头

这是我国所特有的一种探头类型。它的锥尖与外套筒是连在一起的，使用时只能测取一个参数。这种探头的优点是结构简单、坚固耐用而且价格低廉，对推动我国静力触探技术的发展曾经起到了积极作用；其缺点是测试参数少，规格与国际标准不统一，不利于国际交流，故其应用受到限制。

(2)双桥探头

这是国内外应用最为广泛的一种探头。它的锥尖与摩擦套筒是分开的,使用时可同时测定锥尖阻力和筒壁的摩擦力。

(3)孔压探头

它是在双桥探头的基础上发展起来的一种新型探头。孔压探头除了具备双桥探头的功能外,还能测定触探时的孔隙水压力,这对于黏土中的测试成果分析有很大的好处。

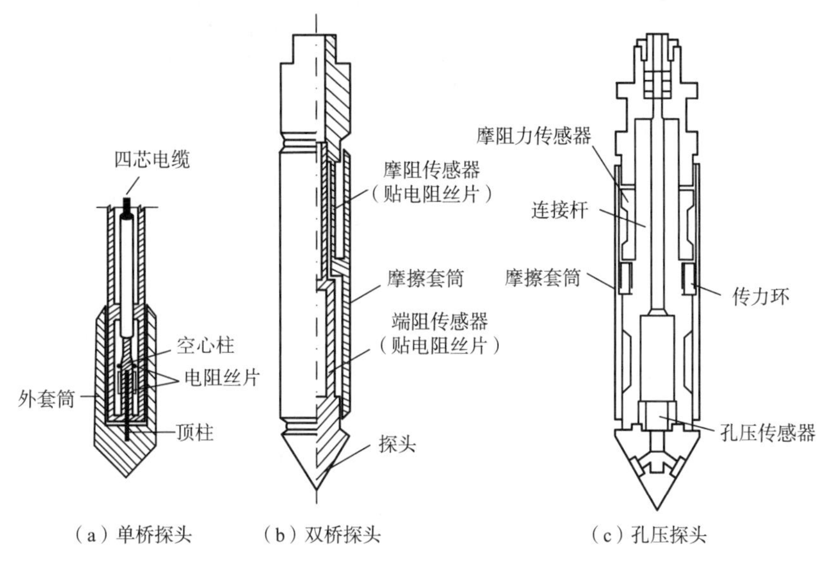

图6-8 静力触探的探头类型

部分常用探头规格和型号见表6-17。

表6-17 静力触探的常用探头规格

探头种类	型号	锥头			摩擦筒(或套筒)		标准
		顶角/(°)	直径/mm	底面积/cm²	长度/mm	表面积/cm²	
单桥	Ⅰ—1 Ⅰ—2 Ⅰ—3	60 60 60	35.7 43.7 50.4	10 15 20	57 70 81		我国独有
双桥	Ⅱ—0 Ⅱ—1 Ⅱ—2	60 60 60	35.7 35.7 43.7	10 10 15	133.7 179 219	150 200 300	国际标准
孔压		60 60	35.7 43.7	10 15	133.7 179	150 200	国际标准

根据经验,探头的截面尺寸对比贯入阻力 p_s 的影响不大。贯入速度一般控制在0.5～2.0 m/min之间,每贯入0.1～0.2 m在记录仪器上读数一次,也可使用自动记录仪,并绘出比阻力 p_s 和贯入深度 H 之间的关系曲线。图6-9为单桥探头测试成果的 p_s—H 曲线,根据 p_s 值可用经验公式计算出地基承载力。现在国内外的相关经验公式很多,但都是地区性的。当无地区经验可循时,《原位测试规程》提出的如下经验公式可供设计者参考。

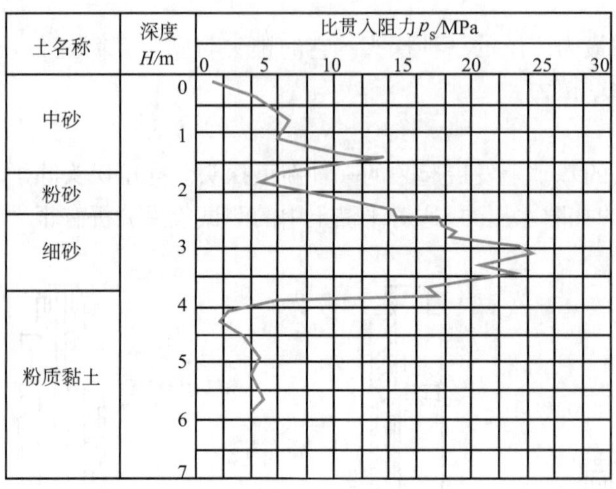

图 6-9　静力触探贯入曲线

对于 Q_3 及以前沉积的老黏土地基，当比贯入阻力 p_s 在 2 700～6 000 kPa 范围内时，基本承载力 σ_0 可按比贯入阻力的十分之一计算，即

$$\sigma_0 = 0.1p_s \tag{6-43}$$

对于一般黏性土地基，当比贯入阻力 p_s 小于 6 000 kPa 时，基本承载力 σ_0 可按式(6-44)求得。

$$\sigma_0 = 5.8\sqrt{p_s} - 46 \tag{6-44}$$

对于软土地基，当比贯入阻力 p_s 在 85～800 kPa 范围内时，基本承载力 σ_0 可按式(6-45)求得。

$$\sigma_0 = 0.112p_s + 5 \tag{6-45}$$

对于一般砂土及粉土地基，当比贯入阻力 p_s 小于 24 000 kPa 时，基本承载力 σ_0 可按式(6-46)求得。

$$\sigma_0 = 0.89p_s^{0.63} + 14.4 \tag{6-46}$$

当采用上述公式估算地基承载力时，对于扩大基础，p_s 应取基础底面以下 $2b$(b 为矩形基础的短边长度或圆形基础的直径)深度范围内的比贯入阻力平均值，当地基由层状土构成时，p_s 的取值尚应符合该规范的相关规定。

如把上述各类土的 σ_0 值用于基础设计，尚需按基础的实际宽度和埋深进行宽、深修正。

用静力触探不仅可确定地基承载力，而且通过比贯入阻力 p_s 大致能确定地基土的其他力学指标，如压缩模量 E_s、软土的不排水抗剪强度 c_u 和砂土的内摩擦角 φ 等。如采用双桥探头，还可根据探头端阻力 p_c 和摩擦力 f_s 对土层进行大致分类，或初步定出桩基的承载力。该方法相对简单、快速，具有很好的应用发展前景。但也要看到，通过静力触探成果确定地基土承载力和其他力学指标的可靠性到目前为止还是不够的，还存在不少问题，需要进一步研究，其结果最好再通过其他方法进行校核。

6.6.3　动力触探

当土层较硬，用静力触探无法贯入土中时，可采用圆锥动力触探(dynamic penetration test)，简称动力触探。动力触探法适用于强风化、全风化的硬质岩石，各种软质岩石及各类土。动力触探仪的构造(图6-10)也可分为三部分:圆锥形探头、钻杆和冲击锤。它的工作原理是把冲击锤提升到一定高度,让其自由下落冲击钻杆上的锤垫,使钻杆下探头贯入土中。贯入阻力用贯入一定深度的锤击数表示。

动力触探仪根据锤的质量进行分类,相应的探头和钻杆的规格尺寸也不同。国内将动力触探仪分为轻型、重型和超重型三种类型,见表6-18。

表6-18　动力触探类型

类　型		轻　型	重　型	超重型
冲击锤	锤的质量/kg	10±0.2	63.5±0.5	120±1
	落　距/cm	50±2	76±2	100±2
探　头	直　径/mm	40	74	74
	锥　角/(°)	60	60	60
钻杆直径/mm		25	42	50～60
贯入指标	深　度/cm	30	10	10
	锤击数	N_{10}	$N_{63.5}$	N_{120}

动力触探时可获得锤击数 N_{10}($N_{63.5}$、N_{120},下标表示相应穿心锤的质量)沿深度的分布曲线。一般以10 cm贯入深度的击数为记录。根据曲线变化情况大致可对土进行力学分层,再配合钻探等手段可定出各土层的土名和相应的物理状态。

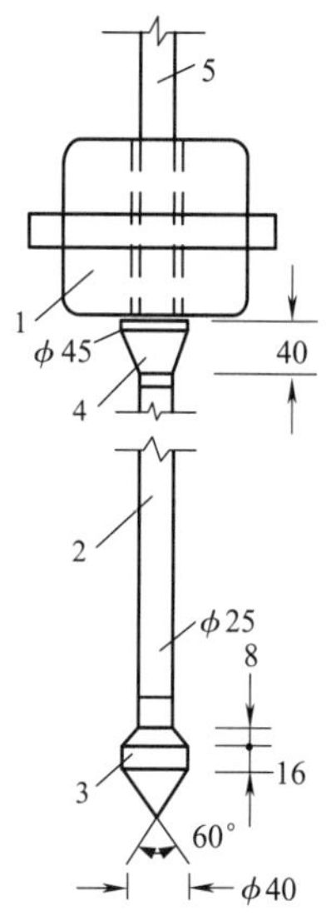

图6-10　轻型动力触探仪(单位:mm)
1—穿心式冲击锤;2—钻杆;3—圆锥形探头;4—钢砧与锤垫;5—导向杆

我国幅员辽阔,土层分布具有很强的地域性,各地区和行业部门在使用动力触探的过程中积累了很多地区性或行业性的经验,有的还建立了地基承载力和动探击数之间的经验公式,但在使用这些公式时一定要注意公式的适用范围和使用条件。《原位测试规程》中也提供了地基承载力的计算表格,可供实际工作参考。

影响动力触探测试成果的因素很多,主要包括有效锤击能量、钻杆的刚柔度、测试方法、钻杆的竖直度等。因此,动力触探是一项经验性很强的工作,所得成果的离散性也比较大,所以一般情况下最好采取两种以上的方法对地基土进行综合分析。

6.6.4　标准贯入试验

标准贯入试验(standard penetration test)的内容及仪器构造已在第1章讨论过,下面主要讨论如何利用标准贯入击数 N 来确定浅基础的地基承载力。

用 N 值估算地基承载力的经验方法很多,如梅耶霍夫(G. G. Meyerhof)由地基的强度出发提出如下经验公式:

当浅基的埋深为 H(m),基础宽度为 b(m),砂土地基的容许承载力$[\sigma]$可按式(6-47)计算。

$$[\sigma]=10N\cdot b\left(1+\frac{H}{b}\right) \tag{6-47}$$

对于粉土或在地下水位以下的砂土，上述计算结果还要除以 2。

太沙基和派克(K. Terzaghi and R. Peek)考虑地基沉降的影响，提出另一计算地基容许承载力的经验公式，在总沉降不超过 25 mm 的情况下，可用式(6-48)计算地基的容许承载力$[\sigma]$。

$$\left.\begin{array}{ll}\text{当 } b\leqslant 1.3\text{ m 时} & [\sigma]=12.5N \\ \text{当 } b>1.3\text{ m 时} & [\sigma]=\dfrac{25}{3}N\left(1+\dfrac{3}{b}\right)\end{array}\right\} \tag{6-48}$$

式(6-48)已把地下水的影响考虑进去，故不另加修正。

国内的一些规范和手册中也列出了相应的计算方法，可供实际工作参考。

6.6.5 旁压试验

旁压试验(pressuremeter test)是利用旁压仪在原位测试不同深度土的变形性质和强度指标的试验方法。早在 1933 年德国寇克娄(F. Kogler)就提出了这种设想，后来法国梅纳德(L. F. Menard)把它付诸实现，设计了预钻式旁压仪，又称梅纳德旁压仪。其方法为：预先在地基中钻孔，然后把旁压仪插入孔中进行试验。

预钻式旁压仪由一个包括直径为 5 cm 的圆柱形测试探头、液压加力系统以及量测系统所组成。以我国制造的 PY 型预钻式旁压仪为例(图 6-11)，探头分上中下三腔室，外套有橡皮膜，中腔为测试腔，长 25 cm，体积为 491 cm^3，与邻室隔离，上下腔为保护腔，各长 10 cm，相互连通。各腔室与地面水箱、测量体变管以及测压表和加压装置相连。钻孔直径应较探头腔室直径大 2～6 mm。

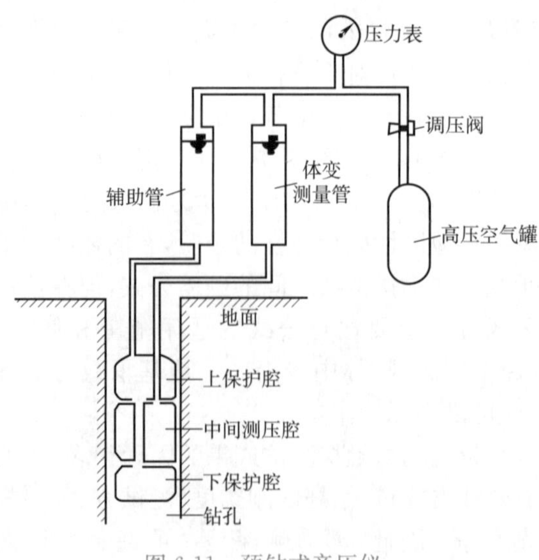

图 6-11　预钻式旁压仪

旁压试验时，先由水箱向三腔室注满水，使测试腔达到初始体积 V_c(PY 型旁压仪的 V_c 为 491 cm^3)，然后通过高压空气分级加水压，使各腔室产生侧向膨胀挤压孔壁，每级压力相当于估计临塑压力 p_F 的 1/7～1/5，在加压同时，测量中腔测试室的水体积增加量 V(或用体变测量管的水面下降 S 来表示)。当测试腔体积增加量达到 600 cm^3 时，则终止加压。根据试验可绘制如图 6-12 所示的旁压曲线。

由图 6-12 可定出临塑压力 p_F 和极限压力 p_L。p_F 是图中的直线段与曲线段连接点所对应的压力。p_L 值为曲线的极限值，可按下述方法确定：

从纵轴上取 $V=V_c+2V_0$ 点，过此点作一水平线与曲线相交，交点所对应的横坐标即为 p_L。上述的 V_0 为直线段延长后在纵轴上的截距，V_c 为旁压仪测试腔的初始体积。然后可按式(6-49)计算地基的基本承载力 σ_0

$$\sigma_0=p_F-\sigma_{h0} \tag{6-49}$$

式中　σ_{h0}——土的静止水平总压力，kPa，对于黏性土、粉土、砂类土和黄土可按式(6-50)确定，对于软质岩石和风化岩石可取 p—V 曲线上的直线段起点对应的压力。

$$\sigma_{h0}=K_0\sigma'_{v0}+u \tag{6-50}$$

式中　K_0——静止土压力系数，可按经验确定：对于正常固结和轻度超固结的砂类土、粉土和黄土可取 0.4，硬塑至坚硬状黏性土可取 0.5，软塑状黏性土可取 0.6，流塑状黏性土可取 0.7；

σ'_{v0}——土的有效自重应力，kPa；

u——孔隙水压力，kPa。

地基极限承载力 σ_u 可按式(6-51)确定

$$\sigma_u=p_L-\sigma_{h0} \tag{6-51}$$

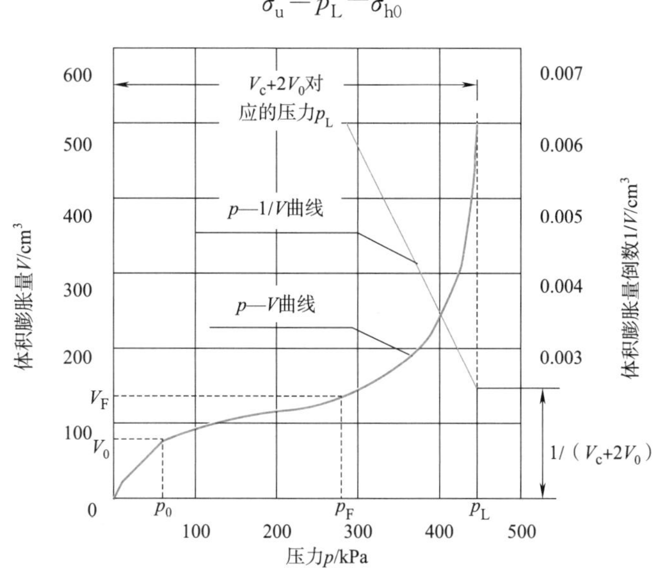

图 6-12　旁压试验 p—V 曲线

☆6.7　地基承载力的极限分析法

由于天然地基土的性质非常复杂，具有非常显著的不确定性和离散性。不论用什么理论公式，也不能保证它的计算结果完全符合地基的实际情况。从工程角度出发，只要能使通过不同方法确定的地基承载力在较小范围内变化，也就可以满足设计要求了。这个变化范围可以按塑性理论中的极限分析方法来确定，即求出地基极限承载力的上限和下限，若上下界限的距离甚近，则确定的极限承载力就具有相当的可靠性。极限分析法在 20 世纪 50 年代初由德鲁克(D. G. Drucker)等运用到土力学中，现在已广泛用于求解地基和土工中的各种稳定问题。下面将简单地介绍极限分析法(limit analysis method)中的上限和下限理论及用于求解地基极限承载力的方法。

6.7.1　地基极限承载力的下限解

设地基的极限荷载唯一地由地基中的应力场确定。一般先假定地基中的应力场形式，使之满足应力平衡条件和边界条件，同时又要使地基中任何一点的应力不超过土的屈服条件(一般采用摩尔—库仑屈服函数)，这样的应力场称为“静态容许应力场”。由此确定的外荷载必然小于极限荷载的真值。为了使承载力的下限值尽量接近极限荷载的真值，应在所有假定的应力场中选择一个，该应力场对应的外荷载为所有可能的应力场中的最大者，如此确定的外荷载便可作为拟定的地基极限承载力的下限值。

例如，有一均匀地基，其 $\varphi=0$，$c\neq0$，不考虑地基的重力，欲求地基极限承载力的下限解。试算时，可先假定地基的应力场由图 6-13(a)所示的两个应力支杆 $abed$ 和 $abgf$ 构成，它们沿各自的轴向延伸至无穷远，ad、be 为前者的自由边界，而 af、bg 为后者的自由边界，它们与竖直线的夹角为 30°，这两个应力支杆中的应力为单向均匀分布，如图 6-13(a)所示，并处于极限平衡状态，即各自的轴向应力均为 $p=2c$。地基中的 abc 范围为应力叠加区，其边界线 ac 和 bc 上的法向应力和剪应力可求出为

$$\sigma=\frac{3}{2}c,\quad \tau=\frac{\sqrt{3}}{2}c \tag{6-52}$$

不考虑地基的重力，故应力叠加区中的应力为均匀分布，且其竖向应力为大主应力 σ_1，水平向应力为小主应力 σ_3。由平衡条件求得

$$\sigma_1=3c,\quad \sigma_3=c$$

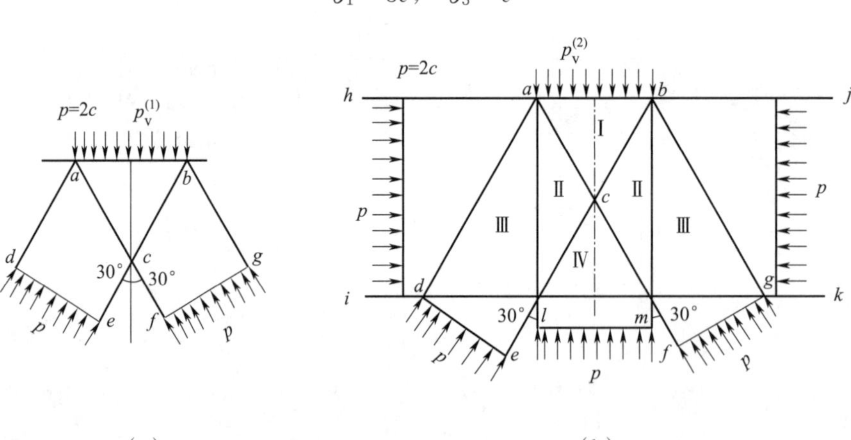

图 6-13　下限解的应力场

上述结果满足于屈服条件 $\sigma_1-\sigma_3=2c$，使第一次试算的下限承载力为 $p_v^{(1)}=\sigma_1=3c$。但理论极限承载力为 $p_u=5.14c$，较 $p_v^{(1)}$ 大得多。因此作第二次改进，即在原来应力场的基础上加上水平应力支杆 $hikj$，及竖直应力支杆 $abml$。它们同样处于单向极限应力状态，即 $p=2c$。由图 6-13(b)可以看出，这样形成Ⅰ、Ⅱ、Ⅲ、Ⅳ四个应力叠加区，应该检查每个应力叠加区的应力是否满足屈服条件($f=\sigma_1-\sigma_3-2c=0$)。检查结果：Ⅳ区的 $\sigma_1=2c$，$\sigma_3=2c$($f<0$)；Ⅲ区的 $\sigma_1=3c$，$\sigma_3=c$($f=0$)；Ⅱ区的 $\sigma_1=4c$，$\sigma_3=2c$($f=0$)；Ⅰ区的 $\sigma_1=5c$，$\sigma_3=3c$($f=0$)。可见它们都未超过屈服条件。从Ⅰ区中可以求出 $p_v^{(2)}=\sigma_1=5c$，虽略小于理论值 $5.14c$，但已非常接近真值。

6.7.2　地基极限承载力的上限解

上限理论的出发点，是当外荷载大于极限承载力时地基产生了破坏而形成移动速度场，一般称为“动态容许速度场”。在此速度场中，外荷载产生的功率与塑性破坏区的内能损耗率应

相等，由此可导出极限荷载。因为地基已经破坏，且产生了速度场，故由上限理论求得的极限荷载必然大于破坏荷载的真值。为了使该荷载尽量接近真值，应从不同的假设滑动图形中选择最小的计算外荷载作为拟定的上限解。

计算过程可按如下方式进行，根据判断，先假定合适的地基滑动面和塑性剪切区，按照塑性理论，采用塑性势理论的相关联流动法则（即以屈服函数作为塑性势函数），不难证明土体在塑性区内将产生剪胀，而剪胀角为 φ，如图 6-14(a)所示。根据这个剪切图式，可计算顺着一个单位面积薄层塑性区滑动所消耗的能率。

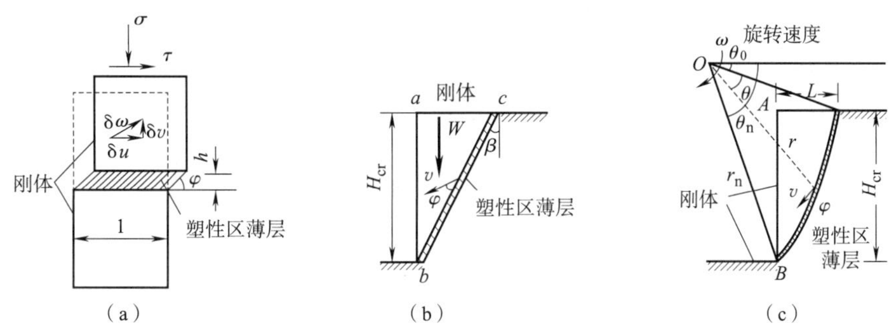

图 6-14　上限解的计算图示

设滑动薄层的剪胀速度为 $\delta\omega$，沿着滑面和垂直滑面的分速度为 δu 和 δv，薄层厚度为 h，则剪应变率和法向应变率为

$$\dot{\gamma}=\frac{\delta u}{h},\quad \dot{\varepsilon}=\frac{\delta v}{h} \tag{6-53}$$

设作用在滑面上的法向应力为 σ，剪应力为 τ，则消耗在单位面积塑性薄层内的内能损耗率为

$$D=[\tau\dot{\gamma}+\sigma(-\dot{\varepsilon})]\times 1\times h=\tau\cdot\delta u-\sigma\delta v=\delta u(\tau-\sigma\tan\varphi)=c\cdot\delta u \tag{6-54}$$

关于上限解的运用，可举一例如下：设有一直立的土质边坡，其 $c\neq 0$，$\varphi\neq 0$，试求它的极限高度 H_{cr}。如图 6-14(b)所示，先假定该边坡开始顺 bc 直面滑动，形成一三角形滑体。设滑动带 bc 为一很薄的塑性区，与竖直线成 β 角，在薄带的两边均为刚体，滑动刚体 abc 重 W。在刚开始滑动瞬间，它以 v 的速度与 bc 面成 φ 角（剪胀角）方向滑动，则它所做的外功率为

$$\dot{W}=\frac{1}{2}\gamma H^2\tan\beta\cdot v\cdot\cos(\varphi+\beta) \tag{6-55}$$

式中　γ——土的容重，kN/m^3；

H——土坡高度，m。

在滑动过程中，塑性区内所消耗的内能功率可利用式(6-54)的结果计算如下：

$$\dot{E}=c\cdot v\cdot\cos\varphi\cdot\frac{H}{\cos\beta} \tag{6-56}$$

令 $\dot{W}=\dot{E}$，即令式(6-55)和式(6-56)相等，消去速度 v，得

$$H=\frac{2c}{\gamma}\frac{\cos\varphi}{\sin\beta\cos(\varphi+\beta)} \tag{6-57}$$

根据上限理论，考虑荷载为最小原则，故用自变量 β 对式(6-57)的 H 求偏导，使之为零，从而求得极限值 H_{cr}：

$$\frac{\partial H}{\partial \beta}=-\frac{2c}{\gamma}\cos\varphi\frac{\cos(\varphi+2\beta)}{\sin^2\beta\cos^2(\varphi+\beta)}=0 \tag{6-58}$$

所以 $$\beta=45^\circ-\frac{\varphi}{2}$$

把 β 值代入式(6-58)，得

$$H_{cr}=\frac{4c}{\gamma}\tan\left(45^\circ+\frac{\varphi}{2}\right) \tag{6-59}$$

若把滑动面再改进一步，使形成对数螺旋面，如图 6-14(c)所示，则可运用同样计算原理。令 BC 为对数螺旋滑动薄面，ABC 为滑动刚体，它以角速度 ω 围绕极点 O 旋转，它所做的外功率 $\dot{W}$ 与对数螺旋塑性区薄层内的内耗能率 $\dot{E}$ 相等，可得到：

$$H=\frac{c}{\gamma}f(\theta_0,\theta_n) \tag{6-60}$$

式中 θ_0,θ_n——确定极点位置的两个角度参数，如图 6-14(c)所示。

对上式偏导以求极值：$\frac{\partial H}{\partial \theta_0}=0$，$\frac{\partial H}{\partial \theta_n}=0$，从这两式可以解出 θ_0 和 θ_n，再代入式(6-60)，最后求得土坡的上限高度为

$$H_{cr}=\frac{3.83c}{\gamma}\tan\left(45^\circ+\frac{\varphi}{2}\right) \tag{6-61}$$

式(6-61)求得的 H_{cr} 较式(6-59)值小，说明该图式较第一次假定者更接近真值。

6.7.3 确定地基承载力举例

对于地基土的极限承载力，可以用上述理论定出它的上下限界。为了便于阐述，对地基进行适当简化，假定不计土的自重($\gamma=0$)，不考虑超载($q=0$)。先研究下限解，设地基应力场由一半无限体的水平极限应力场($R=\frac{2c\cos\varphi}{1-\sin\varphi}$为极限应力)和 n 根分布在顶角为 90°的扇形范围内的单向斜应力场组成，如图 6-15(a)所示。斜应力场之间的夹角为 $90^\circ/n$，每个斜应力场的单向应力分别为 $p_1,p_2,\cdots,p_n$。在整个地基中(包括应力叠加区)，在应力均应满足屈服条件的情况下，可求出这些单向应力，当 $n\to\infty$时，可以解出 AB 基底下的大主应力(竖向应力 q_v)和小主应力(水平向应力 q_h)。

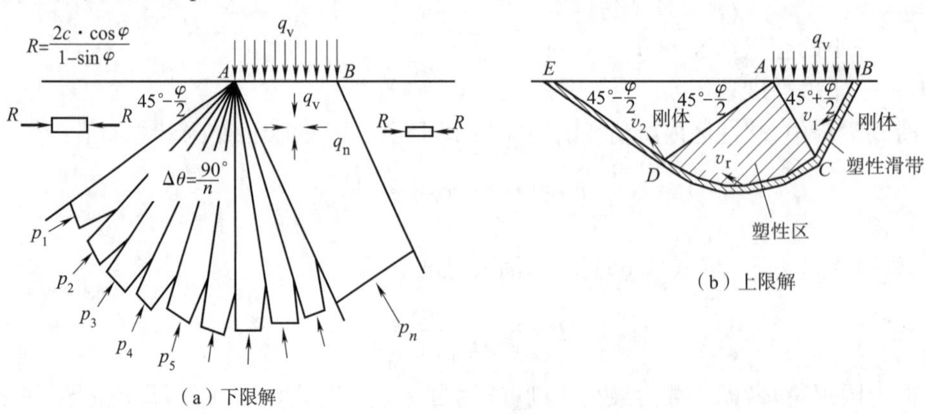

图 6-15 地基承载力的极限分析图示

$$\left.\begin{aligned}\sigma_1=q_v=c\cot\varphi\left[\exp(\pi\tan\varphi)\cdot\tan^2\left(45°+\frac{\varphi}{2}\right)-1\right]\\ \sigma_3=q_h=c\cot\varphi[\exp(\pi\tan\varphi)-1]\end{aligned}\right\}\tag{6-62}$$

把上列两式代入摩尔—库仑屈服准则：$\sigma_1-\sigma_3=(\sigma_1+\sigma_3)\sin\varphi+2c\cos\varphi$，正好得到满足。因此式(6-62)中的 q_v 可作为下限承载力。

至于上限解，可假定地基的破坏图形如图 6-15(b)所示。地基沿 $BCDE$ 线滑动，BC、DE 为直线段，CD 为对数螺旋线，三角形滑体 ABC 和 ADE 为刚体，扇形滑体 ACD 为塑性剪切区。设 ABC 沿 v_1 方向滑动，ADE 沿 v_2 方向滑动，不难证明 $v_2=v_1\exp\left(\frac{\pi}{2}\tan\varphi\right)$，扇形塑性区的内耗能率为 $\overline{AC}\cdot v_1\cdot\cot\varphi[\exp(\pi\tan\varphi)-1]$，总内耗能率应为 $\overline{BC}$、$\overline{DE}$ 两塑性带和 ACD 扇形塑性区的内耗能率之和。根据外荷载功率与塑性区总内耗能率相等的原则，可以求得上限解

$$q_v=c\cot\varphi\left[\exp(\pi\tan\varphi)\cdot\tan^2\left(45°+\frac{\varphi}{2}\right)-1\right]\tag{6-63}$$

与式(6-62)完全相同。既然上限解和下限解完全一致，说明此解也就是极限承载力的真值，而此解正是普朗特的理论解。

从上面所述可以看出，不论是上限解还是下限解，都要有较正确的应力场和速度场，其准确性主要取决于技术人员的经验判断。该方法是一种近似方法，能适用于具有较复杂边界条件的地基和土工的稳定问题，有一定实用价值。但也要看到，该方法采用了相关联流动法则，导出土的剪胀角为 φ，而实际上一般土的剪胀角均小于 φ，故有人认为，从理论上讲，该方法用于饱和黏土($\varphi=0$)比较合适，不适合于砂土。但考虑这是一个求上下限的近似方法，作为一种设计计算方法还是具有工程实用价值的。

土力学人物小传(6)——斯肯普顿

Alec Westley Skempton(1914—2001 年)(图 6-16)

1914 年出生于英格兰北安普顿，2001 年 8 月 9 日在伦敦逝世。他是英国伦敦大学帝国学院的著名教授，研究兴趣主要在土力学、岩石力学、地质学、土木工程史等领域。在土力学方面，他对有效应力、黏土中的孔隙水压力、地基承载力、边坡稳定性等问题的研究作出了突出的贡献，由他所创立并领导的伦敦大学土力学研究中心是国际顶尖的土力学研究中心。他是第四届(1957—1961 年)国际土力学与基础工程学会主席，1961 年当选为英国皇家学会会员。

图 6-16　斯肯普顿

习　题

6-1　什么是地基承载力？地基的破坏形态有哪几种？各有哪些特征？

6-2　确定地基承载力的方法一般有哪些？

6-3　普朗特—维西克和太沙基的地基极限承载力理论有什么区别？

6-4　一条形基础，宽度 $b=3$ m，埋深 $H=1$ m，地基土的内摩擦角 $\varphi=30°$，黏聚力 $c=20$ kPa，天然容重 $\gamma=18.0$ kN/m^3。试求：

(1)地基临塑压力；

(2)当塑性区的最大深度达到 0.25b 时的基底均布荷载数值。

6-5 一条形基础,宽度 $b=1.5$ m,埋深 $H=2.0$ m,地基土的天然容重 $\gamma=17.0$ kN/m^3,内摩擦角 $\varphi=15°$,黏聚力 $c=10$ kPa,试用普朗特—维西克公式和太沙基公式计算地基的极限承载力。

6-6 水塔基础直径 4 m,受中心竖向荷载 5 000 kN 作用,基础埋深 4 m,地基土为中密细砂,$\gamma=18.0$ kN/m^3,$\varphi=32°$,试用普朗特—维西克公式求地基承载力的安全系数。

6-7 某平面形状为矩形的浅基础,埋深为 2 m,平面尺寸为 4 m×6 m,地基为粉质黏土,相应的参数为:$\gamma=18.0$ kN/m^3,$\varphi=20°$,$c=9$ kPa。试考虑基础形状的影响,用普朗特—维西克公式和太沙基公式计算地基的极限承载力。

6-8 某地基表层为 4 m 厚的细砂,其下为饱和黏土,地下水面在地表面,如图 6-17 所示。细砂的 $\gamma_s=26.5$ kN/m^3,$e=0.7$,而黏土的 $w_L=38\%$,$w_p=20\%$,$w=30\%$,$\gamma_s=27.0$ kN/m^3,现拟建一基础宽 6 m,长 8 m,置放在黏土层表面(假定该土层不透水),试计算该地基的容许承载力[σ]。

6-9 某地基由两种土组成,如图 6-18 所示。表层厚 7 m 为砾砂层,以下为饱和细砂,地下水面在细砂层顶面。根据试验测定,砾砂的物性指标为:$w=18\%$,$\gamma_s=27.0$ kN/m^3,$e_{max}=1.0$,$e_{min}=0.5$,$e=0.65$。细砂的物性指标为:$\gamma_s=26.8$ kN/m^3,$e_{max}=1.0$,$e_{min}=0.45$,$e=0.7$,$S_r=100\%$。现有一宽 4 m 的基础拟置放在地表以下 3 m 或 7 m 处,利用《铁路地基规范》,试从地基承载力的角度来判断,哪一个深度最适于作拟定中的地基?

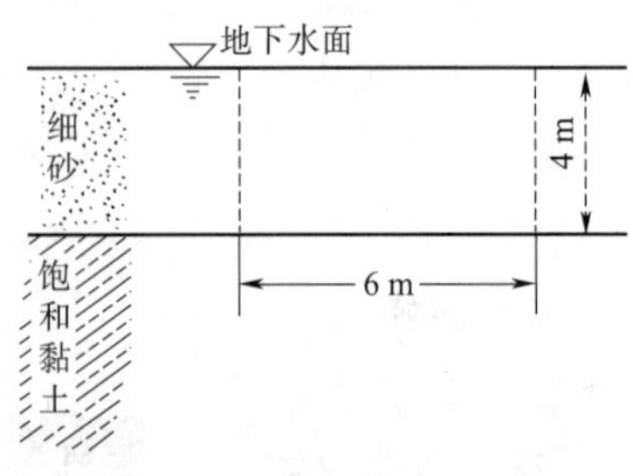

图 6-17 习题 6-8 图

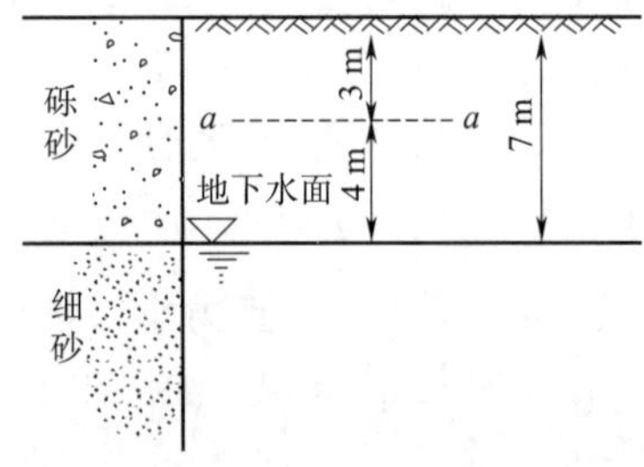

图 6-18 习题 6-9 图

6-10 有一长条形基础,宽 4 m,埋深 3 m,置于均匀的黏性土层中,现已测得地基土的物性指标平均值为:$\gamma=17.0$ kN/m^3,$w=25\%$,$w_L=30\%$,$w_p=22\%$,$\gamma_s=27.0$ kN/m^3。不考虑地下水的影响,试按《建筑地基规范》的规定计算地基承载力特征值 f_a。

(1)若已知强度指标的标准值 $c_k=10$ kPa、$\varphi_k=12°$,根据理论公式计算;

(2)若由载荷试验确定地基的承载力特征值 $f_{ak}=160$ kPa,根据经验公式计算。

6-11 均匀黏性土地基上一条形基础,宽 2 m,埋深 3 m,地下水位在基底高程处,现测得地基土的物理力学指标值为:$\gamma_s=27.0$ kN/m^3,$e=0.7$,$c_k=10$ kPa,$\varphi_k=20°$,水位以上 $S_r=80\%$。

(1)求地基的临塑压力、临界荷载 $p_{1/4}$ 和 $p_{1/3}$;

(2)用《建筑地基规范》的理论公式计算地基承载力特征值 f_a,并与太沙基公式计算的极限承载力 p_u 进行比较。

6-12 地基土为中密中砂,容重 $\gamma=17.0$ kN/m^3,条形基础的宽度 $b=2$ m,埋深 $d=1.5$ m,通过平板载荷试验得到地基的极限承载力 $p_u=630$ kPa,求该基础的地基承载力特征值 f_a。

第7章 土压力

7.1 概述

表面平缓的土层不但自身稳定，还可作为地基承担外荷载。反之，因开挖（如基坑）、填筑（如路堤）等原因使地表的高度发生过陡的变化时，土层需借助于挡土结构提供的阻力才能保持稳定。挡土结构的设置，限制了土体的自由变形，故土体会对其产生作用力，称为土压力（earth pressure）。

挡土结构广泛应用于铁路、公路、房建、港口等领域中的路基、基坑等各类土建工程，形式丰富。如图7-1所示，挡土结构的支护方式一种是在前面“挡”（或“撑”），它从土体外部提供阻力，如路基工程中重力式挡土墙、钢筋混凝土挡墙及基坑中的排桩、地下连续墙等，均属于“挡”；而基坑中的各类内支撑则属于“撑”。另一种是在土体中“拉”，如加筋土挡墙、土钉墙、预应力锚索等，它所提供的阻力作用于土体内部。当然，各类支护方式也常联合使用。

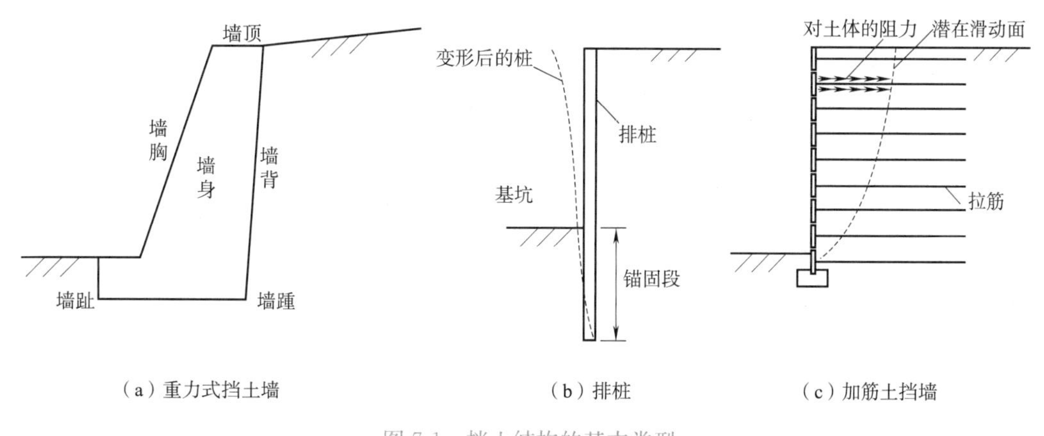

图7-1 挡土结构的基本类型

显然，土压力的确定是挡土结构计算设计中的关键问题。

7.2 土压力的影响因素及分类

7.2.1 挡土结构位移对土压力的影响

土压力是土体与挡土结构之间的相互作用力，产生的原因是由于挡土结构的设置对土体的自由位移产生了限制和约束，因此其大小既与土体自身保持稳定或抵抗变形的能力有关，也取决于挡土结构对其约束的大小——实际就是挡土结构位移的方向及大小。

图 7-2 所示为背后填土为砂时，刚性挡墙上的土压力与位移之间的关系，其中的位移以墙顶位移 δ 表示（背离土体移动或转动为正，朝向土体位移为负），作用于挡墙上的土压力合力为 E。

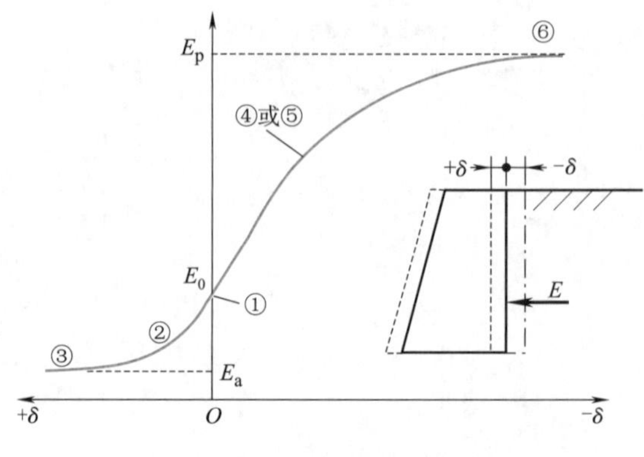

图 7-2　土压力—挡土墙位移的关系

1. 静止土压力

若挡墙始终保持不动，即位移为 0，则其所受的土压力为静止土压力（earth pressure at rest，对应于图中的①），用 E_0 表示。静止土压力的情况在实际工程中相对较少，地下室的外墙、涵洞侧墙、地下水池侧壁等，由于结构的整体刚度很大，在土压力作用下几乎不产生位移，故所对应的土压力可按静止土压力计算。

2. 主动土压力

与保持不动相比，当挡墙背离土体发生位移时，相当于对墙后土体的约束和限制在逐渐放松，故土压将随位移的增大由 E_0（对应于①）开始逐渐减小（对应于②），可称为主动受压状态。

如图 7-3 中所示，在墙后土体深度 z 处取一单元，若假设墙背光滑，则水平方向的正应力 p_x 就是该点的土压力，且挡墙外移时，p_x 是小主应力，竖向压力 p_z 是大主应力。在挡墙的位移过程中，竖向应力 $p_z=\gamma\cdot z$ 始终保持不变，土压力 p_x 由 p_0（静止土压力）开始逐渐减小，对应的应力圆（虚线，②）逐渐趋于强度线。当位移足够大时，应力圆（实线，③）与强度线相切，表明土体发生剪切破坏（即处于极限平衡状态），此后土压力 p_x 不再随位移的增大而减小，这时的土压力称为主动土压力（active earth pressure），以 p_a 表示，其合力为 E_a，对应于图 7-2 中的③。

因此，主动土压力可表述为：当挡墙背离土体发生足够大位移，致使墙后土体发生剪切破坏（处于极限平衡状态）时的土压力。即土体主动受压达到极限状态时对应的土压力。

实际工程中，大多数挡土结构没有如前述地下室外墙那样强的水平约束，因此会在墙后土体压力的作用下发生一定量的水平位移，在设计时多以主动土压作为挡土结构所受的土压力。

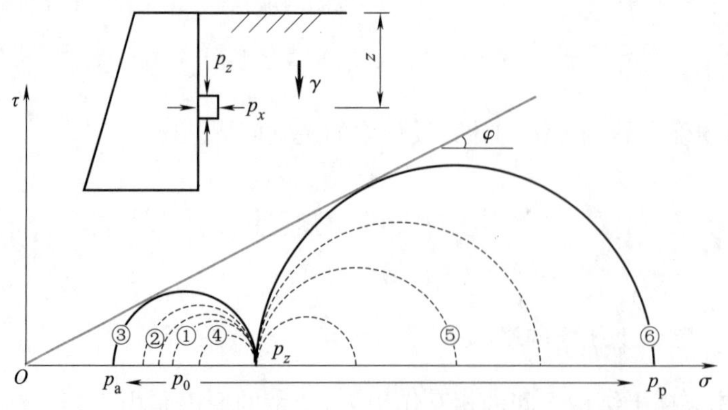

图 7-3　土压力状态与应力圆的关系

3. 被动土压力

若在外荷载作用下挡墙朝向土体发生位移并挤压土体，则相当于对背后土体的约束在逐渐加大，可称为被动受压状态。此时，土压力 p_x 将随位移的增大由 p_0 开始逐渐增大，并由小于竖向压力 p_z（对应于图 7-3 中的④）到超过 p_z（对应于⑤）；当位移足够大时，土体最终将发生剪切破坏，此时的土压力称为被动土压力(passive earth pressure)，以 p_{p} 表示，其合力为 E_{p}，对应于图 7-2 中的⑥。

被动土压力可表述为：当挡墙向土体的位移足够大，致使墙后土体发生剪切破坏（或处于极限平衡状态）时的土压力。即土体被动受压达到极限状态时对应的土压力。

例如，拱桥的桥台在外荷载作用下会向土体发生位移（图 7-4），基坑中排桩、地下连续墙的锚固段会在后方土压力的作用下向前方土体位移并挤压土体，使前方土体处于被动受压状态[图 7-1(b)]。但实际工程中，土体很难达到被动土压力状态，这是因为达到被动土压力所需的位移较主动土压力高得多，以砂为例，挡墙平移时达到主动土压力所需的位移量约为 0.1%H，而被动土压力则高达 0.5%H——如此之大的位移量在实际工程中通常是不容许的。

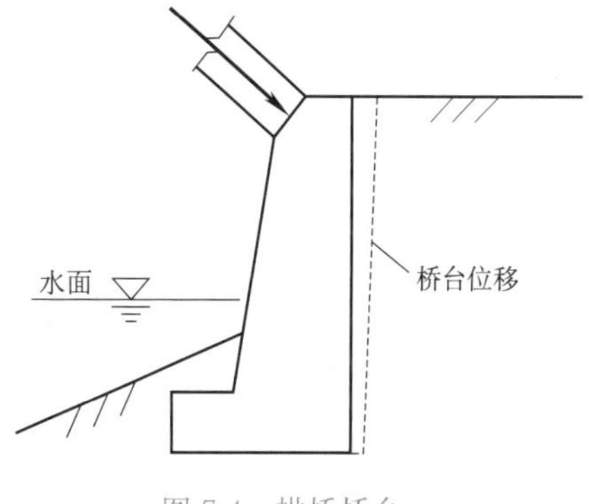

图 7-4　拱桥桥台

可以看出，静止土压力、主动土压力、被动土压力是三种特殊状态下对应的土压力，它们的出现需满足相应的位移条件。否则，挡土结构所受的土压力将介于上述土压力之间（对应于图 7-2、图 7-3 中的②、④、⑤）。

上文以砂（无黏性土）为例介绍了土压力与位移之间的关系。对黏性土，其关系也基本相似，但略有差别的是，如果黏性土的性质较好而挡墙较低，则墙后土体不需支撑即可自稳，因此当挡墙背离土体发生较大位移时，土体将不随挡墙位移，两者将相互分离，此时作用在挡墙上的土压力为 0。无黏性土因无自稳能力，故不会出现这样的情况。这一问题将在 7.3 节中做进一步的分析。

上述结果表明，挡土结构的位移对土压力有直接的影响。实际工程中，不同类型的挡土结构，其位移特点也不相同：重力式挡土墙的横截面很大，自身具有较高的刚度，属于刚性挡土结构，结构自身变形可忽略，其水平位移来自挡墙的平移及转动，沿深度线性分布，形式最为简单，对应的土压力的分布形式也相对简单。而排桩等截面较小的柔性挡土结构，其自身的变形会使结构产生水平方向的挠曲，位移沿深度的分布形式较为复杂，土压力的分布形式也较为复杂。而筋类支护结构处于土体内部，其土压力的分布形式更为复杂。

7.2.2　土的性质对土压力的影响

土的性质对土压力有着直接的影响。结合图 7-3 进行分析不难看出，土的强度越高，其主动土压力越小，被动土压力越大。实际上，性质好的土因强度和刚度高，主动受压时，自身变形较小，甚至可能自稳，故对应于同样大小的位移，其土压力较性质差的土小；反之，被动受压时，好土的抵抗能力强，故所对应的土压力较差土大。

不难看出，静止土压力、主动土压力、被动土压力是土体处在三种特殊状态时产生的土压力，计算时不需考虑与挡土结构位移之间的关系，使问题得到很大的简化，故在工程设计中得到广泛的应用，以下将介绍其计算方法。

需要说明的是，广义地讲，边坡工程中滑体作用于挡土结构上的力也可看作土压的一种，但其特点及确定方法与本章所研究的挡土结构不大相同，故在此不做介绍。

此外，挡土结构一般具有较宽的分布范围（视为纵向），故土压力的计算多简化为平面问题，并沿纵向取 1 m 宽度计算。

7.3 静止土压力的计算

无论是静止土压力，还是主动土压力及被动土压力，其大小均与所对应的竖向压力相关。如图 7-5 所示的挡墙，地表作用有满布均匀荷载 q，墙后深度 z 处的竖向压力为 p_z。假设墙背光滑，则：

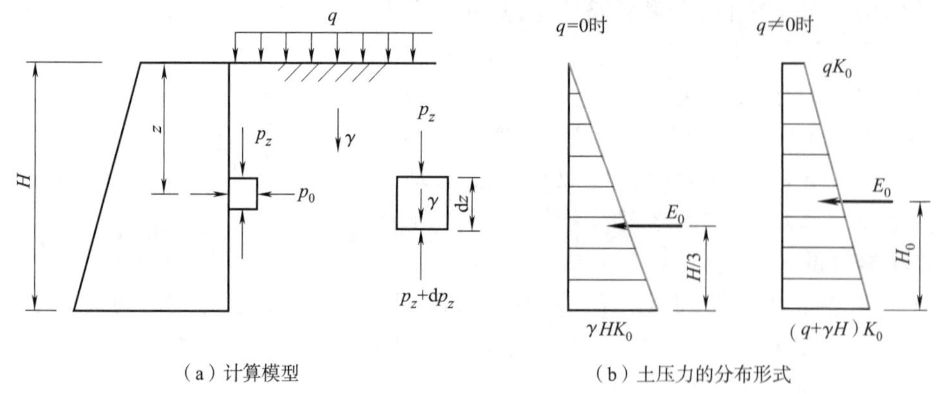

（a）计算模型　　（b）土压力的分布形式

图 7-5　静止土压力计算

（1）土单元所受的水平正应力即为作用在墙背上的土压力 p_0；

（2）因墙背光滑，故铅垂面上的剪应力为 0，若在深度 z 处取一截面积为 1、高度为 dz 的微单元[图 7-5(a)]，则其竖向平衡方程为

$$p_z \cdot 1 + 1 \cdot \mathrm{d}z \cdot \gamma = (p_z + \mathrm{d}p_z) \cdot 1$$

整理后得到

$$\frac{\mathrm{d}p_z}{\mathrm{d}z} = \gamma \tag{7-1}$$

再引入边界条件 $p_z|_{z=0} = q$，最终得到竖向压力 p_z 的计算公式为

$$p_z = q + \gamma z \tag{7-2}$$

式中，γ 为土的容重。而静止土压力 p_0 可表示为

$$p_0 = K_0 p_z \tag{7-3}$$

式中，K_0 为静止土压力系数，有不同的确定方法。

（1）按弹性理论，有

$$K_0 = \frac{\nu}{1-\nu} \tag{7-4}$$

式中，ν 为泊松比，其取值可见式(4-11)后的注释。

（2）可通过室内试验（如 K_0 固结试验）或现场试验（如旁压仪试验）等得到。此法较为可靠，但相对比较麻烦。

(3)根据经验公式确定,即

砂性土 $$K_0=1-\sin\varphi' \tag{7-5a}$$

黏性土 $$K_0=0.95-\sin\varphi' \tag{7-5b}$$

超固结黏土 $$K_0=\sqrt{\text{OCR}}(1-\sin\varphi') \tag{7-5c}$$

式中 φ'——土的有效内摩擦角;

OCR——土的超固结比。

由式(7-2)及式(7-3)可知,静止土压力随深度线性增长,如图7-5(b)所示。其中,当墙后土体表面无超载时,沿墙的纵向取1 m作为计算宽度,则土压力的合力为

$$E_0=\frac{1}{2}\gamma H^2 K_0 \tag{7-6}$$

作用位置在墙底向上 $H/3$ 处。填土表面有均匀满布荷载 q 作用时,则

$$E_0=\left(q+\frac{1}{2}\gamma H\right)HK_0 \tag{7-7}$$

将梯形分为矩形和三角形,可求出 E_0 作用点距墙底的距离为

$$H_0=\frac{3qH+\gamma H^2}{3(2q+\gamma H)} \tag{7-8}$$

7.4 朗肯土压力理论

极限状态时的土压力,即主动土压力和被动土压力,在挡土结构设计中最为常用,其最早的计算方法由库仑(C. A. Coulomb)于1773年提出,之后包括朗肯(W. J. M. Rankine)、太沙基在内的众多学者都对这一问题进行了研究,提出相应的计算理论和方法,其中以朗肯土压力理论和库仑土压力理论在工程中的应用最为广泛。以下首先介绍朗肯土压力理论,它由朗肯在1857年提出。

7.4.1 基本假设和计算原理

计算时假设:

(1)墙背光滑。

(2)墙后土体处于破坏(极限平衡)状态,且其应力满足摩尔—库仑强度准则。

考虑墙背铅垂,土面水平这种最简单的情况,则类似于前述静止土压力的分析方法,在墙后土体中取一微单元,可知:

(1)水平正应力即为该点的土压力。

(2)由于假设墙背光滑,故单元水平、竖向面上的剪应力为0,因此竖向压力及水平压力均为主应力。

(3)由于墙后土体中各点的应力均满足摩尔—库仑强度准则,将其中的 σ_1 和 σ_3 以竖向压力和土压力置换,即可得到土压力与竖向压力之间的关系,即主动、被动土压力的计算公式。

7.4.2 主动土压力

1. 计算公式

图7-6所示为主动土压力计算模型。因挡墙背离土体位移,故竖向压力为大主应力,有

$\sigma_1=p_z$；主动土压力为小主应力，有$\sigma_3=p_a$。将摩尔—库仑强度准则式(5-3)或式(5-5)中的σ_1及σ_3分别用p_z和p_a置换，得

$$p_a=p_z\tan^2(45°-\varphi/2)-2c\cdot\tan(45°-\varphi/2) \tag{7-9}$$

式中竖向压力p_z的计算公式同静止土压力，即式(7-2)。

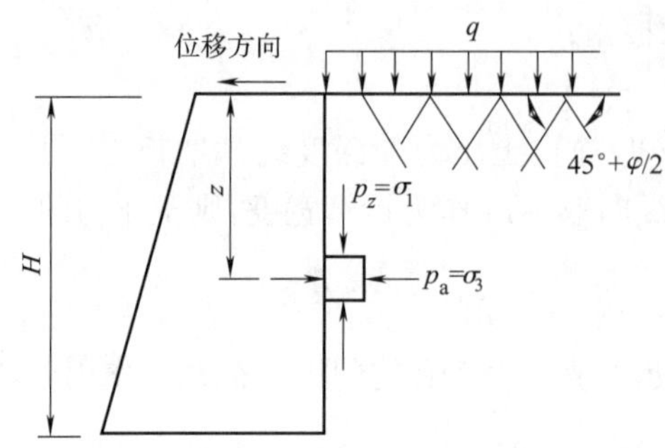

图 7-6　主动土压力计算模型

若定义主动土压力系数

$$K_a=\tan^2(45°-\varphi/2) \tag{7-10}$$

则有

$$p_a=p_zK_a-2c\sqrt{K_a} \tag{7-11}$$

土面无超载作用时，式(7-11)变为

$$p_a=\gamma zK_a-2c\sqrt{K_a} \tag{7-12}$$

作用有满布均载q时，有

$$p_a=(q+\gamma z)K_a-2c\sqrt{K_a} \tag{7-13}$$

此外，显然水平面为大主应力作用面，故土中破坏面与土表面的夹角为$45°+\varphi/2$；铅垂面为小主应力作用面，故破坏面与墙背的夹角为$45°-\varphi/2$。

2. 土压力分布形式及临界深度

由于竖向应力p_z随深度线性增大，故主动土压力也随之沿深度线性增大。图 7-7 中分别给出了无黏性土及黏性土的土压力分布形式，由图及式(7-12)可以看出，当深度较小时，计算得到的主动土压力为负值。令式(7-12)中的$p_a=0$，可得到正、负土压力的分界深度为

$$z_0=\frac{2c}{\gamma\sqrt{K_a}} \tag{7-14}$$

其中，负的土压力相当于墙、土之间的作用力为拉应力，这当然是不可能。因此，在$z\leqslant z_0$的范围内，墙背与墙后土体间脱离，对应的$p_a=0$。$q\neq0$时的临界深度z_0也可利用式(7-13)按类似的方法确定。

z_0确定后，墙底处的土压力亦可用式(7-15)计算。

$$p_{aH}=\gamma(H-z_0)K_a \tag{7-15}$$

为分析出现主动土压力为负(拉应力)的原因，图 7-8 中给出了不同深度处的土所对应的极限应力圆。可以看出：

(1)在临界深度以下($z>z_0$)，其主动土压力$p_{a1}>0$；

(2)临界深度处($z=z_0$)，主动土压力$p_{a2}=0$；

(3)在临界深度以上($z<z_0$)，因大主应力p_{z3}(竖向压力)较小，所以只有小主应力$p_{a3}<0$

(即为拉应力)时,才可能与强度线相切[即满足式(5-3)],这就是主动土压力为负的原因。当然,墙土之间的作用力(小主应力)最小也只能为0(分离时),由图中可以看到,此时所对应的应力圆与强度线是相离的,即 $z<z_0$ 范围内的土层并未达到极限状态,这与土样做单轴压缩试验时,如果竖向压力较小,土样就不会发生破坏是同样的道理。

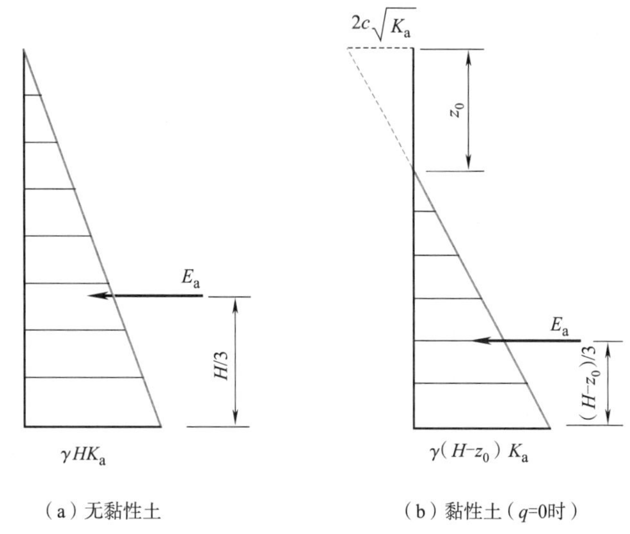

图 7-7 主动土压力沿深度的分布

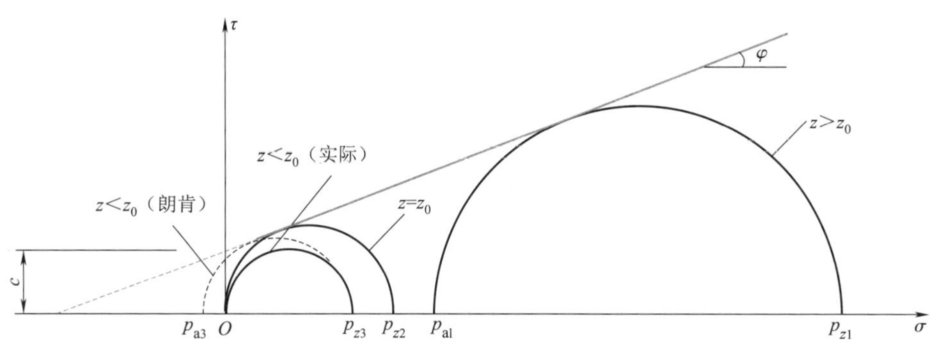

图 7-8 不同深度处的极限应力圆

由上述分析还可知,临界深度 z_0 实际上也是土体的最大自稳高度,即不需支撑能够铅垂自立的最大高度。所以我们会看到,开挖的沟、坑只要不是太深,即使不加支护也不会垮掉;人工夯筑的土墙不需任何支护而能直立。反之,干砂因黏聚力为0,而临界深度为0,故难见有直立的沙丘。

另一方面,临界深度以上的土体虽在水平方向的应力为0,但在竖向压力的作用下,会产生水平拉应变,其值过大时,土体会拉裂而产生竖向裂缝,故有时也会将其作为开裂区。

7.4.3 被动土压力

如图7-9所示,被动土压力是挡墙向土体移动使其达到极限状态时的土压力,故此时被动土压力为大主应力,有 $\sigma_1=p_p$;竖向压力为小主应力,有 $\sigma_3=p_z$;代入式(5-3)或式(5-4)后得到

$$p_p=p_zK_p+2c\sqrt{K_p} \tag{7-16}$$

式中

$$K_p = \tan^2(45° + \varphi/2) \tag{7-17}$$

K_p 为被动土压力系数。此外，破坏面与土表面的夹角为 $45° - \varphi/2$，与墙背的夹角为 $45° + \varphi/2$。

土面无超载时，式(7-16)可写为

$$p_p = \gamma z K_p + 2c\sqrt{K_p} \tag{7-18}$$

作用有满布均载 q 时，有

$$p_p = (q + \gamma z) K_p + 2c\sqrt{K_p} \tag{7-19}$$

被动土压力沿深度的分布如图 7-9 所示。

主动土压力和被动土压力合力及作用点位置的确定方法可参见静止土压力部分。

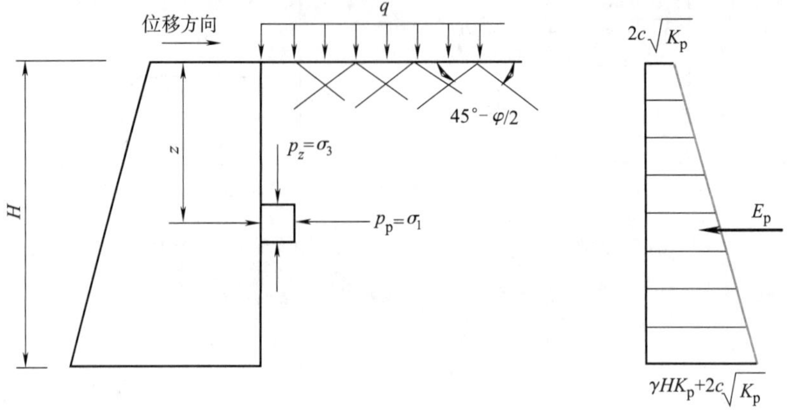

图 7-9　被动土压力

【例 7-1】图 7-10 所示的挡土墙，墙后土的物理力学指标为：$\gamma = 17\ \text{kN/m}^3$，$\varphi = 20°$，$c = 15\ \text{kPa}$。此外，土面上作用有 $q = 15\ \text{kPa}$ 的均匀满布荷载。试按朗肯理论确定其主动土压力的分布、合力及合力作用点的位置。

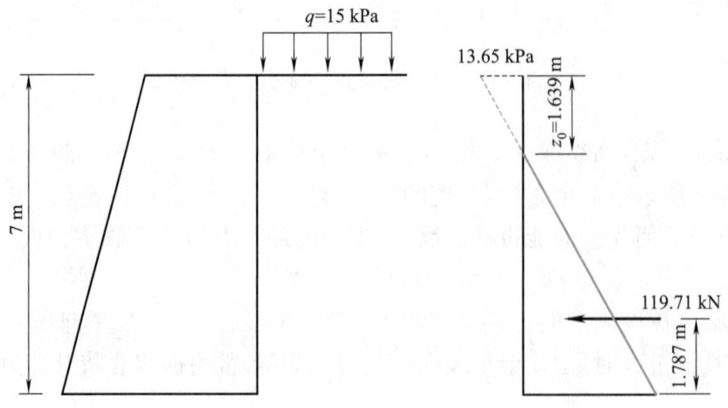

图 7-10　算例 7-1 图

【解】主动土压力系数为

$$K_a = \tan^2(45° - \varphi/2) = \tan^2(45° - 20°/2) = 0.490$$

在土表面处的土压力为

$$p_{a0}=p_zK_a-2c\sqrt{K_a}=qK_a-2c\sqrt{K_a}=15\times0.49-2\times15\times\sqrt{0.49}$$
$$=7.35-21=-13.65(\text{kPa})$$

$p_{a0}<0$ 说明墙后土体与挡墙在临界深度内会发生脱离，但这不影响临界深度以下的土压力计算，因此墙底处的土压力为

$$p_{aH}=p_zK_a-2c\sqrt{K_a}=(q+\gamma H)K_a-2c\sqrt{K_a}$$
$$=(15+17\times7)\times0.49-21=44.66(\text{kPa})$$

按图 7-10 中两个三角形的相似关系，可得

$$z_0=\frac{p_{a0}}{p_{a0}+p_{aH}}H=\frac{13.65}{13.65+44.66}\times7=1.639(\text{m})$$

当然，也可先计算 z_0。根据定义，应有

$$p_{az_0}=(q+\gamma z_0)K_a-2c\sqrt{K_a}=0$$

由此得到

$$z_0=\frac{2c-q\sqrt{K_a}}{\gamma\sqrt{K_a}}=\frac{2\times15-15\times\sqrt{0.49}}{17\times\sqrt{0.49}}=1.639(\text{m})$$

与前一种方法的计算结果是完全相同的。利用 z_0，可进一步计算墙底的土压力：

$$p_{aH}=\gamma(H-z_0)K_a=17\times(7-1.639)\times0.49=44.66(\text{kPa})$$

与第一种方法的计算结果也完全相同。

显然，在 $z\leqslant z_0$ 范围内的土压力为 0，故主动土压力的合力为

$$E_a=\frac{1}{2}(H-z_0)p_{aH}=\frac{1}{2}\times(7-1.639)\times44.66=119.71(\text{kN})$$

其作用点距墙底的距离为

$$H_a=\frac{1}{3}(H-z_0)=\frac{1}{3}\times(7-1.639)=1.787(\text{m})$$

7.4.4 有地下水时的土压力计算

土中的地下水对土压力的影响主要体现在两方面：(1)增大了土的容重，由此将加大主动和被动土压力。(2)减小了土的抗剪强度，因而会加大主动土压力，而减小被动土压力。因此，地下水的存在会加大挡土结构的受力和位移，减小其稳定性。在路基等工程中，会在挡墙上设置泄水孔，尽量将地下水排出。而在基坑工程中，为便于施工，多在开挖之前将地下水位降至坑底以下。

但有时为避免降水引起的沉降对周围建筑、路面等产生不良影响，会仅在坑内降水，而尽量保持坑外土体中的地下水位不降；同样，路基挡墙也常会因排水系统不畅，导致墙后土体中的地下水无法排出。此时，土压力的计算就需考虑地下水的影响。其计算方法有两种，即“水土合算”法和“水土分算”法。为便于叙述，下面的介绍中，假设土面无超载，地下水位在地面处。

1. 水土合算

多用于黏性土的土压力确定。计算时，地下水位以下的土采用饱和容重，然后代入朗肯土压力公式计算。对主动土压力，由式(7-12)，有

$$p_a=\gamma_{sat}zK_a-2c\sqrt{K_a} \tag{7-20}$$

对被动土压力，由式(7-18)，有

$$p_{\mathrm{p}}=\gamma_{\mathrm{sat}}zK_{\mathrm{p}}+2c\sqrt{K_{\mathrm{p}}} \tag{7-21}$$

式中，γ_{sat}为土的饱和容重。

2. 水土分算

多用于无黏性土的土压力确定。计算时，地下水位以下的土采用浮容重，代入朗肯土压力公式计算，然后将水压力加上。即

主动土压力 $$p_{\mathrm{aw}}=p_{\mathrm{a}}+p_{\mathrm{w}}=\gamma' zK_{\mathrm{a}}-2c\sqrt{K_{\mathrm{a}}}+\gamma_{\mathrm{w}}z \tag{7-22}$$

被动土压力 $$p_{\mathrm{pw}}=p_{\mathrm{p}}+p_{\mathrm{w}}=\gamma' zK_{\mathrm{p}}+2c\sqrt{K_{\mathrm{p}}}+\gamma_{\mathrm{w}}z \tag{7-23}$$

式中，γ'为土的浮容重；γ_{w}为水的容重。

3. 两种算法的比较

以主动土压力为例，式(7-20)可写为

$$p_{\mathrm{a}}=(\gamma'+\gamma_{\mathrm{w}})zK_{\mathrm{a}}-2c\sqrt{K_{\mathrm{a}}}=\gamma' zK_{\mathrm{a}}-2c\sqrt{K_{\mathrm{a}}}+\gamma_{\mathrm{w}}zK_{\mathrm{a}} \tag{7-24}$$

与式(7-22)对比可以发现，二者的区别在于式(7-24)中的 $\gamma_{\mathrm{w}}z$ 项多乘了主动土压力系数 K_{a}，由于 $K_{\mathrm{a}}<1$，故由式(7-24)[也是式(7-20)]得到的主动土压力小于式(7-22)的结果，即“水土合算”得到的主动土压力小于“水土分算”的主动土压力。同理，由于 $K_{\mathrm{p}}>1$，故“水土合算”得到的被动土压力大于“水土分算”的被动土压力。

7.4.5 多层土时的土压力计算

挡土结构后面为多层土的情况在实际工程中较为常见。掌握了单层土的计算原理后，多层土的土压力计算毫无困难。以图 7-11(a)所示的墙后两层砂土的主动土压力计算为例，首先，计算其竖向压力 p_z的分布，如图 7-11(b)所示。然后代入主动土压力的计算公式(7-11)中。可见，将已确定的 p_z乘以相应土层的 K_{a}即可得到主动上压力，如图 7-11(c)所示。此外，注意到在两层土的分界处，虽然竖向压力均为 $q+\gamma_1 h_1$，但由于两土的主动土压力系数 K_{a}不相等，故得到的主动土压力也不相等，即主动土压力在此处是不连续的。

被动土压力的计算方法与此完全类似。

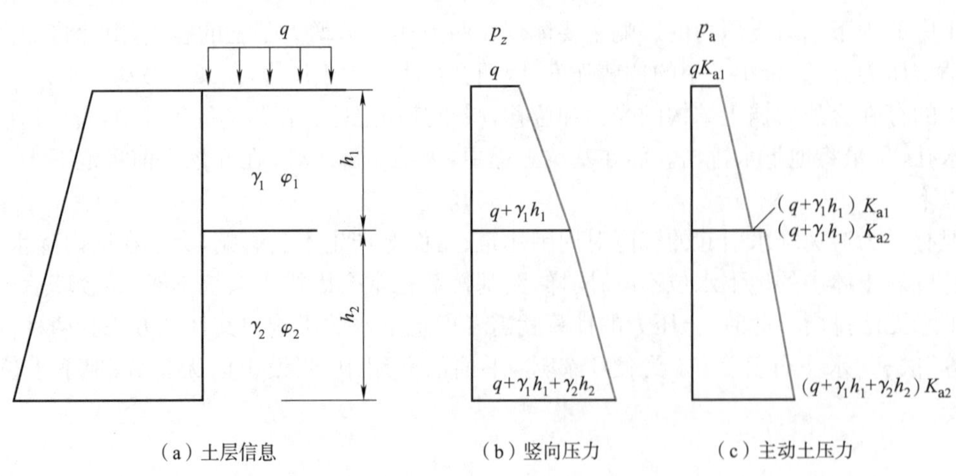

(a) 土层信息　(b) 竖向压力　(c) 主动土压力

图 7-11 多层土时的土压力计算

【例 7-2】如图 7-12(a)所示的挡土墙，墙后三层土的厚度分别为 $h_1=1\ \mathrm{m}$，$h_2=2\ \mathrm{m}$，$h_3=3\ \mathrm{m}$，其相应的指标为

土层①：$\gamma_1=16.5\ \text{kN/m}^3$，$\varphi_1=30°$，$c_1=0$；

土层②：$\gamma_2=18\ \text{kN/m}^3$，$\varphi_2=12°$，$c_2=15\ \text{kPa}$；

土层③：$\gamma_3=\gamma_{sat}=20.5\ \text{kN/m}^3$，$\varphi_3=22°$，$c_3=5\ \text{kPa}$。

地下水位在土面以下 3 m。试按朗肯理论计算挡墙上的主动土压力分布形式(水位以下按"水土分算"法计算)。

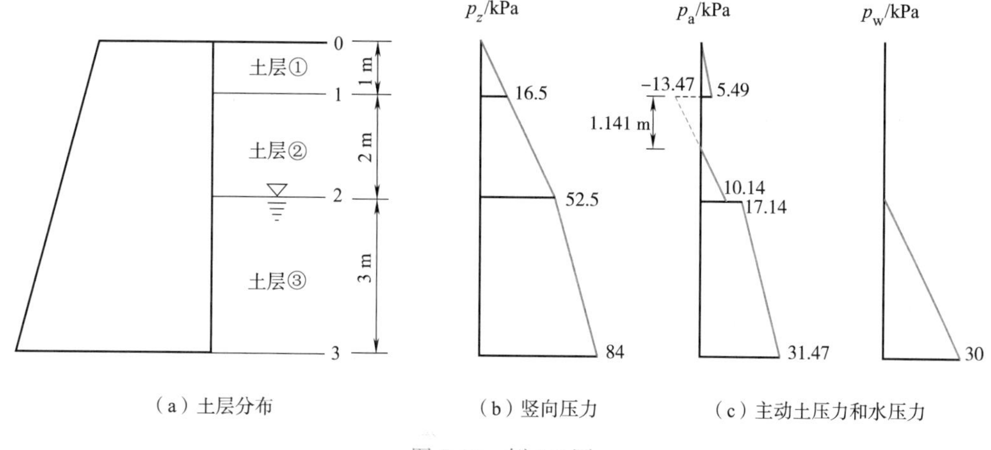

图 7-12 例 7-2 图

【解】为便于表述，由上向下，将土表面及各土层分界面、墙底分别编为 0、1、2、3 号，首先，计算其对应的竖向压力(p_z的下标数字分别对应于土表面、土层分界面、墙底的编号)

$$p_{z0}=0$$

$$p_{z1}=0+16.5\times1=16.5(\text{kPa})$$

$$p_{z2}=16.5+18\times2=52.5(\text{kPa})$$

$$p_{z3}=52.5+(20.5-10)\times3=84(\text{kPa})$$

其中因采用"水土分算"的方法，故计算中土层③采用了浮容重。其分布形式如图 7-12(b)所示。

土层①、②、③的主动土压力系数分别为(K_a及 φ 的下标数字分别对应于土层①、②、③)

$$K_{a1}=\tan^2(45°-\varphi_1/2)=\tan^2(45°-30°/2)=0.333$$

$$K_{a2}=\tan^2(45°-\varphi_2/2)=\tan^2(45°-12°/2)=0.656$$

$$K_{a3}=\tan^2(45°-\varphi_3/2)=\tan^2(45°-22°/2)=0.455$$

以下分别计算各土层的土压力(注意 p_a及 p_z下标中的数字分别对应于土表面、土层分界面、墙底的编号，K_a、c 及 z_0 的下标分别对应于土层①、②、③)。

土层①：

$$p_{a0}=p_{z0}K_{a1}=0$$

$$p_{a1}^{上}=p_{z1}K_{a1}=16.5\times0.333=5.49(\text{kPa})$$

土层②：

$$p_{a1}^{下}=p_{z1}K_{a2}-2c_2\sqrt{K_{a2}}=16.5\times0.656-2\times15\times\sqrt{0.656}=-13.47(\text{kPa})<0$$

$$p_{a2}^{上}=p_{z2}K_{a2}-2c_2\sqrt{K_{a2}}=52.5\times0.656-2\times15\times\sqrt{0.656}=10.14(\text{kPa})$$

因此，对土层②，需确定临界深度。按例[7-1]中的第一种方法，有

$$z_{02}=\frac{p_{a1}^{下}}{p_{a1}^{下}+p_{a2}^{上}}h_2=\frac{13.47}{13.47+10.14}\times 2=1.141(\mathrm{m})$$

或将土层①的竖向压力作为 q，即令 $q=p_{z1}$，按第二种方法计算

$$z_{02}=\frac{2c_2-p_{z1}\sqrt{K_{a2}}}{\gamma_2\sqrt{K_{a2}}}=\frac{2\times 15-16.5\times\sqrt{0.656}}{18\times\sqrt{0.656}}=1.141(\mathrm{m})$$

其结果是完全一样的。

土层③：

$$p_{a2}^{下}=p_{z2}K_{a3}-2c_3\sqrt{K_{a3}}=52.5\times 0.455-2\times 5\times\sqrt{0.455}=17.14(\mathrm{kPa})>0$$

说明当上部压力足够大时，黏性土层将不能自立(若按前面的方法计算 z_0，得到的将为负值)。

$$p_{a3}=p_{z3}K_{a3}-2c_3\sqrt{K_{a3}}=84\times 0.455-2\times 5\times\sqrt{0.455}=31.47(\mathrm{kPa})$$

墙底处的水压力为

$$p_{w3}=\gamma_w h_3=10\times 3=30(\mathrm{kPa})$$

最终，主动土压力及水压力的分布形式如图 7-12(c)所示。

7.4.6 复杂边界条件时的朗肯土压力计算

1. 土面倾斜时

理论上讲，朗肯土压力的基本原理亦可用于建立土面倾斜、墙背倾斜时土压力的计算公式，但其过程非常复杂。其中，当墙背铅垂且土为无黏性土时，其主动、被动土压力的计算公式可分别表示为

$$p_a=\gamma z K_a \tag{7-25a}$$

$$p_p=\gamma z K_p \tag{7-25b}$$

土压力系数可按式(7-26a)和式(7-26b)计算。

$$K_a=\cos\beta\frac{\cos\beta-\sqrt{\sin^2\varphi-\sin^2\beta}}{\cos\beta+\sqrt{\sin^2\varphi-\sin^2\beta}} \tag{7-26a}$$

$$K_p=\cos\beta\frac{\cos\beta+\sqrt{\sin^2\varphi-\sin^2\beta}}{\cos\beta-\sqrt{\sin^2\varphi-\sin^2\beta}} \tag{7-26b}$$

式中，β 为土面与水平面的夹角。土压力的作用方向与土面平行。

2. 土面有局部荷载作用时

前文朗肯土压力计算公式中已考虑了土面作用有满布均匀荷载时的情况，但荷载为其他形式时，则难以得到严格的理论解。为满足工程的需要，常采用一些近似的经验方法进行处理。

以图 7-13 中所示的带状均布荷载 q 的主动土压力为例，计算时假设其按 $45°+\varphi/2$ 的角度传至挡土墙，并在此范围内产生 $p_{aq}=qK_a$ 的土压力。

3. 墙背倾斜时的近似解法

墙背倾斜时的朗肯土压力计算比较困难。对图 7-14 所示的重力式及钢筋混凝土悬臂式挡土墙，整体稳定性验算是设计计算时的重要内容，此时可取图中所示的铅垂面，作用在该面上的土压力按朗肯理论计算，然后将所截出的土体及挡土结构看作一个整体，进行稳定性分析计算。

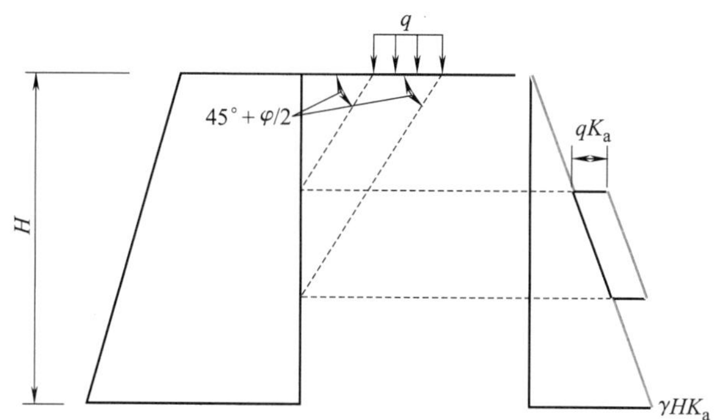

图 7-13　带状均布荷载作用下的主动土压力

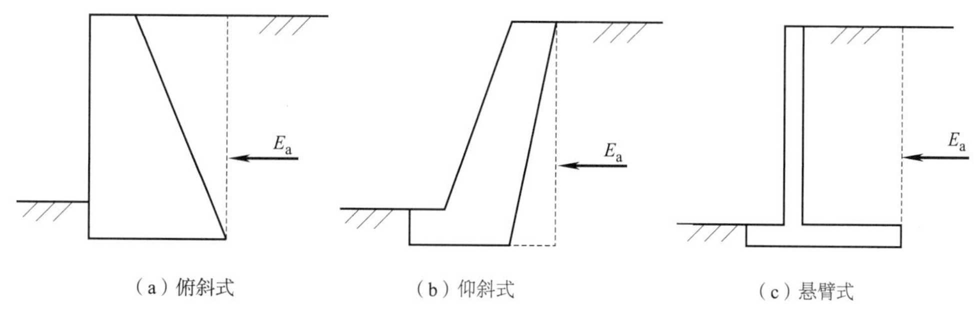

图 7-14　墙背倾斜和悬臂式挡土墙的朗肯土压力

7.4.7　朗肯土压力理论中的两个问题

1. 墙背摩擦力的影响

朗肯土压力计算模型中假设墙背是光滑的，但实际挡土结构的背面肯定是粗糙而存在摩擦力的，它对土压力的影响主要体现在以下方面：

(1)由于作用有摩擦力(即剪应力)，故墙背不再是主应力面，破坏面与其夹角也与墙背光滑时不同。可以证明：对主动土压力，破坏面与墙背之间的夹角 $\psi_a > 45° - \varphi/2$，而被动土压力时的夹角 $\psi_p > 45° + \varphi/2$。距离墙面越远，摩擦力的影响越小，其滑动面由曲线渐渐趋于直线，如图 7-15 所示。

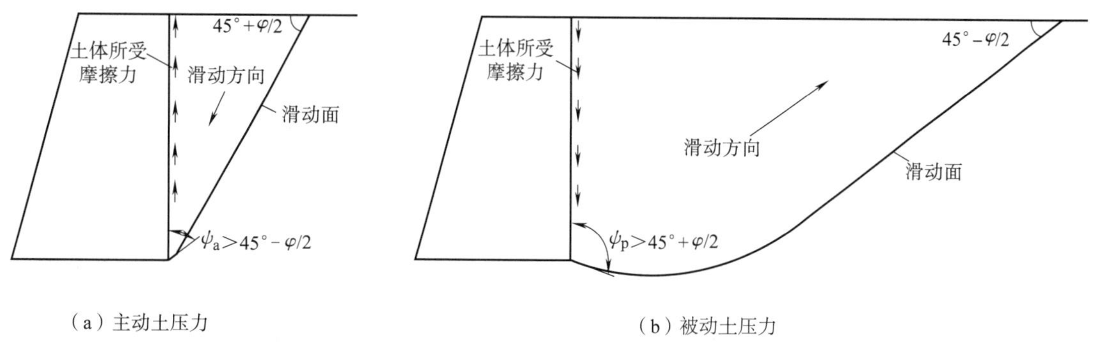

图 7-15　墙背摩擦对朗肯土压力的影响

(2)假设墙背光滑时,土体在铅垂面上的剪应力为0,使得竖向压力可按式(7-2)计算。当考虑墙背摩擦时,对主动土压力,由于土体是下滑的,故所受摩擦力(剪应力)向上,抵消掉部分重力,使竖向压力减小,并导致主动土压力的减小。也就是说,按朗肯理论得到的主动土压力大于实际土压力,是偏于安全的。同理,对被动土压力,由于土体上滑而摩擦力向下,土体的竖向压力将大于自重应力,使被动土压力变大。也就是说,按朗肯理论得到的被动土压力小于实际土压力,也是偏于安全的。

2. 底面以下土体的影响

以重力式挡土墙为例,土压力的计算针对地面(此时底面为地面)以上的土体,并没有考虑下方土体的影响,相当于假设挡墙向下无限延伸,并由此得到土压力随深度线性增大的结果。但实际上挡墙底部附近土体的位移会受到底部以下土体的约束,土体与挡墙之间的作用力较小,所对应的土压力小于朗肯土压力的计算结果,如图7-16中所示。

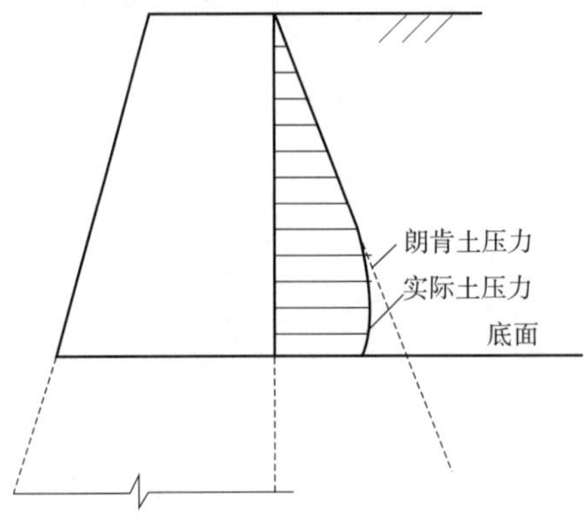

图7-16 底面以下土体对土压力的影响

整体上看,虽然朗肯理论的计算模型与实际情况有一定的差距,但其计算结果对设计来说是偏于安全的。

7.5 库仑土压力理论

库仑土压力理论的基本思想和方法由库仑在1773年提出,后经其他学者的改进和发展,形成目前更为系统和全面的计算方法。

7.5.1 基本假设和计算原理

1. 基本假设

计算时假设:

(1)挡土墙刚性。

(2)墙后土体为无黏性土。

(3)墙后土体处于破坏(极限平衡)状态,且剪切破坏面上的力满足库仑定律。

(4)剪切破坏面为直线滑动面,并通过墙踵,土体破坏时形成滑动楔体。

在经典的朗肯土压力理论中,假设墙背光滑、铅垂,故主应力的方向始终为水平或铅垂方向,保持不变。由于破坏面与主应力面的夹角始终不变,故这也意味着朗肯土压理论中破坏面的方向始终不变，即剪切破坏面必然是平面。而库仑土压理论中，墙背可以是倾斜和粗糙(即存在摩擦力)的，因此土体中主应力的方向是变化的，其破坏面应为曲面。但为计算方便，将剪切滑动面假设为平面。

2. 计算原理

在朗肯土压力计算中，在墙后土体中取微单元，然后通过该点的极限平衡条件得到主动、被动土压力计算公式。而库仑土压力计算中，则以整个滑动楔体为对象，建立其处在极限状态时的平衡方程，并按“主动最大，被动最小”的库仑极大、极小原理，确定主动、被动土压力。

所谓库仑极大、极小原理是指：主动受压时，在所有可能的滑动面中，使土压力达到最大值的滑动面为真实滑动面，所对应的土压力为主动土压力。反之，被动受压时，在所有可能的滑动面中，使土压力达到最小值的滑动面为真实滑动面，所对应的土压力为被动土压力。

上述过程可通过解析法(即给出其计算公式)和图解法实现，下面分别予以介绍。

7.5.2 主动土压力(解析法)

1. 计算模型

如图 7-17 所示，假设挡墙背离土体移动或转动时，墙后土体沿墙背及土体中的剪切破坏面下滑，形成楔形滑体。图中 α 为墙背与铅垂面的夹角，β 为墙后土面与水平面的夹角，θ 为破坏面与水平面的夹角。

作用在楔体上的力包括：

(1)自重 G；

(2)剪切破坏面上法向力与切向力的合力 R；

由于为无黏性土，根据库仑定律，其破坏面上的切向应力与法向应力满足 $\tau=\sigma\cdot\tan\varphi$ 的关系，相应的切向力与法向力也存在对应的关系，故其合力 R 与破坏面法线的夹角为 φ；同时，楔体向下滑动，所受的切向力向上，故 R 的方向为法线顺时针旋转 φ。

(3)挡墙作用于楔体的力(即土压力)E。

楔体下滑时，墙—土间的摩擦力达到极限状态，且有 $\tau=\sigma\cdot\tan\delta$，$\delta$ 为对应的摩擦角，墙背上法向力与摩擦力的合力即为土压力 E，其方向为法线逆时针旋转 δ。

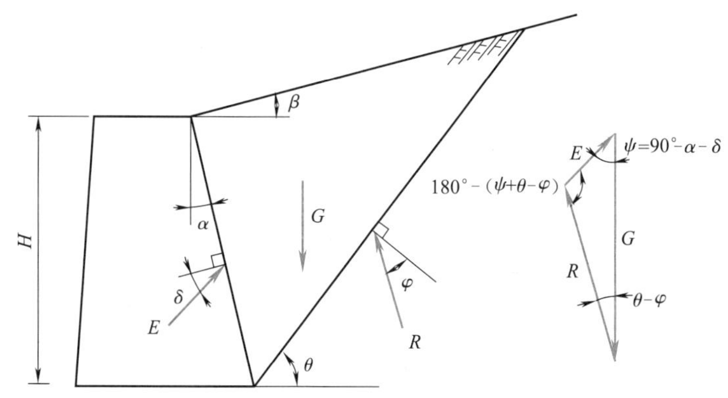

图 7-17 库仑主动土压力计算模型

2. 计算公式

由于楔体处于平衡状态，故其所受的 3 个力 G、R、E 必然形成图 7-17 中所示的力三角形。

由各个力的作用方向，不难得到图中所示的相互间的夹角。由正弦定律，有

$$E=G\frac{\sin(\theta-\varphi)}{\sin(\theta-\varphi+\psi)} \tag{7-27}$$

由于滑动面方向未知，故式中的 θ 和 G 是未知的，因此无法由式(7-27)确定主动土压力。不难理解，当 θ 改变即土体沿不同的可能滑面下滑时，E 也会随之发生相应的变化。实际上，E 也可理解为楔体保持稳定(平衡状态)所需的支撑力，因此，其值越大，说明土体沿此面发生滑动的可能性越高，故其值最大时所对应的滑面就是真正的滑面，而相应的 E 就是主动土压力 E_a，这就是前述"主动最大"的库仑极大原理。注意这里不要与主动土压力<静止土压力<被动土压力的基本规律相混淆——这是不同状态下的真实土压力之间的比较。而"主动最大"是指以主动土压力计算模型(图 7-17)为前提，从所有可能的滑动面中寻找真实的滑动面，并由此确定主动土压力的原则。

为使土压力为极大值时，应有 $\mathrm{d}E/\mathrm{d}\theta=0$。理论上讲，可由此可求出滑面与水平面的夹角 θ，然后代入式(7-27)，得到主动土压力的计算公式，但实际上，对于一般性问题，由 $\mathrm{d}E/\mathrm{d}\theta=0$ 直接求出 θ 的过程非常困难。雷朋通过几何推导，直接建立了 E 最大(即主动土压力)时的计算公式：

$$E_a=\frac{1}{2}\gamma H^2 K_a \tag{7-28}$$

其中主动土压力系数 K_a 的表达式为

$$K_a=\frac{\cos^2(\varphi-\alpha)}{\cos^2\alpha\cdot\cos(\alpha+\delta)\left[1+\sqrt{\dfrac{\sin(\varphi+\delta)\cdot\sin(\varphi-\beta)}{\cos(\alpha+\delta)\cdot\cos(\alpha-\beta)}}\right]^2} \tag{7-29}$$

式中 α——墙背与铅垂面之间的夹角，由铅垂面逆时针动到墙背时为正(俯斜)，反之为负(仰斜)；

β——填土表面与水平面之间的夹角，由水平面逆时针转动到填土面时为正，反之为负；

δ——墙背与填土之间的摩擦角，其值可由试验确定，无试验资料时，一般可取为(1/3～1/2)φ，或参考表 7-1 取值。

表 7-1 土与墙背之间的摩擦角 δ

挡土墙情况	摩擦角 δ
墙背平滑、排水不良	$(0.00\sim0.33)\varphi$
墙背粗糙、排水良好	$(0.33\sim0.50)\varphi$
墙背很粗糙、排水良好	$(0.50\sim0.67)\varphi$
墙背与土间不发生滑动	$(0.67\sim1.00)\varphi$

将 $\alpha=\beta=\delta=0$ 代入式(7-29)，可得 $K_a=\cos^2\varphi/(1+\sin\varphi)^2=\tan^2(45°-\varphi/2)$，即墙背铅垂、光滑，墙后土面水平时，库仑与朗肯主动土压力的计算结果相同。

注意到，库仑土压力是通过作用在楔体上的力的平衡方程式求得的，故只能得到土压力的大小和方向，而无法确定其作用位置及分布形式。但这往往无法满足工程设计计算的要求。如图 7-18 所示，进一步假设土体中会在不同深度 z 形成与图 7-17 中相似的滑动楔体(对应于土体剪切破坏时或朗肯土压力理论计算模型中的一组剪切破坏面)，其相应的土压力可表达为

$$E_{az}=\frac{1}{2}\gamma z^2 K_a \tag{7-30}$$

对 z 求导后，得到 z 处的主动土压力 $p_a=\mathrm{d}E_a/\mathrm{d}z=\gamma z K_a$，即土压力沿深度线性分布，如图 7-18

中所示。

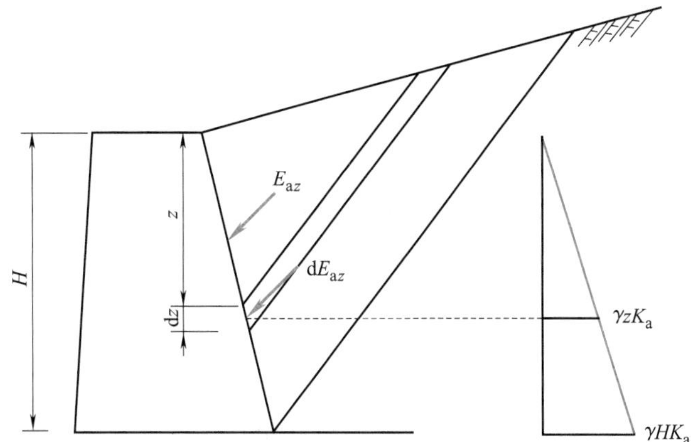

图 7-18 库仑土压力分布形式的确定

7.5.3 被动土压力(解析法)

1. 计算模型

如图 7-19 所示,被动土压力与主动土压力的建立原理相似,所不同的是,挡墙朝向土体位移时楔体上移,楔体在滑动面上所受的切向力和墙背作用在楔体上的摩擦力均向下,故 R 的方向由法线逆时针旋转 φ 得到,而 E 的方向由法线顺时针旋转 δ 得到。

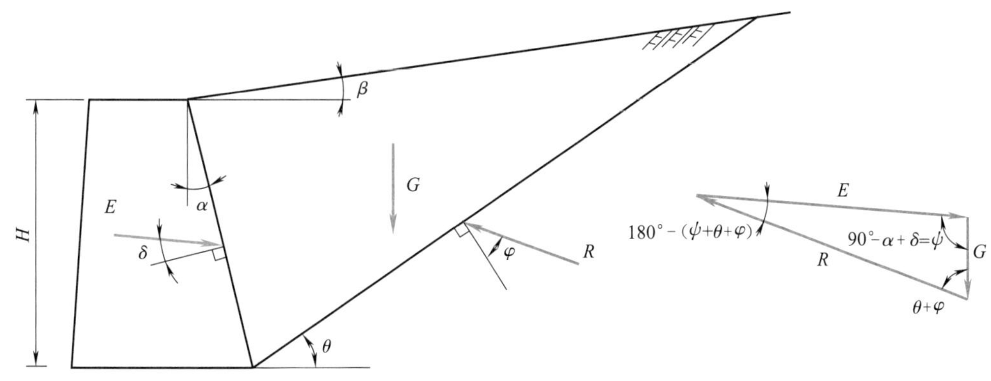

图 7-19 库仑被动土压力计算模型

2. 计算公式

楔体所受的 3 个力 G、R、E 形成的力三角形及其相互间的夹角如图 7-19 中所示。由正弦定律,有

$$E=G\frac{\sin(\theta+\varphi)}{\sin(\theta+\varphi+\psi)} \tag{7-31}$$

对被动受力状态,E 可理解为推动楔体发生滑动所需的力,因此,其值越小,土体沿此面发生滑动的可能性越高,故其值最小时所对应的滑面就是真正的滑面,而相应的 E 就是被动土压力 E_p,这就是前述“被动最小”的库仑极小原理。按与主动土压力求解相似的方法,最终得到被动土压力的计算公式为

$$E_p=\frac{1}{2}\gamma H^2 K_p \tag{7-32}$$

式中被动土压力系数 K_p 的表达式为

$$K_p=\frac{\cos^2(\varphi+\alpha)}{\cos^2\alpha\cdot\cos(\alpha-\delta)\left[1-\sqrt{\dfrac{\sin(\varphi+\delta)\sin(\varphi+\beta)}{\cos(\alpha-\delta)\cos(\alpha-\beta)}}\right]^2} \tag{7-33}$$

同样，可进一步假设土压力沿深度是线性分布的。

容易证明，当墙背铅垂、光滑，墙后土面水平时，库仑与朗肯被动土压力的计算结果也是相同的。

3. 算例

【例 7-3】高度 5 m、墙背铅垂、墙后土面水平的挡土墙，墙后砂土的 $\gamma=18.5\ \text{kN/m}^3$，$\varphi=32°$，墙与土之间的摩擦角 $\delta=22°$。试按库仑土压理论计算其主动土压力 E_{aC} 和被动土压力 E_{pC}，并与朗肯理论($\delta=0$)的结果 E_{aR}、E_{pR} 进行对比。

【解】按库仑土压理论，有

$$K_{aC}=\frac{\cos^2(\varphi-\alpha)}{\cos^2\alpha\cdot\cos(\alpha+\delta)\left[1+\sqrt{\dfrac{\sin(\varphi+\delta)\sin(\varphi-\beta)}{\cos(\alpha+\delta)\cos(\alpha-\beta)}}\right]^2}$$

$$=\frac{\cos^2(32°-0°)}{\cos^2 0°\cdot\cos(0°+22°)\left[1+\sqrt{\dfrac{\sin(32°+22°)\sin(32°-0°)}{\cos(0°+22°)\cos(0°-0°)}}\right]^2}$$

$$=0.275$$

$$E_{aC}=\frac{1}{2}\gamma H^2 K_{aC}=\frac{1}{2}\times18.5\times5^2\times0.275=231.25\times0.275=63.59(\text{kN})$$

$$K_{pC}=\frac{\cos^2(\varphi+\alpha)}{\cos^2\alpha\cdot\cos(\alpha-\delta)\left[1-\sqrt{\dfrac{\sin(\varphi+\delta)\cdot\sin(\varphi+\beta)}{\cos(\alpha-\delta)\cdot\cos(\alpha-\beta)}}\right]^2}$$

$$=\frac{\cos^2(32°+0°)}{\cos^2 0°\cdot\cos(0°-22°)\left[1-\sqrt{\dfrac{\sin(32°+22°)\cdot\sin(32°+0°)}{\cos(0°-22°)\cdot\cos(0°-0°)}}\right]^2}$$

$$=7.574$$

$$E_{pC}=\frac{1}{2}\gamma H^2 K_{pC}=231.25\times7.574=1\ 751.48(\text{kN})$$

按朗肯土压理论，有

$$K_{aR}=\tan^2(45°-\varphi/2)=\tan^2(45°-32°/2)=0.307$$

$$K_{pR}=\tan^2(45°+\varphi/2)=\tan^2(45°+32°/2)=3.255$$

$$E_{aR}=\frac{1}{2}\gamma H^2 K_{aR}=231.25\times0.307=70.99(\text{kN})$$

$$E_{pR}=\frac{1}{2}\gamma H^2 K_{pR}=231.25\times3.255=752.72(\text{kN})$$

因此，$E_{aR}>E_{aC}$，$E_{pR}<E_{pC}$，即假设墙背光滑时，所求得的主动土压力偏大，而被动土压力偏小。

7.5.4 库仑土压力的图解法

应用解析法求解土压力十分方便，但当墙后土面不是平面而是折面或不规则的天然地面，或土面作用有荷载时，上述公式便不再适用，此时可采用图解法求解。图解法的基本假设及原理与解析法完全相同。下面以应用较广的库尔曼(C. Culmann)图解法求主动土压力为例进行说明。

1. 基本原理

(1)如图 7-20 所示，过墙踵 O 点作与水平线夹角为 φ 的直线，得 G 线；再作与 G 线夹角为 ψ 的直线，得 E 线；作与水平线夹角为 θ_i 的直线(滑动面)，得 R 线。

(2)不难看出，若 G、E、R 这 3 条线分别代表自重 G、土压力 E、滑面上的作用力 R 的方向，则 R 与 G 之间的夹角为 $\theta_i-\varphi$，E 与 G 之间的夹角为 ψ，也就是说，所形成的力三角形与图 7-17中的力三角形完全相同(将图 7-20 中的三角形逆时针旋转 $90°-\varphi$，即成为图 7-17 中的三角形)。

(3)由于 G 与水平线的夹角为 φ，故其方向不随滑动面的改变而变，E 与 G 的夹角 $\psi=90°-\alpha-\delta$ 也始终保持不变，只有 R 的方向随滑动面的变化而变。

(4)当滑动面变化时，土压力 E 的量值会随之改变(方向不变)，从试算所得到的一系列的 E 中确定出 E_{max}，则 $E_a=E_{max}$ 即为所寻求的主动土压力。

这样的处理方法，使图解过程变得非常简便和清晰。

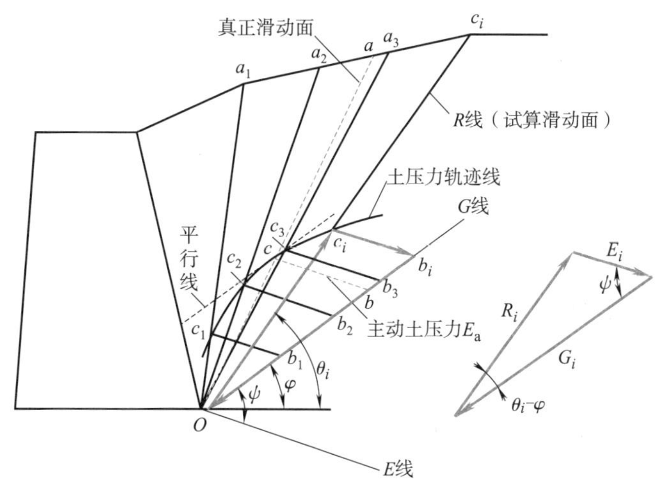

图 7-20　库尔曼图解法求解主动土压力

2. 方法和步骤

(1)根据 φ 角和 ψ 角过 O 点分别作 G 线和 E 线。

(2)作第一个试算滑面 Oa_1，计算所对应的滑动楔体的重量 G_1(如果该滑体的土面上有外荷载作用，则将其计入 G_1)。

(3)选择合适的比例，将 G_1 转换为 G 线上的线段 Ob_1。

(4)过 b_1 作 E 线的平行线，与 R 线交于 c_1 点，则 b_1c_1 对应于土压力 E_1。

(5)改变滑动面，按同样的方法，得到所对应的 c_1，c_2，c_3，…点，然后连为曲线，得土压力轨迹线(亦称库尔曼线)，并作与 G 线平行的切线，得切点 c。

(6)过 c 点作 E 线的平行线 cb，显然 cb 线在同类线中最长，所对应的土压力值最大，因此就是主动土压力 E_a。

(7)过 c 点作直线 Oa，所对应的即为真实滑面。

与前述解析法一样，图解法也无法确定土压力的分布形式及作用点的位置。在实际应用时，可采用下述方法确定其作用点的位置:确定出真正的滑动面后，找出相应楔体的重心，过该点作滑动面的平行线，以其与墙背的交点作为土压力合力的作用点位置。

7.5.5 墙后土体为黏性土时的库仑土压力(图解法)

虽然经典的库仑土压力理论适用于无黏性土，但为满足工程的需要，也将其用于黏性土土压力的计算。

以主动土压力的计算为例，其计算模式如图 7-21 所示。计算时，假设临界深度 z_0 内土体开裂，滑面自临界深度处开始形成滑动楔体。z_0 按朗肯土压理论计算

$$z_0=\frac{2c}{\gamma\sqrt{K_a}} \tag{7-14}$$

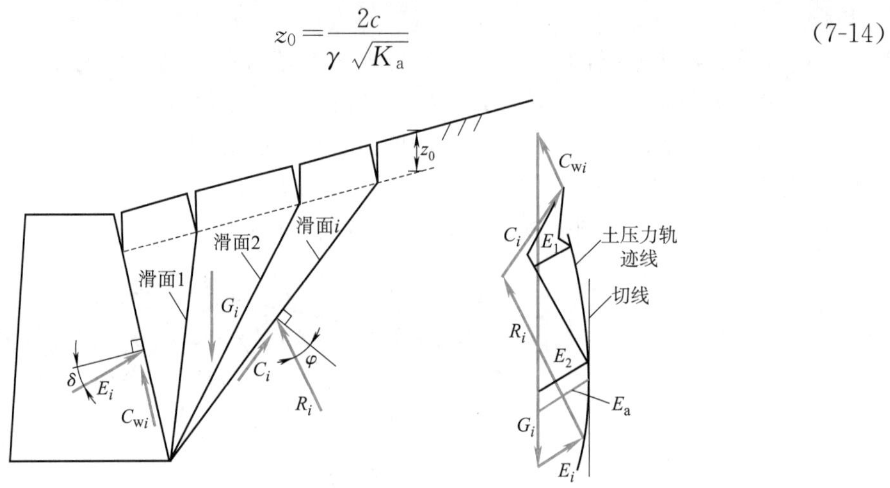

图 7-21 图解法求解黏性土主动土压力

作用在滑体上的力包括自重 G、土压力 E 和墙背上黏聚力的合力 C_w、滑面上的反力 R 及黏聚力合力 C，这些作用力形成闭合的力多边形，当滑面确定后，其中只有 E 和 R 两个方向已知而大小未知的量，可利用多边形求出，图中给出的是第 i 个滑体的力多边形。作出多个试算滑面对应的力多边形，并确定出土压力轨迹线，然后作与铅垂线(自重 G)平行的切线，切点处对应的就是 E 的最大值，即主动土压力 E_a。

7.5.6 坦墙与第二滑裂面解法

在库仑土压力的计算模型中，楔体沿土体中的剪切破坏面和墙背发生下滑。但当墙背非常平坦(即 α 角很大的大俯角墙背)时，与墙背较陡时相比，此时作用在墙背上的法向压力会显著增大，而剪力则大大减小，因此不会沿墙背产生滑移。而与此同时，随着挡墙位移的增大，土体中的另一个剪切破坏面就会出现，此时的两个滑裂面对应于土体剪切破坏时成对出现的两组破坏面，分别称为第一滑裂面和第二破滑裂面。图 7-22 所示为主动土压力的计算模型。

是否会出现第二滑裂面，可通过墙背的临界倾角 α_{cr} 来判断，即当实际倾角 $\alpha>\alpha_{cr}$ 时出现第二滑裂面。当墙—土摩擦角 $\delta=\varphi$ 时，α_{cr} 可按式(7-34)计算。

$$\alpha_{cr}=45°-\frac{\varphi}{2}+\frac{\beta}{2}-\frac{1}{2}\arcsin\frac{\sin\beta}{\sin\varphi} \tag{7-34}$$

当 $\beta=0$ 即土面水平时，得 $\alpha_{cr}=45°-\varphi/2$，所对应的滑裂面实际就是朗肯土压力理论中的一组剪切破坏面。

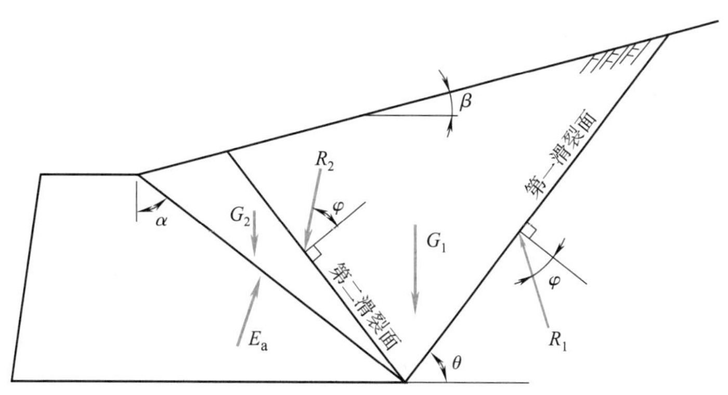

图 7-22　第二滑裂面时的计算模型(主动土压力)

出现第二滑裂面时,可将第二滑裂面作为假想的墙背,其摩擦角 $\delta=\varphi$,然后按前述库仑土压力的方法计算出 R_2(即假想墙背上的土压力),最后通过 R_2、G_2、E_a 的力三角形求得挡墙上的土压力 E_a。

7.5.7　复杂条件下的库仑土压力计算(解析法)

实际工程中,会遇到土表面作用有荷载、土为多层、墙背为折线形等情况,此时常需引进一些并不一定有严格理论依据的假设,以使问题得到简化而可以求解,满足工程设计计算的需要。

1. 墙后土面上作用有均匀满布荷载

如图 7-23 所示,墙后土面作用有均匀满布荷载 q。其主动土压力的计算方法为:

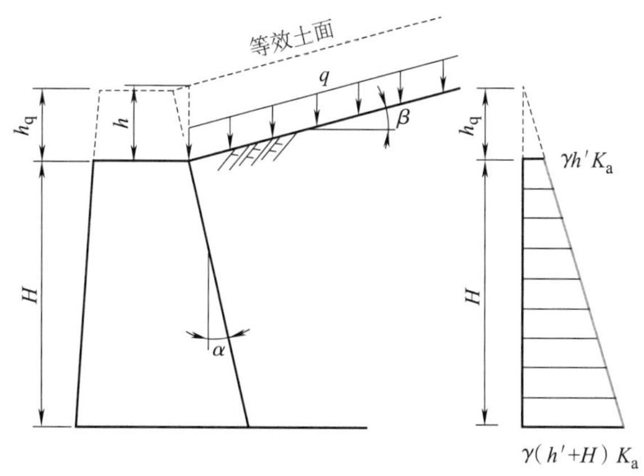

图 7-23　土面作用有均匀满布荷载时的库仑土压计算

(1)将 q 转化为等当量的土,其厚度为 $h=q/\gamma$,与此对应的墙高的增加量为

$$h_q=\frac{\cos\beta\cos\alpha}{\cos(\alpha-\beta)}h \tag{7-35}$$

(2)假设墙后土压力沿深度 $H'=H+h'$ 线性增长,则墙顶、墙底处的土压力分别为

$$p_{a上}=\gamma h_q K_a \tag{7-36a}$$

$$p_{a下}=\gamma(H+h_q)K_a \tag{7-36b}$$

(3)求梯形面积,最终得到挡墙上的土压力为

$$E_a = \frac{1}{2}\gamma H(H+2h_q)K_a \tag{7-37}$$

土面所受荷载为非均匀满布荷载时，也有相应的简化计算方法，但其过程比较复杂，这里不作介绍。

2. 墙后为多层土时

实际工程中，墙后往往是多层土。其计算方法是：(1)分层计算各层土的压力分布，最后计算整个挡墙所受的合力；(2)计算某一土层的压力时，采用与前述土面有均匀满布荷载时相似的方法，按上面土层的重量确定出等效土面，再按库仑土压力理论计算。

如图 7-24 所示，第 1 层土的计算方法同“1. 墙后土面上作用有均匀满布荷载”，墙顶及土层分界面处的土压力分别为

$$p_{a1上} = \gamma_1 h_q K_{a1} \tag{7-38a}$$

$$p_{a1下} = \gamma_1 (h_q + H_1) K_{a1} \tag{7-38b}$$

分别以 h_{q1}，h_{q2}…代表土层 2、土层以上 3…以上土层及 q 所对应的等效高度，则对土层 2 来说，有

$$h_{q1} = \frac{\gamma_1 (h_q + H_1)}{\gamma_2} \cdot \frac{\cos\beta \cos\alpha}{\cos(\alpha-\beta)} \tag{7-39}$$

土层分界面、墙底处对应的土压力分别为

$$p_{a2上} = \gamma_2 h_{q1} K_{a2} \tag{7-40a}$$

$$p_{a2下} = \gamma_2 (h_{q1} + H_2) K_{a2} \tag{7-40b}$$

如果下部还有其他土层，可按类似方法计算。计算得到的土压力的分布形式如图 7-24 所示，据此可计算出作用在挡墙上的土压力合力。

多层土的压力还可采用另外一种更为简单和粗略的方法，即将各层土的容重及内摩擦角按厚度加权平均，然后按均质土计算。

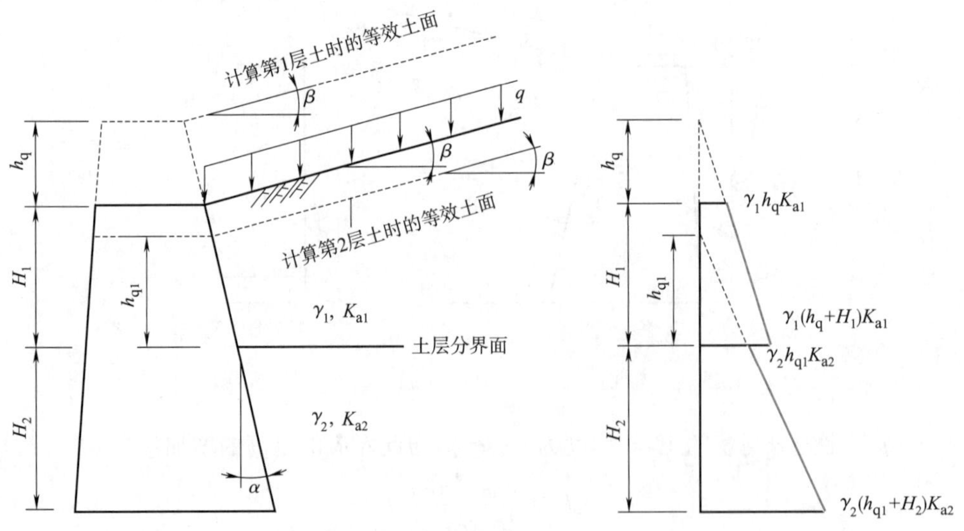

图 7-24　墙后为多层土时的库仑土压力计算

3. 墙背为折线形时

对如图 7-25 所示的墙背为折线形挡墙，以墙背处的转折点为界，将其分为上墙和下墙部

分，并分别计算其土压力。

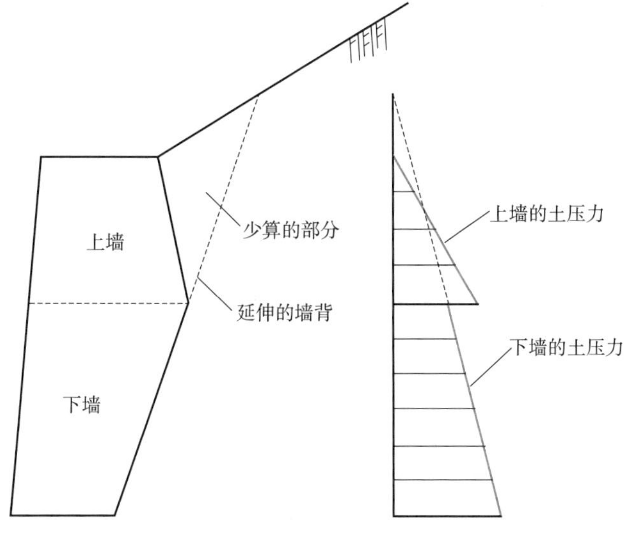

图 7-25 墙背为折线形时的库仑土压计算

其中，计算上墙部分的土压力时，不考虑下墙的影响，按经典方法计算。对下墙，则采用墙背延长法，将下墙背面延伸至土面，分别计算出转折点及墙底处的土压力，如图 7-25 所示。

该法在工程中的应用较为广泛。注意到计算时因采用虚拟的延伸墙背，而忽略了三角形部分土体的影响，当上墙、下墙的倾角相差较大时，这部分的面积也会随之增大，相应的计算结果需进行修正。

7.6 土压力理论总结

7.6.1 朗肯土压力理论与库仑土压力理论的对比

挡土结构土压力的确定是土力学中的一个经典问题，自库仑土压力理论提出后的二百多年来，尽管关于这一课题的研究取得了大量的成果，但在工程中应用最为广泛的还是库仑土压力理论和朗肯土压力理论，或以此为基础的修正形式。

以下从基本假设、计算公式建立方法、应用等方面对这两个理论做简单的分析和对比。

1. 基本假设

(1)两种理论所研究的都是土体处于极限状态时的土压力，即主动土压力和被动土压力，且土的破坏采用了本质上相同的判断准则，即库仑定律或摩尔—库仑强度准则。

(2)破坏面均为直线滑面。

(3)经典朗肯土压力计算公式的建立以墙背铅垂、光滑、土面水平为前提，而实际挡土结构与背后土体之间显然存在摩擦力，且墙背可能倾斜，土面也不一定水平。库仑土压力理论则无上述要求。

如前所述，朗肯土压力计算时墙背光滑的假设会使主动土压力的计算结果偏大，被动土压力的计算结果偏小，在应用上是偏于安全的。

此外，朗肯理论求解墙背倾斜、土面具有坡度情况时的土压力比较复杂困难。

(4)经典库仑土压力理论的求解对象是无黏性土，而朗肯土压力理论则无此限制。

如前所述，对黏性土，以朗肯土压力理论得到的临界深度作为土体上部的开裂深度，使库仑土压力计算方法可用于黏性土。

(5)当墙背铅垂、光滑，上面水平时，库仑土压力和朗肯土压力的结果相同。

2. 计算公式建立方法

朗肯土压力计算公式的建立以在不同深度的微单元为对象，土压力为应力，故最终可得到土压力沿深度的分布形式。

经典的库仑土压力理论则是以整个滑动楔体为对象，通过力的平衡方程建立土压力的计算公式，因此只能得到土压力的大小和方向，而无法确定其作用点和分布形式。

为满足应用的需要，进一步引入土压力沿深度线性分布的假设，使许多实际问题可以求解，如土面有荷载、多层土、墙背为折线时库仑土压力的计算方法都是以此假设为基础建立的。

3. 两种土压力理论的应用

整体上看，两种土压力理论在实际工程中都有广泛的应用。例如，路基等工程中各类重力式挡土墙的墙背形状可能较为复杂，墙后土面也往往不是水平的，但结构对土压力的分布形式并不敏感，因此可采用库仑理论计算土压力。而桩、地下连续墙之类的柔性挡土结构以及土钉墙之类的筋类挡土结构，土压力的分布形式将直接影响结构的内力，工程中更多地采用朗肯土压力理论进行计算。

7.6.2 工程中的其他土压力计算模型

与库仑及朗肯土压力理论建立的一二百年前相比，目前挡土结构的形式要丰富和复杂得多，因此所面临的土压力问题也复杂得多。回顾前述内容不难发现，无论是朗肯土压力计算公式还是库仑土压力计算公式，都是在一个非常理想的条件下建立的：土被简化为非常理想的材料；直接假设墙后土体处于极限状态，而没有考虑挡土结构的位移和变形对土压力的影响；没有考虑结构类型的不同所带来的影响；也没有考虑施工过程及各类施工因素的影响等。而实测结果表明，理论计算结果与工程中的实际土压力之间并不完全相符，甚至可能存在较大的差距。实际工程应用中，往往需对理论计算方法进行修正，甚至采用经验公式。

图 7-26 所示为太沙基和派克(R. B. Peck)根据现场量测结果提出的深基坑内撑设计时所采用的土压力模型。对砂土，其中的 K_a 是主动土压力系数；对软～中等硬度的黏土，其中的 K_a 及 ΔK 则是与土的单轴压缩强度、容重、基坑深度等因素有关的系数。

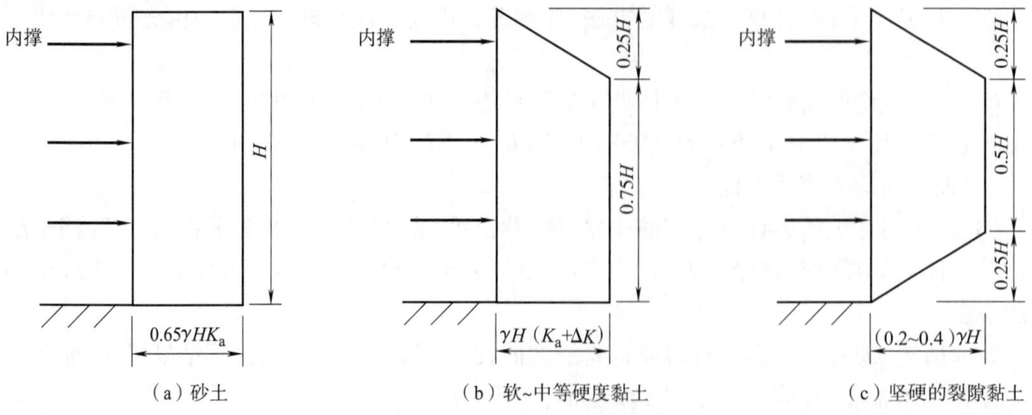

图 7-26 深基坑内撑受力计算的土压力模型

图 7-27 则是我国勘测设计大师王步云提出的土钉墙的破坏模型及土压力计算模型，在国内有广泛的应用。其中的土压力系数 K 为静止土压力系数及主动土压力系数的平均值。

图 7-28 是《铁路路基支挡结构设计规范》(TB 10025—2019)中所采用的加筋土挡墙的破坏模型及土压力计算模型，其中的土压力系数 K 在深度 $z \leqslant 6$ m 时，按公式 $K=K_0(1-z/6)+K_a \cdot z/6$ 计算，$K_0=1-\sin\varphi$ 为静止土压力系数，K_a为主动土压力系数；$z>6$ m 时，则$K=K_a$。

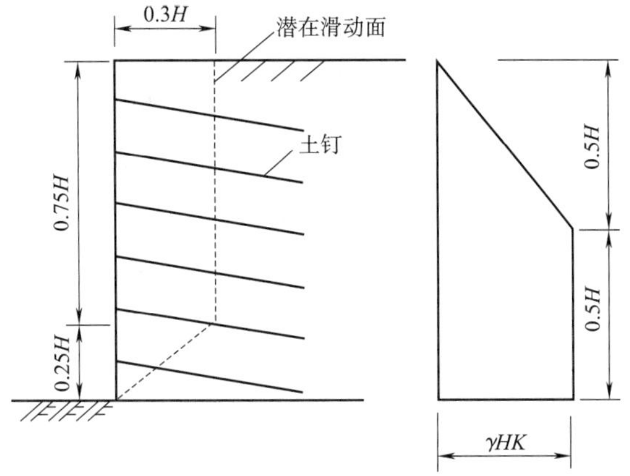

图 7-27 土钉墙破坏模式及土压力计算模型(王步云法)

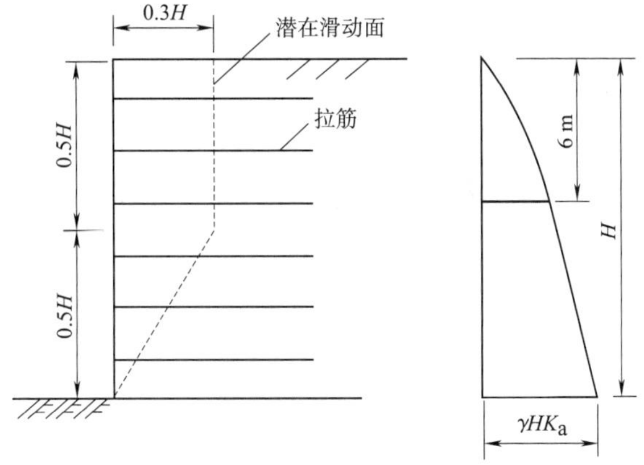

图 7-28 加筋土挡墙破坏模式及土压力计算模型(规范法)

类似的经验或半经验计算模型还很多。整体上看，土压力的确定其实是一个很复杂的问题，只有掌握了其基本原理，才能合理应用现有的理论和计算方法，解决工程实际问题。

7.7 挡土结构简介

挡土结构在工程中的应用十分广泛，类型也非常丰富，且随着技术的进步还在不断发展。如本章前言中所述，其应用对象主要是路堤等各类填土工程，以及路堑、基坑等各类开挖工程。

7.7.1 重力式支挡结构和轻型支挡结构

1. 重力式挡土墙

重力式挡土墙是最传统的挡土结构，常用材料为块石、素混凝土等。因埋置深度通常很小，需靠自身重力抵抗土压力产生的倾覆力矩，且自身强度较低，故往往需做成较大的截面。

其结构简单，施工方便，山区修建时还能就地取材，在工程中有广泛的应用。

如图 7-29 所示，按墙背倾斜方向的不同，可分为仰斜式、俯斜式、铅垂式。其中，仰斜式的主动土压力最小，适用于挖方工程，此时可保证墙背与开挖土面的密贴；但若背后为填土，则靠近墙背处的土不易压实。俯斜式的主动土压力最大，但背后为填土时最易压实。实际工程中，应根据具体情况和需要选择合理的方式。

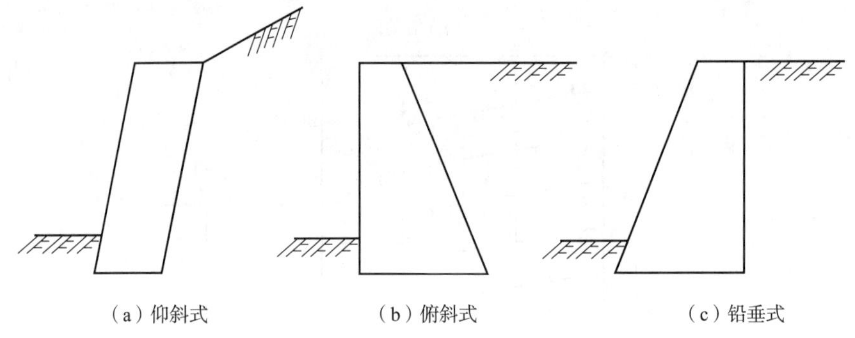

（a）仰斜式　（b）俯斜式　（c）铅垂式

图 7-29　重力式挡土墙

图 7-30 所示的衡重式挡土墙是普通重力式挡墙的改进形式，作用在衡重台上的竖向土压力可产生部分抵抗倾覆的力矩，同时也可减小下墙部分所受的土压力。进一步，还可采用图 7-31所示的卸荷板式挡土墙，其中卸荷板的作用与衡重台的作用相似。这两种挡土墙可有效地减小重力式挡墙的截面尺寸。

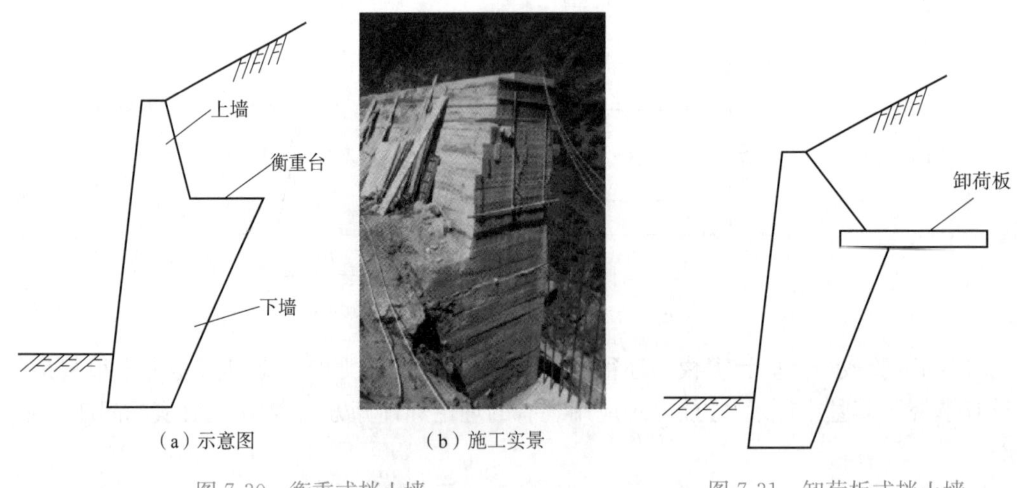

（a）示意图　（b）施工实景

图 7-30　衡重式挡土墙　图 7-31　卸荷板式挡土墙

2. 重力式水泥土墙

这类挡土结构广泛地用于软土地区的基坑工程。它通过深层搅拌机或高压旋喷的方式将软土与水泥充分混合，形成水泥土桩，并连接为墙，作为基坑的挡土结构。由于水泥土的强度远低于混凝土，故水泥土墙需较大的截面，图 7-32 所示为通过双轴搅拌形成的最简单的一种截面形式。

3. 悬臂式挡土墙和扶壁式挡土墙

图 7-33(a)所示的悬臂式挡土墙采用钢筋混凝土材料，结构的截面尺寸较小，属轻型挡土墙，其工作原理与重力式挡墙相似，只不过是以脚踵板上的土重代替重力式挡墙中的结构自重

抵抗土压力产生的倾覆力矩。为减小立臂中的弯矩，可沿纵向每间隔一定距离设置一道扶壁，形成扶壁式挡土墙，如图 7-33(b)所示。

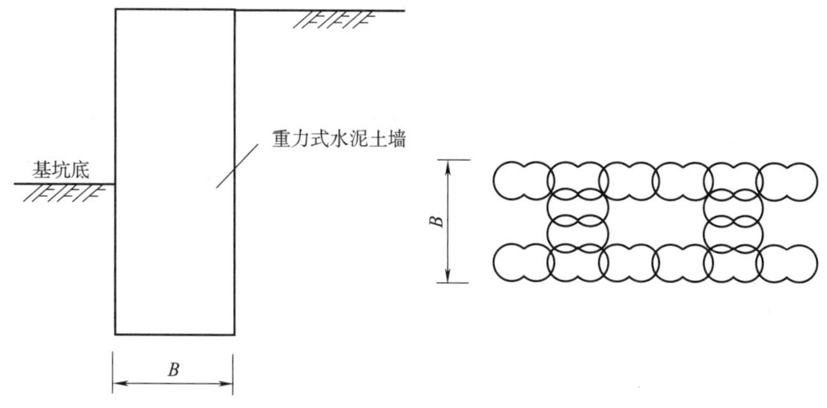

图 7-32 重力式水泥土墙

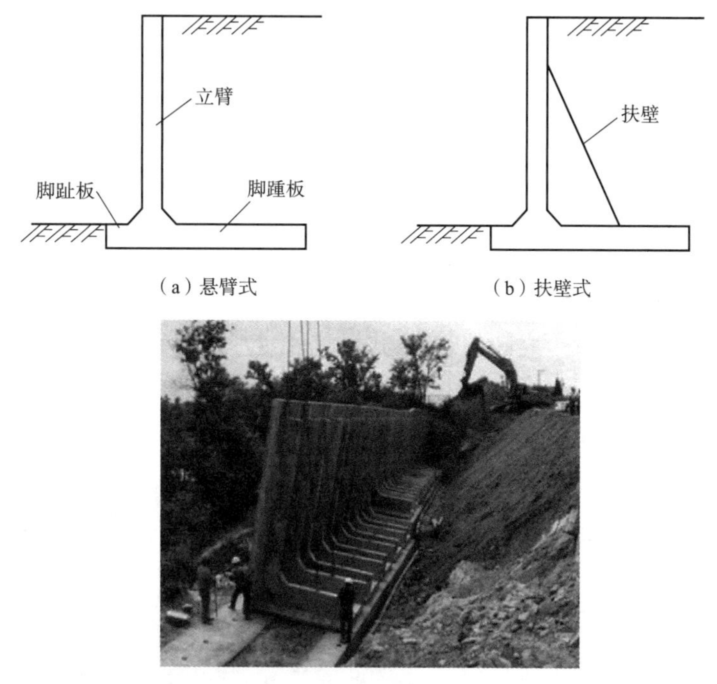

图 7-33 钢筋混凝土轻型支挡结构

7.7.2 桩及地下连续墙

桩是广泛应用的挡土结构，如基坑工程中的排桩、路基工程中的桩板式挡土墙等，地下连续墙则广泛用于软土中的深基坑支护。如图 7-34 所示，其底部需进入坑底以下足够的深度(即锚固深度)，为保持土体的稳定性提供足够的阻力。当基坑较深时，多与内支撑、预应力锚索等形成复合支护体系。

与重力式挡土墙相比，其水平位移由桩的刚性位移和挠曲变形引起的位移组成，并受到内支撑和预应力锚索的影响，其土压力沿深度的分布形式比较复杂。

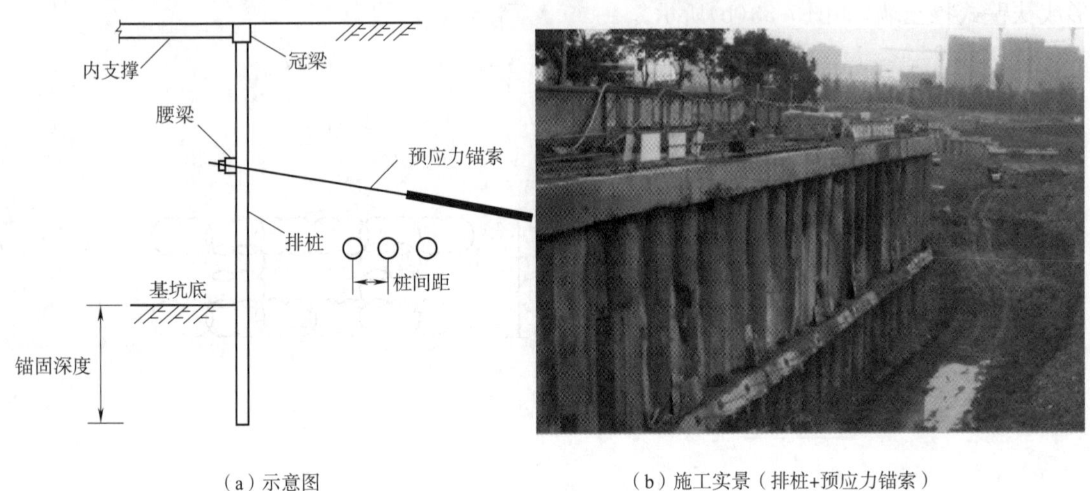

（a）示意图　　（b）施工实景（排桩+预应力锚索）

图 7-34　排桩支护结构

7.7.3　筋类挡土结构

前述挡土结构设置在需支挡土体的前方，从外面为土体提供保持稳定所需的阻力。而筋类挡土结构则主要从土体内部提供阻力。其中广为应用的包括加筋土挡墙、锚定板挡墙、锚杆挡墙、土钉墙等。

1. 加筋土挡墙

加筋土挡墙广泛用于路堤填土的支挡结构，如图 7-35 所示，其主要由拉筋、墙面板、基础等组成。其中，拉筋通过与填土之间的摩擦力限制土体的自由变形，相当于从内部为土体支撑力。拉筋通常采用钢带、土工聚合物材料带等材料，随填土过程的逐层铺设。面板可防止填土的局部坍塌，多为钢筋混凝土预制件，可以是十字形、六边形、L 形等。

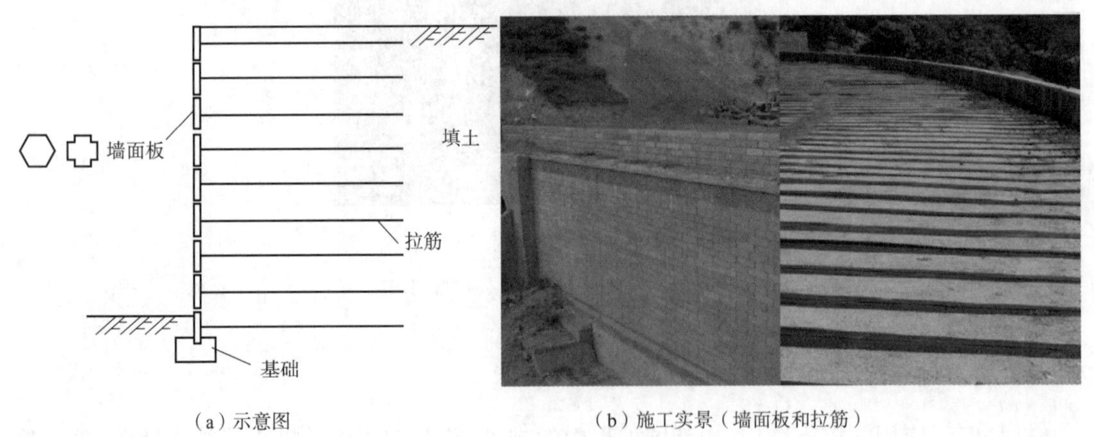

（a）示意图　　（b）施工实景（墙面板和拉筋）

图 7-35　面板式加筋土挡墙

2. 锚定板挡墙

如图 7-36 所示，锚定板挡墙由肋柱、挡土板、拉杆、锚定板、基础等组成，用于填土工程中。

与加筋土挡墙不同，它主要靠埋设在填土中的锚定板提供土体维持稳定所需的阻力，该力由锚定板通过拉杆传至肋柱，再由肋柱传至挡土板，最终作用于土体。

其中，肋柱的截面多为矩形，也可设计为T形和工字形。挡土板一般采用钢筋混凝土槽形板、矩形板或空心板。拉杆多采用螺纹钢，锚定板通常采用正方形钢筋混凝土板，也可采用矩形板，其面积为0.5～1.0 m^2。

3. 土钉墙

土钉墙用于基坑、路堑等挖方工程，其结构形式如图7-37所示，主要由土钉和面层组成，其中，土钉多用螺纹钢筋或钢花管，面层则为钢丝网和喷混凝土。土钉墙随开挖的进展逐层施作：挖至土钉设置深度时，钻孔→插入钢筋→孔内注浆，水泥浆液凝固后，将土钉与周围土体紧紧粘结在一起，然后再开挖面上铺钢筋网，喷混凝土。水泥浆液和喷混凝土具有足够强度后，即可继续向下开挖。

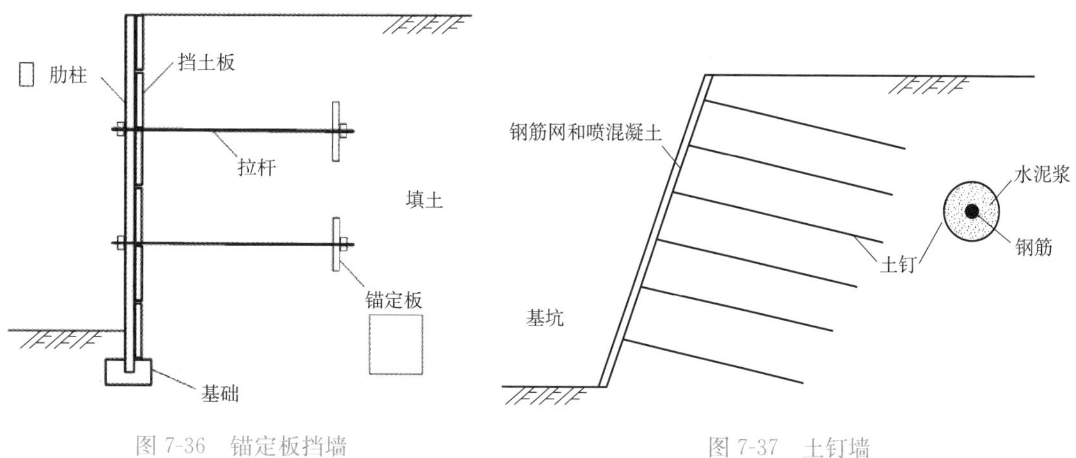

图7-36 锚定板挡墙　　图7-37 土钉墙

土钉墙的工作原理与加筋土挡墙相似，主要通过土钉(浆液凝固体)与土体之间的摩擦力提供保持土体稳定所需的阻力。

土力学人物小传(7)——朗肯

William John Maquorn Rankine(1820—1872年)(图7-38)

1820年7月2日生于苏格兰爱丁堡，1872年12月24日逝世于苏格兰格拉斯哥。他在热力学、流体力学及土力学等领域均有杰出的贡献，被后人誉为那个时代的天才。他自1855年后在格拉斯哥大学担任土木工程和力学系主任；他一生论著颇丰，共发表学术论文154篇，并编写了大量的教科书及手册，所建立的土压力理论至今仍在广泛应用。为纪念他的贡献，英国岩土工程学会自1961年开始每年定期举办朗肯讲座，由具有国际影响的学者担任主讲。

图7-38 朗肯

习　题

7-1 简要说明刚性挡土结构的位移是如何影响土压力的大小的。“静止土压力是挡土结构处于静止状态时的土压力”的说法对吗？为什么？

7-2 简要分析影响土压力的主要因素有哪些。

7-3 什么是库仑土压力理论中的“主动最大，被动最小”原理？它与主动土压力＜静止土压力＜被动土压力的规律是否矛盾？

7-4 朗肯土压力理论中假设墙背是光滑的，这对土压力的计算结果有何影响？其计算结果是偏于安全的，还是不安全的？

7-5 什么是“水土合算”和“水土分算”？两种算法得到的结果有何差异？

7-6 如图7-39所示，于卵石层中开挖深度10 m的基坑，并采用排桩和水平内撑进行支护，其中排桩的设计锚固深度为3.0 m，水平内撑在地面以下3.3 m处。卵石的$\gamma=19\ \text{kN/m}^3$，$\varphi=42°$，$c=0$。

(1)按朗肯土压力理论分别计算作用在桩后的主动土压力E_a和桩前的被动土压力E_p。

(2)验算排桩的锚固深度是否满足要求，即E_p对水平支撑处的力矩与E_a对此处的力矩之比是否大于安全系数$K_e=1.25$。

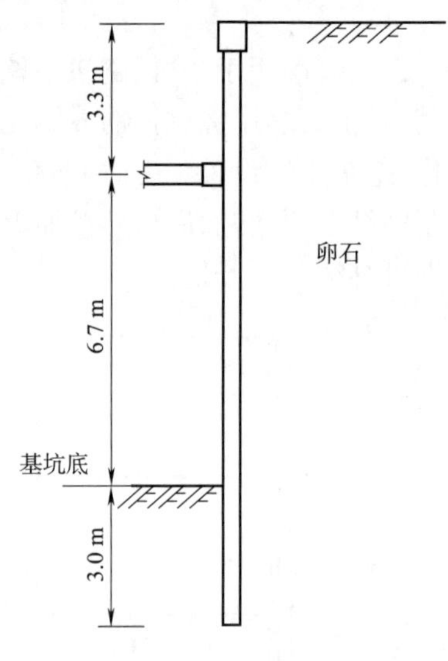

图7-39 题7-6图

7-7 挡墙高度为5 m，墙后土面上作用有$q=20$ kPa的均匀满布荷载，土的$\gamma=19\ \text{kN/m}^3$，$\varphi=20°$，$c=15$ kPa。试按朗肯土压理论确定主动、被动土压力的分布形式，及其合力的大小、作用点的位置。

7-8 如图7-40所示，深度为6 m的基坑采用排桩支护，锚固段长度为2.4 m。为减小桩长，在深度1.2 m内采用放坡。土层的参数为：

粉质黏土：$\gamma=18.5\ \text{kN/m}^3$，$\varphi=16°$，$c=12$ kPa；

黏土：$\gamma=18.8\ \text{kN/m}^3$，$\varphi=14°$，$c=21$ kPa；

试按朗肯土压力理论确定作用在桩后主动土压力的分布形式（为便于计算，可计入因放坡所挖去的土体的重量）。

7-9 如图7-41所示，高度为6 m的挡墙后为细砂和粗砂，地下水位在土表面以下3.6 m。各土相应的指标为：

细砂：$\gamma=17.9\ \text{kN/m}^3$，$\varphi=23°$，$c=0$；

粗砂：水位以上$\gamma=18.5\ \text{kN/m}^3$，水位以下$\gamma_{sat}=19.7\ \text{kN/m}^3$，$\varphi=31°$，$c=0$；

试按朗肯土压力理论，采用“水土分算”方法确定主动土压力以及水压力的分布形式。

7-10 如图7-42所示，挡墙高度为5.2 m，墙背与铅垂面的夹角为14°，墙后填土为粗砂，表面水平，相关指标为：$\gamma=19$ kN/m，$\varphi=34°$，$c=0$，与墙背之间的摩擦角为12°。

(1)按库仑主动土压力模型分别计算当$\theta=58°$、$62°$、$66°$、$70°$、$74°$时所对应的土压力。

(2)计算挡墙所受的主动土压力。

(3)将(1)与(2)的结果进行对比，推测土体破坏时的θ角大约是多少？

7-11 挡墙及填土情况同题7-10。

(1)按库仑被动土压力模型分别计算当$\theta=23°$、$25°$、$27°$、$29°$、$31°$时所对应的土压力。

(2)计算挡墙所受的被动土压力。

(3)将(1)与(2)的结果进行对比，推测土体破坏时的θ角大约是多少？

7-12 按库尔曼图解法确定题7-10挡墙的主动土压力。

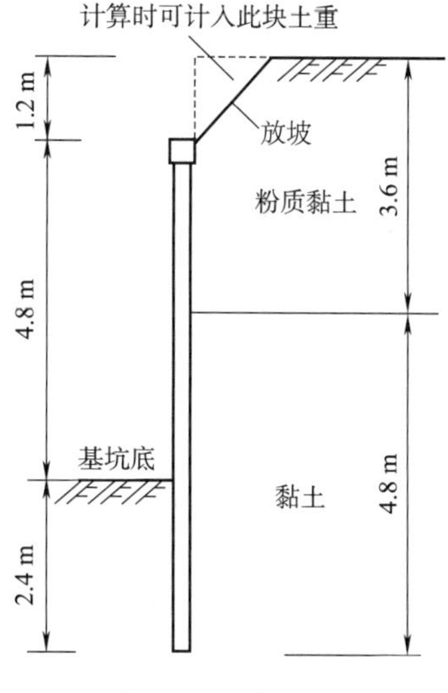

图 7-40　题 7-8 图

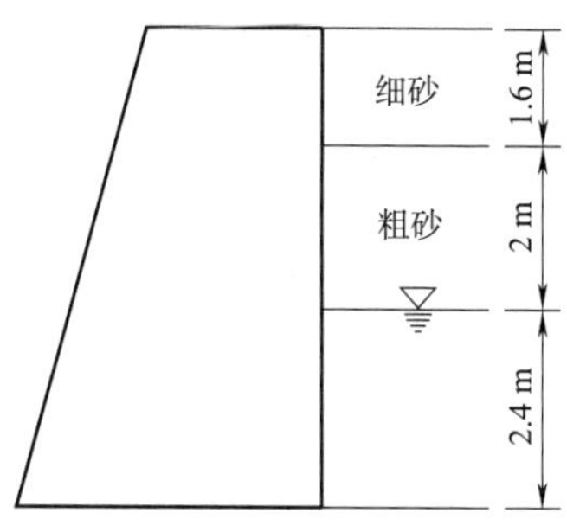

图 7-41　题 7-9 图

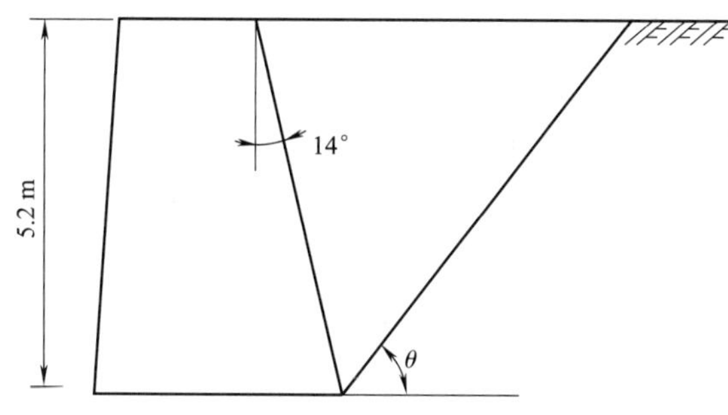

图 7-42　题 7-10 图

第 8 章 土坡稳定分析

8.1 概　　述

土坡(soil slope)系指具有倾斜坡面的土体，土坡的几何要素如图 8-1 所示。土坡有天然土坡，也有人工土坡，如图 8-2 所示。天然土坡是由于地质作用自然形成的土坡，如山坡、江河的岸坡等；人工土坡是经过人工开挖或填筑形成，如人工修建的堤坝，公路、铁路的路堤和路堑，城市地铁、高层建筑物的深基坑开挖形成的土坡等。当由于各种自然(降雨、地震等)或人为因素(开挖、堆载等)的作用而破坏了土坡的力学平衡时，土坡的土体就要沿着内部的某一滑面发生滑动，工程中称这一现象为滑坡(landslide)。如果工程中土坡失稳破坏形成滑坡，轻者影响工程进度，重者将会危及施工人员的生命安全，造成重大工程事故和巨大的经济损失。图 8-3为某黄土土坡失稳引发的滑坡，图 8-4 为某大型填方工程失稳引起的滑坡。

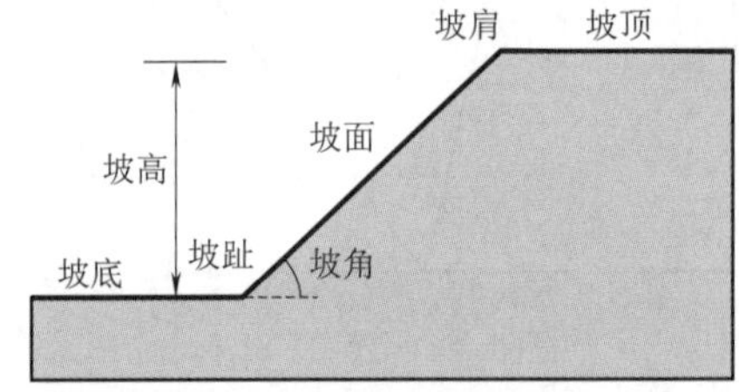

图 8-1　土坡的几何要素

(a) 天然土坡

(b) 人工土坡

图 8-2　土坡的分类

图 8-3　黄土滑坡

图 8-4　某大型填方工程滑坡

所谓土坡的稳定分析(stability analysis)，就是用土力学理论来研究发生土坡失稳破坏时其滑面可能的位置和形式、滑面上的剪应力和抗剪强度的大小等问题，以评价土坡的安全性并决定是否需要治理。

土坡的破坏主要取决于土的性质(无黏性土、黏性土)、地下水(水位高低、渗流)以及土坡的几何尺寸等。这里主要介绍几种比较常见的土坡破坏类型。当土坡由均匀的无黏性土(如砂土)构成时，土坡一般沿某一平面发生滑动，由于其滑面为平面，故称为平面滑动破坏，此时滑动土体的运动方式为平动，这种失稳类型也称为平动破坏[图 8-5(a)]。当土坡为均匀的黏性土构成时，土坡沿某一圆弧面发生滑动，由于其滑面为圆弧面，故称为圆弧滑动破坏，此时滑动土体的运动方式主要为转动，这种失稳类型也称为转动破坏[图 8-5(b)]。当土坡中含有明显的软弱夹层，受软弱夹层所处位置的影响，此时土坡可能沿某折线形滑面滑动，称为折线形滑动破坏[图 8-5(c)]。

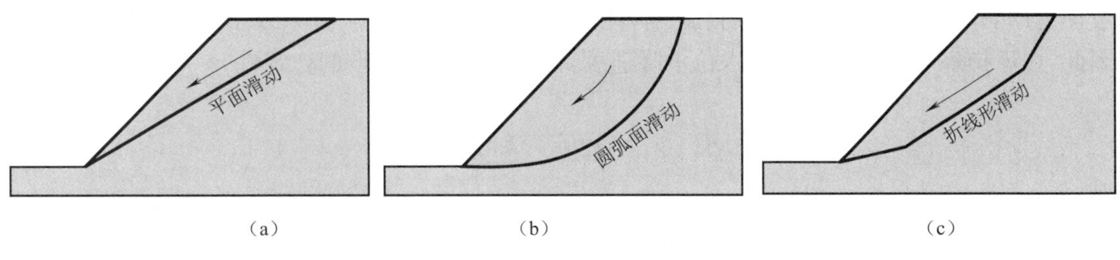

图 8-5　土坡常见的失稳类型

导致土坡失稳的原因有很多，包括自然因素(如降雨、地震等)和人为因素(如开挖、填筑等)。具体因素分述如下：

(1)降雨

降雨是导致土坡失稳的主要触发因素。天气晴朗时，土坡处于疏干状态，土体强度高，土坡稳定性好。降雨时，尤其是在连续暴雨情况下，大量雨水入渗，土体强度降低，渗透力增加，容易导致土坡失稳滑动。我国西南、西北是滑坡多发地区。1982 年 7 月四川万县地区普降暴雨，仅云阳县就发生滑坡 2 万多处，总方量超过 1 000 万 m^3 的滑坡 10 余处，暴雨诱发的滑坡仅云阳县就毁坏房屋数万间。1981 年雨季，宝成铁路宝鸡至广元段共发生滑坡 289 处，使该路段 37 个区间断道 32 次，中断行车两个月，抢建工程费达 2.56 亿元。

(2)地震

地震是导致土坡失稳的重要因素。地震作用下土坡内产生附加地震力，震动导致土体松动、强度降低，从而诱发土坡破坏。2008 年 5 月 12 日，四川省汶川县映秀镇发生里氏 8.0 级强烈地震，由于强震发生在四川盆地西部地质环境原本就比较脆弱的中、高山地区，因而触发了大量的崩塌滑坡地质灾害，其数量之多、分布之广、破坏之巨大，举世罕见。据估算，汶川大地震所触发的滑坡、崩塌、碎屑流等总数达 3 万～5 万处，规模大于 1 000×10^4 m^3 的巨型滑坡达数十处，其中致 100 人以上遇难的重大灾难性滑坡就达 20 余处，如北川老县城王家岩滑坡直接掩埋 1 600 余人。

(3)开挖

铁路、公路、水电建设中，常常需要对土坡进行开挖，开挖导致土坡变陡(坡角增大)或坡高增加，土体侧向支撑力减小，这些均对土坡稳定不利，因此容易导致土坡失稳破坏。1985 年 12 月 24 日，某水电站首部右侧挡土墙施工时发生滑坡，虽然坡高仅 30 m，但导致了正在基坑内施工的48人遇难。滑坡的主要原因是坡内存在一层饱和软黏土，开挖施工使土坡沿该软弱层发生了滑动破坏。

(4)填筑与加载

在饱和软黏土上修建路堤或堤坝，当施工速率较高时经常会发生滑坡。饱和黏土通常压缩性很大而渗透系数很小，填土增加的地基应力要完全转化为有效应力，必须将地基中的水充分挤出。如果施工速率过快，则孔隙水压力无法及时消散，导致有效应力有可能随荷载的增长而不同步增长，因而诱发滑坡。

在坡顶堆积重物、修建建筑物或筑路行车时导致坡顶荷载增大，相当于增加了下滑力，土坡可能发生失稳破坏。如在坡脚处堆载(如填土)，则反而对土坡稳定有利。

(5)水库水位骤降

由于种种原因，水库需要持续放水。如果放水过快，库水位将迅速降低，相当于水作用在坡体上的侧向支撑力突然减小，而且坡体中的水还来不及排出，从而导致土坡发生失稳破坏。因此，水库排水时必须要控制库水位下降速度，以确保库区内土坡的稳定性。

8.2 平面滑动法

当土坡由均匀或分层均匀的砂性土、黏聚力很小的透水土等构成时，其破坏模式为平面滑动破坏，可采用平面滑动法进行土坡的稳定分析。

设具有平面滑面的土坡如图8-6所示，图中β为滑面的倾角，φ为土的内摩擦角，W为滑动土体ABC的重力，l为滑面AB的长度，则沿滑面向下滑动的力为重力W沿滑动方向的分量：

$$T=W\sin\beta$$

阻止滑坡下滑的力为滑面上的摩擦力和黏聚力，即

$$T'=N\tan\varphi+cl=W\cos\beta\tan\varphi+cl$$

工程中称T为下滑力，称T'为抗滑力，以抗滑力与下滑力两者的比值来估计滑坡的可能性，即

$$K=\frac{T'}{T}=\frac{W\cos\beta\tan\varphi+cl}{W\sin\beta} \tag{8-1}$$

对无黏性土土坡，$c=0$，上式将简化成：

$$K=\frac{T'}{T}=\frac{W\cos\beta\tan\varphi}{W\sin\beta}=\frac{\tan\varphi}{\tan\beta} \tag{8-2}$$

式中　K——稳定安全系数。

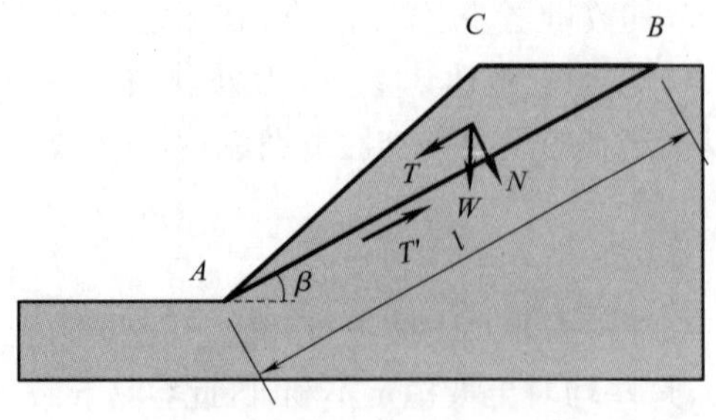

图8-6　滑面为平面时的稳定分析

为了保证土坡的稳定，K 值应大于 1。由上述可见，对于均质无黏性土坡，理论上土坡的稳定性与坡高无关，只要坡角小于土的内摩擦角，$K>1$，土体就是稳定的。当坡角与土的内摩擦角相等时，稳定安全系数 $K=1$，此时抗滑力等于滑动力，土坡处于极限平衡状态，相应的坡角就等于无黏性土的内摩擦角，特称之为自然休止角。

【例 8-1】某由干砂堆积而成的土坡，干砂的内摩擦角 $\varphi=32°$，容重 $\gamma=18\ \text{kN/m}^3$。请确定(1)该土坡能够保持稳定的最大坡角 α；(2)若要保证其稳定安全系数达到 1.25，其坡角 α 应设计为多少。

【解】(1)土坡达到能保持稳定的最大坡角时，其稳定安全系数应刚好等于 1，此时土坡处于极限平衡状态，根据式(8-2)可得 $\alpha=\varphi=32°$；

(2)同样根据公式(8-2)可得

$$\alpha=\tan^{-1}\left(\frac{\tan\varphi}{K}\right)=\tan^{-1}\left(\frac{\tan 32°}{1.25}\right)=26.6°$$

8.3　条 分 法

黏性土土坡的滑面成曲面，常接近于一个圆柱面，工程计算中常假设其横断面为圆弧形。对于这种圆弧形滑动土坡，确定滑动土体重量及重心位置比较困难，而且滑面上法向应力的方向及大小变化较大，其抗剪强度沿滑面分布不同，因此不能采用前述的平面滑动稳定分析方法进行计算。常用的方法是将滑动土体分为若干条，分析每一块上的作用力，然后利用每一土条上的力和力矩的静力平衡条件，求出稳定安全系数表达式。这种方法统称为条分法(slice method)。

图 8-7 给出了一圆弧滑动土体，被分为若干土条，每一土条上的作用力包括土条的自重 W_i，作用于土条底面的法向力 N_i 和切向力 T_i，以及作用在土条两侧的水平力 X_i、X_{i+1} 和竖向力 Y_i、Y_{i+1}。

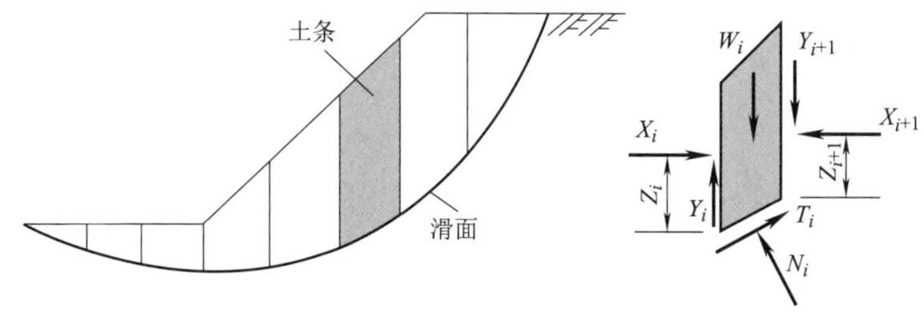

图 8-7　土条及作用在土条上的力

如果划分土条数为 n，则此时要求的未知量数量共 $6n-2$ 个，见表 8-1。每一土条有两个关于力和一个关于力矩的静力平衡方程，另外还有假设滑面上满足极限平衡条件(摩尔—库仑强度准则)建立的一个方程，求解条件共计 $4n$ 个，与未知量相比还差$(2n-2)$个。因此，一般的土坡稳定分析问题是一个超静定问题，要使它转化为静定问题，就必须对土条上的作用力作出假定，消除未知数才有可能。一般而言，如果竖向土条分得足够多，即土条宽度足够小，可以认为法向力 N_i 作用在土条底面的中点上，即法向力作用点位置已知，相当于未知量减少了 n 个，但求解条件仍比未知量少$(n-2)$个。要解决该问题，一个可行的方法是进一步对土条分界面上的条间力做假设。

根据不同的条间力假设条件，世界上多位学者提出了各种条分法，较为常用的有瑞典条分法（W. Fenllenius，1936 年）和毕肖普法（A. W. Bishop，1955 年）等。

表 8-1 滑动土体未知量和求解条件

未知量	个数	求解条件	个数
作用在土条底部的力与作用点	$3n$	水平向静力平衡条件	n
作用在土条两侧的力及作用点（两端边界已知）	$3(n-1)$	竖直向静力平衡条件	n
安全系数 K（且每条 K 都相等）	1	力矩平衡条件	n
		滑动面上各条满足极限平衡条件	n
合计	$6n-2$	合计	$4n$

8.3.1 瑞典条分法

瑞典条分法（swedish slice method）是条分法中最古老和最简单的方法，最初由瑞典科学家提出。瑞典位于北欧呈南北狭长的地带，存在大面积冰川时期和冰川后期沉积的厚层高灵敏度黏土。在修建房屋、铁路时扰动土的结构降低了土的强度，导致多次大规模滑坡，造成大量生命财产损失。瑞典政府组织国家铁路岩土工程委员会研究防治滑坡，该委员会在大量实地滑坡调查的基础上，提出了滑坡稳定分析圆弧法。该法于 1916 年由贺尔丁（H. Hultin）和裴德逊（K. E. Petterson）首先提出，后由费兰纽斯（W. Fenllenius）改进并在世界各国得到普遍应用，被太沙基认为是现今岩土工程中的一个里程碑。

瑞典条分法是土坡稳定分析中的一种基本方法。它不但可以用来检算受力条件简单的土坡，也可用于检算各种复杂的土坡（如不均匀土的土坡、分层土的土坡、有渗流的土坡和坡顶有荷载作用的土坡等）。瑞典条分法在工程中的应用十分广泛。

1. 基本原理及假定

瑞典条分法假定土坡的稳定分析是一个平面应变问题，滑面成圆弧形。图 8-8 为瑞典条分法的分析简图。其中 $ABCD$ 为滑动土体，CD 为圆弧形滑面。滑坡发生时，滑动土体 $ABCD$ 同时整体地沿 CD 弧向下滑动。对圆心 O 来说，相当于整个滑动土体沿 CD 弧绕圆心 O 转动，转动半径为 R。

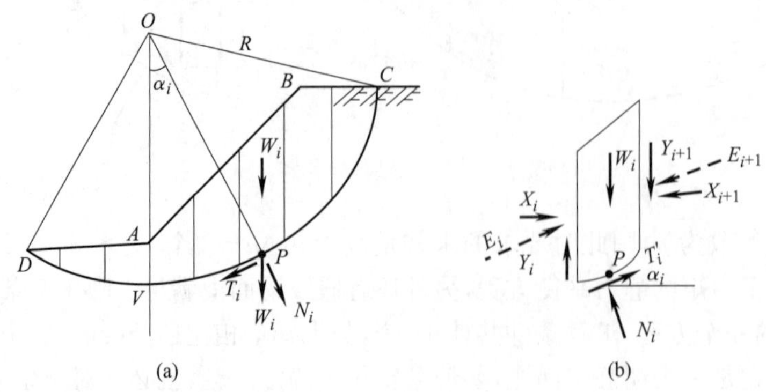

图 8-8 瑞典条分法分析简图

在具体计算中，费兰纽斯将滑动土体 $ABCD$ 分成 n 个土条，土条的宽度一般取 2～4 m。如用 i 表示土条的编号，则作用在第 i 土条上的力如图 8-8(b)所示。

(1)土条的自重 W_i

这个力作用在通过土条重心的铅垂线上，它与滑面的交点为 P，将 W_i 在 P 点沿滑面的切线和法线方向分解，相应的两个分力为

$$N_i = W_i \cos \alpha_i$$
$$T_i = W_i \sin \alpha_i$$

式中 α_i——P 点处的铅垂线与滑面半径 OP 的夹角(或 P 点处圆弧的切线与水平线的夹角)；

N_i——W_i 在滑面 P 点处的法向分量，它通过滑面的圆心 O，这个力对土坡不起滑动作用，但却是决定滑面摩擦力大小的重要因素；

T_i——W_i 在滑面 P 点处的切向分量，它是滑动土体的下滑力，如图 8-8(a)所示。

应当注意，如以图 8-8(a)中通过圆心的铅垂线 OV 为界，则 OV 线右侧各土条的 T_i 值对滑动土体起下滑的作用，计算时应取正值；OV 线左侧各土条的 T_i 值对滑动土体具有抗滑和稳定作用，计算时应取负值。

(2)滑面上的抗滑力 T_i'

抗滑力 T_i' 作用于滑面 P 点处并与滑面相切，其方向与滑动的方向相反，是如图 8-8(b)所示的滑面处剪切力 T_i 所能达到的极限值。按库仑的抗剪强度公式，其值为

$$T_i' = N_i \tan \varphi + c l_i$$

式中 l_i——第 i 个土条的弧长。

(3)条间作用力 X_i、Y_i、X_{i+1} 和 Y_{i+1}

这些力作用在土条两侧的竖直面上，如图 8-8(b)所示，它们的合力为图中虚线表示的 E_i 和 E_{i+1}。瑞典条分法假定：E_i 和 E_{i+1} 大小相等，方向相反，作用在同一条直线上，因而这是一组平衡力，在土条的稳定分析中不予考虑，相当于完全不考虑条间力，未知量少了 $3(n-1)$ 个，求解条件大于了未知量数目，问题可以得解。

如将上述各力对滑面的圆心 O 取矩，可得滑动力矩 M_s 和抗滑力矩 M_r 为

$$M_s = R \sum_1^n T_i$$

$$M_r = R \sum_1^n (c l_i + W_i \cos \alpha_i \tan \varphi)$$

故稳定安全系数 K 为

$$K = \frac{M_r}{M_s} = \frac{\sum_{i=1}^n (W_i \cos \alpha_i \tan \varphi + c l_i)}{\sum_{i=1}^n W_i \sin \alpha_i} \tag{8-3}$$

当 $\varphi = 0$ 时

$$K = \frac{M_r}{M_s} = \frac{\sum_{i=1}^n c l_i}{\sum_{i=1}^n W_i \sin \alpha_i} \tag{8-4}$$

K 值应大于 1，如铁路路基规范规定 K 值取 1.05～1.25。

2. 确定最危险滑面

用上述公式可以算出某一个试算滑面的稳定安全系数 K。土坡的稳定分析必须确定 K

值最小的滑面即最危险滑面，因此在分析过程中要假设一系列的滑面进行试算。工程中把最危险的滑面称为临界圆弧，其相应的圆心为临界圆心。

对于一般的土坡，确定临界圆弧的计算工作量比较大，一般宜编制程序进行计算。一种比较常见的方法是在土坡外侧绘制网格，如图 8-9 所示，以每个网格节点作为圆弧的圆心来计算土坡稳定安全系数，最小稳定安全系数所对应的网格节点即为最危险滑面圆心。目前很多专门用于计算土坡稳定性的商业程序均实现了自动搜索滑面的功能，例如国内的理正岩土软件，国外 Rocscience 公司开发的 Slide 软件等。

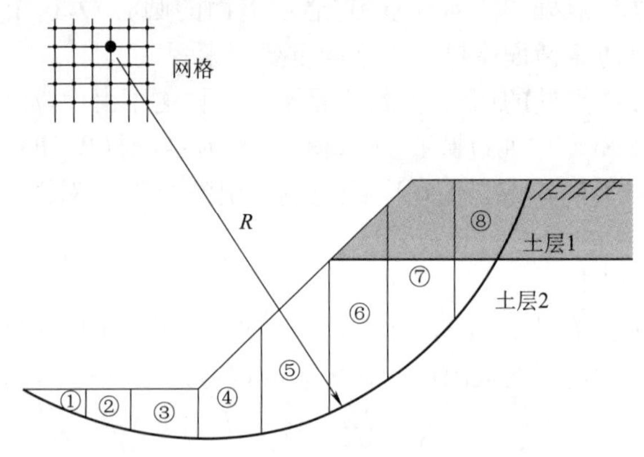

图 8-9　网格法搜索最危险滑面

如果土坡为坡面单一、土质均匀的简单土坡，则可采用费兰纽斯提出的方法方便地确定最危险滑面。费兰纽斯通过大量的试算工作总结出下面两条经验：

(1)对 $\varphi=0$ 的均质黏土，直线边坡的临界圆弧一般通过坡脚，其圆心位置可用表 8-2 给出的数值用图解法确定。图 8-10 中 a 和 b 两角的交点 O 即为临界圆心的位置。

(2)$\varphi\neq0$ 时，随着 φ 角的增大，滑面的圆心位置将从 $\varphi=0$ 时的圆心 O 沿 OE 线向上方移动，OE 线可用来表示圆心移动的轨迹线。

E 点的确定方法如图 8-11 所示。E 点离坡脚 A 的水平距离为 $4.5H$，垂直距离为 H，H 为土坡的高度。

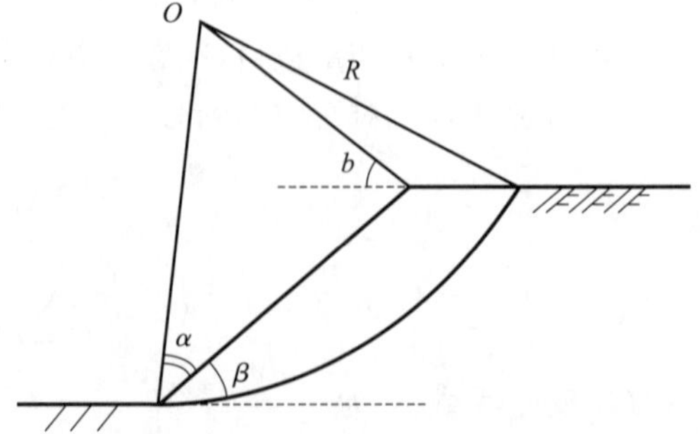

图 8-10　$\varphi=0$ 时的滑面位置

具体试算时，可在 OE 线上 O 点以外选择适当的点 $O_1, O_2, \cdots, O_n$，将其作为可能的滑面圆心，从这些圆心作通过坡脚 A 的圆弧 $C_1, C_2, \cdots, C_n$，然后按式(8-3)计算相应于各圆弧滑面的稳定系数 $K_1, K_2, \cdots, K_n$ 值，并在它们的圆心处垂直于 OE 线按比例画出相应于各 K_i 值的线段，然后将各线段的顶点连接成一条光滑的曲线即为 K 的轨迹线，其中最小的 K 所对应的圆心 O_c 可以作为临界圆心。

表 8-2　确定临界圆弧圆心的 a、b 角

坡度(高∶宽)	坡角 β	角 a	角 b
1∶0.5	63°26′	29°30′	40°

续上表

坡度(高:宽)	坡角 β	角 a	角 b
1:0.75	53°18′	29°00′	39°
1:1	45°00′	28°	37°
1:1.25	48°30′	27°	35°30′
1:1.5	33°47′	26°	35°
1:1.75	29°45′	26°	35°
1:2	26°34′	25°	35°
1:3	18°26′	25°	35°
1:5	11°19′	25°	37°

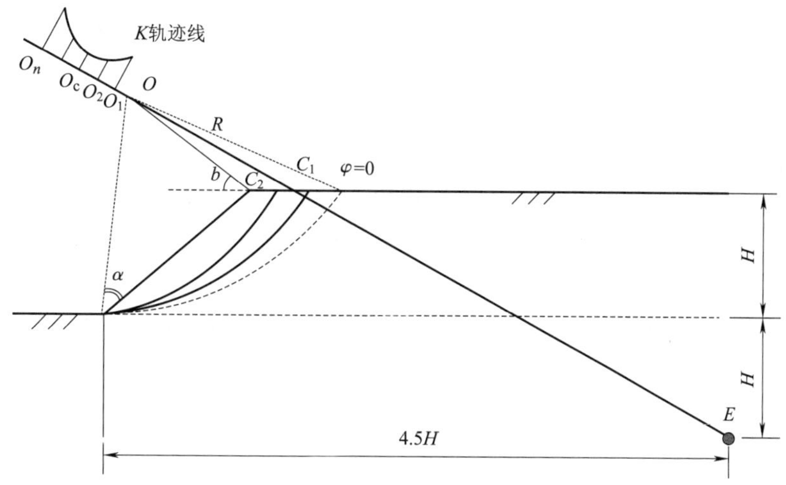

图 8-11　最危险滑面位置经验确定方法

3. 当土坡有渗流时的计算方法

如图 8-12 所示，当土坡内部有地下水的渗流作用时，这种渗流将对滑动土体产生渗透压力，它对土坡的稳定性将产生一定的影响。图中 AC 为渗流水面或浸润线，它与滑面之间围成一个棱镜状的渗流土体。这时在土坡稳定分析时要考虑下面的一些问题。

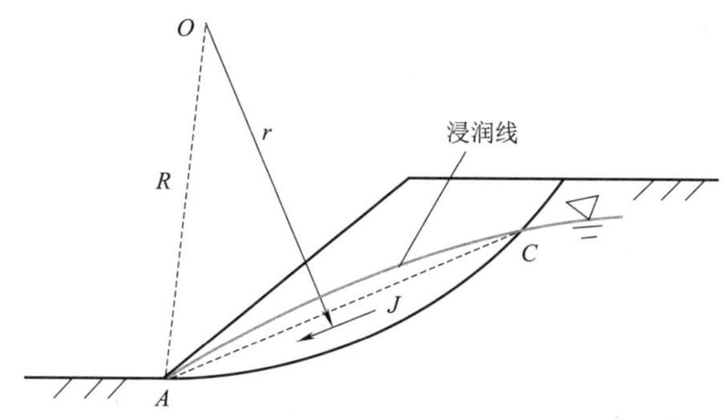

图 8-12　渗流力的近似计算

(1)在计算土的自重时，渗流水面以上的土体应取天然容重，渗流水面以下部分应取浮容重；

(2)应计算动水作用力 J 所产生的滑动力矩 $J \cdot r$。动水作用力 J 可用近似的方法计算，即以 A 和 C 两点的连线(AC 线)的斜率作为渗流土体中水流的平均水力梯度 i_A，则作用在浸润线以下滑动土体中的动水作用力 J 为渗透力与渗流面积的乘积：

$$J=\gamma_w i_A A \tag{8-5}$$

式中 γ_w——水的容重，kN/m³；

A——浸润线以下滑动土体的截面积，m²。

动水作用力 J 可认为作用在面积 A 的形心，方向与 AC 线平行。考虑该力产生的滑动力矩后，土坡的稳定系数应为

$$K=\frac{\sum_{i=1}^{n}(W_i\cos\alpha_i\tan\varphi+cl_i)}{\sum_{i=1}^{n}W_i\sin\alpha_i+J\cdot r/R} \tag{8-6}$$

式中 r——J 对滑动圆圆心的力臂，m。

应当指出，土坡中的渗流除前述动水作用力对其稳定性产生的不利影响外，渗流还将使黏性土的抗剪强度大大降低。在渗流速度较大时，土坡内的微粒可能被水流带走，使土的孔隙增大，继而较大的土粒又被冲走，以致形成管涌现象。管涌有时产生在可透水的路堤和水坝中，使土坡变形、沉陷甚至坍塌。因此，施工中一定要严格控制填土的压实度，保证质量，防止上述现象的出现。

【例 8-2】已知土坡如图 8-13 所示。边坡高度 $H=13.5$ m，坡度为 1∶2，土的容重 $\gamma=17.3$ kN/m³，内摩擦角 $\varphi=7°$，黏聚力 $c=57.5$ kPa。试估计最危险滑面的位置，并计算土坡的稳定安全系数 K。

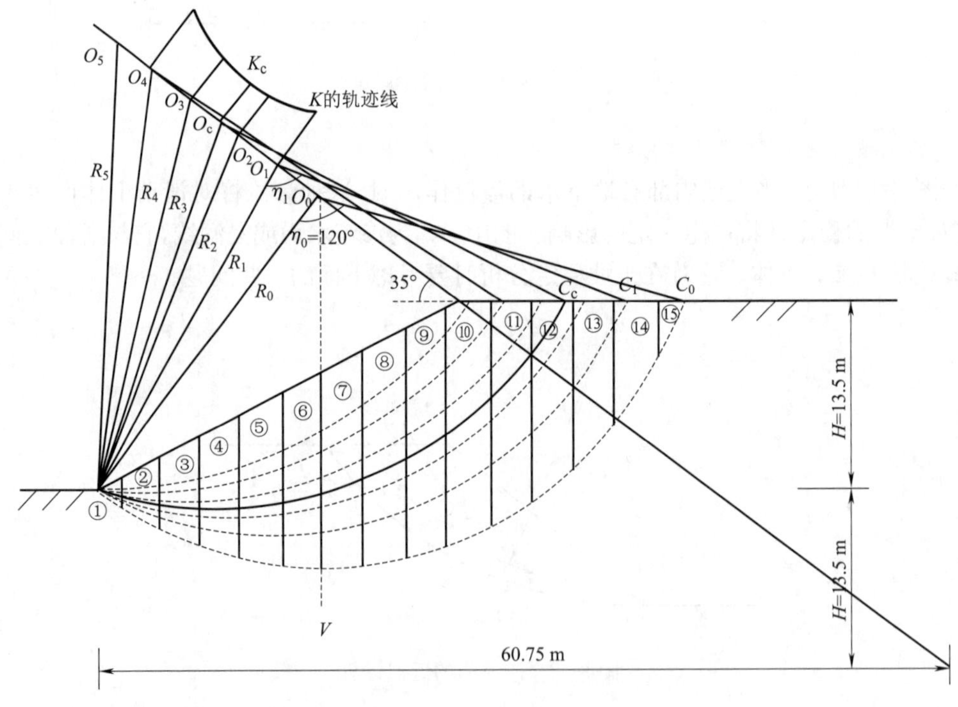

图 8-13 例 8-2 的试算滑面

【解】(1)计算最危险滑面位置

①先按表 8-2 求 $\varphi=0$ 时的临界圆心 O_0，并按图 8-11 介绍的方法求 $\varphi=7°$时临界圆心的近似轨迹线 O_0E，如图 8-13 所示。

②作 $\varphi=0$ 时的临界圆弧 AC_0，并从圆心 O_0 作垂线 O_0V，以 O_0V 为界线，向右把滑动土体按等宽分成 9 条，向左把滑动土体按等宽分成 6 条(两端的分条可以是不等宽的)。按前述条宽 2～4 m 的原则，本算例的条宽取为 3 m。

③在 EO_0 的延长线上向左上方再选取若干个试算滑面的圆心 $O_1,O_2,\cdots,O_5$。为了利用 AC_0 圆弧的已有分条，选取圆心时要使 $O_1O_2=O_2O_3=\cdots=O_4O_5$，它们的水平投影等于分条的条宽3 m。分别以 $O_1,O_2,\cdots,O_5$ 为圆心分别作通过坡脚 A 的试算圆弧滑面 $AC_1,AC_2,\cdots,AC_5$。

④量取相应于各试算滑面的半径 $R_0,R_1,\cdots,R_5$ 及它们的圆心角 $\eta_1,\eta_2,\cdots,\eta_5$($AC_5$ 滑面在计算过程中发现不控制而删去)，然后计算各个圆弧的长度：

$$AC_1=\pi R_i\frac{\eta_i}{180}\qquad(i=0,1,\cdots,4)$$

⑤将各 η_i 角和 AC_i 弧的长度填入表 8-3 中有关的栏目内。

⑥求算各试算滑面中每一个土条的面积 A_{ji}，并量取它们的偏角 α_{ji}，然后按下述两式计算该面积的法向分量 n_{ji} 和切向分量 t_{ji}(它们是表示法向力 N_{ji} 和切向力 T_{ji} 大小的参数)：

$$n_{ji}=A_{ji}\cos\alpha_{ji}$$
$$t_{ji}=A_{ji}\sin\alpha_{ji}$$

将计算结果填入表 8-3 的有关栏目中。上述标识符的下标 j 代表土条的编号(对各圆弧是不同的，以 AC_0 圆弧为例，j 为 1,2,…,15)，i 代表试算滑面的编号，本算例共 6 个，从 0 到 5。

⑦按式(8-2)计算各个试算滑面 AC_i 的稳定系数 K_i，其中黏聚力项为

$$\sum cl_{ji}=cAC_i$$

故
$$K_i=\frac{cAC_i+\gamma\tan\varphi\sum n_{ji}}{\gamma\sum t_{ji}}$$

式中 γ——土的容重，kN/m^3。

将各已知值代入上式后即可得各 K_i 值，并将它们填入表 8-3 的有关栏目中。

(2)求临界滑面 O_c 的稳定系数 K

量得 $R_c=27.7$ m，$\eta_c=82°$，故得

$$AC_c=\pi\times27.7\times\frac{82}{180}=39.6(\text{m})$$

$\sum n_{ji}$ 和 $\sum t_{ji}$ 已由表 8-3 中算得，故

$$K=\frac{57.5\times39.6+17.3\times0.122\,8\times204.68}{17.3\times74.93}=2.09$$

表 8-3 圆弧滑面试算

试算圆心	O_0		O_1		O_2		O_3		O_4		O_c	
弧长	54.0		46.8		42.4		38.4		35.4		39.6	
分条	n	t	n	t	n	t	n	t	n	t	n	t
1	1.15	−0.95	0.62	−0.36	0.63	−0.28	0.70	−0.19	0.45	−0.09	0.83	−0.29
2	9.65	−5.67	7.92	−3.52	6.26	−1.85	5.36	−0.86	4.93	−0.25	6.44	−1.46

续上表

试算圆心	O_0		O_1		O_2		O_3		O_4		O_c	
弧长	54.0		46.8		42.4		38.4		35.4		39.6	
分条	n	t	n	t	n	t	n	t	n	t	n	t
3	18.54	−7.97	15.12	−4.39	13.05	−2.21	11.16	−0.59	10.34	0.45	12.60	−1.40
											8.53	−0.23
4	25.65	−7.61	23.04	−3.88	20.16	−1.12	15.66	0.83	13.41	2.03	9.81	0.27
5	32.76	−5.71	28.98	−1.63	24.84	1.36	20.16	3.20	15.75	4.05	21.78	2.43
6	38.07	−3.53	33.12	1.86	27.63	4.57	21.96	5.91	16.47	6.15	24.39	5.54
7	42.12	2.50	36.36	6.20	29.16	8.26	22.32	8.78	16.63	8.29	25.83	8.81
8	45.90	7.98	38.07	11.07	29.16	12.10	22.50	10.85	15.26	9.90	25.56	12.13
9	46.98	13.95	35.68	15.84	27.81	15.58	20.07	13.55	11.43	10.24	23.31	14.90
10	45.77	19.67	35.46	20.52	24.12	18.18	15.21	14.13	8.33	9.18	19.08	16.16
11	40.23	23.67	26.82	21.06	15.93	16.02	6.75	8.51	0.53	0.74	16.83	13.61
12	30.07	24.57	17.55	18.90	6.44	9.27	0.34	0.50			9.69	4.46
13	21.28	23.04	7.77	4.53	0.75	1.49						
14	10.04	16.74	0.37	1.24								
15	0.77	2.09										
$\sum n$和$\sum t$	408.97	106.83	305.89	82.58	225.93	81.36	162.20	64.63	113.53	50.68	204.68	74.93
K	2.15		2.15		2.11		2.22		2.52		2.09	
η	112°00′		99°300′		86°00′		76°00′		66°00′		82°00′	

8.3.2 简化毕肖普法

上述瑞典圆弧法将滑坡稳定安全系数定义为抗滑力矩 M_r 和滑动力矩 M_s 之比值。实际上，早期人们还提出了不同的稳定安全系数定义，比如边坡最大高度与现有高度之比、边坡最大坡度与现有坡度之比等。这些定义都因存在明显的不足而难以被接受和应用推广。

费兰纽斯 1927 年提出了一种稳定安全系数的建议，即稳定安全系数等于土体能提供的抗剪强度最大值与维持边坡稳定所需要的土体剪应力值之比。若采用库仑强度准则，则该稳定安全系数与土体中各点的抗剪强度、有效应力水平以及维持稳定所需要的剪应力水平相关。该定义被称为费兰纽斯稳定安全系数准则。

基于该准则，毕肖普(A. W. Bishop)于 1955 年提出了一个考虑条间力作用的求算稳定安全系数 K 的方法。他认为，当土坡处于稳定状态时(即 $K>1$)，任一土条 i(图 8-14)在滑弧面上的剪应力 τ_i 应小于其抗剪强度 S_i，其稳定安全系数 K 为 S_i 与 τ_i 的比值，即

$$K=\frac{S_i}{\tau_i}=\frac{(\sigma_i-u_i)\tan\varphi_i'+c_i'}{\tau_i} \tag{8-7}$$

式中 c_i'，φ_i'——土的有效黏聚力和有效内摩擦角，(°)；

σ_i——第 i 土条圆弧滑面处的法向应力，kPa；

u_i——第 i 土条圆弧滑面处的孔隙水压，kPa。

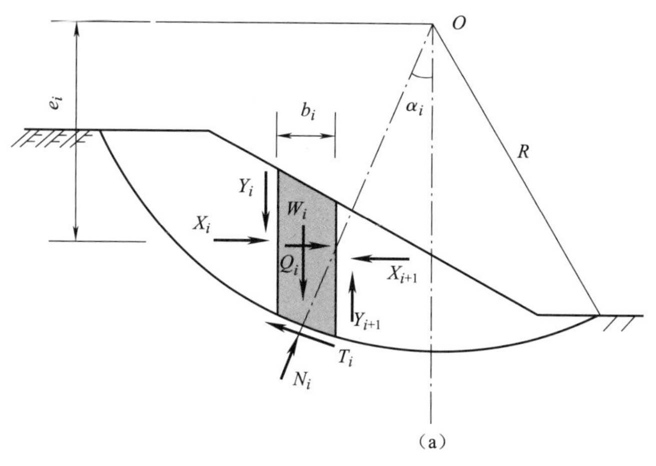

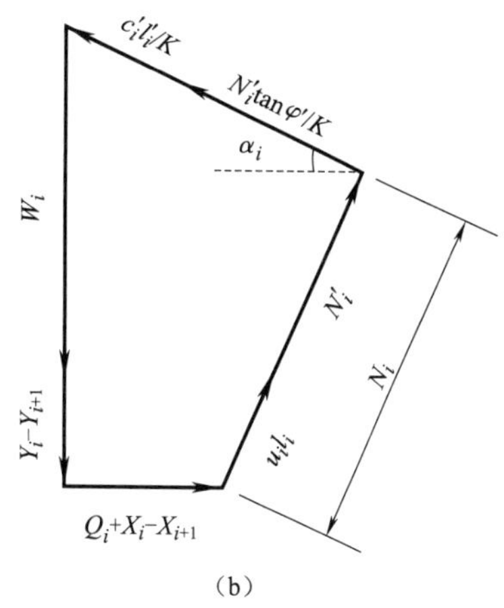

图 8-14　毕肖普法计算图示

当该土条处于平衡状态时，τ_i应等于土条滑面处的切向力T_i除以土条滑面圆弧的长度l_i，即T_i/l_i，法向应力σ_i应等于法向压力N_i除以l_i，即N_i/l_i。将上述T_i和N_i的值代入式(8-7)后得

$$T_i=\frac{c_i'l_i}{K}+\frac{(N_i-u_il_i)\tan\varphi_i'}{K} \tag{8-8}$$

由该土条中竖向力的平衡可得

$$W_i+Y_i-Y_{i+1}-T_i\sin\alpha_i-N_i\cos\alpha_i=0$$

或

$$N_i\cos\alpha_i=W_i+Y_i-Y_{i+1}-T_i\sin\alpha_i \tag{8-9}$$

将式(8-7)代入式(8-8)，则有

$$N_i=\frac{1}{m_i}\left[W_i+(Y_i-Y_{i+1})-\frac{c_il_i\sin\alpha_i}{K}+\frac{u_il_i\tan\varphi_i'\sin\alpha_i}{K}\right] \tag{8-10}$$

式中

$$m_i=\cos\alpha_i+\frac{\tan\varphi_i'\sin\alpha_i}{K} \tag{8-11}$$

当滑动土体处于整体平衡时，各土条所受的力对滑面圆心的力矩代数和应等于0，此时条间力X_i、Y_i、X_{i+1}和Y_{i+1}作为内力，其力矩将出现正负各一次而抵消，因此得

$$\sum W_iR\sin\alpha_i-\sum T_iR+\sum Q_ie_i=0$$

故得

$$\sum T_i=\sum W_i\sin\alpha_i+\sum Q_i\frac{e_i}{R} \tag{8-12}$$

式中　Q_i——土条受到的横向力，kN；

e_i——横向力对圆心O的力臂，m。

将式(8-8)代入式(8-12)可得

$$\frac{1}{K}\sum[c_i'l_i+(N_i-u_il_i)\tan\varphi_i']=\sum W_i\sin\alpha_i+\sum Q_i\frac{e_i}{R}$$

故得

$$K=\frac{\sum c_i'l_i+\sum(N_i-u_il_i)\tan\varphi_i'}{\sum W_i\sin\alpha_i+\sum Q_i\frac{e_i}{R}} \tag{8-13}$$

将式(8-10)的N_i代入式(8-13)，并令$b_i\approx l_i\cos\alpha_i$，经整理可得

$$K=\frac{\sum\frac{1}{m_i}[c_i'b_i+(W_i-u_ib_i)\tan\varphi_i'+(Y_i-Y_{i+1})\tan\varphi_i']}{\sum W_i\sin\alpha_i+\sum Q_i\frac{e_i}{R}} \tag{8-14}$$

式(8-14)是毕肖普法求稳定安全系数 K 的基本公式。但因条间力 Y_i-Y_{i+1} 是未知的，K 值无法求得。考虑到 $(Y_i-Y_{i+1})\tan\varphi_i'$ 项一般很小，略去后影响不大(但偏于安全)，故式(8-14)可简化为

$$K=\frac{\sum\frac{1}{m_i}\left[c_i'b_i+(W_i-u_ib_i)\tan\varphi_i'\right]}{\sum W_i\sin\alpha_i+\sum Q_i\frac{e_i}{R}} \tag{8-15}$$

这个公式称为简化的毕肖普公式。它是根据有效应力法推导的。当采用总应力的强度指标 c、φ 时，其推导步骤与上式相同，只需将该式中的 $W_i-u_ib_i$ 转换为 W_i，φ_i' 转换为 φ_i，c_i' 转换为 c_i 即可。转换后的公式为

$$K=\frac{\sum\frac{1}{m_i}\left(c_ib_i+W_i\tan\varphi_i\right)}{\sum W_i\sin\alpha_i+\sum Q_i\frac{e_i}{R}} \tag{8-16a}$$

而

$$m_i=\cos\alpha_i+\frac{\tan\varphi_i\sin\alpha_i}{K} \tag{8-16b}$$

应当指出，由于式(8-11)和式(8-16b)所表达的系数 m_i 内也有 K 这个因子，所以求 K 时要采用迭代计算法。通常可先假定 $K=1$，求出 m_i 后再用公式(8-16)求 K 值。如此时 $K\neq1$，则用新的 K 值求下一个 m_i 和 K 值，如此反复迭代，直至假定的 K 和计算的 K 非常接近为止。根据经验，一般迭代 3～4 次就可满足精度的要求，迭代通常是收敛的。

还应指出，对于 α_i 为负值的那些土条，如图 8-14(a)所示，应注意是否会出现 m_i 值趋于零的问题。如果发生这种情况，式(8-16)将无效。根据一些学者的意见，当任一土条的 $m_i\leqslant0.2$ 时，就会使求出的 K 值产生较大的误差，这时应考虑采用别的稳定分析方法。

与瑞典条分法相比，简化毕肖普法是不考虑条块间切向力的前提下，满足力多边形闭合条件，也就是说，隐含着条块间有水平力的作用，虽然在竖向力平衡条件的公式中水平作用力没有出现。所以它的特点是：①满足整体力矩平衡条件；②满足各条块力的多边形闭合条件，但不满足条块的力矩平衡条件；③假设条块间作用力只有法向力而没有切向力；④满足极限平衡条件。由于考虑了条块间水平力的作用，得到的安全系数较瑞典条分法略高一些。很多工程计算表明，毕肖普法与严格的极限平衡分析法，即满足全部静力平衡条件的方法相比，计算结果甚为接近。由于计算不太复杂，精度较高，所以是目前工程中很常用的一种方法。

8.4 传递系数法

传递系数法是由我国铁路部门创建的边坡稳定及滑坡推力计算方法，适用于任意已知滑面，尤其是折线形滑面的土坡稳定分析。该方法是我国铁路与工民建等领域在进行土坡稳定检算时经常使用的方法。

8.4.1 传递系数法计算原理

对于已知折线形滑面的土坡，将其滑动土体按滑面的几何特征分条以后，如图 8-15 所示。

传递系数法的基本假定大都同前，不同点在于，传递系数法假定土条每侧条间力的合力与上一土条的底面相平行，即图中 E_i 的偏角为 α_i，E_{i-1} 的偏角为 α_{i-1}，且作用点位于条间高度的中点处。然后根据土条上力的平衡条件，由上逐渐向下推求，直至最后一个土条的推力 E_n 为零。否则重新进行试算，直至 E_n 接近于零时为止。

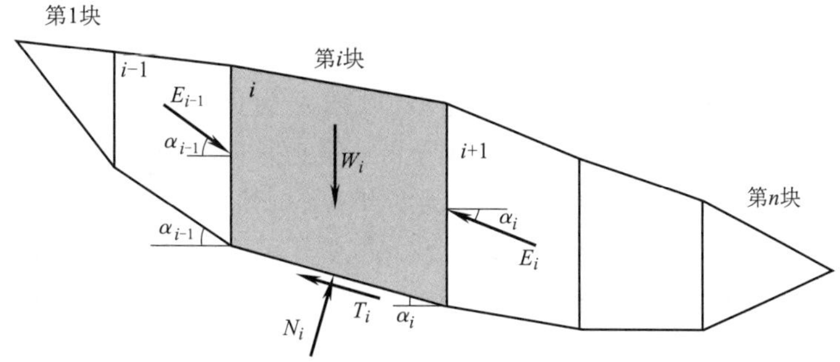

图 8-15　传递系数法图示

将图 8-15 中第 i 土条的所有力分别向土条底面的反力 N_i 和 T_i 两个方向投影，根据力的平衡条件，可以得到下面两个方程：

$$N_i - W_i\cos\alpha_i - E_{i-1}\sin(\alpha_{i-1}-\alpha_i) = 0$$

$$T_i + E_i - W_i\sin\alpha_i - E_{i-1}\cos(\alpha_{i-1}-\alpha_i) = 0$$

上式中的 T_i 又可用下式表示，即

$$T_i = \frac{1}{K}(c_i l_i + N_i\tan\varphi_i)$$

方程中各符号的意义同式(8-9)。

设上一土条的条间力 E_{i-1} 为已知，联合求解上面的三个方程，可以解得三个未知数 N_i、T_i 和 E_i，消去 N_i 和 T_i 后可得

$$E_i = W_i\sin\alpha_i - \frac{1}{K}(c_i l_i + W_i\cos\alpha_i\tan\varphi_i) + E_{i-1}\psi_i \tag{8-17}$$

式中　ψ_i——传递系数。

ψ_i 的力学意义可以理解为：通过该系数的作用后，上一土条的条间力 E_{i-1} 转换成为下一土条的条间力 E_i 的一部分。ψ_i 的表达式为

$$\psi_i = \cos(\alpha_{i-1}-\alpha_i) - \frac{\tan\varphi_i}{K}\sin(\alpha_{i-1}-\alpha_i) \tag{8-18}$$

在解题时要先假定 K(如 $K=1.00$)，然后从第一条开始逐条向下推求，直至求出最后一条的推力 E_n。E_n 必须接近于零，否则要重新假设 K 再进行试算，E_n 等于零时所对应的 K 值即为该土坡的稳定安全系数。计算工作宜编制程序借助计算机分析。

由于土条之间不能承受拉力，所以计算中当任何土条的推力 E_i 为负值时，则该 E_i 就不再向下传递，此时可取 $E_i=0$。

传递系数法只考虑了力的平衡而没有考虑力矩的平衡，这是它的一些缺陷。但因为本法计算简捷，所以还是为广大工程技术人员所采用。

8.4.2　传递系数法的应用

传递系数法的应用有两种情况：①已知滑面时，计算土坡稳定安全系数，如上所述；②设定

一个安全系数，计算作用在某个土条上的推力，即滑坡推力，主要用于边坡支挡结构设计，这种情况在实际工程中最为常见。下面介绍第二种情况的计算方法。

在推力计算中如何考虑安全系数目前认识还不一致，一般采用加大自重产生的下滑力，即$KW_i\sin\alpha_i$来计算推力，从而式(8-17)变成

$$E_i = KW_i\sin\alpha_i - W_i\cos\alpha_i\tan\varphi_i - c_il_i + \psi_iE_{i-1} \tag{8-19}$$

式中，安全系数K一般取为1.05～1.25，计算时从第一块开始逐条向下推求，直至设置支挡结构位置处对应的土条。如果计算断面中有逆坡，倾角α_i为负值，则$W_i\sin\alpha_i$也是负值，因而$W_i\sin\alpha_i$变成了抗滑力。在计算滑坡推力时，$W_i\sin\alpha_i$项就不应再乘以安全系数。

【例 8-3】某土坡为一老滑坡，滑坡的滑面为折线形，如图 8-16 所示。根据滑面形状，将滑体分为 5 块，土块 1 底滑面为后缘破裂壁，$\varphi=22.5°$，不计c值；土块 2～5 底滑面，$\varphi=17°$，$c=5$ kPa；土块 1～5 的重力分别为 480 kN/m、4 910 kN/m、6 650 kN/m、6 600 kN/m、3 180 kN/m。拟修抗滑桩进行滑坡处治，设计安全系数$K=1.15$，求作用在抗滑桩后的滑坡推力。

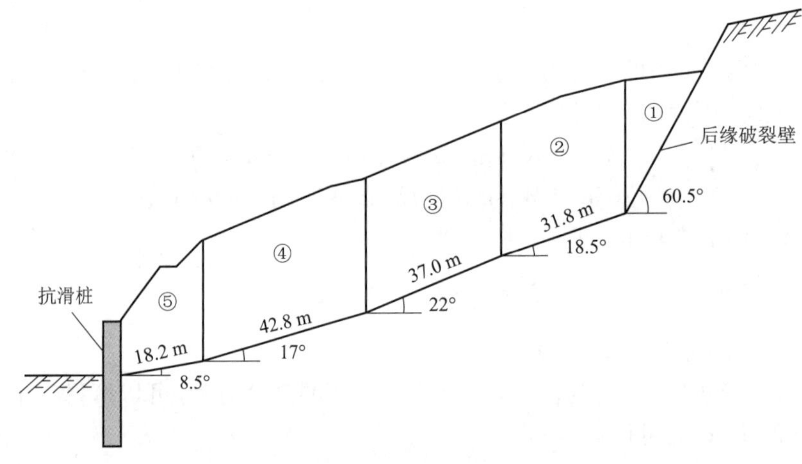

图 8-16 例 8-3 滑坡分块图

【解】据式(8-19)$E_i = KW_i\sin\alpha_i - W_i\cos\alpha_i\tan\varphi_i - c_il_i + \psi_iE_{i-1}$可知，分为 5 个条块列表计算见表 8-4。

表 8-4 滑坡推力算表

条块编号	条块重力 /(kN·m^{-1})	滑面倾角 α_i/(°)	倾角差 $\Delta\alpha$ /(°)	传递系数 ψ	$N_i=W\cos\alpha_i$ /(kN·m^{-1})	$T_i=W\sin\alpha_i$ /(kN·m^{-1})	$1.15T_i$ ①	ΨE_{i-1} ②	$N_i\tan\varphi_i$ ③	c_il_i ④	推力 E_i=①+②−③−④ /(kN·m^{-1})
1	480	60.5	—	—	236	418	481	—	98	—	383
2	4 910	18.5	42	0.539	4 656	1 558	1 792	206	1 423	159	416
3	6 650	22	−3.5	1.017	6 166	2 491	2 865	423	1 885	185	1 218
4	6 600	17	5	0.970	6 312	1 930	2 220	1 181	1 930	214	1 257
5	3 180	8.5	8.5	0.944	3 145	470	540	1 186	962	91	673

8.5 抗剪强度指标及稳定安全系数的确定

8.5.1 土体抗剪强度指标的确定

对于黏性土土坡的稳定性分析计算，关键因素之一是如何测定与选用土的抗剪强度指标。如前所述，对于同种土样采用不同的试验仪器和试验方法得到的抗剪强度指标相差较大；对同一土坡选用不同试验条件下得到土的抗剪强度指标也有较大差异。因此，在进行土坡稳定分析时，必须针对土坡的实际情况、填土性质、排水条件和上部荷载等，选用合适的抗剪强度指标。对于软黏土土坡，这一点尤为重要。

在验算土坡施工结束时的稳定情况，若土坡施工速度较快，填土的渗透性较差，排水措施不好，则土中孔隙水压力不易消散，这时宜采用快剪或三轴不排水剪试验指标，用总应力法分析。若验算土坡长期稳定性，应采用固结排水剪试验强度指标，用有效应力法分析。稳定计算时抗剪强度指标的选用原则归纳见表 8-5。

表 8-5 稳定计算时抗剪强度指标的选用

控制稳定的时期	强度计算方法	土类	试验方法
施工期	总应力法	黏性土(渗透系数小于 10^{-7} cm/s)	直剪快剪
		黏性土(任何渗透系数)	三轴不排水剪
	有效应力法	无黏性土	直剪慢剪 三轴不排水剪
		黏性土(饱和度小于 80%)	直剪慢剪 三轴不排水剪
		黏性土(饱和度大于 80%)	直剪慢剪 三轴固结不排水剪
运营期	有效应力法	无黏性土	直剪慢剪 三轴排水剪
		黏性土	直剪慢剪

8.5.2 土坡稳定安全系数的选用

理论上讲，当土坡稳定安全系数大于 1 时，土坡就是稳定的。但是在实际工程中，有的土坡稳定安全系数虽然大于 1，但仍然发生了破坏。出现这种情况的原因是影响土坡稳定的因素很多，包括土的抗剪强度指标的选用，不同稳定计算方法的差异等，因此如果计算得到的稳定安全系数等于 1 或略大于 1，并不表示土坡的稳定性可以得到可靠的保证。稳定安全系数必须满足一个基本的要求，成为容许稳定安全系数。容许稳定安全系数关系到对设计或评价土坡安全储备要求的高低，对此不同行业根据自身的工程特点和过去的工程经验作出了不同的规定。

表 8-6 是《公路路基设计规范》中规定的路堑边坡稳定安全系数的容许值，根据公路的等级，分别针对天然、暴雨及地震等不同工况给出了不同的容许值。表 8-7 是《建筑边坡工程技术规范》中规定的边坡最小(容许)稳定安全系数，可以看出，当采用不同的稳定计算方法时，容

许稳定安全系数有差异。

表 8-6　路堑边坡稳定安全系数

公路等级	稳定安全系数		公路等级	稳定安全系数	
高速公路、一级公路	正常工况	1.20～1.30	二级及二级以下公路	正常工况	1.15～1.25
	非正常工况Ⅰ	1.10～1.20		非正常工况Ⅰ	1.05～1.15
	非正常工况Ⅱ	1.05～1.10		非正常工况Ⅱ	1.02～1.05

注：1. 正常工况：边坡处于天然状态下的工况；
2. 非正常工况Ⅰ：边坡处于暴雨或连续暴雨状态下的工况；
3. 非正常工况Ⅱ：边坡处于地震等荷载作用状态下的工况。

表 8-7　建筑边坡稳定安全系数

计算方法	边坡工程安全等级		
	一级边坡	二级边坡	三级边坡
平面滑动法 传递系数法	1.35	1.30	1.25
瑞典条分法	1.30	1.25	1.20

注：1. 土质边坡工程安全等级根据边坡高度和破坏后果确定；
2. 对地质条件很复杂或破坏后果极严重的边坡工程，其稳定安全系数宜适当提高。

8.6　提高土坡稳定性的措施

经检算土坡稳定安全系数小于相关规范要求时，需采取必要的工程措施以防止滑坡。增加土坡稳定性的主要措施汇总见表 8-8，相关方法在滑坡防治技术的专门书籍中有详细的叙述。这里，仅针对工程常用的减载反压、排水措施及抗滑桩等支挡结构作简要介绍，以便读者有一个基本概念。

表 8-8　提高土坡稳定性的主要工程措施

类型	具体工程措施	
排水	地表排水	(1)滑体外截水沟；(2)滑体内排水沟；(3)自然沟防渗
	地下排水	(1)截水盲沟；(2)盲(隧)洞；(3)水平钻孔群排水；(4)垂直孔群排水；(5)井群抽水；(6)虹吸排水；(7)支撑盲沟；(8)边坡渗沟；(9)洞—孔联合排水；(10)电渗排水
减载与反压	减载	
	反压	
支挡结构	(1)挡土墙；(2)抗滑桩；(3)锚索抗滑桩；(4)锚杆(索)；(5)微型桩群	
滑带土改良	(1)滑带注浆；(2)滑带爆破；(3)旋喷桩；(4)石灰桩；(5)焙烧	

8.6.1　减载与反压

减载的目的是减小下滑力和滑动力矩，反压加重的目的是增加抗滑力和抗滑力矩，从而提高土坡的稳定性。

值得注意的是应当正确选择减载和加重的位置。图 8-17 为推移式滑坡，滑面上陡下缓，其前缘有较长的抗滑地段。如在滑体后部减载(图 8-17 中阴影 A 区)，可以减小推力，有利于滑坡的稳定。如将削除的土石填到滑坡前缘反压，则可增加前缘抗滑段的抗滑力，由此可增加坡体的稳定性。相反，如在抗滑地段刷方减载(图 8-17 中的阴影 B 区)，或在致滑段加载(如弃渣、填筑路堤等)就将加剧滑坡的滑动。可见减载与反压是有条件的。而且还应注意，在滑坡后部减压时，应保证不危及滑坡范围以外山体的稳定性。开挖的顺序应从上到下，开挖后的坡面和平台须整平，并做好排水和防渗工程。在前缘加压时，须防止基底软层的滑动，而且不能堵塞原有的渗水通道，以免因积水而软化土体。

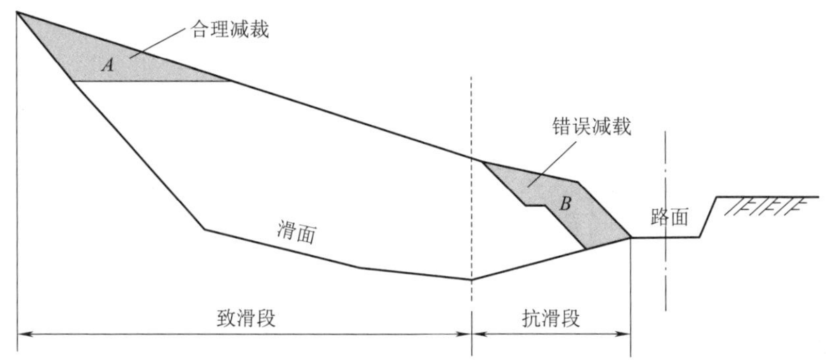

图 8-17　合理减载增加土坡稳定

8.6.2　排　　水

水对土坡稳定性的影响极大。观测资料表明，绝大部分滑坡皆因雨水时受到侵蚀和排水不良所引起，它们一般都发生在暴雨和长时间降雨的季节。因此，良好的排水措施对保持土坡的稳定具有积极的作用。

排水分两个方面。一是调节和排除地表水，防止水流对土坡的侵蚀和冲刷。这种排水措施要适应地形和地质条件以及雨量的情况，在滑坡区外修建截水沟，以防水流进入；在滑坡区内，要疏通、加固和铺砌自然沟谷等，以防积水下渗。另一方面要排除地下水。地下水的浸入使滑动土体抗剪强度大大减低，因而抗滑能力大大降低。例如，滑动土体内的流动水将产生动水下滑力，且使含水层的土发生潜蚀，甚至产生管涌现象；地下水对软夹层的长期作用还能引起其中不稳定矿物质发生物理化学变化而降低其力学指标。处理地下水的措施按其作用分为拦截、疏干和降低地下水位等。

拦截地下水的工程应设置在滑坡范围以外，应垂直于地下水流设置，其基础应置于不透水层上，迎水面处为防止水流携入细颗粒和杂物而堵塞水流通道，应设置反滤层，背水面应做好防渗层。

疏干地下水的工程应设置在滑坡区内，如土坡渗沟等，它的每侧都需设置反滤层，以便地下水进入渗沟并排出。

当拦截和疏干地下水皆有困难时，也可根据需要把地下水降低到对土坡稳定无害的部位。图 8-18 是边坡内插斜置带孔排水管的示意图，在滑动土体的含水层内接近水平地钻孔并插入带孔的钢管或塑料管，用以疏干或降低地下水。钻孔的方向原则上与滑动的方向一致。这种方法布孔灵活，不需开挖滑坡，施工安全，工期快，造价较低。但对施工技术要求较高。

排水层应布置在地下水位以下，且应位于隔水层的顶板以上，分单层或多层布置，间距一般可为 5～15 m。

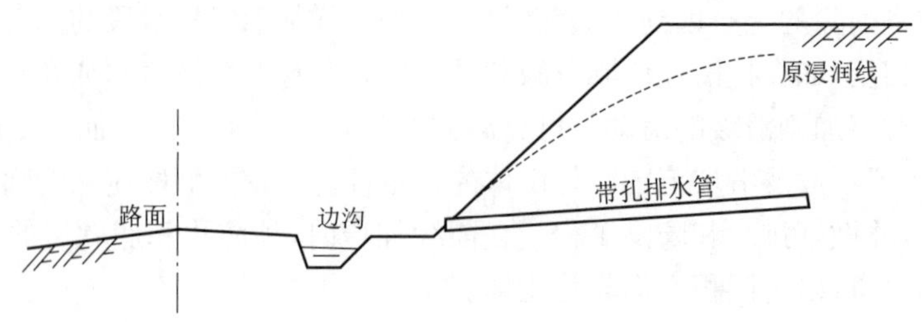

图 8-18　土坡内设置地下排水管

8.6.3　支挡结构

除以上两种措施外，还可修筑支挡结构以增加土坡的稳定性。目前常用的支挡结构有挡土墙、抗滑桩、锚索抗滑桩、锚杆(索)、微型桩等。挡土墙在前面第七章已有叙述，这里主要简单介绍抗滑桩、锚索和微型桩。

(1)抗滑桩

抗滑桩是一种由其锚固段侧向地基抗力来抵抗悬臂段的土压力或滑坡下滑力的横向受力桩，在土质和破碎软弱岩质地层中常设置锁口和护壁。抗滑桩常用于稳定滑坡、加固其他特殊边坡(例如作为软弱破碎岩质路堑边坡的预加固桩)，桩间距一般为 6～10 m，桩的截面最小边长不小于 1.25 m，如图 8-19 所示。

(2)锚索

预应力锚索由锚固段、自由段和锚头组成，通过对锚索施加预应力以加固岩土体使其达到稳定状态或改善结构内部的受力状态，预应力锚索采用高强度低松弛钢绞线制作。预应力锚索可用于土质、岩质地层的边坡及地基加固，其锚固段宜置于稳定地层中，锚头可以采用独立锚墩、地梁或框架。预应力锚索也常与抗滑桩结合形成锚索桩，以减小抗滑桩的锚固段长度和桩身截面。

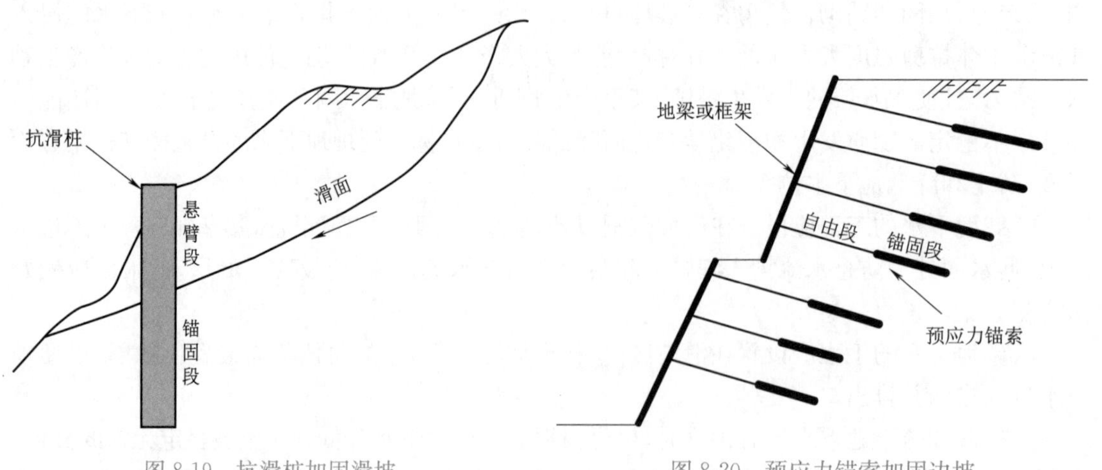

图 8-19　抗滑桩加固滑坡　　　　图 8-20　预应力锚索加固边坡

(3)微型桩

微型桩一般指桩径小于 300 mm，长细比较大(一般大于 30)，采用钻孔、压力注浆工艺施工的小直径灌注桩或者插入桩，长度最大可达 30 m。因单桩桩径较小，承载力有限，所以一般采用群桩的形式使用，属于轻型支挡结构。微型桩具有布置灵活、施工方便的特点，可用于边坡支挡、中小型滑坡整治、基础托换等，尤其是在应急抢险工程中应用广泛。

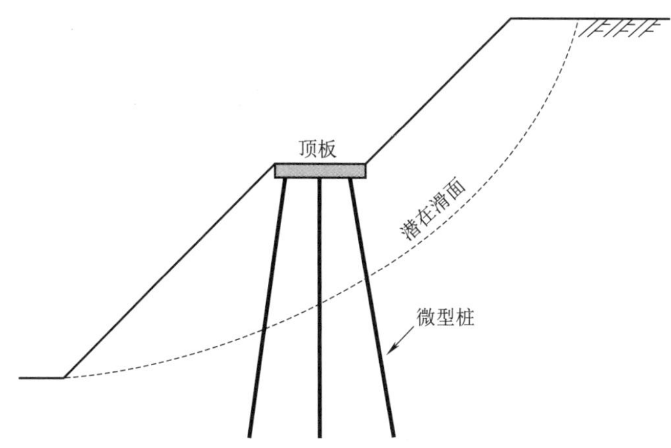

图 8-21　微型桩加固边坡

土力学人物小传(8)——费兰纽斯

Wolmar Fellenius(1876—1957 年)(图 8-22)

斯德哥尔摩皇家理工学院水利工程教授，专注于斜坡、码头和大坝稳定性研究工作。1913 年被任命为瑞典岩土工程委员会主席，该委员会 1924 年发表的关于瑞典国家铁路灾难性山体滑坡成因机制的研究报告被认为是土力学用于解决工程实际问题的开端，具有里程碑意义。他将圆弧滑动法推广黏性土中，还引入了至今仍在使用的地基安全系数(总强度与作用力之比)和边坡稳定性的安全系数(抵抗力矩和滑动力矩之比)的概念，这也促进了“瑞典条分法”或“费兰纽斯法”的发展。这一方法经由太沙基和泰勒介绍，引起了国际关注，并被广泛采用。他是国际水力研究学会的发起人之一，从该学会成立到二战结束，他一直担任该学会的主席。

图 8-22　费兰纽斯

习　题

8-1　已知某简单土坡高度 $H=15$ m，黏聚力 $c=45.0$ kPa，坡度为 1∶1.5(高∶宽)，$\gamma=18.5$ kN/m^3，$\varphi=0$。试用瑞典圆弧法确定滑面位置，并列表计算此土坡的稳定安全系数 K。

8-2　图 8-23 所示土坡的高度为 13.5 m，坡度为 1∶2，测得 $\varphi'=5°$，$c'=40$ kPa，$\gamma=18$ kN/m^3。设 $u=0$，滑面如图 8-23 所示，试用简化毕肖普法计算该滑面的稳定安全系数 K。

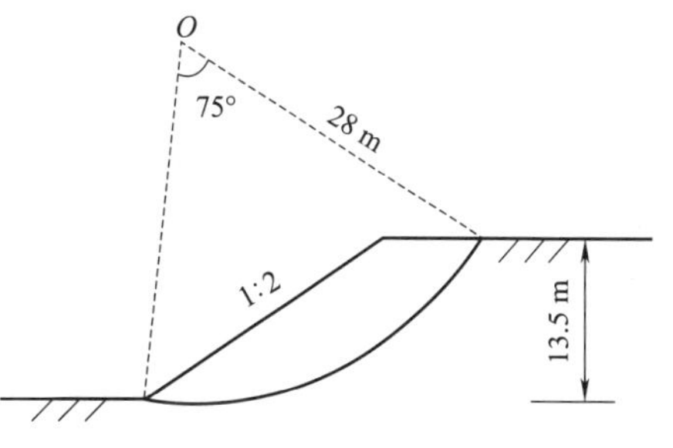

图 8-23　习题 8-2 图

8-3　某滑坡的折线形滑面如图 8-24 所示，滑体可分为 3 个条块，第 1 个条块重力 $W_1=2\ 800$ kN/m，滑面长度 $L_1=14$ m；第 2 个条块重力 $W_2=6\ 000$ kN/m，滑面长度 $L_2=17$ m；第 3 个条块 $W_3=2\ 500$ kN/m，滑

面长度 $L_3=10$ m；滑面倾角如图 8-24 所示，各段滑面 c、φ 均相同，现已知滑面内摩擦角 $\varphi=10°$。假设此时滑坡处于极限平衡状态，试用传递系数法反算滑面的黏聚力 c。

8-4　某滑坡断面如图 8-25 所示，滑体可分为 3 个条块，第 1 个条块重力 $W_1=3\ 200$ kN/m，滑面长度 $L_1=12$ m；第 2 个条块重力 $W_2=4\ 900$ kN/m，滑面长度 $L_2=20$ m；第 3 个条块 $W_3=2\ 850$ kN/m，滑面长度 $L_3=13$ m；滑面倾角如图 8-25 所示；现设滑面 $c=11$ kPa，内摩擦角 $\varphi=10°$。若在滑坡前缘设置抗滑桩，设计安全系数 $K=1.25$，试用传递系数法求作用在抗滑桩上的设计推力。

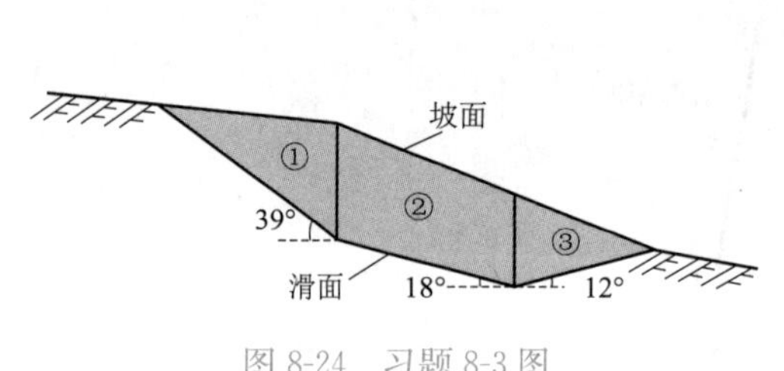

图 8-24　习题 8-3 图

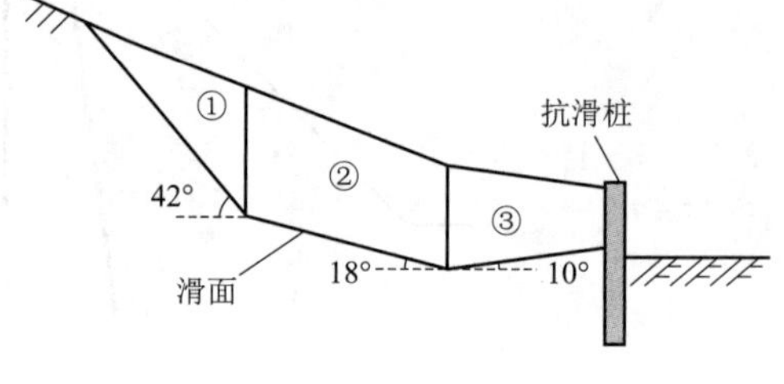

图 8-25　习题 8-4 图

第 9 章 土的动力性质

9.1 概　　述

土体在动荷载作用下的力学性质和变形特征与静荷载存在显著差异。研究各种动荷载作用下土的动力性质及土体动力稳定性(包括土与结构物相互作用)的科学称为土动力学(soil dynamics),是土力学的一个重要分支。

土在动荷载作用下的性能与动荷载本身的特性有关,因此动荷载的类型和特点是研究土动力学问题的基础。

1. 动荷载的类型及特点

所谓动荷载是指荷载的大小、方向或作用位置随时间不断发生变化,而且这种变化对被作用体系所引起的动力效应不能忽略。与此相反,静荷载是不随时间变化或变化很缓慢的荷载,其对土体的动力效应可以忽略不计。一般情况下,当荷载变化的周期为结构自振周期的 5 倍以上时,就可以简化为静荷载计算。

作用在地基或土工建筑物上的动荷载很多,如机器运转的惯性力、车辆行驶的移动荷载、爆破引起的冲击荷载、风荷载、波浪荷载、地震荷载、打桩以及强夯等。这些荷载中,有的是荷载变化的速率很大,有的则是循环作用的次数很多。描述动荷载特性的三个基本要素是:荷载的幅值(力幅)、频率和持续时间(作用次数或循环次数等)。不同原因引起的动荷载幅值、频率和持续时间有很大差异。根据动荷载的特性,动荷载可分为周期荷载(cyclic loading)、冲击荷载(impact load)、随机荷载(random load)三种类型。实际上地基土同时受到静荷载和动荷载的作用,所以土的动力性质是动、静荷载组合作用下的性质。

(1)周期荷载

以相同振幅和周期循环往复作用的荷载称为周期荷载,如动力基础的振动。简谐荷载(harmonic loading)是最简单的周期荷载(图 9-1),荷载随时间的变化规律可用正弦或余弦函数表示:

$$p(t)=q_0+p_0\sin(\omega t+\theta) \tag{9-1}$$

式中　q_0——地基土体中原有的不变荷载;

p_0——简谐荷载的单幅值;

ω——圆频率,rad/s;

θ——初相位角,rad。

2π 弧度相当于一个加载循环。完成一个循环所需的时间 T,称为周期,$T=2\pi/\omega$。单位时间内完成的循环次数,即频率,以 f 表示,单位为赫兹(Hz),$f=1/T=\omega/2\pi$。

由数学可知,一般的周期荷载可以通过傅氏(傅立叶)级数展开,分解成若干简谐荷载的叠加(图 9-2)。所以,简谐荷载是研究土的动力性质中最常用的动荷载。

$$p(t)=q_0+\frac{a_0}{2}+a_1\cos\omega t+a_2\cos 2\omega t+\cdots+a_i\cos i\omega t+\cdots+b_1\sin\omega t+ b_2\sin 2\omega t+\cdots+b_i\sin i\omega t+\cdots \tag{9-2}$$

式中,a、b 称为傅氏系数,即各个简谐荷载的幅值。

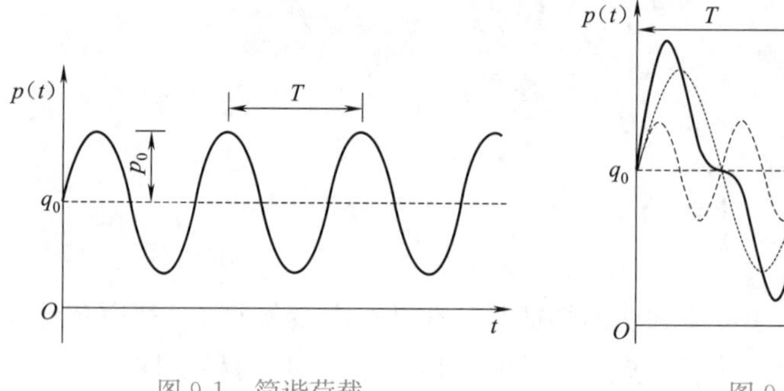

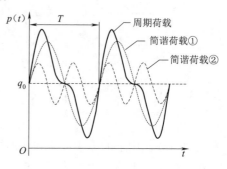

图 9-1　简谐荷载　　图 9-2　周期荷载

(2)冲击荷载

迅速加载和卸载的动荷载,如图 9-3 所示。这种荷载作用时间短而强度较大,如爆炸、强夯、打桩时的荷载,图中 t_1 为加载时间。

(3)随机荷载

无规律的有限往复作用的荷载,其作用周期和振幅不断变化,如地震、风浪和车辆所产生的荷载,如图 9-4 所示,图中 α 为加速度。

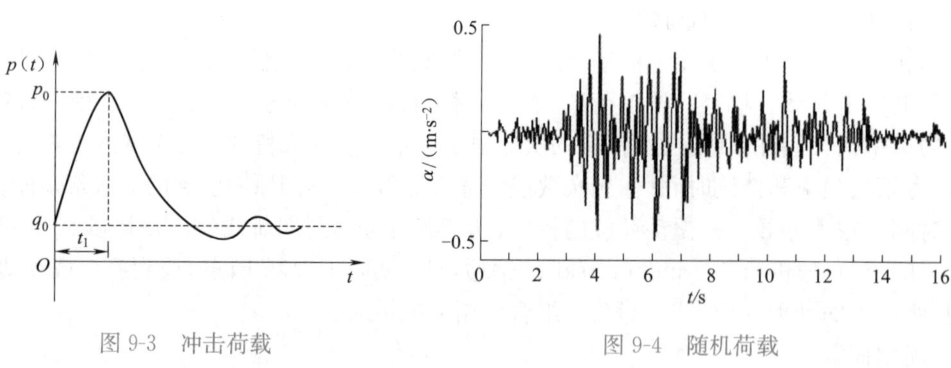

图 9-3　冲击荷载　　图 9-4　随机荷载

2. 土的动力问题与静力问题的区别

和静力问题相比较,土的动力问题有以下两个主要特点:

(1)所考虑的应变量级不同。在静力问题中两个最关心的问题是土体的破坏和过度的沉降。土体破坏时一般伴有百分之几的变形,发生过度沉降的变形量级一般只限于 10^{-3} 以上应变水平。换句话说,在静力问题中,当应变量级小于 10^{-3} 时,一般对工程结构物的安全和正常使用不会有问题。但在考虑土结构物的振动或地基土的波动作用时,如以简谐振动为例,这时的惯性力与频率的二次方成正比,因此即使土中的应变幅值不大,但只要振动频率足够高,由此产生的惯性力的影响将不容忽略。所以土在动力作用下,即使具有比静力问题中认为安全的应变量(10^{-3})还小很多的 10^{-6} 量级时,有时也要考虑。这是两者不同的一点。

(2)要考虑动荷载的两种效应:①加载的速度效应,即加载在很短的时间内以很高的速率施加于土体所引起的效应。试验研究已经表明,土的强度和变形特性由于加载速率的不同有时有很大的区别。②循环效应,即反复多次地循环加、卸载引起土体的强度和变形特性发生变化的效应。试验已经证明，即使循环荷载的幅值远低于土的静强度时，只要循环次数足够多，也会使一些土体破坏。例如铁路或公路下的路基在其使用寿命期间承受大量的重复载荷，这类荷载尽管强度不高，但由于多次施加，其累积效应会对路基稳定性产生影响，造成疲劳破坏。

3. 土动力学的发展

土动力学主要是由于动力机器基础、防护工程和地震工程等的需要发展起来的一门学科。

土动力学的早期研究主要集中在机器基础的振动方面。20 世纪 30 年代，随着机器制造业和交通运输业的蓬勃发展，人们开始研究动力机器、运动车辆等振动作用下地基土的动力特性，以德国的赖斯纳(E. Reissner)和苏联的巴尔坎(D. D. Barkan)为代表。到了 20 世纪 60 年代其研究已经比较成熟，形成土动力学的重要部分之一，各国在现行的机器基础动力设计规范和研究论著中都有所反映。

防护工程也是土动力学的一个重要研究领域。20 世纪 40 年代后期，随着原子能工业的发展，人们开始深入研究爆炸作用下的土动力学问题，但主要与核爆炸等军事研究相关，因此公开的报道不多。

土动力学比较系统的研究与发展是在地震工程领域。这方面的研究大约始于 20 世纪 60 年代，由于地震活动频繁，地震引起的断层错动、山崩地裂、滑坡，以及饱和松散砂土液化、地陷等危害，造成上部结构断裂、倒塌，严重危及人民生命财产。1964 年美国的阿拉斯加地震和日本的新潟地震，进一步推动了人们对地震荷载下地基失效危害性的研究，几十年来取得了很多的研究成果。

进入 20 世纪 70 年代，由于近海重力式石油平台的大量兴建，不少学者对波浪荷载作用下海床的响应问题产生了浓厚的兴趣，海洋土动力学逐渐发展起来。另一方面，路基土在交通荷载作用下动力特性的研究也早已引起人们的注意，特别是高速公路、高速铁路的发展使得交通荷载作用下土动力特性的研究逐渐深入，上动力学也成为交通岩土工程一个重要的研究领域。近年来，特别是随着计算技术、测试技术和分析手段的提高，更促进了土动力学研究的迅猛发展，无论是对土的动力性质的认识还是在工程中的应用，都取得了新的发现和进展。

4. 本章主要内容

同静力学一样，土动力学中土的力学特性关注的也是应力—应变特性和强度特性。由于不同动荷载的力幅量级及变化规律不同，土体在不同动荷载作用下所产生的应变量级及发展规律有很大差别。例如，在核爆炸作用下，土中产生的应力波所引起的应变量级在考虑防护的范围内可以达到 10^{-2}；而在合理设计的机器基础下，地基土的应变量级约为 10^{-5} 或更小；地震引起的应变量级则介于二者之间。经研究，土的应变量级小于 10^{-4} 时(小应变)，土处于弹性阶段；应变量级大于 10^{-4}、小于 10^{-2} 时(中应变)，土处于弹塑性阶段；当应变量级大于 10^{-2} 时(大应变)，土体进入破坏状态，如图 9-5 所示。

应变大小	10^{-6}　　10^{-5}	10^{-4}　　10^{-3}	10^{-2}　　10^{-1}
力学性质	弹性	弹塑性	破坏
现象	波动、振动	开裂、不均匀沉降	失稳、震陷、液化
荷载循环效应		←——	——→
荷载应变速率效应		←——	——→
参数	弹性模量、泊松比、阻尼		内摩擦角、黏聚力

图 9-5　动应变与土的动力性质及工程效应

不同的应变范围，土的动应力—应变关系不同，力学参数也不一样。通常在中小应变范围内主要研究土的变形参数，如动模量、动泊松比和阻尼比；在大应变范围内主要研究土的动强度，包括振动液化问题以及土体的动力稳定问题。本章简要阐明土的动力性质和土体动力分析中几种主要的动力特性指标的概念、测试方法和影响因素等，关于土体的动力稳定问题，本章没有涉及。

9.2 土的动应力—动应变关系

进行土体或土体与结构的动力反应分析时，需要知道土在动荷载作用下的动应力—动应变关系以及相关的动模量和阻尼特性。本节介绍土在循环荷载作用下的动应力—动应变特性及土的动模量和阻尼特性的分析方法。

9.2.1 滞后弹性动应力—动应变关系

在动三轴试验（详见本章第 9.5 节）中，对土样施加简谐荷载，测得土样动应力和动应变时程曲线如图 9-6 所示。

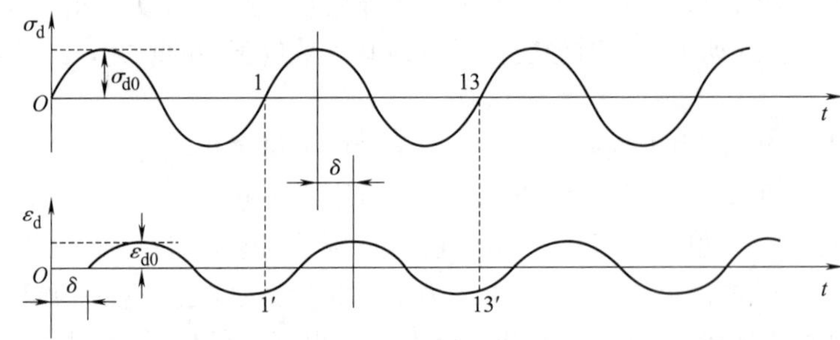

图 9-6 动应力、动应变时程曲线

由于土体为三相体，在动荷载作用下具有显著的黏滞阻尼（viscous damping），瞬时的动应变与动应力之间存在一个相位滞后现象，应变滞后应力一个相位角 δ。试验实测结果表明，当土体的应变量级小于 10^{-4}时，土体近似为黏弹性体，或称为滞后弹性体。

若在应力时程曲线上取一个应力周期，如图 9-7(a)所示，并在 $\varepsilon_d-\sigma_d$坐标上绘制这一循环内的动应力—应变曲线，得到一个近似椭圆形的封闭曲线，如图 9-7(b)所示，称为滞回圈，又称滞回曲线（hysteresis curve）。这种动应力—应变关系的特点是：当循环应力达到幅值 σ_{d0}时，循环应变尚低于幅值 ε_{d0}；当循环应变达到幅值时，循环应力已低于 σ_{d0}；当循环应力为 0 时，循环应变不为 0；当循环应变为 0 时，循环应力不为 0，动应力作用方向发生了变化。

循环荷载作用下黏弹性动应力、动应变可表达如下：

$$\left.\begin{aligned}\sigma_d&=\sigma_{d0}\sin\omega t\\ \varepsilon_d&=\varepsilon_{d0}\sin(\omega t-\delta)\end{aligned}\right\}\tag{9-3}$$

式中 δ——应变滞后相位角。

由式(9-3)可知，在已知动应力 σ_d，想要求得相应的动应变 ε_d时，不仅要知道 $\sigma_{d0}/\varepsilon_{d0}$的比例常数，还要知道应变滞后相位角 δ。对式(9-3)进行处理，消去式中的 ωt 项，可以得到下面的应力—应变关系：

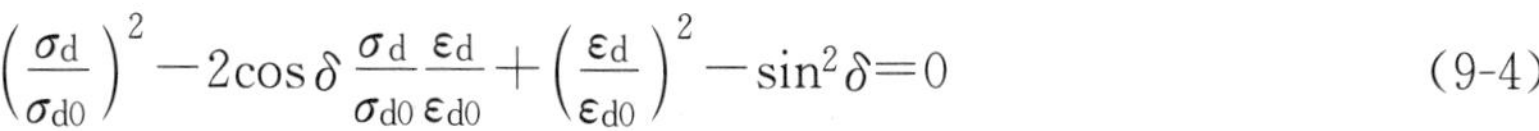

$$\left(\frac{\sigma_d}{\sigma_{d0}}\right)^2-2\cos\delta\frac{\sigma_d}{\sigma_{d0}}\frac{\varepsilon_d}{\varepsilon_{d0}}+\left(\frac{\varepsilon_d}{\varepsilon_{d0}}\right)^2-\sin^2\delta=0 \tag{9-4}$$

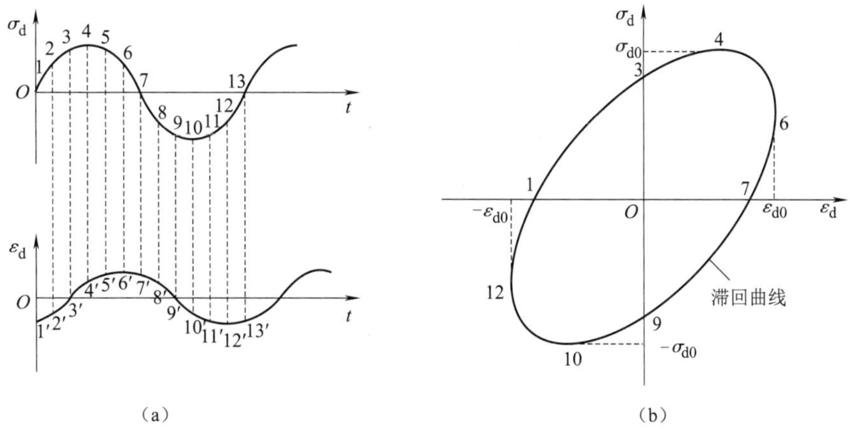

图 9-7 黏弹性动应力—动应变滞回曲线

将式(9-4)进行调整，得到

$$\left(\frac{\sigma_d}{\sigma_{d0}}-\frac{\varepsilon_d}{\varepsilon_{d0}}\cos\delta\right)^2=\sin^2\delta\sqrt{1-\left(\frac{\varepsilon_d}{\varepsilon_{d0}}\right)^2} \tag{9-5}$$

解方程式(9-5)，可得

$$\sigma_d=\frac{\sigma_{d0}}{\varepsilon_{d0}}\cos\delta\varepsilon_d\pm\frac{\sigma_{d0}}{\varepsilon_{d0}}\sin\delta\sqrt{\varepsilon_{d0}^2-\varepsilon_d^2} \tag{9-6}$$

令

$$\left.\begin{aligned}E&=\frac{\sigma_{d0}}{\varepsilon_{d0}}\cos\delta\\E'&=\frac{\sigma_{d0}}{\varepsilon_{d0}}\sin\delta\\E_d&=\sqrt{E^2+E'^2}=\frac{\sigma_{d0}}{\varepsilon_{d0}}\end{aligned}\right\} \tag{9-7}$$

则式(9-6)可以写为

$$\sigma_d=E\varepsilon_d\pm E'\sqrt{\varepsilon_{d0}^2-\varepsilon_d^2} \tag{9-8}$$

式中 E——弹性模量(elastic modulus)，反映土的弹性性质或瞬间变形特性的参数；

E'——损耗模量(loss modulus)，它反映土体在动变形过程中损耗能量的性质；

E_d——动弹性模量(dynamic elastic modulus)，综合反映了弹性和黏性(或阻尼)的影响，$E_d>E$。

定义能量损耗系数

$$\eta=\frac{E'}{E}=\tan\delta \tag{9-9}$$

式(9-8)中正号和负号分别表示加载和卸载过程，等式右端可以分解成两部分，即

$$\sigma_d=\sigma_1+\sigma_2 \tag{9-10}$$

$$\sigma_1=E\varepsilon_d \tag{9-11}$$

$$\sigma_2=\pm E'\sqrt{\varepsilon_{d0}^2-\varepsilon_d^2} \tag{9-12}$$

式(9-12)又可写成

$$\left(\frac{\sigma_2}{E'\varepsilon_{d0}}\right)^2+\left(\frac{\varepsilon_d}{\varepsilon_{d0}}\right)^2=1 \tag{9-13}$$

式(9-11)表示应力—应变关系为线性,其斜率为 E,即图 9-8(a)中的直线。而式(9-13)表示应力与应变为椭圆形关系,即图 9-8(a)所示的椭圆。因此式(9-6)所给出的应力—应变关系可以看作是上述两个函数的组合,其中一个为线性往复作用,一个为椭圆形的运动轨迹。二者叠加即为图 9-8(b)所示的斜轴形椭圆滞回曲线,滞回曲线所包围的面积反映了循环荷载加荷一周的能量损失。图中椭圆与纵轴的交点为 $E'\varepsilon_{d0}$,因此损失模量 E' 可以表征椭圆的扁平程度:E' 值越大,椭圆越趋于圆形,能量损失越大;E' 值越小,其能量损失越小;当 $E'=0$ 时,无能量耗散。

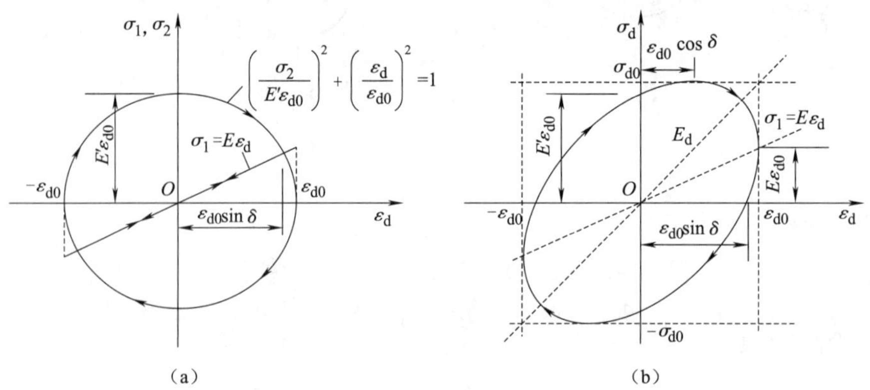

图 9-8 黏弹性体动应力—动应变关系分解

若设应力和应变循环一周时土体内所损耗的能量为 ΔW,则

$$\Delta W=\int_{-\varepsilon_{d0}}^{\varepsilon_{d0}}\sigma_d(t)\mathrm{d}\varepsilon_d(t) \tag{9-14}$$

式(9-14)可改写为

$$\Delta W=\int_0^{\frac{2\pi}{\omega}=T}\sigma_d\frac{\mathrm{d}\varepsilon_d}{\mathrm{d}t}\mathrm{d}t \tag{9-15}$$

将式(9-3)代入式(9-15),并利用式(9-7)积分后,即得

$$\Delta W=E'\pi\varepsilon_{d0}^2 \tag{9-16}$$

实际上,ΔW 即为图 9-8 中滞回圈椭圆的面积。在上述循环加载一周中,土体内贮存的应变能的最大值通常可用式(9-17)计算。

$$W=\frac{1}{2}E\varepsilon_{d0}^2 \tag{9-17}$$

W 就是图 9-9 中阴影线三角形的面积。

由式(9-16)、式(9-17)和式(9-9),可以得到损耗系数 η 的另一表达式:

$$\eta=\frac{E'}{E}=\frac{1}{2\pi}\frac{\Delta W}{W}=\tan\delta \tag{9-18}$$

在土体的动力反应分析中,常用阻尼比 λ(damping ratio)替代损耗系数 η。阻尼比 λ 为土的实际阻尼系数 c 与临界阻尼系数 c_{cr} 之比。它和损耗系数 η 之间的关系:

$$\lambda=\frac{\eta}{2}=\frac{1}{4\pi}\frac{\Delta W}{W} \tag{9-19}$$

根据式(9-19),可以利用试验所得的滞回圈计算出土的阻尼比 λ 值,计算图示如图 9-9 所示。

不同应变幅值的滞回圈顶点的连线,称为应力—应变骨干曲线(backbone curve),如图 9-10所示。理想的黏弹性土,当应变幅值变化时,其滞回圈作相似的放大或缩小,形状保持不变,因此其骨干曲线为一直线,该直线的斜率为动弹性模量 E_d。值得注意的是动弹性模量虽然可以用应力幅值 σ_{d0} 和应变幅值 ε_{d0} 定义,但由于黏性的影响,应力幅值 σ_{d0} 和应变幅值 ε_{d0} 并不是同步的。当材料的黏滞系数不大时,相位差 δ 也不大,动应变最大值与动应力最大值出现的时刻很接近,此时,用 $\sigma_{d0}/\varepsilon_{d0}$ 定义模量还是相当精确的。由图 9-10 以及上述各参数的定义可知,理想黏弹性土的 E_d、E、η 以及 λ 是常数。

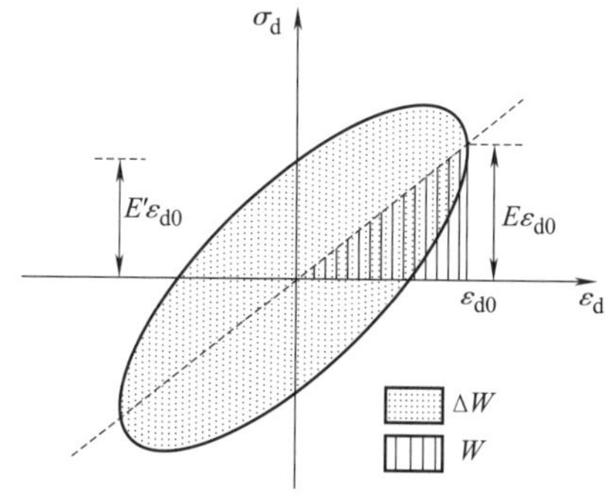

图 9-9　阻尼比 λ 计算图示

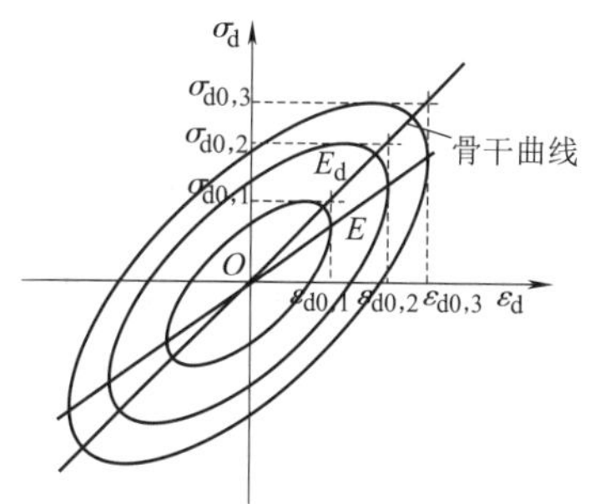

图 9-10　黏弹性动应力—动应变骨干曲线

当相位角 $\delta=0$ 时,循环荷载下土的动应力、应变的表达式为

$$\left.\begin{aligned}\sigma_d&=\sigma_{d0}\sin\omega t\\ \varepsilon_d&=\varepsilon_{d0}\sin\omega t\end{aligned}\right\}\tag{9-20}$$

在 ε_d—σ_d 坐标上绘制动应力—动应变滞回曲线得到如图 9-11 所示的一根直线,即动应力—动应变沿着单一的直线变化,呈现线弹性关系,该直线的斜率为土的动弹性模量 E_d。直线滞回圈的面积等于 0,故阻尼比 $\lambda=0$。

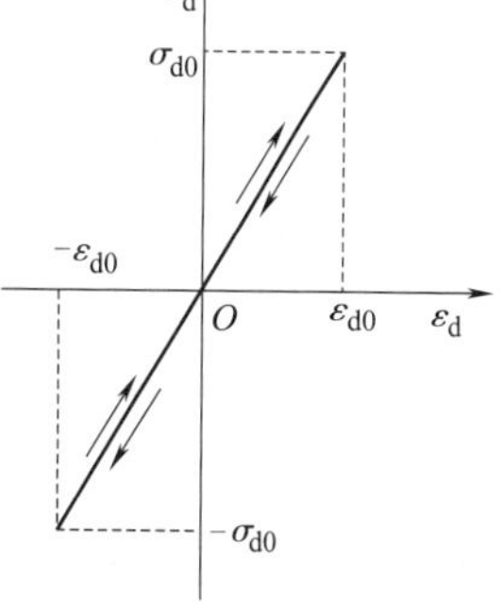

图 9-11　线弹性动应力—动应变关系

9.2.2　非线性动应力—应变关系

如前所述,应变幅值较小时,土的动应力—应变呈线弹性或黏弹性关系。当土的应变幅值较大(一般大于 10^{-4} 左右)时,土的动应力—应变关系已明显不再保持线性关系,随着应力幅值的增大,应变幅值增加得越来越快,应力应变滞回圈越来越倾向应变轴,且越来越宽胖,如图 9-12 所示。不同应变幅值的滞回圈顶点的连线即骨干曲线不再是直线,反映能量损失的滞回曲线也不再是椭圆。其滞回圈的特点是:①应变幅值增加时滞回圈顶点和原点的连线斜率变小,即土的割线动模量渐渐变小;②滞回圈的形状随应变幅值的变化发生变化,滞回圈宽度变大的比例不断增大,即土中的黏滞阻尼随应变幅值的增加而增加,也即应变滞后于应力的相位逐渐增大。换言之,此时土的动模量、损耗系数和阻尼比不再是常数,而是随应变幅值变化的函数:$E_d=E_d(\varepsilon_{d0})$、$\eta(\varepsilon_{d0})$和 $\lambda(\varepsilon_{d0})$。

1. 等效线性分析法

当土体在动荷作用下表现为非线性关系时，对其进行动力分析的方法目前有很多，其中得到广泛应用的是等效线性分析法。等效线性分析法就是把某一应变幅值对应的非线性应力—应变关系简化为力学等效的滞后弹性关系，采用等效动弹性模量 E_d、等效损耗系数 η 或等效阻尼比 λ 来反映应力应变幅值的比例关系和能量损失特性。这一方法的优点是概念明确，应用方便。

等效动弹性模量 E_d 和等效动剪切模量 G_d：常用滞回圈顶点和坐标原点连线的斜率定义，也就是骨干曲线上相应于某个应变幅值的割线模量，如图 9-12 所示，$E_d=\sigma_d/\varepsilon_d$，$G_d=\tau_d/\gamma_d$。

等效损耗系数 η：应力与应变循环一周土体中损耗的能量 ΔW（即相应应变时滞回圈的面积）和加载时积蓄的弹性应变能最大值 W 的比值：$\eta=\dfrac{1}{2\pi}\dfrac{\Delta W}{W}$。

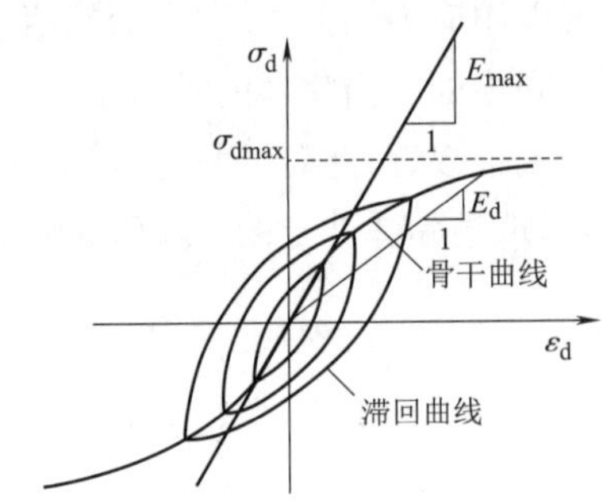

图 9-12　非线性动应力—动应变关系曲线

该法的计算过程简要如下：首先根据预估应变幅值的大小假定 E_d、η 的初始值 E_{d0}、η_0，按滞后弹性体进行分析，求出土在相关时段内的平均应变值 ε，然后由已知的函数 $E_d(\varepsilon_{d0})$ 和 $\eta(\varepsilon_{d0})$ 计算出相应的 E_{d1}、η_1 值，与初始值 E_{d0}、η_0，进行比较，若两者相差过大，则用 E_{d1}、η_1 重复上述计算。如此反复迭代，直到某次计算前后的 E_d 和 η 值的误差在规定的误差以内时为止。此时的 E_d 和 η 值即为等效弹性模量 E_d 和等效损耗系数 η。因此在等效线性理论中，等效弹性模量 E_d 及等效损耗系数 η 与应变幅值之间的关系表达式 $E_d(\varepsilon_{d0})$ 和 $\eta(\varepsilon_{d0})$ 或 $\lambda(\gamma_{d0})$ 的确定是关键问题。

2. 等效弹性模量 $E_d(\varepsilon_d)$、等效剪切模量 $G_d(\gamma)$ 和等效阻尼比 λ 的表达式

等效弹性模量与应变幅值之间的函数关系一般可由骨干曲线得到。根据试验获得的骨干曲线，用数学拟合方法可求出骨干曲线方程。常用的有双线性模型、莱姆贝尔格—奥斯古特（Ramberg-Osgood）模型和双曲线模型等。在抗震工程中，地基土主要承受自基岩向地表传播的剪切波，因此下面主要介绍利用 τ_d—γ_d 关系曲线建立等效剪切模量 $G_d(\gamma)$ 的表达式。对于等效弹性模量 $E_d(\varepsilon_d)$ 的表达式，大量的试验证实，σ_d—ε_d 和 τ_d—γ_d 具有相同的规律，因此，类似 $G_d(\gamma)$ 表达式可得到关于 $E_d(\varepsilon_d)$ 的相关表达式。

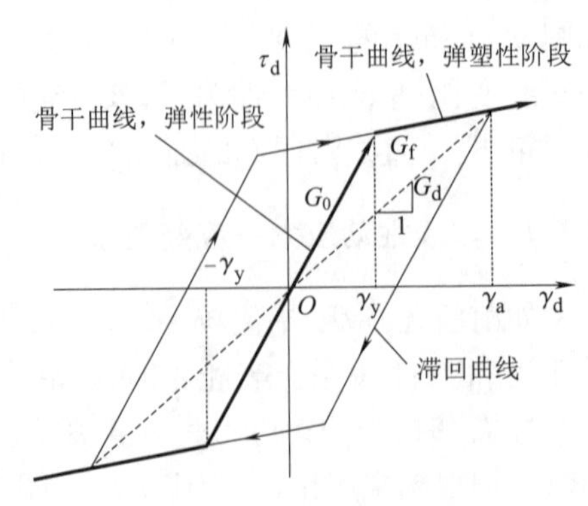

图 9-13　双线性模型

(1)双线性模型

1960 年，柯西(Caughy)提出双线性模型，如图 9-13 所示。骨干曲线从原点 O 到屈服应变 γ_y 为弹性范围，应力与应变是以 G_0 为斜率的直线关系；超过屈服应变 γ_y 时应力与应变是以 G_f 为斜率的直线关系，而且 $G_f<G_0$。这种模型有 G_0、G_f 和 γ_y 三个参数。滞回圈为平行四边形，剪应变幅值 γ_a 对应的剪切模量 G_d 等于滞回曲线两端顶点连线的斜率，G_d 由式(9-21)计算：

$$\left.\begin{aligned}\gamma_a\leqslant\gamma_y,\quad &\frac{G_d}{G_0}=1\\ \gamma_a>\gamma_y,\quad &\frac{G_d}{G_0}=\frac{\gamma_y}{\gamma_a}+\frac{G_f}{G_0}\left(1-\frac{\gamma_y}{\gamma_a}\right)\end{aligned}\right\}\tag{9-21}$$

式(9-21)表明，当剪应变幅值超过屈服应变之后，剪切模量随着应变幅值的增大而减小。当剪应变幅值为 γ_a 时，土体内部的应变能近似为

$$W=\frac{1}{2}G\gamma_a^2\tag{9-22}$$

动荷载循环一周损耗的能量 ΔW 等于滞回圈的面积，即

$$\Delta W=4\frac{G_d-G_0}{G_f-G_0}(G_d-G_f)\gamma_a^2\tag{9-23}$$

由式(9-21)至式(9-23)计算的等效阻尼比为

$$\begin{aligned}&\gamma_a\leqslant\gamma_y,\quad \lambda=0\\ &\gamma_a>\gamma_y,\quad \lambda=\frac{2}{\pi}\frac{(1-G_f/G_0)(\gamma_a/\gamma_y-1)\gamma_y/\gamma_a}{G_f/G_0(\gamma_a/\gamma_y-1)+1}\end{aligned}\tag{9-24}$$

(2)莱姆贝尔格—奥斯古特(Ramberg-Osgood)模型

Ramberg-Osgood 模型(1943 年)的应力—应变关系曲线如图 9-14 所示。当动应变 γ_d 小于屈服应变 γ_y 时，与上述双线性模型一样，骨干曲线是以 G_0 为斜率的直线，剪应变可以用 $\gamma_d=\tau_d/G_0$ 表示；但是当动应变 γ_d 超过 γ_y 时，骨干曲线不再是直线而是曲线，需增加修正项。因此骨干曲线方程可写为

$$\gamma_d=\frac{\tau_d}{G_0}+a\frac{\tau_d}{G_0}\left(\frac{\tau_d}{\tau_y}\right)^{R-1}\tag{9-25}$$

式(9-25)将剪应力 τ_d 作用下的剪应变 γ_d 分为两部分：第一部分为线性弹性变形，由弹性参数 G_0 控制；第二部分为非线性塑性变形，由参数 a 和 R 控制。其中 a 是正数，R 是大于 1 的奇数，都是表示剪应变大于 γ_y 以后的非线性程度参数。当 $R=1$ 时表示线弹性。

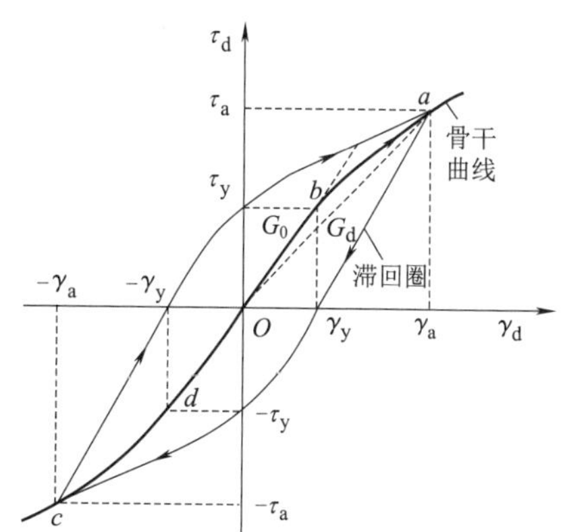

图 9-14　Ramberg-Osgood 模型

因为 $G_d=\tau_d/\gamma_d$，$\gamma_y=\tau_y/G_0$，式(9-25)可进一步改写为

$$\frac{G_d}{G_0}=\frac{1}{1+a\left(\dfrac{\tau_d}{\tau_y}\right)^{R-1}}\tag{9-26}$$

等效剪切模量 G_d 可由式(9-26)计算，这个模型共有 γ_y，G_0、a、R 四个参数。

加荷循环一周内损失的能量为

$$\Delta W=4\tau_y\gamma_y a\left(\frac{R-1}{R+1}\right)\left(\frac{\gamma_a}{\gamma_y}\right)^{R+1}\tag{9-27}$$

当剪应变为 γ_a 时，土体内部的应变能近似为式(9-22)所示的数值。由式(9-27)和式(9-22)得到等效阻尼比为

$$\lambda=\frac{2(R-1)}{\pi(R+1)}\left(1-\frac{G_d}{G_0}\right)\tag{9-28}$$

由式(9-26)和式(9-28)可见，当 $\gamma_a\to\infty$，G_d 收敛于零，λ 达到最大值 $2(R-1)/[\pi(R+1)]$。

(3)哈丁—德乃维弛 (Hardin-Drnevich)双曲线模型

美国学者哈丁(B. D. Hardin)和德乃维弛(V. P. Drnevich)在1972年提出双曲线模型。大量试验资料表明，土在周期荷载作用下的应力应变骨干曲线大体上为双曲线，如图9-15所示，其表达式可写为

$$\tau_d=\frac{\gamma_d}{a+b\gamma_d} \tag{9-29}$$

式中，τ_d 和 γ_d 都是指周期应力和周期应变的幅值，即为 τ_{d0} 和 γ_{d0} 的简写。于是动剪切模量 G_d 为

$$G_d=\frac{\tau_d}{\gamma_d}=\frac{1}{a+b\gamma_d} \tag{9-30}$$

式(9-30)中的试验常数 a 和 b 取决于土的性质。为说明它的物理概念，将式(9-30)用倒数表示，即得到式(9-31)。

$$\frac{1}{G_d}=\frac{\gamma_d}{\tau_d}=a+b\gamma_d \tag{9-31}$$

式(9-31)是以 γ_d 为横坐标，$\frac{\gamma_d}{\tau_d}$ 为纵坐标的直线方程，如图9-16所示。该线的斜率就是 b，直线的截距就是 a。

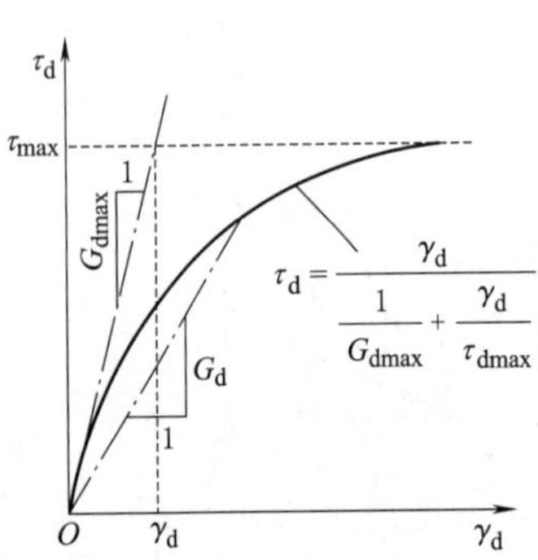

图9-15 Hardin-Drnevich双曲线

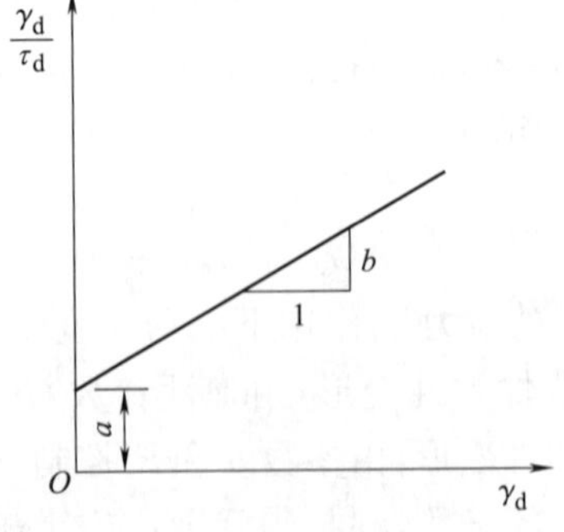

图9-16 动剪切模量倒数随应变的变化规律

当 $\gamma_d=0$ 时，有

$$a=\left|\frac{\gamma_d}{\tau_d}\right|_{\gamma_d=0}=\frac{1}{G_{max}} \tag{9-32}$$

G_{max} 为初始动剪切模量，也是最大动剪切模量，就是骨干曲线在原点处的切线斜率。

把式(9-31)改写成 $\frac{1}{\tau_d}=\frac{a}{\gamma_d}+b$，当 $\gamma_d\to\infty$ 时：

$$b=\left(\frac{1}{\tau_d}\right)_{\gamma_d\to\infty}=\frac{1}{\tau_{max}} \tag{9-33}$$

所以常数 a 是该种土的最大动剪切模量 G_{max} 的倒数，而常数 b 则是最大动剪应力 τ_{max} 的倒数。这样式(9-30)可写为

$$G_d=\frac{1}{\frac{1}{G_{max}}+\frac{\gamma_d}{\tau_{max}}} \tag{9-34}$$

如果将骨干曲线原点处的切线与代表 τ_{max} 的水平线交点处的横坐标称为参考应变 γ_r，则 $\gamma_r=\frac{\tau_{max}}{G_{max}}$，式(9-34)可改写为

$$G_d=\frac{1}{1+\frac{\gamma_d}{\gamma_r}}G_{max} \tag{9-35}$$

式(9-34)和式(9-35)即为双曲线模型等效剪切模量 $G_d(\gamma_d)$ 的表达式。由此可见当试验确定 G_{max} 和 τ_{max} 后，等效剪切模量 G_d 就是动剪应变的单值函数。

最大动剪切模量 G_{max} 需要在很小动剪应变的条件下测定，动三轴试验在小应变时测得的精度很差，不适用于测定 G_{max} 值。G_{max} 值通常用波速法或共振柱法测定。当没有这类试验条件时，可以用下列经验公式计算。

对于圆粒干净砂土($e<0.8$)

$$G_{max}=6\,934\,\frac{(2.17-e)^2}{1+e}(\sigma_0')^{0.5}\quad(\text{kPa}) \tag{9-36}$$

对于角粒干净砂土

$$G_{max}=3\,229\,\frac{(2.97-e)^2}{1+e}(\sigma_0')^{0.5}\quad(\text{kPa}) \tag{9-37}$$

对于黏性土

$$G_{max}=3\,229\,\frac{(2.97-e)^2}{1+e}(\text{OCR})^k\,(\sigma_0')^{0.5}\quad(\text{kPa}) \tag{9-38}$$

式中　e——土的孔隙比；

σ_0'——土的平均有效主应力，kPa；

OCR——土的超固结比；

k——与黏性土塑性指数 I_p 有关的常数，见表9-1。

表9-1　常数 k 值

塑性指数 I_p	0	20	40	60	80	≥100
k	0	0.18	0.30	0.41	0.48	0.50

试验证明，土的阻尼比也与动剪应变成双曲线关系，可表示为

$$\lambda=\lambda_{max}\frac{\gamma_d}{\gamma_d+\frac{\tau_{max}}{G_{max}}} \tag{9-39}$$

式中，λ_{max} 为应变最大时的阻尼比，即最大阻尼比，由试验测定；其他符号同前。在没有实测资料时，哈丁等人建议采用下列公式估算 λ_{max} 的值：

对于洁净干砂：　$\lambda_{max}(\%)=(33-1.5\lg N)\%$　(9-40)

对于洁净饱和砂：　$\lambda_{max}(\%)=(28-1.5\lg N)\%$　(9-41)

对于饱和黏性土：　$\lambda_{max}(\%)=31-(3+0.03f)(\sigma_0')^{0.5}+1.5f^{0.5}-1.5\lg N$　(9-42)

式中　N——循环加载次数；

f——周期荷载频率，Hz；

σ_0'——振前土的平均有效主应力，kPa。

9.3 土的动强度

土在不同类型动荷载作用下的动强度特性不同，本节将分三部分分别讲述土在周期荷载、冲击荷载和随机荷载作用下的动强度特性。

9.3.1 周期荷载作用下土的动强度

20 世纪 60 年代以来，出于对地震灾害预测和预防的目的，国内外学者系统地开展了土在周期荷载作用下的动强度的研究。地震荷载虽然是一种不规则荷载，但是如后面所述，在研究中往往将其等效成为简单的均匀周期荷载。与此同时，由于近海石油和天然气等海洋资源的开发，需建造许多大型的近海、离岸海工建筑物和海底管线，这类建筑物及海床地基会受到波浪荷载的经常性作用，波浪荷载是一种典型的周期荷载。因此周期荷载作用下土的动强度成为土动力学中的一个主要的研究课题。

1. 破坏标准

如图 9-17 所示，在动三轴试验中，首先对土样施加周围压力 σ_3 和轴向应力 σ_1 固结，以模拟土体振动前的应力状态。振前应力状态通常以 σ_3 和固结应力比 $K_c=\sigma_1/\sigma_3$ 表示。土样固结后，通过动力加载系统对试样施加均匀的周期应力，常用的是简谐应力 $\sigma_d=\sigma_{d0}\sin\omega t$。试验过程中，用传感器测出试样的动应力、动应变和孔隙水压力的时程曲线如图 9-18 所示。

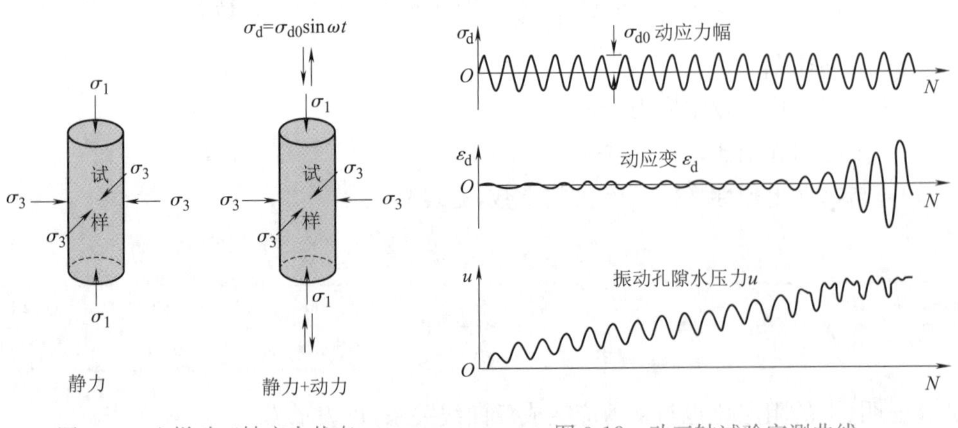

图 9-17 土样动三轴应力状态

图 9-18 动三轴试验实测曲线

由图 9-18 可见，在动应力幅值为 σ_{d0} 的周期荷载作用下，在循环振动次数 N 不多时，土的动应变和孔压都不大，但当 N 达到或超过某个值后，动应变和孔压开始急剧上升，土样接近或到达“破坏”。试验证明，以上情况只发生在 σ_{d0} 超过某个“临界值”时，否则土的动应变和孔压会逐渐趋于稳定，不发生破坏。这个临界值称为“临界循环应力”或临界强度。显然土的破坏与破坏标准有关，并和动荷载作用次数密切相关。目前常用的破坏标准有以下三种：

(1)液压标准

对于饱和土的不排水试验，当土在周期荷载作用下产生的累积孔隙水压力 $u=\sigma_3$，有效应力 $\sigma_3'=0$ 时，土的强度完全丧失并处于初始液化状态，以这种状态作为土的破坏标准，即为液化标准。通常只有饱和松散的砂或粉土，在振动前的固结应力比 $K_c=1.0$ 时，才会出现上述情况。有关土的液化问题，将在下节中进一步阐述。

(2)破坏应变标准

对于不出现液化破坏的土，试验结果显示，随着荷载循环次数的增加，土中累积孔隙水压力 u 增长的速率将逐渐减小并趋向于一个小于 σ_3 的稳定值，但其变形却一直不断增长。这时一般规定一个限制应变作为破坏标准。例如等压固结，即 $K_c=1.0$ 时，常用双幅轴向动应变 $2\varepsilon_d$ 等于 5%或 10%作为破坏应变；当 $K_c>1$ 时，则常用总应变(包括残余应变 ε_{re} 和动应变 ε_d) 5%或 10%作为破坏应变，如图 9-19 所示。

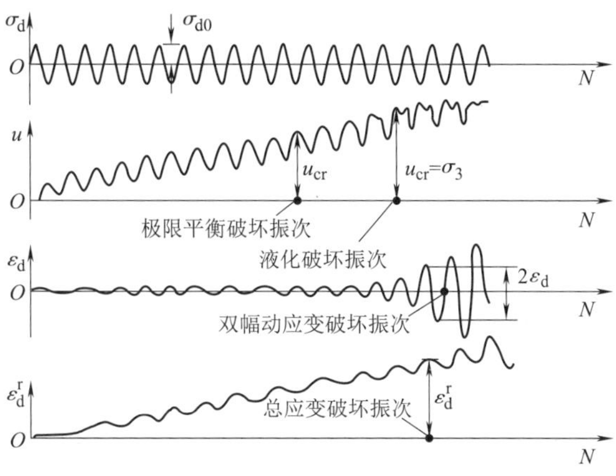

图 9-19　动力试验破坏标准

(3)极限平衡标准

假设动荷载作用下土的摩尔—库仑强度线和静荷载作用时的强度线相同，在动三轴试验中，试样在循环荷载作用下，当动应力圆和摩尔—库仑强度线相切时，土样处于极限平衡状态。

将图 9-20(a)所示周期荷载的一个循环分为加、卸载四个时段，前两个时段为动荷的压半周，后时段为拉半周。在等压固结($K_c=1.0$)条件下，其动态应力圆在试验过程中由小到大和由大到小的发展过程如图 9-20(b)所示。在动荷载达到③时段(在拉半周中)末期，即 $\sigma_d=-\sigma_{d0}$ 时，动应力圆和强度线相切，土样处于极限平衡状态，过后动应力圆又变小，所以试样若在此瞬间不破坏，则将脱离瞬态极限平衡状态，保持其稳定状态，这和静载试验时有显著不同。若试验时的动荷幅值小于上述 σ_{d0} 值，则理论上讲其动应力圆将不会和强度线相切，不出现瞬态极限平衡状态。但对于饱和松砂而言，当荷载循环次数增加时，土中孔隙水压上升，有效应力下降，图中动态应力圆逐渐向左移(此时应力圆的大小不变)。当应力圆和强度线相切时，也可达到瞬态极限平衡状态。根据相关的几何条件，可以计算此时的临界孔隙水压力 u_{cr}。算得 u_{cr} 后，在试验所记录孔隙水压力发展曲线上找到孔隙水压力值等于 u_{cr} 时的振次，它就是动应力幅值为 σ_{d0} 时的破坏振次 N_f。对于饱和松砂，$K_c=1.0$ 时，按这一标准，土样其实已接近破坏。

当 $K_c>1$ 时，动应力圆的变化过程有两种情况，如图 9-20(c)、(d)所示。应力圆Ⅰ为动试验前的应力圆，表示振动试验前的状态。应力圆Ⅱ为 $\sigma_d=\sigma_{d0}$ 时的动应力圆，是加动载过程中最大的应力圆。应力圆Ⅲ为 $\sigma_d=-\sigma_{d0}$ 时的应力圆。由图可见，在 $\sigma_{d0}<(\sigma_1-\sigma_3)$ 时，试样的瞬态极限平衡状态发生在动荷的压半周。当 $\sigma_{d0}>(\sigma_1-\sigma_3)$ 时，试样的瞬态极限平衡状态在动荷的拉、压半周都有可能发生。一般情况下，如果土的密度较大，固结应力比 $K_c>1$ 时，即使达到瞬态极限平衡状态，土样仍能继续承受荷载，距破坏尚远，采用这种破坏标准将过低估计土的动强度。

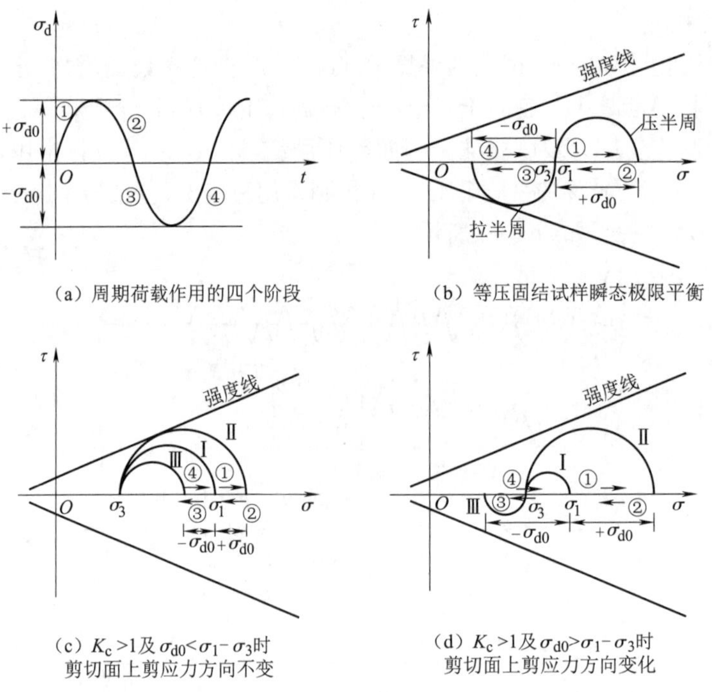

（a）周期荷载作用的四个阶段

（b）等压固结试样瞬态极限平衡

（c）$K_c>1$及$\sigma_{d0}<\sigma_1-\sigma_3$时剪切面上剪应力方向不变

（d）$K_c>1$及$\sigma_{d0}>\sigma_1-\sigma_3$时剪切面上剪应力方向变化

图 9-20 周期荷载作用瞬态极限平衡状态

2. 土的动强度曲线

取土质相同的几个试样为一组，在相同的σ_1和σ_3下固结稳定后，分别施加幅值σ_{d0}不相同的周期荷载，测出不同σ_{d0}作用下土样的动应变ε_d，孔隙水压u和荷载循环次数N的关系曲线，如图 9-18 所示。然后根据确定的破坏标准，从实测曲线上确定与该应力幅值相对应的破坏振次N_f。以$\lg N_f$为横坐标，以试样 45°面上的动剪应力幅值τ_d（即$\sigma_{d0}/2$）或动应力比$\sigma_{d0}/2\sigma_3$为纵坐标绘制曲线，可以得到图 9-21 中一条曲线。取几组试样，重复上述试验，可绘制出图 9-21 的几条曲线。由于在动三轴试验中，通常称试样破坏时 45°面上的动剪应力幅值$\sigma_{d0}/2$为土的动强度，故图 9-21 中所示的曲线称为土的动强度曲线。试验结果显示，土的动强度随围压σ_3和固结应力比K_c的增加而增加。

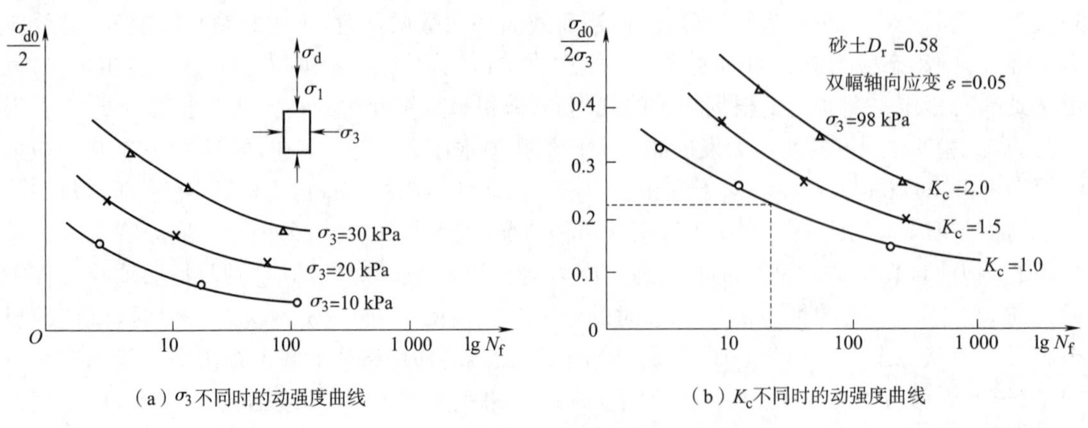

（a）σ_3不同时的动强度曲线

（b）K_c不同时的动强度曲线

图 9-21 土的动强度曲线

由于影响土动强度的因素主要有土性、静应力状态和动应力特性三个方面，故土的动强度曲线图中除应标明采用的破坏标准外，还需标明它的土性条件（如密度、饱和度和结构）和初始静应力状态（如固结应力 σ_1、σ_3 或固结应力比 K_c 等）。

3. 土的动强度指标 φ_d 和 c_d

用上述动强度的概念只能判别某种静力状态下的土单元体在一定的动应力作用下（即一定的应力幅和振次下）是否破坏，而不能用以判别整个土体是否稳定。判别土体的整体稳定性，最简便实用的方法仍然是圆弧法或滑动楔体法。这时就需要知道土的动抗剪强度指标：动内摩擦角 φ_d 和动黏聚力 c_d。它们可以利用上述动强度曲线整理得到，整理方法如下：

首先根据固结应力比 K_c 相同但围压 σ_3 不同的若干个试样的动力试验结果，作出图 9-21 所示的动强度曲线。然后根据作用在试样上的固结应力比 K_c 和 σ_3，算出相应的 σ_1，再从强度曲线上查出相应于某一规定振次 N_f 的动应力幅值 σ_{d0}，即可得到动力破坏条件下的主应力 $\sigma_{1d}=\sigma_1+\sigma_{d0}$ 和 $\sigma_{3d}=\sigma_3$。据此在 $\sigma—\tau$ 坐标上作出相应的破坏应力圆，如图 9-22 中的圆①。当对不同的 σ_3 作出各自相应的破坏应力圆后，这些破坏应力圆的包线即为动强度包线，包线的斜率和纵截距即土的动强度指标 φ_d 和 c_d。它可用于静力和动力共同作用下土体的整体稳定性分析：例如地震情况下边坡的稳定分析，就应当采用这种动强度指标。

应该注意的是，上述动强度指标是对应于某一规定的破坏振次 N_f 和振前的固结应力比 K_c 的。图 9-23 为某种砂的 $N_f—K_c—\varphi_d$ 的关系曲线。由图可见，φ_d 随 K_c 的增加或 N_f 的减小而增大。以上获得的 φ_d 和 c_d 是总应力法指标，也即振动产生的孔隙水压力对强度的影响，已在指标中得到反映。

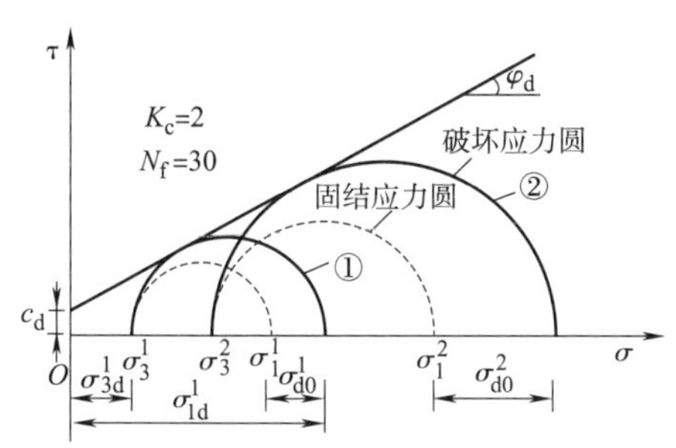

图 9-22 动强度包线

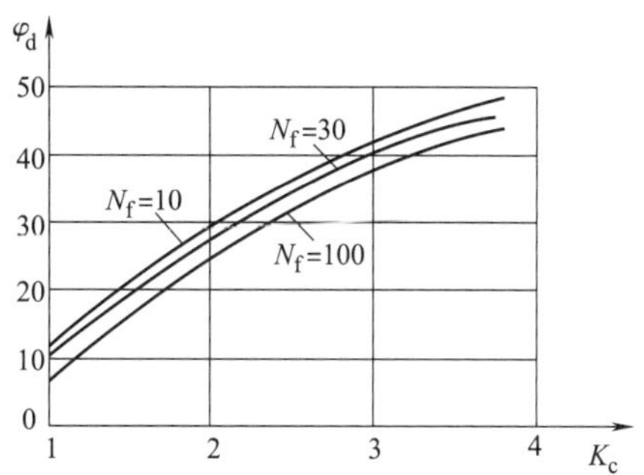

图 9-23 某种砂的 $N_f—K_c—\varphi_d$ 关系曲线

若要求得土的有效应力动强度指标，必须在试验时测出土破坏时的孔隙水压力 u_f，则可得到动力破坏条件下有效主应力 $\sigma'_{1d}=\sigma_1+\sigma_{d0}-u_f$ 和 $\sigma'_{3d}=\sigma_3-u_f$，并作出破坏时的有效应力圆。多个有效应力圆的公切线即为有效应力动强度线，该强度线的斜率和纵截距即为有效应力法的动强度指标 φ'_d 和 c'_d。动三轴试验的许多研究资料表明，周期荷载作用下饱和砂土的有效应力动强度指标 φ'_d 和有效应力静强度指标 φ' 十分相近。在实际计算中可用静力指标代替动力指标，误差不会过大。

9.3.2 不规则荷载作用下土的动强度

地震荷载是最典型，也是最常见的不规则荷载。目前室内试验条件下已基本可以重现各类不规则荷载。但是，地震荷载变化规律复杂，难以预估，想要确定将要发生的地震在土体内所引起的动力过程非常困难。直接研究地震荷载作用下土的动强度只能借用以往的地震波记录，或人工合成的具有某种特性的地震波曲线，不可能是将来实际发生的地震荷载。因此直接研究不规则荷载作用下土的动强度往往很困难而且不必要。在实际工程分析与研究中，通常将不规则荷载简化成等效的均匀周期荷载。

1. 不规则荷载的等效循环周数 N_{eq}

这里的等效是指，将不规则荷载和等效的均匀周期荷载分别施加到土样上，最终都能使土样达到相同的破坏效果，即达到相同的破坏应变或其他破坏标准。

假定每一个应力循环中所具有的能量对材料都起破坏作用，而且这种破坏作用与该循环中能量的大小成正比，与应力循环的先后顺序无关。根据这种假设，就可以将一条最大动剪应力为 τ_{max} 的不规则剪应力时程曲线等效为应力幅值为 $\tau_{eq}=R\tau_{max}$，循环周数为 N_{eq} 的均匀周期荷载，如图 9-24 所示，其中 R 是任意小于 1 的数值。目前，在抗震设计中采用 $R=0.65$。关于等效循环周数的具体求法如下。

由于动强度曲线上任意两点都是互相等效的，即都达到相同的破坏效果(相同的破坏应变或其他破坏标准)，因此，图 9-24(c)动强度曲线上 $a(\tau_{eq},N_{ef})$ 和 b 点(τ_i,N_{if})是相互等效的。若设每一应力循环的能量与应力幅值成正比，则 $\tau_{eq}N_{ef}=\tau_i N_{if}$，即应力幅值为 τ_i 时振动一周的破坏效果相当于应力幅值为 τ_{eq} 时振动 N_{ef}/N_{if} 周。若不规则剪应力时程曲线中共有 n_i 个幅值为 τ_i 的振动，则它们相当于幅值为 τ_{eq} 的等效循环周数为

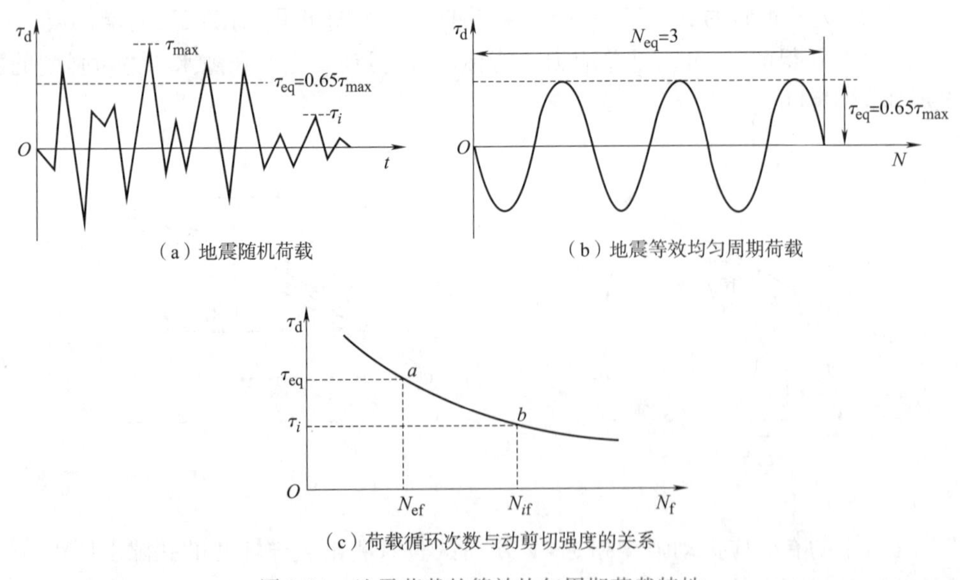

图 9-24 地震荷载的等效均匀周期荷载特性

$$n_{eqi}=n_i\frac{N_{ef}}{N_{if}} \tag{9-43}$$

如果不规则剪应力时程曲线中应力幅值的大小共有 k 种，即 $i=1,2,3,\cdots,k$，则整个不规则剪应力时程曲线等效为幅值为 τ_{eq} 的均匀周期荷载，其等效循环周数 N_{eq} 为

$$N_{eq}=\sum_{i=1}^{k}n_{eqi}=N_{ef}\sum_{i=1}^{k}\frac{n_i}{N_{if}} \tag{9-44}$$

根据上式，即可对任意不规则荷载计算出幅值为 $\tau_{eq}=R\tau_{max}$ 的均匀周期荷载的等效循环周数。

2. 地震的等效循环周数

西特(H. B. Seed)和伊德里斯(I. M. Idriss)等人，在 $\tau_{eq}=0.65\tau_{max}$ 的条件下，对一系列地

震记录进行分析和计算,得到地震震级与等效循环周数的关系曲线如图 9-25 所示。然后,参照大型振动台的液化试验结果,并取 1～1.5 的安全系数,进一步得出了表 9-2 的地震简化等效标准。

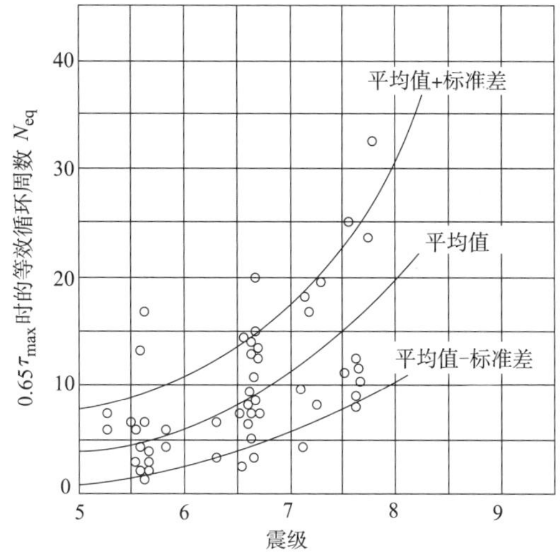

图 9-25　震级与等效循环周数关系曲线

表 9-2　地震等效循环周数

震级	等效循环周数 N_{eq}	震动持续时间/s
5.5～6.0	5	8
6.5	8	14
7.0	12	20
7.5	20	40
8.0	30	60

需要注意的是图 9-25 和表 9-2 中所确定的等效循环周数都是以震级为依据而不是以烈度为依据。将不规则动应力等效为均匀周期应力后,就可以按照前述方法,确定土单元体是否破坏或求出动强度指标 c_d 和 φ_d,进一步分析土体的整体动力稳定性。

9.3.3　冲击荷载作用下土的动强度

第二次世界大战中,为了研究炸弹爆破作用对巴拿马运河堤岸稳定性的影响,需要有关快速加荷和卸荷情况下土的应力应变及强度特性方面的知识。为此,卡萨格兰德(A. Cassagrande)和香农(W. L. Shannon)于 1948 年设计了几个装置来测定冲击荷载作用下土的动力特性。以后各国学者继续对这一问题进行研究,一些代表性的试验结果如下:

(1)黏性土

卡萨格兰德(A. Cassagrande)和香农(W. L. Shannon)对剑桥黏土进行无侧限瞬态(加荷时间 0.02 s)压缩试验,并将其与加荷时间 465 s 的静力试验结果进行对比,如图 9-26 所示。由图可知,与静载试验相比,冲击荷载下土的动强度和动模量均有很大的提高。加载时间为 0.02 s 的动强度约为加载时间为 8 min 时的静强度的 1.5～2.0 倍。以应力—应变曲线的原点与应力等于二分之一强度的点的连线斜率定义的瞬态加载变形模量,约为静力试验的 2 倍。

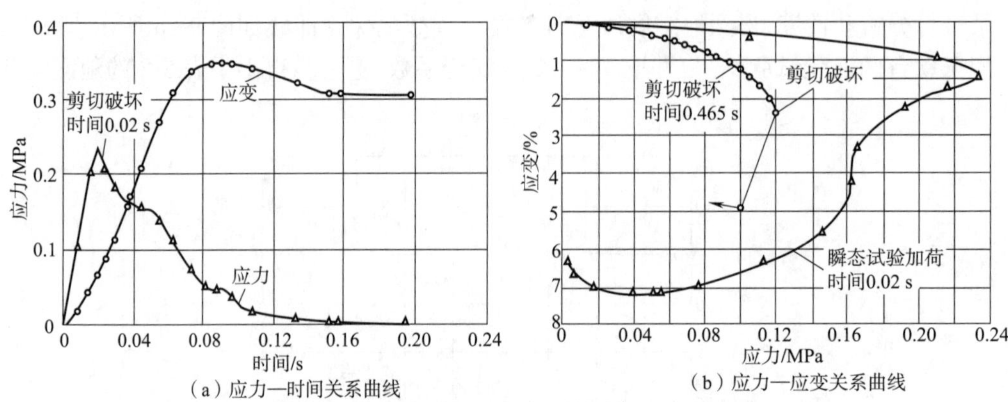

（a）应力—时间关系曲线　（b）应力—应变关系曲线

图 9-26　瞬态和静力实验黏性土的应力—应变关系曲线

(2)砂土

1948 年，卡萨格兰德和香农对曼彻斯特干砂做冲击试验，得到的应力—应变曲线如图 9-27 所示，破坏时的主应力比$(\sigma_1/\sigma_3)_{max}$和加荷时间的关系如图 9-28 所示。这些曲线表明加荷时间对干砂动强度的影响约增加 10％，而对变形模量的影响则更小。

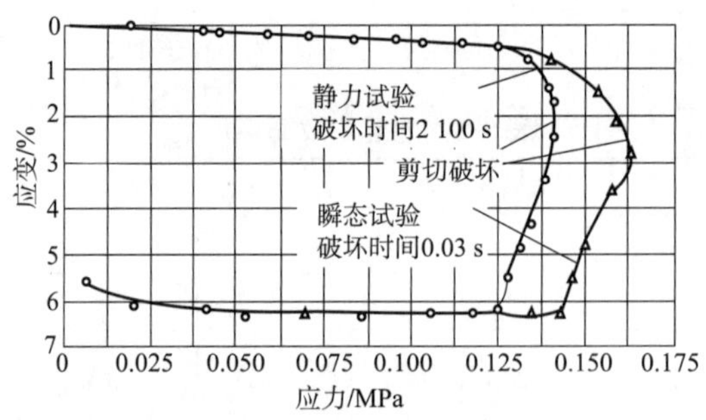

图 9-27　瞬态及静力干砂试验应力—应变关系

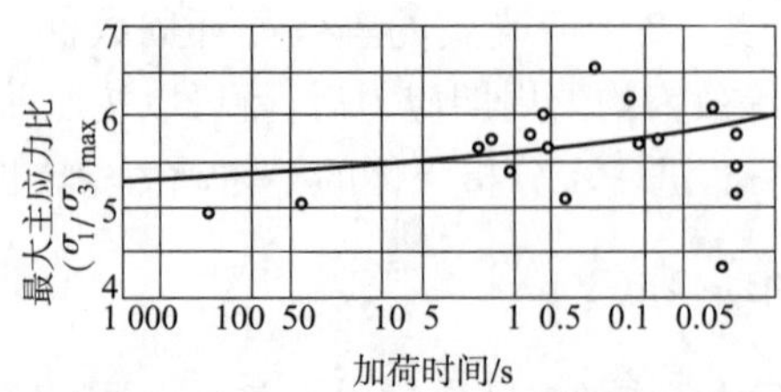

图 9-28　瞬态干砂试验最大主应力比与加荷时间的关系

饱和砂受冲击荷载作用的情况比较复杂，因为冲击荷载加载时间短，水来不及排出，相当于不排水的条件，密砂和松砂因为剪涨和剪缩表现出不同的强度特性，如图 9-29 所示。密砂因为剪涨产生负孔隙水压力，动强度有明显提高。松砂则相反，由于剪缩趋势产生正孔隙水压力，动强度较静强度有所降低。$e\approx0.8$ 相当于该试验砂样的临界孔隙比，此时动强度和静强度相近；当孔隙比小于临界孔隙比时，冲击荷载的强度大于静荷载的强度；大于临界孔隙比时，冲击荷载的强度小于静荷载的强度。

综上所述，冲击荷载对于干砂的动强度影响不是很大，但对黏性土则有成倍的差异。

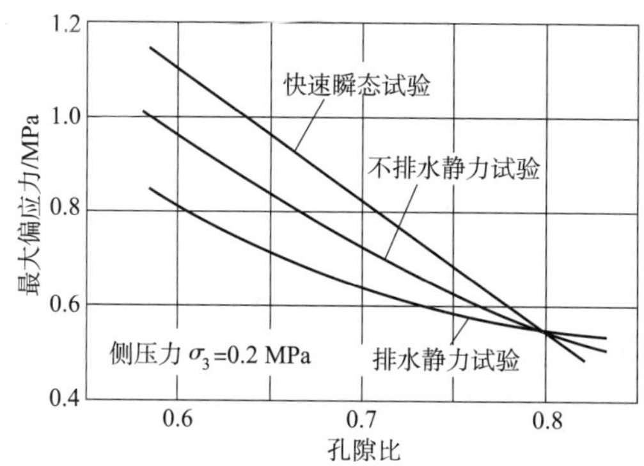

图 9-29 饱和砂土最大偏应力与孔隙比的关系曲线

9.4 饱和砂土的振动液化

饱和松散砂土在振动荷载作用下丧失其原有强度，由固态转变为液体状态的现象称为砂土液化(sand liquefaetion)或振动液化。它以强度的大幅度骤然丧失为特征，是一种特殊的土动强度问题。

液化是地震中经常发生的主要震害，危害很大。例如我国唐山地震时，发生液化的面积达24 000 km^2，在液化区域内，由于地基丧失承载力，造成建筑物大量沉陷和倒塌。因此预防和预测地震液化造成的危害，是当今国内外土动力学研究中一个重要课题。

9.4.1 振动液化的机理

饱和砂土的液化机理和过程可以用图 9-30 说明。假定砂土是一些均匀的圆球，排列如图 9-30(a)所示。当受到水平方向的振动荷载作用，土骨架将由疏松状态向密实状态运动，最终形成紧密的排列，如图 9-30(d)所示。在由松变密(a→d)的过程中，砂土颗粒在振动荷载作用下相对滑动，上部颗粒向侧移及向下移，砂土由疏松变为相对密实，土体孔隙体积降低，充满孔隙间的孔隙水受颗粒挤压，瞬间内无法排出，孔隙水压力上升，使颗粒间接触压力(有效应力)减小，以致部分砂粒间互相脱离接触。此时在超静孔隙水压力(excess pore water pressure)作用下，这部分砂粒处于悬浮状态，即为砂土初始液化状态，如图 9-30(b)所示。然后，受压的孔隙水会突破其上部砂粒阻碍从孔隙中排出，由下向上渗流，砂粒与向上渗流的孔隙水发生相对运动，使砂粒既受超静水压力也受向上流动的孔隙水的动水力作用，先前由相互接触或部分相互接触的砂粒骨架与孔隙水构成的复合体系，变为由相互分离的砂粒与孔隙水构成的复合体系，或称弥散悬液体系，如图 9-30(c)所示。随着振动荷载消失和多余孔隙水的排出，砂粒下沉相互接触形成更密实的颗粒骨架，如图 9-30(d)所示。

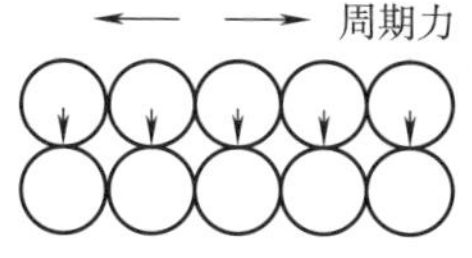

(a)液化前的疏松状态

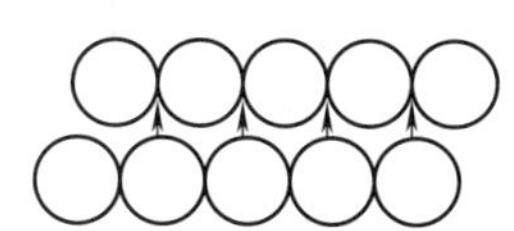

(b)初始液化时孔隙静水压力悬浮状态

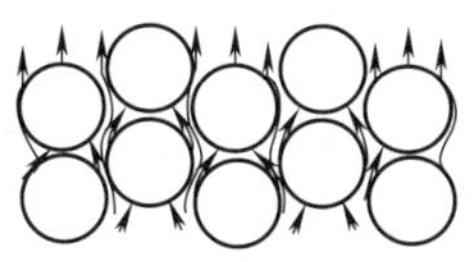

(c)液化过程中的动水压力悬浮状态

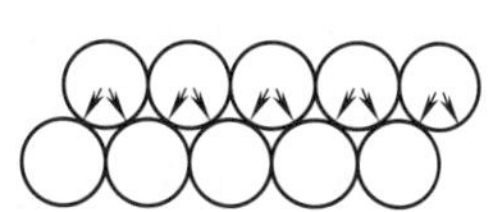

(d)液化后的密室状态

图 9-30 饱和砂土液化机理和过程

根据有效应力原理，饱和砂土的抗剪强度为

$$\tau_f=\sigma'\tan\varphi'=(\sigma-u)\tan\varphi' \tag{9-45}$$

式中，σ、σ'分别为破坏面上法向总应力和有效应力；u为孔隙水压力；φ'为土的有效内摩擦角。

显然，孔隙水压力u增加，有效应力σ'减小，抗剪强度随之减小。在地震及其他振动荷载作用下，孔隙水压力瞬间增大而又消散不了，则可能发展至$u=\sigma$、$\sigma'=0$，从而导致$\tau_f=0$，此时饱和砂的抗剪强度等于零并处于液体状态，这就是液化现象，又称为“完全液化”。广义的液化还包括振动时孔隙水升高使砂土出现丧失部分强度的现象，称为“部分液化”。

若地基由几层土所组成，且较易液化的砂层被覆盖在不易液化的土层下面。地震时，往往地基内部的砂层首先发生液化，在砂层内产生很高的超静孔隙水压力，引起自下而上的渗流。当上覆土层中的渗流水力梯度超过其临界水力梯度时，原来在振动中没有液化的上覆土层，在渗透水流的作用下也处于悬浮状态，砂层以及上覆土层中的颗粒随水流喷出地面，即“喷水冒砂”现象，称为渗流液化。这种现象一般在地震结束后会持续一段时间，因为液化砂层中的超静水压力通过渗流消散需要一段时间。

9.4.2 影响砂土液化的主要因素

由砂土液化机理可知，液化是土体内孔隙水压力发展至$u=\sigma_3$的一种现象。因此影响孔隙水压力发展的因素也就是影响土体液化的因素。这些因素可概况为以下三类：

1. 动荷载

动荷载是引起饱和土体内孔隙水压力发展的外因。显然动荷载强度越大，循环次数愈多，累积的孔隙水压力也越高，越容易液化。根据我国地震文献记录，砂土液化只发生在地震烈度为6度及6度以上的地区。有资料显示5级地震的液化区最大范围只能在震中附近，其距离不超过1 km。故大面积的液化区只发生在6级及6级以上地震时。

2. 土性条件

(1)土的种类

土受振动时容易变密，渗透系数较小、孔隙水压力不易消散的土类，更易发展至$u=\sigma_3$。因此就土的种类而言，中、细、粉砂较易液化，粉土和砂粒含量较高的砂砾土也可能液化。粒径较粗的土，如砾石、卵石等因渗透性高，孔隙水压力消散块，难以累积到较高的孔隙水压力，在实际中很少有液化。黏性土由于有黏聚力，振动时体积变化很小，不容易累积较高的孔隙水压力，所以是非液化土。

砂土的抗液化性能与平均粒径d_{50}的关系密切。易液化砂土的平均粒径在0.02～1.00 mm之间，d_{50}在0.07 mm附近时最易液化。砂土中黏粒($d<0.005$ mm)含量超过16%时很难液化。

(2)土的状态

土的状态即相对密实度D_r是影响砂土液化的主要因素之一，也是衡量砂土能否液化的重要指标。砂越松散越容易液化。1964年日本新潟地震的现场调查资料表明$D_r\leqslant 50\%$的砂层普遍发生液化，$D_r>70\%$的地区，则没有发生液化。海城地震现场调查资料显示砂土液化的D_r限界值如下：地震烈度7度区$D_r<55\%$，8度区$D_r<70\%$，9度区$D_r<80\%$。由于很难取得原状砂样，砂土的D_r不易测定，工程中更多地用标准贯入试验来测定砂土的密实度。调查资料表明：砂层中当标贯锤击数$N<20$，尤其是$N<10$时，地震时易发生液化。

此外，地质形成年代对饱和砂层的抗液化能力有很大影响，年代老的砂层不易液化，新近沉积的则容易液化。

3. 初始应力状态

振动发生前土的初始应力状态，对土的抗液化能力有十分显著的影响。室内动三轴试验结果表明，饱和砂的抗液化强度随围压 σ_3 和固结应力比 K_c 的增加而增加。天然土层的初始应力主要为有效自重应力 q_z，许多调查资料表明，饱和砂层上的有效覆盖压力 q_z 具有很好的抗液化作用。因此砂层埋藏愈深、地下水位越深，初始应力越大，越不容易液化。故增加饱和砂层上的压重是提高饱和砂层抗液化稳定的有效措施之一。

9.4.3　液化可能性的判别

砂土液化危害较大，会造成喷水冒砂、地基失效、地面沉降及塌陷等问题。因此地震区工程设计中需要判别地基土是否会液化，液化的范围和液化的后果，根据判别结果对液化场地进行处理和加固。

砂土液化的判别方法很多，其中最常用的方法基本上可分为两类。①剪应力对比法，就是通过对比实际地震的剪应力与砂土的抗液化剪应力，来评判液化的可能性。在此基础上发展了一些其他的判别方法。②经验判别法，即根据以往地震液化调查资料建立的经验判别方法。因其简便实用，我国建筑、铁路、公路、港工、水利等行业的抗震规范均采用经验判别方法。

1. 剪应力对比法

剪应力对比法是由美国人西特(H. B. Seed)和伊德里斯(I. M. Idriss)在1967年和1971年提出的。其主要思路是把地震作用看成一个由基岩垂直向上传播的水平剪切波，剪切波在不同深度土层中引起地震剪应力。另一方面，取地基土试样进行振动液化试验，测出引起液化所需的动剪应力，称为抗液化剪应力或抗液化强度。地层中的地震剪应力大于土的抗液化强度时，则发生液化，反之，则不液化。故这一方法的要点在于估算地层中的地震剪应力和测定地基土的抗液化强度。

剪应力对比法的判别步骤如下：

(1)根据该地区可能发生的地震震级及场地土层条件，通过某种分析方法(常用动力有限元方法)，计算出基岩的地震剪应力波(可选用场地附近地震震级相近的地震波记录，并加以适当修正)向上传播时，通过土层不同深度处所引起的地震剪应力时程曲线(图9-31)。

(2)将这些不规则的地震剪应力时程曲线，按照9.3.2节的方法，转换为等效均匀周期荷载，求出 $\tau_{eq}=0.65\tau_{max}$ 和与之相应的 N_{eq}，并绘出等效循环剪应力幅值 τ_{eq} 随深度变化的曲线，如图9-32中曲线①所示。

(3)在土层中取有代表性的土样，按其原位静应力状态固结后，做振动液化试验，测得土的液化强度曲线。根据(2)中求得的不同深度处地震等效均匀周期荷载的 N_{eq} 确定不同深度处土的抗液化强度 τ_d，并绘出 τ_d 随深度的变化曲线，如图9-32中曲线②所示。

(4)将每一深度处地震引起的等效循环剪应力幅值 τ_{eq} 与该处土的抗液化强度 τ_d 进行对比，即可确定该场地土层中可能液化($\tau_{eq}>\tau_d$)的范围，如图9-32所示。

上述方法要求大量的实验室试验工作和比较复杂的计算工作，其中还做了一些假设，但是作为液化现象定量分析的方法，考虑了地震的强度、持续时间和剪应力随深度的变化以及根据试验所得的不同深度处土的抗液化强度，所以有一定实用意义。

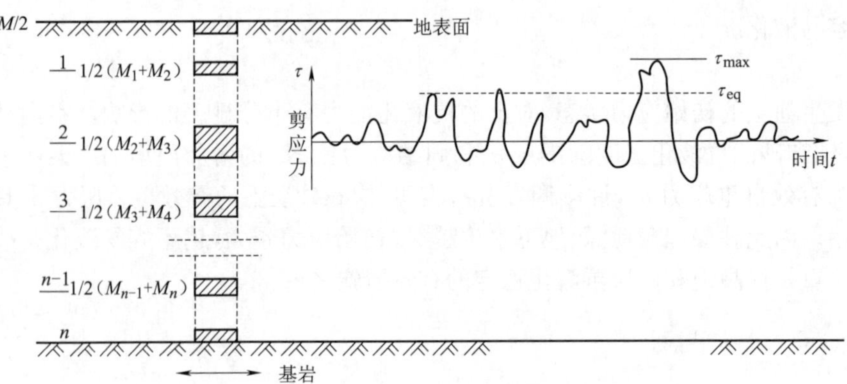

图 9-31 地基任一深度地震剪应力时程曲线

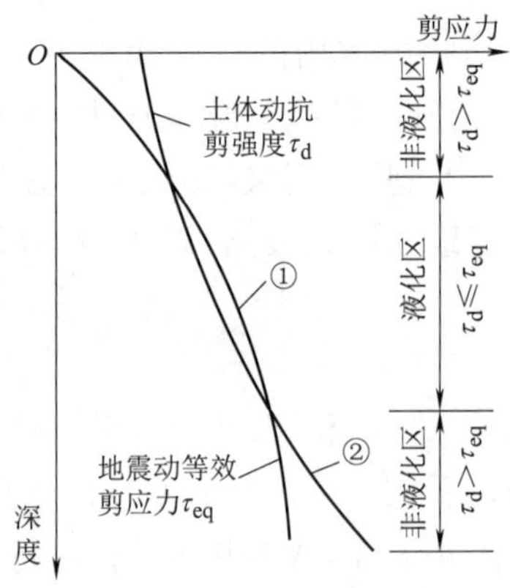

图 9-32 确定液化区的剪应力对比法

2. 西特简化法

为了更便于实用,西特提出了估计地震剪应力和土的抗液化强度的简化方法,称为西特简化法。一般认为该法对多数实用目的已足够精确。

(1)估计地震剪应力的简化方法

首先将土体视为刚体,如图 9-33 所示,则地震时地面运动最大加速度 α_{max} 在任一深度 h 处所产生的最大剪应力为

$$\tau_{max}=\gamma h\frac{\alpha_{max}}{g} \tag{9-46}$$

式中 τ_{max}——最大剪应力,kPa;

γ——土的容重(水下用饱和容重),kN/m³;

g——重力加速度,m/s²。

实际上土层不是刚体,对于可以变形的土体,最大剪应力修正为

$$\tau_{max}=\gamma h\frac{\alpha_{max}}{g}\gamma_d \tag{9-47}$$

故均匀的等效地震剪应力幅值 τ_{eq} 为

$$\tau_{eq}=0.65\gamma h\frac{\alpha_{max}}{g}\gamma_d \tag{9-48}$$

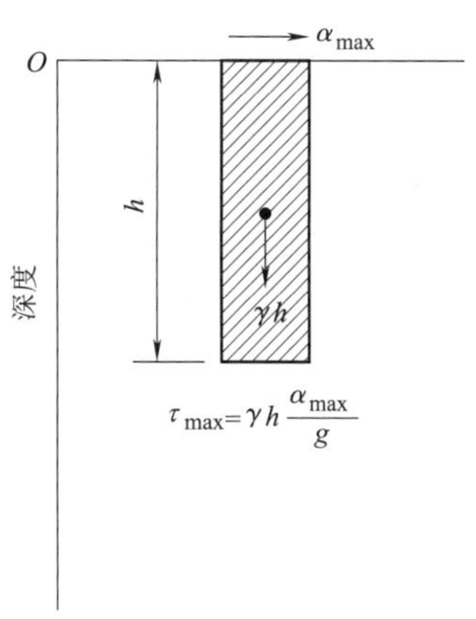

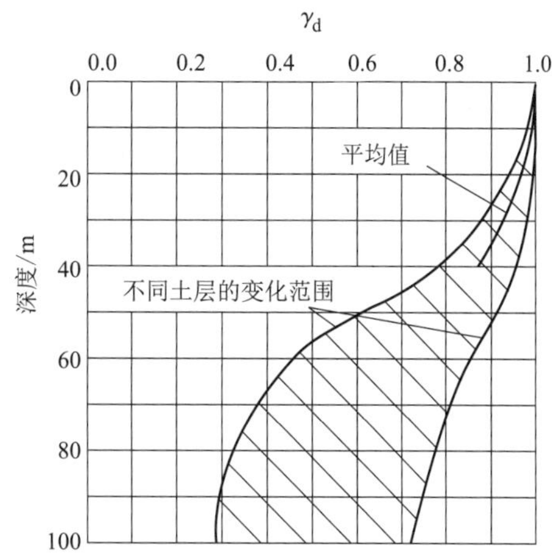

图 9-33　土层中剪应力与深度的关系

式中，剪应力折减系数 γ_d决定于土体的密度和深度，如图 9-33 所示。在深度较小时(10 m 左右)，密度的影响相对较小，为简化计，可只按深度取平均值，见图 9-33 和表 9-3。

表 9-3　剪应力折减系数 γ_d按深度取的平均值

深度 h/m	0	1.5	3.0	4.5	6.0	7.5	9.0	10.5	12
系数 γ_d	1.000	0.985	0.975	0.965	0.955	0.935	0.915	0.895	0.850

等效循环周数 N_{eq}，根据地震震级查表 9-2 取值。

(2)估计饱和砂土抗液化强度的简化方法

为了方便应用，Seed 等给出了 $D_r=50\%$的标准砂在循环次数 N 为 10 次和 30 次的动单剪试验 τ/σ_0、动三轴试验 $\sigma_d/2\sigma_3$与平均粒径 D_{50}的标准关系曲线，如图 9-34 所示。这样，只要知道砂土的平均粒径 D_{50}和相对密实度 D_r，就可以采用图 9-34 和式(9-49)确定现场的液化强度。

饱和砂土的抗液化强度估算公式如下：

$$\tau_d=C_r\left(\frac{\sigma_{d0}}{2\sigma_3}\right)_{50}\frac{D_r}{50\%}\cdot\gamma' h \tag{9-49}$$

式中　C_r——修正系数，与初始液化的振动周数有关，C_r 可在 0.55～0.59 之间选用，振次多时用低值，少时用高值；

$\left(\frac{\sigma_{d0}}{2\sigma_3}\right)_{50}$——根据砂的平均粒径 D_{50}和引起液化的等效循环周数 N_{eq}，从图 9-34 中查取，当 N_{eq}不为 10 和 30 时，可用插值法计算；

D_r——砂的相对密实度，%；

γ'——土的浮容重，kN/m³。

采用此法，只需知道场地的最大地面加速度、地震震级、地下水位、砂的平均粒径和相对密实度，即可应用以上各式和图 9-34，计算出图 9-32 中的地震剪应力和土的抗液化强度沿深度变化的曲线，并确定饱和砂层内可能液化的区域。此法概念简明，易于计算，在国内外得到比较广泛的应用。

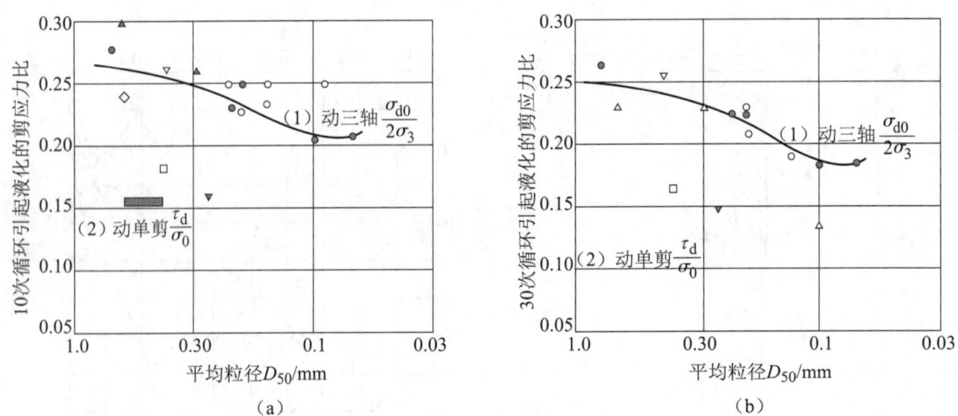

图 9-34　$D_r=50\%$的标准砂在动荷载循环 10 次和 30 次引起液化的应力比

3. 我国《建筑抗震设计规范》(2016 版)采用的经验法

《建筑抗震设计规范》提出了分两步进行的地震砂土液化判别方法：先进行初判，当不满足初判不液化条件时再采用标准贯入试验进一步判别。这种方法适用于饱和砂土、饱和粉土的液化判别。

(1)初步判别

液化初步判别流程如图 9-35 所示。

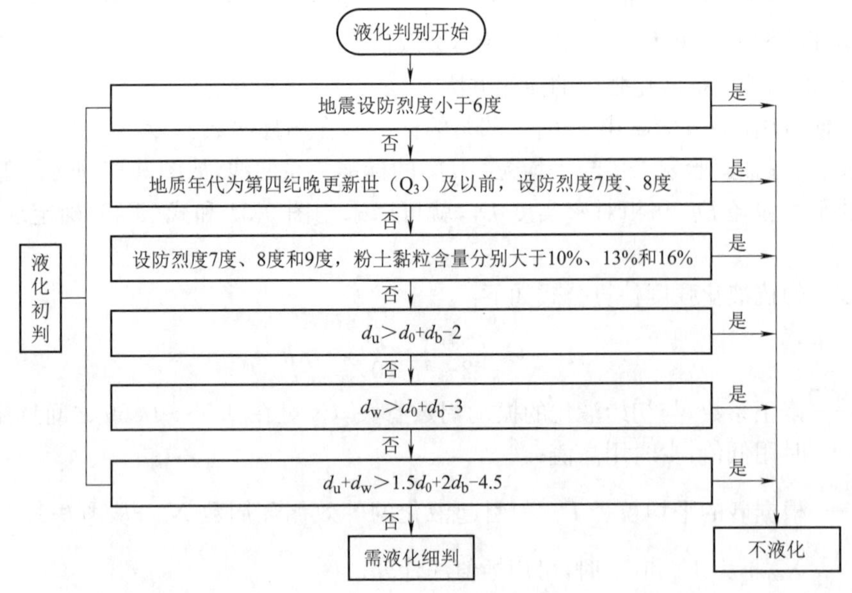

图 9-35　液化初判流程

①6 度地震区，一般情况下不考虑液化影响，但对液化沉陷敏感的乙类建筑可按 7 度的要求进行判别和处理，7 度～9 度时，乙类建筑可按本地区抗震设防烈度的要求进行判别和处理。

②地质年代为第四纪晚更新世(Q_3)及其以前时，7 度、8 度时可判为不液化。

③粉土的黏粒(粒径小于 0.005 mm 的颗粒)含量百分率，对 7 度、8 度和 9 度区分别不小于 10、13 和 16 时，可判为不液化土。

④天然地基的建筑，当上覆非液化土层厚度 d_u 和地下水位深度 d_w 符合下列条件之一时，

可不考虑液化影响：

$$\left.\begin{aligned}&d_u>d_0+d_b-2\\&d_w>d_0+d_b-3\\&d_u+d_w>1.5d_0+2d_b-4.5\end{aligned}\right\}\tag{9-50}$$

式中　d_w——地下水位深度，m，宜按建筑使用期内年平均最高水位采用，也可按近期内年最高水位采用；

d_u——上覆非液化土层厚度，m，计算时宜将淤泥和淤泥质土层扣除；

d_b——基础埋置深度，m，不超过 2 m 时应采用 2 m；

d_0——液化土特征深度，m，对 7 度、8 度、9 度烈度，粉土分别为 6 m、7 m、8 m，砂土分别为 7 m、8 m、9 m。

(2)液化细判

当饱和砂土、粉土的初步判别认为需进一步进行液化判别时，应采用标准贯入试验判别法判别地面下 20 m 范围内土的液化。液化细判的流程如下：

①首先通过标准贯入试验，分别测出可能发生液化土层的标准贯入锤击数 N(未经杆长修正)；

②应用计算式(9-51)计算出液化判别标准贯入锤击数临界值 N_{cr}。

$$N_{cr}=N_0\beta[\ln(0.6d_s+1.5)-0.1d_w]\sqrt{\frac{3}{\rho_c}}\tag{9-51}$$

式中　N_0——液化判别标准贯入锤击数基准值，可按表 9-4 采用；

d_s——饱和土标准贯入点深度，m；

d_w——地下水位，m；

ρ_c——黏粒含量百分率，当小于 3 或为砂土时，应采用 3；

β——考虑震源距离的调整系数，设计地震第一组(近震)取 0.8，第二组(中震)取 0.95，第三组(远震)取 1.05。

表 9-4　液化判别标准贯入锤击数基准值 N_0

设计基本地震加速度	0.10g	0.15g	0.20g	0.30g	0.40g
液化判别标准贯入锤击数基准值	7	10	12	16	19

③判别：若 $N\leqslant N_{cr}$，则认为液化，否则为不液化。

9.5　土的动力性质试验简介

土在动荷载作用下的动力特性以及表征这些特性的基本指标须通过室内或现场试验进行确定。

野外现场试验是利用地球物理原理及探测方法，测试压缩波和剪切波在土层中的传播速度，计算确定土层的动力特性参数，方法主要有物探波速法和脉动观测法。室内试验是利用力学原理模拟动力作用条件，对土体的动力性质进行试验测试。地基土一般在承受动载荷之前存在原有静应力(如地基土的自重应力和建筑物静荷载的附加应力等)，因此在测试土的动强度时，需先对试样施加模拟振前应力状态的静应力，然后施加试验要求的周期荷载。在试验过程中测出土样中的动应力、动应变和孔隙水压的时程曲线。为了满足上述要求，土的动力试验仪器通常由三个组成部分:①能模拟振前土的实际静应力状态的试样压力室;②施加周期荷载的激振设备。③量测系统。由传感器(压力、应变和孔压传感器)、放大器和记录器组成。根据试验原理和设备的差异主要分为动单剪试验、动三轴试验、动扭剪试验、共振柱试验和振动台试验。

选择试验方法和仪器时,应注意其动应变的适用范围,各种试验测定土体应变的范围如图 9-36 所示。本节介绍常用的土体动力性质试验方法、原理和土体动力变形特性参数的确定方法。

9.5.1 波速试验

现场波速试验(wave velocity test)有单孔法(single hole method)和跨孔法(cross hole method)。单孔法只需要一个钻孔,在地面或在孔内设置振源激发,在孔内或地面放置检波器接收应力波。跨孔法则是在待测的土体中布置一个孔为激振孔,两到三个孔为检波孔,测定压缩波(P 波)和剪切波(S 波)在土体中的传播时间 t_p 和 t_s。跨孔法的试验原理如图 9-37所示。

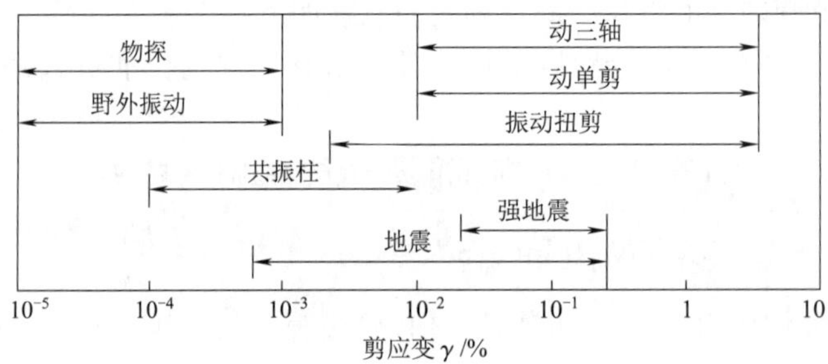

图 9-36 各种试验方法测定应变的范围

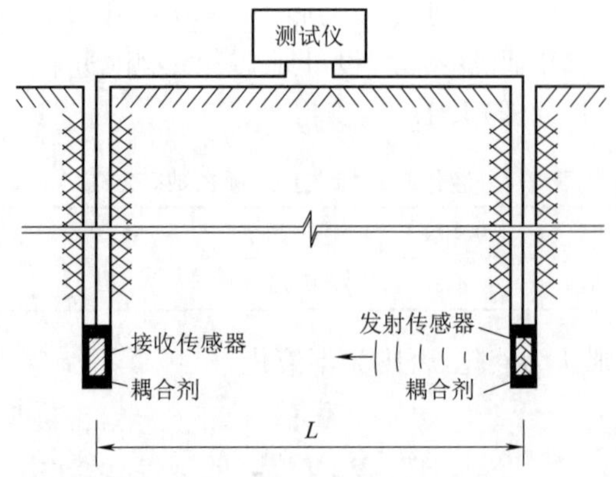

图 9-37 物探跨孔测试法原理

测得 t_p 和 t_s 后,由式(9-52)计算压缩波和剪切波在待测土体中的波速 v_p 和 v_s,再利用式(9-53)～式(9-55)计算土体的动剪切模量 G_d、动弹性模量 E_d 和动泊松比 ν_d。

$$v_p=\frac{L}{t_p},v_s=\frac{L}{t_s} \tag{9-52}$$

$$\nu_d=\frac{v_p^2-2v_s^2}{2(v_p^2-v_s^2)} \tag{9-53}$$

$$E_d=2\rho v_s^2(1+\nu_d) \tag{9-54}$$

$$G_d=\rho v_s^2 \tag{9-55}$$

式中　ρ——土体密度，kg/m^3；

E_d，G_d——土体动弹性模量和动剪切模量，kPa；

ν_d——土体动泊松比。

单孔法常用于多层体系地层中，跨孔法常用于地层软硬变化大和层次较少或岩基上为覆盖层的地层中。

9.5.2　动单剪试验

土体动单剪试验(dynamic simple shear test)是在单剪试验仪上进行的，单剪试验仪分刚性式、柔性式和叠环式三大类，叠环式单剪仪使用较为广泛，其结构如图 9-38 所示。其中，土样室是由多个环形叠环组成，其厚度可由叠环数目来调整，在试样帽顶部施加垂直压力 P_v，模拟上覆荷载。通过水平加荷架在叠环和试样顶部施加循环水平力，模拟地震产生的周期性循环荷载。

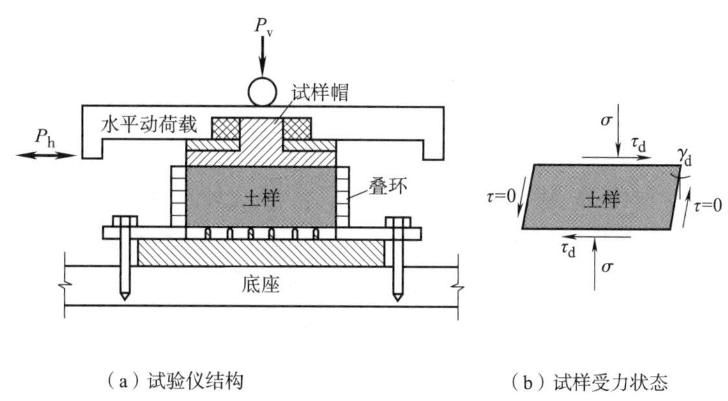

（a）试验仪结构　　（b）试样受力状态

图 9-38　单剪试验仪结构

动单剪试验时，先使土样在上覆自重及工程荷载产生的垂直应力 σ_0 作用下固结，因土样的侧向变形受到土样室侧壁的限制，所以侧压力等于 $K_0\sigma_0$。土样固结后开始施加周期性循环水平力，使土样受到反复循环的水平剪应力 τ_d 的作用，土样也随之发生反复的剪应变变形。显然，土样的这种受力和变形状况与地震期间现场土单元体的应力状态和变形情况基本一致，其特征如图 9-38 所示。在施加第 i 循环水平剪应力 τ_{di} 时，可测得土样对应的剪切应变 γ_{di}，在 γ_d—τ_d 坐标中可绘制土体的剪切应力应变曲线，剪应力与剪应变关系若为线性的，则可由式(9-56)和式(9-57)分别计算土样第 i 振次的动剪切模量 G_{di} 和综合动剪切模量 G_d。

$$G_{di}=\frac{\tau_{di}}{\gamma_{di}} \tag{9-56}$$

$$G_d=\frac{\tau_{dm}}{\gamma_{dm}} \tag{9-57}$$

式中　τ_{dm}，γ_{dm}——最大剪应力及相应的剪应变。

9.5.3　动三轴试验

动三轴试验(dynamic triaxial test)的设备为动三轴试验仪，从静三轴试验仪发展而来，主要区别是动三轴试验仪可以施加动荷载。按动力激振方式有惯性力式、电磁式、电液伺服式及气动式。按试验类型有单向激振试验和双向激振试验。无论是何种动三轴试验仪，其核心部分都大同小异，其结构如图 9-39 所示。

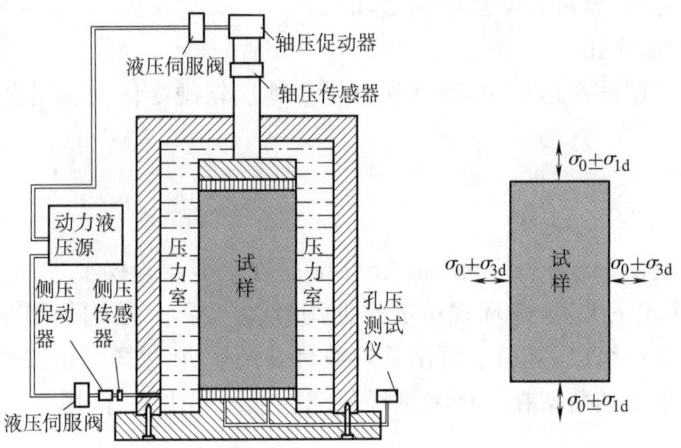

图 9-39 动三轴试验仪结构及试样受力状态

20 世纪 70 年代以前，动三轴试验还只是常测压动三轴试验(单向激振试验)，即试样所受水平向应力保持静态恒定(水平向应力由压力室有压水体施加)，通过周期性地改变竖向轴压的大小，使土样在轴向经受一个循环变化的大主应力作用，从而在土样内部产生周期性变化的正应力和剪应力。20 世纪 70 年代以来，为了克服常侧压动三轴试验无法施加较大应力比(σ_1/σ_3)的缺陷，研制出了变侧压动三轴试验仪，并开展了大量的试验研究。目前较为先进的动三轴试验仪，对试样施加的轴向循环周期荷载与侧向循环周期荷载的频率、振幅和初始相位都可以任意变化，即变侧压动三轴试验或双向动荷载三轴试验。该试验可以同时向试样施加两个轴向的并且作用方向相互交变的动荷载，从而既可以在较高应力比情况下进行试验，又可进一步模拟土体实际的动荷载条件。恒侧压和变侧压动三轴试验过程中，土样内部的受力机理如图 9-40 所示。在试验过程中，施加的侧向和轴向动应力可以由相应的传感器测得，轴向应变可以通过轴向传力轴的位移测量计算求得，侧向应变可通过测量压力室排水量(压力室水体压缩量极小可忽略或进行修正)计算求得。

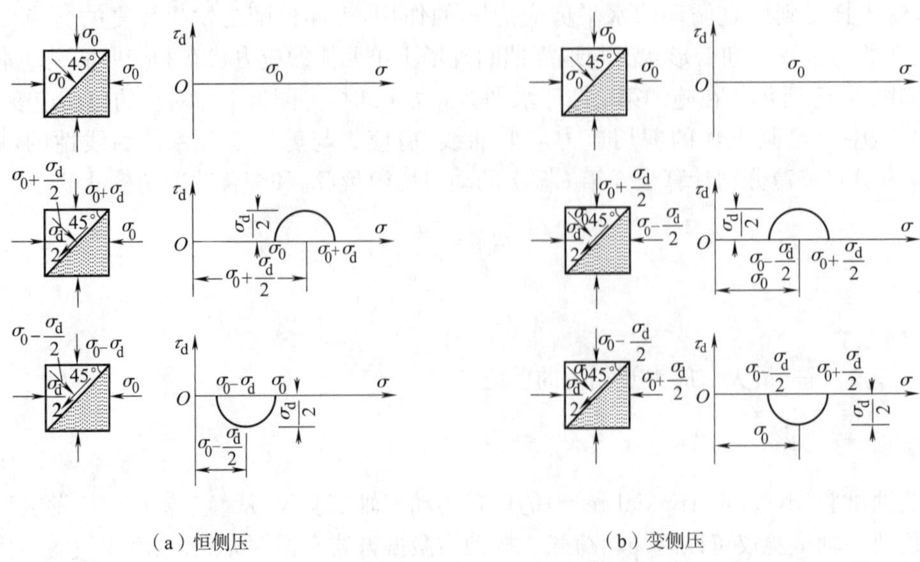

图 9-40 动三轴试验时剪切机理示意图

动三轴试验操作的简要步骤为：采用圆柱体土样，装入压力室内，先加周围应力 σ_3 和轴向应力 σ_1 进行固结，以模拟土在受动荷前的应力状态。振前应力状态通常以 σ_3 和固结应力比 $K_c=\sigma_1/\sigma_3$ 表示。固结完成后，由激振设备对土样施加周期应力，常用的是简谐应力：$\sigma_d=\sigma_{d0}\sin\omega t$。$\sigma_{d0}$ 为动应力幅值，ω 为简谐应力的圆频率。然后在试验过程中用量测系统记录土样的动应力、动应变和孔隙水压力的时程曲线。

利用动三轴试验的测试资料，可以确定土的动模量、阻尼比、动强度（包括抗液化强度）和变形等有关指标和规律。土体的动泊松比可以由式(9-58)计算。

$$\nu_d=\frac{\varepsilon_{dc}}{\varepsilon_{dz}} \tag{9-58}$$

式中　ν_d——土样动泊松比；

ε_{dz}——土样轴向应变；

ε_{dc}——土样对应于 ε_{dz} 的侧向应变。

土体的动弹性模量 E_d、动剪切模量 G_d 和阻尼比 λ 可根据动应力—动应变骨干曲线、滞回曲线和等效线性分析法等确定，如 9.2 节所述。G_d 还可以通过它和 E_d 之间的关系换算得出，$G_d=E_d/(1+\gamma_d)$。

动强度就是一定振动循环次数下使试样产生破坏时的振动剪应力。这个破坏有液化标准、应变标准、极限平衡标准。对于饱和砂土，如果孔压达到侧压，则称之为液化，相应的振动剪应力即为抗液化剪应力。因此，在整理强度的成果时，应该对一定的密度，一定的固结应力比，作出产生破坏或液化时的振动次数与动剪应力关系曲线，即强度曲线，这是一个最基本的成果。此外，尚需作出相应于上述条件下动剪应力与孔隙水压力的关系曲线。根据这种曲线即可通过绘制动力作用下莫尔圆的方法求出抗剪强度参数内摩擦角 φ_d 和黏聚力 c_d，如 9.3 节内所述。

土在动荷作用下的变形特性通常表示为轴向应变 ε_d 与振动次数 N 的关系，如图 9-18 所示。每条曲线对应于一定的动应力 σ_d。利用这一组曲线也可以求取产生任一应变幅时 σ_d 和 N 的多组数值，从而对它作出相应的 $\sigma_d/2\sigma_0$—$\lg N$ 曲线。

利用动三轴试验的基本资料，还可以根据研究的需要作出多种形式的整理分析。

9.5.4　共振柱试验

共振柱试验（resonant column test）是用一个纵向的或者扭转的动荷载去激振圆柱状土样（扭转激振下圆柱状土样的剪应变更均匀），得到土样的共振频率，进而求得处于弹性状态的土样的波速（v_p、v_s）及模量（E_d、G_d）。共振柱试验还可以通过土样稳态振动振幅与频率关系曲线和自由振动衰减曲线获得土样的阻尼比 λ。

共振柱试验系统如图 9-41 所示。圆柱状土样下端固定在底座，上端与激振系统连接。压力室内可以施加围压，模拟土样的原位应力，通常有气压加载和水压加载两种方式。激振系统为一电磁激振器，可以在土样顶端施加不同频率的扭转力矩或纵向激振力。

1. 土的阻尼比

共振柱试验可以简化为如图 9-42 所示的底端固定、顶端有一附加质量块（激振系统）的振动模型。共振柱试验有稳态强迫振动法和自由振动法两种方法。

稳态振动法将信号发生器输出调至给定值，连续改变激振频率，由低频逐渐增大，直至系统发生共振，此时频率计读数即为共振频率。当激振频率达到系统共振频率后，继续增大频率，这时振幅逐渐减小。以振幅为纵坐标，以频率为横坐标，绘制振幅与频率关系曲线，如图 9-43所示。

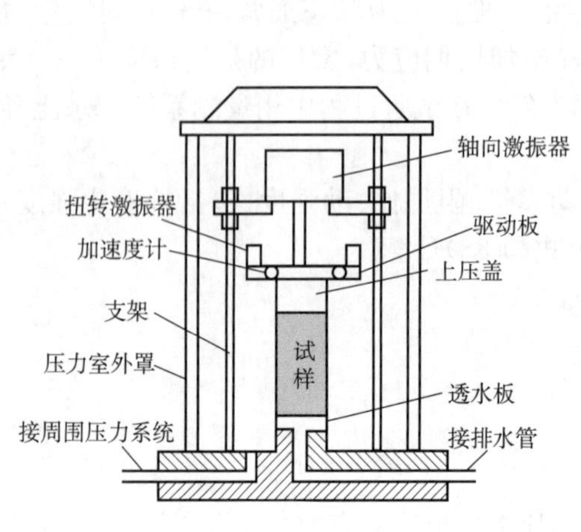

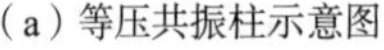
（a）等压共振柱示意图

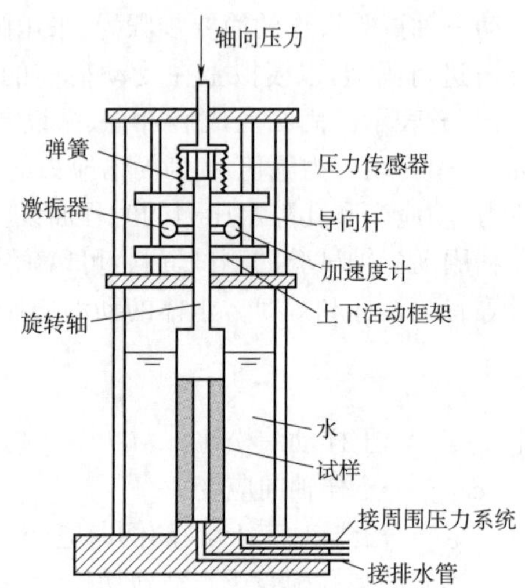

（b）轴向和侧向不等压共振柱示意图

图 9-41　共振柱主机示意图

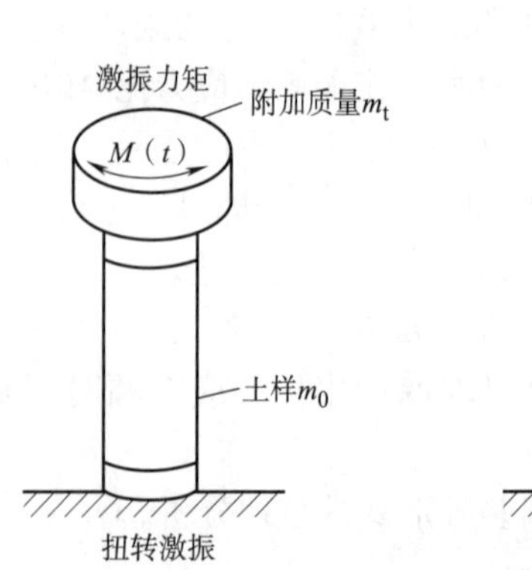

图 9-42　扭转激振和纵向激振简化示意图

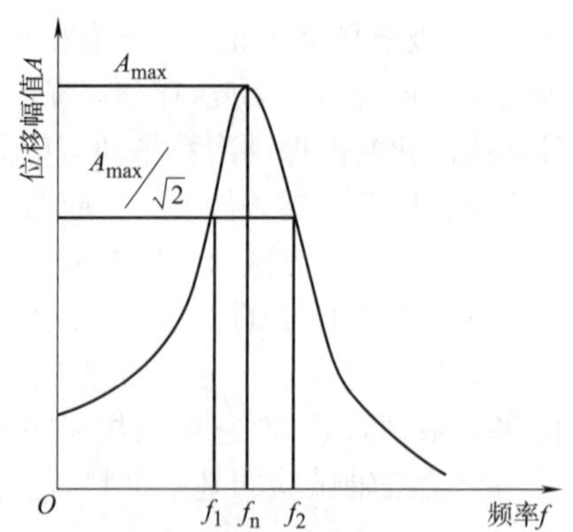

图 9-43　共振柱试验频响曲线

稳态振动法按式(9-59)计算阻尼比。

$$\lambda=\frac{1}{2}\left(\frac{f_2-f_1}{f_n}\right) \tag{9-59}$$

式中　f_1, f_2——振幅与频率关系曲线上最大振幅值的 70.7%处所对应的频率，Hz；

f_n——最大振幅值所对应的频率，Hz。

自由振动法对试样施加瞬时扭矩后立即卸除，使试样发生有阻尼的自由振动，得到振幅衰减曲线，如图 9-44 所示。阻尼比可用式(9-60)计算。

$$\lambda=\frac{1}{2\pi}\frac{1}{N}\ln\frac{A_1}{A_{N+1}} \tag{9-60}$$

式中　λ——阻尼比；

N——计算所取的振动次数；

A_1——停止激振后第 1 周振动的振幅，mm；

A_{N+1}——停止激振后第 $N+1$ 周振动的振幅，mm。

2. 土的动弹性模量、动剪切模量

根据波动理论可得到试样的共振频率与波速的关系式，进而求得土的动弹性模量和动剪切模量。

轴向共振 $$\frac{m_0}{m_t}=\beta\tan\beta,\quad v_p=\frac{2\pi f_n L}{\beta},\quad E_d=\rho v_p^2 \tag{9-61}$$

扭转共振 $$\frac{I_0}{I_t}=\alpha\tan\alpha,\quad v_s=\frac{2\pi f_n L}{\alpha},\quad G_d=\rho v_s^2 \tag{9-62}$$

式中　m_0，m_t——分别为试样和试样顶端附加物的质量，g；

I_0，I_t——试样和试样顶端附加物的转动惯量，g·cm²；

E_d，G_d——动弹性模量、动剪切模量，kPa；

f_n——试验时实测的共振频率，Hz；

β，α——纵向振动、扭转振动无量纲频率因数。

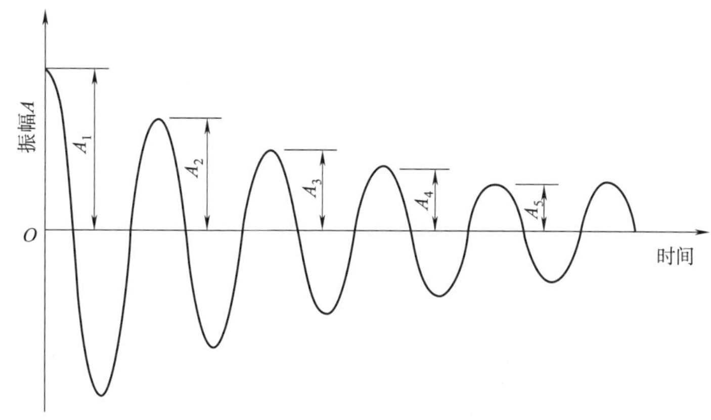

图 9-44　共振柱试验自由振动衰减曲线

式(9-61)和式(9-62)适用于无弹簧支承的情况，有弹簧支承时，方法类似，具体可参考《土工试验方法标准》(GB/T 50123—2019)。

土力学人物小传(9)——派克

Ralph Brazelton Peck(1912—2008 年)(图 9-45)

1912 年 6 月 23 日出生于加拿大曼尼托巴省的温尼伯，6 岁时移居美国，2008 年 2 月 18 日去世。他起初的志向是结构工程，后转而研究岩土工程。他一生共计发表了 200 篇(种)论著，为土力学及基础工程的发展作出了重要的贡献。他将土力学应用在土工结构的设计、施工建造和评估中，并努力将研究成果表述为工程师容易接受的形式，是世界上最受人尊敬的咨询顾问之一，在 Illinois 大学任教 30 多年，影响了难以数计的青年学生。他是第七届(1969—1973 年)国际土力学与基础工程学会的主席，曾荣获美国土木工程师协会颁发的 Norman 奖(1944 年)、Wellington 奖(1965 年)、Terzaghi 奖(1969 年)。

图 9-45　派克

习　题

9-1　土在动力作用下应考虑哪些在静力作用下未予考虑的问题？

9-2　试问土在循环应力 $\sigma_d=\sigma_{d0}\sin\omega t$ 作用下，在不同应变水平时的动应变反应 ε_d 为多

少？并说明其相应的应力—应变曲线特性和相关的变形参数。

9-3 试说明等效线性分析法的概念。写出 Hardin 和 Drnevich 等效线性模型的骨干曲线方程，并导出其等效弹性模量和等效阻尼比的表达式。

9-4 请解释下列名词：周期荷载作用下土的动强度、土的动力破坏标准和土的动强度曲线。

9-5 用摩尔应力圆说明当初始应力为 σ_1 和 σ_3 时，在轴向循环应力 $\sigma_{d0}\sin\omega t$ 作用下的动三轴试验中，土样内产生单向循环剪应力和双向循环剪应力的条件是什么？

9-6 等效循环周数的概念是什么？如何确定一列不规则荷载的等效均匀周期荷载？

9-7 饱和砂土发生液化的机理是什么？为什么松砂容易液化而密砂不容易液化？

9-8 某建筑场地自地面起至基岩为 20 m 厚的砂层，该砂层土的有关物理性质指标如下：$\gamma_{sat}=19\ \mathrm{kN/m^3}$，$D_{50}=0.3$ mm，$e=0.62$，$e_{min}=0.50$，$e_{max}=0.70$。地下水位位于地面下 1 m 处。该地区为 7 级地震区，最大地面加速度为 $0.1g$。试用西特剪应力对比简化法估算砂层内可能液化的区域。

参考文献

[1]中华人民共和国建设部．土的工程分类标准:GB/T 50145—2007[S]. 北京:中国计划出版社,2008.

[2]中华人民共和国住房和城乡建设部. 土工试验方法标准:GB/T 50123—2019[S]. 北京:中国计划出版社,2019.

[3]中华人民共和国建设部. 岩土工程勘察规范:GB 50021—2001(2009 年版)[S]. 北京:中国建筑工业出版社,2002.

[4]国家铁路局. 铁路路基设计规范:TB 10001—2016[S]. 北京:中国铁道出版社,2017.

[5]国家铁路局. 铁路桥涵地基和基础设计规范:TB 10093—2017[S]. 北京:中国铁道出版社,2017.

[6]中华人民共和国住房和城乡建设部. 建筑地基基础设计规范:GB 50007—2017[S]. 北京:中国建筑工业出版社,2012.

[7]国家铁路局. 铁路工程地质原位测试规程:TB 10018—2018[S]. 北京:中国铁道出版社,2018.

[8]中华人民共和国住房和城乡建设部. 建筑抗震设计规范:GB50011—2010(2016 年版)[S]. 北京:中国建筑工业出版社,2010.

[9]中华人民共和国交通运输部. 公路工程抗震规范:JTG B02—2013[S]. 北京:人民交通出版社,2014.

[10]中华人民共和国建设部. 铁路工程抗震设计规范:GB 50111—2006(2009 年版)[S]. 北京:中国计划出版社,2009.

[11]中华人民共和国铁道部. 铁路工程特殊岩土勘察规程:TB 10038—2012[S]. 北京:中国铁道出版社,2012.

[12]国家铁路局. 铁路路基支挡结构设计规范:TB 10025—2019[S]. 北京:中国铁道出版社有限公司,2019.

[13]工程地质手册编委会. 工程地质手册[M]. 5 版. 北京:中国建筑工业出版社,2018.

[14]李广信,张丙印,于玉贞. 土力学[M]. 2 版. 北京:清华大学出版社,2013.

[15]刘松玉. 土力学[M]. 5 版. 北京:中国建筑工业出版社,2020.

[16]王成华. 土力学[M]. 北京:中国建筑工业出版社,2012.

[17]高向阳. 土力学[M]. 2 版. 北京:北京大学出版社,2018.

[18]松冈元. 土力学[M]. 罗汀,姚仰平,译. 北京:中国水利水电出版社,2001.

[19]李海光. 新型支挡结构设计与工程实例[M]. 北京:人民交通出版社,2004.

[20]陈仲颐,周景星,王洪瑾. 土力学[M]. 北京:清华大学出版社,1994.

[21]谢定义. 土动力学[M]. 北京:高等教育出版社,2011.

[22]谢定义. 应用土动力学[M]. 北京:高等教育出版社,2013.

[23]刘洋. 土动力学基本原理[M]. 北京:清华大学出版社,2019.

[24]张克绪,谢君斐. 应用土动力学[M]. 北京:高等教育出版社,1989.

[25]曹艳梅,马蒙. 轨道交通环境振动土动力学[M]. 北京:科学出版社,2020.

[26]高彦斌,费涵昌. 土动力基础[M]. 北京:机械工业出版社,2019.

[27]崔振东. Soil Dynamics[M]. 徐州:中国矿业大学出版社,2020.

[28]DAS B M,SOBHAN K. Principles of geotechnical engineering(Eighth Edition)[M]. Singapore:Cengage Learning,2012.

[29]SANGLERAT G. The penetrometer and soil exploration[J]. Elsevier,2012.

[30]SEYBOLD C A,ELRASHIDI M A,ENGEL R J. Linear Regression models to estimate soil liquid limit and plasticity index from basic soil properties[J]. Soil Science,2008,173:25-34.

[31]REUSCH H. Nogleoptegnelserfraverdalen[J]. Norg Geol Undersoklse,1901,32:1-32.